数据分析与定量研究丛书

交叉科学：测度、评价与应用

张 琳 黄 颖 著

科 学 出 版 社
北 京

内 容 简 介

本书在全面梳理国内外交叉科学研究的历史与现状的基础上，从交叉科学结构入手，从引文关系、合作关系和文本内容三个视角对交叉科学展开多维测度；从引文影响和社会影响两个角度对交叉科学进行影响分析；从个人、团队和项目三个层次构建交叉科学评价思路。同时，本书还论述了学科交叉与技术会聚的异同点，探究了不同国家、不同学科主导的交叉科学基金项目的差异化特征。本书试图构建一幅交叉科学研究的全景图，内容翔实、结构清晰、理论与案例相得益彰，有助于深化交叉科学领域的研究者、项目管理的实践者和科技管理领域的决策者对于交叉科学的认识与理解，对于交叉科学领域的项目评审、管理评估、成果鉴定、团队建设等政策制定具有重要的借鉴和启示作用。

本书不仅适用于图书情报、科学计量及科技评价领域的学者及研究生，还可供交叉科学领域的研究者、项目管理和科技管理等领域专业人员参考。

图书在版编目（CIP）数据

交叉科学：测度、评价与应用/张琳，黄颖著. —北京：科学出版社，2019.11

（数据分析与定量研究丛书）

ISBN 978-7-03-062879-4

Ⅰ. ①交… Ⅱ. ①张… ②黄… Ⅲ. ①交叉科学-研究 Ⅳ. ①G301

中国版本图书馆 CIP 数据核字（2019）第 242347 号

责任编辑：惠 雪/责任校对：杨聪敏

责任印制：赵 博/封面设计：天星美润设计部

科学出版社出版

北京东黄城根北街 16 号

邮政编码：100717

http://www.sciencep.com

北京厚诚则铭印刷科技有限公司印刷

科学出版社发行 各地新华书店经销

*

2019 年 11 月第 一 版 开本：720×1000 1/16

2025 年 1 月第四次印刷 印张：21 1/4

字数：425 000

定价：149. 00 元

（如有印装质量问题，我社负责调换）

“数据分析与定量研究丛书”编委会

丛书序

自从西学东渐，科学思想及应用遍及各种学问，而定量化作为科学的重要特征却未见得深入人心，尤其是属于“文科”的社会科学中有些学者以为不必定量、甚或以当代西方社会科学对过度量化的反思为由，用中国学术长于思辨、容忍模糊的文化传统拒定量研究于千里之外。实则西方定性是建立在定量传统基础上的定性，中国量化远未及格，切不可尚未浸染量化、即论过度定量，而宜取强化定量且定性定量并重之方略，既倡导质性研究需要量化支持（从 Nvivo 软件看质性研究），也鼓励量化研究需有质性判断（从统计相关到因果关联）。

不仅科学技术需要量化，2009 年以来，伴随计算社会科学的兴起，数据驱动的研究模式方兴未艾，在互联网和大数据蓬勃发展的推动下社会科学研究范式正在发生变革，乃至人文研究也出现了数字人文浪潮，数据分析和定量研究如同促进学术腾飞的双翼，正在学术研究中发挥引擎般作用，特别是在面向问题展开的跨学科研究中尤其如此。

在此学术发展新时期，科学出版社和本编委会以成熟一本推出一本的方式出版“数据分析与定量研究丛书”，旨在将数据分析和定量研究的研究成果系统化，既深化社会网络分析、社会仿真模型、复杂系统建模、自动信息抽取等方法，也强化复杂网络、信息分析、知识服务等应用，内容总体上以量化为方法特征，以数据、信息、知识、社会为主要解析对象，既处理大千世界的万千变化，也分析人类社会的复杂机理，期望能为理论界带来新思想，能为学术界迎来新知识。

收入本丛书的专著有两大特点：一是研究方法以定量主导，研究基础以数据支撑；二是跨学科性明显，既可能是计算社会科学的新领域，也可能是科技新方法新技术在人文社会科学中的新应用，覆盖科学计量、政策分析、用户测评等研究领域，体现知识的交叉融合。

丛书的作者大多是年富力强、充满活力的年青学者，他们都学有专长、术有专攻，对自己的研究具有独特的思考，取得了令人瞩目的成绩。丛书荟萃他们的研究成果，可以彰显当代数据分析和定量研究之主流，期望能丰富学术研究、推动学术进步，为学术发展提供参考。

是为序。

叶　鹰

欧洲文理科学院院士，南京大学教授

2018 年 8 月 1 日

序　一

追索交叉科学无尽的前沿

黄沙直上白云间，
一片孤城万仞山。
羌笛何须怨杨柳，
春风不度玉门关。

这是著名唐代诗人王之涣（688—742）的《凉州词》。该诗生动地描绘了当时凉州以西玉门关一带春天大风刮起黄沙，直插云霄的天气景象。不知何时该诗的第一句被改成“黄河远上白云间”，流传至今。对此，我国著名的气象学家竺可桢（1890—1974）进行了辨识，指出：“实际上黄河和凉州及玉门关谈不上有什么关系，这样一改，便使这句诗与河西走廊的地理和物候两不对头。”对这首诗的辨析，告诉人们，诗人王之涣在诗文中融入了地理、物候知识，使这首名诗因微妙的知识交叉而直观形象；同时更彰显竺可桢先生有着深厚的人文底蕴，以其掌握的悠久历史文献记录和气象学相融合的理念，得以澄清这首唐诗的误传①。

如果说古代诗人的交叉知识来自生活经验的积累，那么竺可桢先生的古今文理交融的物候学思想，便是他在长期搜集中国古籍中有关气候记载与外国资料的基础上，以现代地理学和气象学的理论进行总结与概括的产物。这是现代交叉科学的一个经典范例。

大凡成就卓著的科学家，都善于借鉴和移植其他学科的思想和方法，开创新的交叉学科。譬如，我国卓越的地质学家李四光（1889—1971）把力学的原理和方法，引入到地质学领域，探索地壳运动的形变与断裂生成发展机制和规律，创立了地质力学这门新兴的边缘交叉学科②。科学史表明，一些重要的科学发现，往往是引入新观点新方法的结晶。例如，科学计量学之父普赖斯（Derek J. de Solla

① 竺可桢.物候的古今差异//天道与人文. 北京：北京出版社，2016.

② 李四光.地质力学之基础与方法.北京：中华书局，1947.

Price,1922—1983)，在其名著《小科学，大科学》①中展示了一幅关于化学元素发现历程的统计曲线，是由几组阶跃式逻辑型曲线衔接而成：第一组是由化学方法发现一系列元素而形成的逻辑型曲线，含 60 种元素；第二组阶跃式曲线是 19 世纪末起，引入 X 射线、放射性等物理学方法而发现一批新元素的过程；接着借助粒子加速器发现一批不稳定的超铀元素，在 1950 年前后完成最后一次阶跃，直抵元素总量的天花板。这是交叉科学方法带动科学发现的又一个生动案例。

对于近代科学史上的诸多交叉科学现象，早就引起中外学者的关注和研究，而且越来越受到学术界的重视，有关交叉科学的研究成果层出不穷。现在，由张琳、黄颖合著的《交叉科学：测度、评价与应用》一书，是在借鉴和吸收前人研究成果的基础上，做了深入广泛的探讨和创造性的工作。这里就几个基本问题略加考察与分析，以此和读者朋友一起领略这本交叉科学新作的特色和风采。

关于交叉科学的一阶主题与二阶主题。交叉科学，源自科学的整体性。著名物理学家普朗克（Max Planck,1858—1947）对此做过精辟的概括："科学是内在的整体。它被分解为单独的部门不是取决于物质的本质，而是取决于人类认识的局限性。实际上存在着由物理到化学，通过生物学和人类学到社会科学的连续链条,这是任何一处都打不断的链条。"②这段精彩的话语被学术界广泛引用。

正是根据这幅高瞻远瞩的科学统一图景，该书作者借助文献计量学的方法，试图从多角度构画了交叉科学研究的宏大蓝图，描绘了交叉科学连续链条的动态结构和波澜壮阔的演化历程。由此奠立了该书的文献基础，亦成为该书的首要特色。

这里不妨转换为科学学的角度加以解读。首先涉及到交叉科学的两个层次问题。普赖斯在《科学的科学》一文中指出："科学的科学，如同历史的历史一样，是一项具有头等重要性的二阶主题（second-order subject）。"③显然，科学家的科学研究，探讨交叉科学某门学科是一阶主题（first-order subject），也可称为一阶科学，其所研究的对象是直接来自于观察实验中自然现象的一阶信息；而科学的科学，即科学学、科学计量学及其对交叉科学的研究是二阶主题，它所分析的是科学活动特定社会现象的二阶信息，属于二阶科学的范畴。二者的关系是，前者是后者的基础与前提，或者说一阶科学是二阶科学的研究对象。

竺可桢的物候学和李四光的地质力学等边缘学科，以及科学家用不同方法发现化学元素，都属于交叉科学和学科交叉本身的一阶主题。这反映了科学家创建某门交叉学科的客观基础。而普赖斯绘制的化学元素发现历程的统计曲线，则属

---

① Price D J D. Little Science, Big Science.New York: Columbia University Press,1963.

② M.普朗克.世界物理图景的统一性// 黎鸣. 试论唯物辩证法的拟化形式. 中国社会科学,1981(3): 3-23.

③ Price D J D. The Science of Science. Science and Public Policy, 1985, 16(3): 152-158.

于交叉科学研究的二阶主题。

《交叉科学：测度、评价与应用》梳理和展现的中外交叉科学著作状况，都可以分为一阶主题和二阶主题两大类。在国外尽管交叉科学的萌动由来已久，但出现交叉科学的概念大约在 20 世纪 40 年代，一直到 1965 年才出版以交叉科学为题的著作。在此列举两例，分属于一阶主题和二阶主题，从书名不难辨别：《交叉科学研究：促进生命科学、医学、物理科学与工程学之间的合作》（1990）和《交叉科学研究：过程与理论》（2016）。另外，2004 年美国国家科学院发表的《促进交叉科学研究》，是交叉科学发展的一个里程碑，推动了交叉科学在发达国家的快速发展。

在我国，交叉科学起步甚晚。但伴随科学的春天到来，交叉科学在改革开放年代迅速兴起。被称为交叉科学之超学科（transdisciplinarity）的科学学一些人士，带动了学术界对交叉科学的研讨，于 1985 年发起了一次交叉科学专题研讨会，特邀杰出的科学家“三钱”在会上做报告：钱学森认为，交叉科学是自然科学和社会科学相互交叉地带生长出的一系列新生学科。一般公认的所谓正规学科也是交叉的，它们是不叫交叉学科的交叉学科。交叉学科在科学技术体系结构中有其位置，各个科学门类都相互交叉。钱三强推断，20 世纪末 21 世纪初将进入交叉科学时代。各门自然科学之间、自然科学与社会科学之间的交叉地带，一贯是新生学科的生长点。科学学有一个著名的原理说，科学的突破点往往发生在社会需要和科学内在逻辑的交叉点上。钱伟长指出，自然界、人类社会和人脑的思维是一个广泛而又普遍联系的连续体。这就决定了对这个连续体进行探索的科学认识，也应该是连续的。今天所说的交叉学科，是在连续体中的一段谱线、一个位置。现在这些位置有许多还是空白的，发展交叉科学就是为了填补这些空白。“三钱”的报告在《光明日报》（1985.5.17）上发表，并收入会议文集——《迎接交叉科学时代》[①]。这次交叉科学专题研讨会特别是“三钱”密切结合科学实践的精彩报告在全国学术界引起强烈反响，标志着交叉科学研究在我国伊始就站在高起点。

30 多年来，我国出版的交叉科学著作甚多。其中 3 本著作颇具代表性：一本是刘仲林的著作《现代交叉科学》（1998），系他自 1985 年以来有关交叉科学研究的成果总结，全面系统地阐述了交叉科学理论，是经典的交叉科学二阶主题作品。另一本是李喜先主编的《21 世纪 100 个交叉科学难题》（2005），汇集了 133 位科学家编写的 100 个交叉科学难题，主要是自然科学各学科交叉问题，兼及自然科学和哲学社会科学之间的交叉问题（约为 10 题）。全书洋洋大观，16 开本、800 页，每个难题论述平均达 8 千字以上，全书共近 90 万字，在国际上也属鸿篇巨制，堪称交叉科学一阶主题的典型范例。遗憾的是，这部巨著及 100 篇难题文章，却

---

① 中国科学技术培训中心. 迎接交叉科学时代. 北京：光明日报出版社, 1986.

无参考文献，使其影响大打折扣。第三本是王续琨等著的《交叉科学结构论》（2015），阐述了交叉科学的概念、分类、结构和趋势，共论及地理科学、资源科学、生态科学、海洋科学、警务科学、设计科学、服装科学、工程史、工程学、工程哲学等 28 个具体的交叉学科领域，可见该书兼及交叉科学的一阶主题与二阶主题。刘仲林和王续琨也是国内发表交叉科学论文最多的前二位学者，对我国交叉科学发展做出了开创性贡献。

《交叉科学：测度、评价与应用》一书作者不惜笔墨，对国内外大量交叉科学著作进展进行综述，既是该书的必要内容，又是对作者的自我挑战，意在提升突破前人见解的难度，当然也彰显了两位年轻作者敢于超越以往交叉科学成果的学术自信。

关于交叉科学的网络模型与形成机制。交叉科学的本质，是自然科学内部、自然科学和社会科学之间的学科交叉网络。作者一再表达了这本书另一个重要特色：交叉科学的复杂性网络特征，基于引文关系构建文献与文献之间的网络方法等。在我看来，该书实际上确认了交叉科学的理论基础——网络模型，包括科学学奠基人贝尔纳（J. D. Bernal，1901—1971）关于科学发展的网络模型和普赖斯关于科学引文的网络模型。

1955 年贝尔纳在《科学研究的战略》[①]一文中指出："科学中的总的发展模式还是相当清楚的：这种模式与其说像树，不如说像网。与课题或应用直接相关的科学工作的内容，可以比做网的网眼。各条线的交叉点是经验和思想集合的地方，是中心点，是一些新发现，从这里产生各种各样的应用技术和科学学科。"这个科学发展的网络模型也形象地表述了交叉科学形成的网络模型。

普赖斯和贝尔纳息息相通，他透过加菲尔德（E.Garfield，1925—2017）发明的科学引文索引（SCI）[②]看到全新的引文网络模型，他说："因为引证许多论文，也就形成了一个以某种复杂的方式，把它们全都连接在一起的网络。借助这种网络模型，人们就可以用图论和矩阵的方法来加以研究。"[③]在《科学论文的网络》[④]一文中，普赖斯继承和发展了贝尔纳的科学发展网络模型思想："每篇已发表论文和与之有直接关联的其他论文链接起来，从而展现出当代世界科学论文网络的总体特征。"这篇论文不仅开创了引文分析和网络分析的科学计量学主流方法，而且揭开了交叉科学发生和形成的引文网络机制。在该文开头，普赖斯有一句箴言："参

---

① 贝尔纳 J D.科学研究的战略//科学学译文集.北京：科学出版社,1980：25-33.

② Garfield E. Citation Indexes for Science: A New Dimension in Documentation through the Association of Ideas[J]. Science, 1955 , 122：108-111.

③ Price D J D. The Science of Science. Science and Public Policy, 1985, 16(3): 152-158.

④ 普赖斯 D.科学论文的网络.张嵬,译//中国科学学与科技管理研究年鉴 2008—2009 年卷. 大连：大连理工大学出版社，2010: 29-39.

考文献的模式标志科学研究前沿的本质。”科学文本不可分离的参考文献，是区别于非科学文本的显著特征。科学文本的引文，即所引注的参考文献，是科学文本的组成部分。正是科学文本引证不同理论、不同领域、不同学科的参考文献，形成复杂的科学引文网络与学科交叉网络，直接或间接反映了不同理论之间、理论与实验之间的矛盾关系，科学引文之间多学科、跨学科的结构关系，引文代际之间继承与创新、基础与前沿的关系，表征了科学文化相对于非科学文化的优势与特征，从而构成科学学科及交叉科学生生不息、加速累积的内在机制与发展动力。由此深刻表明，论文参考文献，引文关系，在交叉科学发生和发展中有着何种重要的程度。

追寻交叉科学无尽前沿的计量研究。这本著作——《交叉科学：测度、评价与应用》强调用科学计量学的方法进行交叉科学的测度和评价，迄今无出其右。计量分析贯穿全书是这本书最突出的特色。同时，该书始终坚持以计量方法不断探索交叉科学的研究前沿。

作者张琳攻读博士学位伊始，在指导教师梁立明教授、联合培养博士的外方指导教师鲁汶大学格兰采尔（Wolfgang Glänzel）教授的共同指导下，以 WoS 数据库所有学科的期刊互引全矩阵为基础，探讨整个科学的知识结构问题，实际上是一个交叉科学研究前沿的选题。在博士论文的研究中，她设计了引文熵、互引强度等新的计量指标，开发了“引文-文本”混合聚类算法。2010 年，张琳获得博士学位之后，就以“基于混合聚类技术的交叉科学结构特征和演进趋势研究”为题获得国家自然科学基金青年项目资助；2015 年再次获得基金项目“交叉科学的三维测度：内在知识基础、外在信息链接和科学活动模式”。从 2010 年完成博士论文，到现在写完这部书稿，已整整十年，称得上“十年磨一剑”之作。

这本著作的内容已远远超出 2015 年基金项目的预期，因为张琳申请项目时征询过我的意见，我审阅了申请书并提出过中肯的意见和建议。从这本著作中，我欣喜地看到，两位作者共同探索交叉科学取得了“1+1>2”的效果，扩大了交叉科学研究的范围：该书测度方法不限于作者自己的研究，还广泛吸纳了交叉科学定量研究领域的其他经典或前沿思想、理论、方法；书中还把科学交叉拓展到技术会聚及专利分析；延伸到交叉科学的项目评价与科学基金。两位作者在交叉科学的一阶主题和二阶主题之间转换探讨，超越前人视界。

交叉科学由于学科交叉而成为复杂性科学的重要形态，因此其计量研究不同于一般科学的计量研究而呈现极其复杂的状况。不同的交叉科学测度视角、方法、甚至是具体的指标，在测度同一个研究对象时，可能得到不同的，甚至互相矛盾的结果。例如，从论文引文（即参考文献）和从论文合著者（即科学合作）的视角，对同一组论文进行交叉科学的测度，得到的结果可能存在很大差异。因为基于引文关系测度的学科交叉反映了各个学科知识和信息的输入情况，揭示了研究主体的知识学科来源与相关结构；而基于科学合作的视角对研究主体进行交叉科学测度研究，则体现了交叉科学形成过程的活动模式与规律。这表明交叉科学是一个复杂、多维的概念，我们需要用多种维度去理解和分析。

交叉科学的评价问题同样非常复杂，无论是评价理论层面还是实践层面。这本著作对交叉科学影响的评价，得到一些大异其趣的结果：第一，并非交叉度越高的研究成果引文影响越大，在引文影响方面存在一个“交叉度”最佳规模值；第二，一般说来，科学论文的引文影响呈“滞后性”，相对于传统的科学成果，交叉科学成果的引文影响“滞后性”更为明显；第三，交叉科学虽然在引文影响方面存在明显的“滞后”现象，或不具有明显优势，但在社交媒体上 Altmetrics（补充计量学）的影响指标方面却表现相对突出。

这些表明，交叉科学的计量研究本身是一个永无止境的前沿。末了，我要为这篇序言写个“后记”，因为我想为这篇封笔之序找点理由。今年 6 月张琳教授将她和黄颖合著的《交叉科学：测度、评价与应用》书稿电子版发来，希望我为该书写序。我欣然应允，因为作序者往往是该书的第一读者，可以先睹为快。我深知，一本新书佳作一定胜过作序者，从中可以学到许多新东西。虽然作序，对一本书做必要的推介和评价，并非易事，但我不会写应景之作。吃透原作，引经据典，凭借科学学的历史与理论优势，对一本书进行解读与提升，是我写序的一贯风格。当我大致浏览了书稿，准备提笔写序之际，正是盛夏酷暑时节，却意外地看到地理学家竺可桢的《物候的古今差异》，涌出一丝凉意，找到了序的由头。其后，要事急事穿插其间，我断断续续阅读完书稿，也拖拖拉拉凑成这篇长序，已到九月秋高气爽之时，终于搁笔了。可喜的是，张琳教授又一次获批国家自然科学基金项目，题目近于交叉科学一阶主题且难度更大。我想张琳和黄颖一定会再度合作，征服路途更难的高峰。期待有兴趣的读者朋友们，同两位武大人一起聆听武大首倡者李四光创作的中国第一首小提琴独奏曲《行路难》，领悟其中蕴涵的唐代浪漫诗人李白（701—762）《行路难》的意境：

行路难，行路难，
多歧路，今安在？
长风破浪会有时，
直挂云帆济沧海！

刘则渊

2019 年 9 月 16 日于大连新新园

序 二

《交叉科学：测度、评价与应用》一书的作者之一张琳请我为她与黄颖的新著作序，不由想起 1995 年我请赵红州、蒋国华两位教授为我的《科学计量学：指标、模型、应用》一书作序的情景：同为科学计量学著作，同在科学出版社出版，同是国家自然科学基金项目成果，同是学生请老师作序，一切如昨日重现，倏忽间四分之一世纪过去了。这四分之一世纪中国科学计量学与信息计量学历经了悄然起步、平稳发展和迅猛扩张三个阶段，论文数量指数增长，引文指标全面提升，研究主体群英荟萃，对外学术交流与合作更加速了国际化的进程。该书作者正是在中国科学计量学发展最好时期先后出现的两位杰出学者。

作为张琳的硕士导师和博士导师，自 2004—2010 年，我们相伴七年。这七年深深打动我的是张琳的聪颖智慧、勤奋好学、刻苦执着和对科学计量学专业的无比热爱。硕士论文给她的选题是“欧盟 15 国科学合作的地域倾向和语言倾向”，论文被评为河南省优秀论文。博士论文我设计的选题和研究思路是：建构基于 Web of Science 数据库所有学科的期刊互引全矩阵，运用引文分析、聚类分析、网络分析、文本分析等方法，测度信息分布和流动规律，研究科学活动和科学结构。为此，还新创了引文熵、链接强度等计量指标。依托刘则渊教授创建并领军的大连理工大学科学学与科学技术管理博士点的深厚学术根基，利用比利时鲁汶大学强大的数据平台和先进的计量技术，借助鲁汶大学 Wolfgang Glänzel 教授的协助指导，张琳出色地完成了博士论文《基于期刊聚类的科学结构研究》。该论文被评为大连理工大学 2010 年优秀博士论文。之所以较详细地介绍张琳的博士论文，皆因这本书是关于交叉科学研究的专著，而张琳对交叉科学的研究始于其博士论文，且该博士论文的主要内容已收入此书中。

将研究思路新颖、指标方法创新、我自己准备申报第六项国家自然科学基金项目的成熟设计全盘托给学生作博士论文，这是我三十多年科学计量学研究生涯中重要的决策之一。只因为学生优秀，只因为作为导师的我希望学生更优秀。值得欣慰的是，张琳没有辜负导师的设计与指导，她将此设计实践、发挥得淋漓尽致，不仅在国际国内期刊发表了一系列研究论文，而且衍生出新的国家自然科学基金项目。优秀的她已成为更优秀的她。如今，张琳是武汉大学教授，比利时鲁汉大学的兼职教授，担任包括 *Scientometrics* 在内的多种国际学术期刊的编委，成为 Elsevier 新成立的国际科学评价中心的顾问，被选为国际科学计量学与信息计量学学会（ISSI）理事会成员，在国际学术舞台上尽情绽放自己，追求卓越。张琳每每向我报告她的研究进展和骄人成绩，都给我惊喜，让我欢悦。为师之乐莫过于此。祝贺张琳，愿她在科学计量学与信息计量学研究中取得更大成就，有更加美好的未来。

认识黄颖则缘于一次学术报告。2017 年 11 月，我应清华大学李正风教授之邀在清华大学作报告——科学计量学方法在 STS 研究中的应用。黄颖从北京理工大学跑到清华旁听，报告期间提出了几个有趣的问题。之后，他又数次发邮件向我请教和讨论问题。他的真诚、睿智与灵透给我留下了深刻印象。2018 年，我把与武夷山教授等合著的《论文零被引面面观》一书送给黄颖，他竟然发现图表中的数据错误。武夷山教授当即联系相关篇章作者进行核对，确认是排版偏差所致，专门在博客中撰文致谢。如此认真的态度和学术敏感性，让我对这位青年学子刮目相看。2018 年在长沙出差期间顺访黄颖，相谈甚是投缘。黄颖只有 28 岁，已然在国内外学术期刊发表了几十篇论文，主持和参与了十余个项目，是武汉大学最年轻的博士生导师之一。黄颖有着巨大的学术能量，是科学计量学领域不可多得的人才。

作序，不评价书的内容，净在这儿欣赏作者了似有不妥。但正是他们的研究经历、专业能力和敬业精神增加了我对这部著作的信任，愿意为之作序。信任归信任，我依然认真地阅读了书稿，做了一些修改，提出了一些建议。这部著作呈现在我们面前的是一幅交叉科学研究的全景图。作者综述了大量中外文献，全面展示了国内外交叉科学研究的历史与现状，特别是新近的研究成果。作者认真构建的研究框架使这幅全景图立体丰满。著作从交叉科学结构研究开始，继而是交叉科学测度、交叉科学影响和交叉科学评价，再从学科交叉扩展至技术会聚。最后一章论及交叉科学与科学基金，可以看作是科学基金资助交叉科学的分析报告和政策建议。著作包含了大量作者自己的创新性研究成果，例如，基于期刊聚类与 ECOOM 分类体系的科学结构研究，跨学科的三维测度——外部知识融合、内在知识会聚与科学合作模式，期刊引文熵、期刊链接强度以及测定真正的学科多样性程度的“true diversity”等新指标。从形式到内容，此书无疑是上乘之作，值得一读。

恭贺两位学者大作出版似乎应该备上一份礼物。什么礼物好呢？思之再三，还是送上一个新的研究选题吧。

荷兰版画大师 M. C. Escher 是我最崇拜的画家。第一次看到 Escher 的画是

1984 年阅读《GEB——一条永恒的金带》[①]的时候。这本书是“走向未来丛书”中我最喜欢的一本。用“震惊”二字形容我当时的感受绝不为过：世界上竟然还有这样的画作！一队始终沿楼梯上行最终却回到起点的僧侣；空中的鸟群飞着飞着就化作了游动的鱼群；平面上的蜥蜴渐渐爬到了三维空间；白色的和黑色的动物图形镶嵌在一起，互补互衬，融为一体……自此，我特别关注 Escher 的画作，考验视觉判断，挑战认知能力，享受在逻辑与非逻辑之间转换的自由，唯知音难觅。直至多年后的一天，我在安特卫普大学通过博士论文答辩的那一刻，导师 R. Rousseau 教授和博士论文指导委员会的 L. Egghe 教授不约而同送给我不同版本的展示和研究 Escher 的精美著作表示祝贺[②③]，我这才欣喜地发现，两位数学博士也喜欢 Escher。喜欢 Escher 思想自由驰骋的虚拟空间？喜欢 Escher 将所有不可能都化为可能的魔幻世界？还是喜欢 Escher 画作中映射、同构、拓扑等数学变换？

欣赏 Escher 的作品常常使人脑洞大开。Rousseau 教授曾与 M.Thelwall 教授合作，利用信息科学网络爬虫技术获取新西兰大学网站的链接结构，从中寻找埃舍尔楼梯[④]。Rousseau 教授也曾与 H. Small 教授合作，感兴趣的依然是埃舍尔楼梯[⑤]。受 Escher 画作的启发，我也曾产生不少奇思妙想，其中一些与科学计量学研究相关。然敏于思而讷于行，思想实验而已。

该书两位作者感兴趣的是交叉科学研究，现在送给两位作者的选题是：寻找 Escher 画作中隐含的解读交叉科学的密码。

祝两位作者好运。

梁立明

2019 年 7 月于上海

---

① 道格拉斯·霍夫施塔特. GEB——一条永恒的金带. 乐秀成，译. 成都：四川人民出版社，1984.

② Schattschneider D, Emmer M. M.C.Escher's Legacy: A Centennial Celebration. Berlin: Springer, 2003.

③ Escher M C. M.C. Escher: Grafiek en tekeningen. Cologne: TASCHEN, 2001.

④ Rousseau R, Thelwall M. Escher staircases on the World Wide Web. First Monday, 2004, 9(6-7). https://firstmonday.org/ojs/ index.php/ fm/article/view/1152/1072.

⑤ Rousseau R, Small H. Escher staircases dwarfed. ISSI Newsletter, 2005, 1(4): 8-10.

前言

2006年，我进入大连理工大学WISE Lab实验室攻读博士学位。当时WISE Lab实验室在刘则渊教授的带领下率先在国内引入科学知识图谱研究，色彩缤纷的科学知识网络世界让人心驰神往，科学图谱中蕴含的知识结构和信息流动更是激起了我极大的探索兴趣。令人兴奋的是，我的博士生导师梁立明教授交付我一个与之相关的前沿选题思路：建构基于Web of Science数据库所有学科的期刊互引全矩阵，在此基础上利用引文分析、聚类分析、文本分析等计量方法，研究和展现整个科学领域的知识结构、信息流动的特征与规律，并设计了引文熵、链接强度等新的科学计量学指标。2007年，我赴比利时鲁汶大学进行联合培养博士研究，梁老师亲自到鲁汶大学面见我留学的外方导师沃尔夫冈·格兰采尔（Wolfgang Glänzel）教授，在鲁汶大学实验室的数据与计算平台上亲自考察这种设计在技术上实现的可行性。彼时，无论是在国内还是国际的相关研究中，基于Web of Science全库所有学科数据对科学的整体结构特征和信息流动规律进行系统分析的研究尚未出现。在国内外两位导师的悉心指导下，我最终顺利完成了这个选题，并有幸获得了大连理工大学优秀博士论文的荣誉。

在博士论文的研究过程中，我建构了Web of Science中自然科学、社会科学与人文艺术科学三大领域全部250个学科、近万种期刊的互引全矩阵，为研究科学的内部结构提供了一个相对全面系统的数据基础。博士论文中开发和应用的“引文-文本”混合聚类算法为科学结构研究提供了新的计量方法，也揭示了一些有趣的学科交叉现象。例如，在社会科学领域与临床医学领域之间发现越来越多的紧密链接，量化表征了自然科学与社会科学交叉渗透的融合趋势。同时，在“工程学”聚类中发现了大量的自然科学与人文社会科学领域的论文，而“工程学”也与其他多个学科领域表现了较显著的链接关系，体现了该学科在科学的交叉统一“潮流”中发挥的重要沟通作用。

在完成博士论文之后的2010年夏天，我回到比利时鲁汶大学从事博士后研究工作。在博士论文研究过程中所发现的一系列有趣的交叉科学问题始终萦绕在脑海中，探索交叉科学的形成机制和发展规律成为我迫切想尝试的研究主题。著名物理学家普朗克说过：“科学是内在的整体。它被分解为单独的部门不是取决于物质的本质，而是取决于人类认识的局限性。实际上存在着由物理学到化学，通过生物学和人类学到社会学的连续链条，这是任何一处都打不断的链条。”出于对这个链条规律进一步探索的强烈欲望，我以“基于混合聚类技术的交叉学科结构特征和演进趋势研究”为题申请了国家自然科学基金青年基金项目，最终有幸获得了资助，并在2014年的结题评估中获得“优秀”的鉴定结果。

虽然项目顺利结项，但在对交叉科学探索的过程中我产生了更多的困惑，例如，究竟什么是交叉科学？如何对这个复杂、多维的概念进行可操作化的量化测度？不同的测度方法具体揭示了交叉科学的什么维度，这些不同维度之间又有何内在关联？如何解释不同测度方法所得到结果的不一致性？相对于传统研究，交叉科学研究的投入产出和实际影响究竟如何？交叉科学研究和相关的科技管理与评价实践存在哪些具体的挑战？带着这样的疑惑和思考，我以“交叉科学的三维测度：内在知识基础、外在信息链接和科学活动模式”为题申请了国家自然科学基金面上项目并最终获批，让我得以在交叉科学领域继续深耕下去。本书也是该基金项目的研究成果之一。

2015年，我在西安参加“第十五届全国科技评价学术研讨会”的分会场上认识了当时还在北京理工大学攻读博士学位的黄颖。那时他刚从美国佐治亚理工学院联合培养归来，在美国期间师从科技管理领域的国际知名学者艾伦·L.波特（Alan L. Porter）教授。值得一提的是，波特教授也是科学计量学领域最早从事交叉科学研究工作的学者之一，他所提出的相关测度指标对于后来的研究产生了很大的影响。我仍清楚地记得黄颖以“基于Web of Science 分类的跨学科测度研究”为题，从学科专业化指数、学科集成指数和学科扩散指数三个方面来衡量研究的跨学科性，并通过科学地图可视化的方法来展示跨学科研究的学科分布特征。他对交叉科学的深入思考和敏锐的洞察力给我留下了极其深刻的印象，出于对交叉科学研究领域的共同兴趣，我们在西安会议后有了更进一步的深入交流，并拓展到日渐稳固的合作。在将近四年的交流合作中，我日益感受到这个“90后”青年学者对学术单纯赤忱的热爱。他不仅天资聪敏、勤奋刻苦，更具备超越同龄人的学术责任与学术担当，能够与如此优秀的青年学者合作，我感到十分的幸运，也十分珍惜这奇妙的学术缘分。

这本书是我和黄颖在交叉科学领域合作成果与理论思考的阶段性总结，不仅包括我们自己的部分研究成果，也涵盖了该领域的一些经典理论、研究现状和前沿思想，以期为交叉科学领域的学者和科技管理的政策制定者提供一些借鉴和启发。

由于时间和能力所限，本书仍有很多值得深入探讨和改进的空间。例如，交叉科学的经义渊源和相关中英文概念的深度辨析仍有欠缺，交叉科学研究进展的梳理难免挂一漏万，交叉科学测度和影响评价仍相对局限于科学计量领域的视角等。而这些尚未解决的疑惑和困境，也激励着我们不断深入研究下去。因此这本书不是我们在交叉科学领域探索的终点，而是新篇章的序幕。

最后，衷心感谢我的硕博士导师梁立明教授，在我学术生涯的每一步都给予我最温暖的指引、关爱和帮助。此次，她又认真审阅书稿并提出了修改建议。梁老师作为一名卓越的女性学者，对我人生的影响远远超出导师本身的意义。她的高情远致、虚怀若谷，她对学术真爱的初心不忘、求真探索，对我影响至深。感谢大连理工大学刘则渊教授多年来的谆谆教导，对书稿提出的高屋建瓴的修改意见，厚重师恩永难忘。感谢中国科学技术发展战略研究院武夷山研究员一直以来对我的无私指导和帮助，并在百忙之中对书稿的细致审读和批评指正。

本书受到国家自然科学基金项目（71573085）、河南省高等学校哲学社会科学优秀学者计划（2018-YXXZ-10）联合资助。

最后，感谢比利时鲁汶大学罗纳德·鲁索（Ronald Rousseau）教授在交叉科学研究领域与我多年来的探讨与合作。感谢我和黄颖的研究生们，杜会英、顾秀丽、刘冬东、彭玉杰、尚媛媛、孙蓓蓓、张文静、赵文静（以姓氏拼音为序）在书稿撰写过程中所付出的努力和帮助，感谢我的家人们在书稿写作最艰难时期给予的鼓励和支持。

张　琳

2019 年 7 月于比利时鲁汶大学

目　录

1 交叉科学研究导论

回顾近代科学的发展历程，许多重大发现和重大问题的解决常常涉及多个学科的相互交流和相互渗透。不同学科之间的交叉与融合往往能孕育出新的学科生长点和新的科学前沿，也最有可能产生重大的科学突破[1,2]。在世界多极化、经济全球化深入发展的背景下，推动学科交叉、促进交叉科学研究逐渐成为各国科技管理机构所关注的重要战略问题。

面对复杂性、综合性和交融性的重大问题，单一学科的理论和方法往往难以进行全方位的深入探讨和系统建构，交叉科学研究日益成为解决人类发展重大难题不可或缺的研究范式。例如，成功进行世界第一次核爆炸并在“二战”期间阻止纳粹的“曼哈顿计划”（Manhattan Project）便是一项著名的大型交叉科学研究活动。该计划由美国组织，动员了 15 万名来自各学科、各领域的科研人员，开创了科学、军事、工业三位一体的“大科学”典范。又如，英国“深度思维”公司开发了一种通用棋类人工智能程序——“阿尔法零”（AlphaGo Zero），它能从零基础开始强化学习，并 24 小时之内将此前最强的国际象棋、日本将棋和围棋人工智能程序击败，显现了人工智能的重大进步[3]。人工智能是集合了计算机科学、逻辑学、生物学、心理学、哲学等诸多学科的新兴交叉学科，它不仅在棋牌领域打遍人类无敌手，还在医疗健康等各个领域“开疆辟土”并取得显著成果。

当前，交叉科学研究得到越来越多的重视，它所强调的“破除学科壁垒、突破学科界限、以重大问题为导向、以创新为知识生产方式、多维主体共同参与科学研究”的观念弥补了单一学科研究的不足，在一定程度上能够避免各学科间的脱节现象。在交叉科学日益得到科技管理部门高度关注的同时，人们逐渐开始思考，究竟什么是真正意义上的交叉科学？驱动交叉科学产生和发展的因素有哪些？交叉科学的演化轨迹和发展规律如何？为什么科学发展需要交叉科学？本章将围绕这一系列交叉科学的相关问题展开探讨，以期能够深化对交叉科学的认知与理解。

1.1 交叉科学的发展进程

追溯交叉科学的起源需要探究交叉科学产生的历史背景，通过梳理交叉科学发展的进程与脉络，可以明晰交叉科学的演化轨迹和发展规律，增进对交叉科学发展现状的了解和未来发展趋势的判断。

古代科学的起源可以追溯到公元前3000年左右的古埃及科学和古巴比伦科学。当时的科学注重服务于生产与生活，具有先验性与实用性。虽然古代文明孕育了科学的萌芽，但由于时代环境和认识能力的局限，科学的理论体系相对原始和粗浅。公元前6世纪～公元6世纪，古希腊时代的科学开始尝试借助独立和理性的思想从自然的角度解释世界。例如，古希腊科学家利用亚里士多德（希腊语：Αριστοτέλης）提出的“形式逻辑”作为理性思考的工具，并以纯粹的“求知”而非功利目的来从事科学研究活动。由于科学和哲学之间的密切相关性，科学亦被称为“自然哲学”，并且开始从实用科学走向自由科学。

时至15世纪下半叶，自然科学在欧洲率先走上了独立发展的道路。盛行于欧洲的文艺复兴运动掀起了一股尊重人性、崇尚理性和追求生命意义的潮流，成为人们打破枷锁、寻求思想解放的强大动力。1543年，尼古拉·哥白尼（Nicolaus Copernicus）发表的《天体运行论》（*De Revolutionibus Orbium Coelestium*）可视为一封写给宗教神学的挑战书，他提出的“日心说”打破了基督教神学的“地心说”，宣告了神学宇宙观的破产，拉开了近代自然科学的序幕。哥白尼的学说后来得到了许多科学家的继承和发展。乔尔丹诺·布鲁诺（Giordano Bruno）的无限宇宙图景、第谷·布拉赫（Tycho Brahe）的“第谷宇宙体系”、约翰尼斯·开普勒（Johannes Kepler）的行星运动三大定律等一系列重要发现逐步将自然科学从宗教神学中解放出来。1687年，牛顿提出的万有引力定律和运动三大定律宣告了近代自然科学的诞生[4]。社会科学的发展历史悠久，从远古时代世界五大文明发祥地分别出现社会思想萌芽开始，社会科学就逐渐发展起来。17世纪的科学技术经历了突破式变革，不同学科门类之间的分裂、交叉与融合成为科学发展的重要特征。勒内·笛卡儿（法语：René Descartes）将代数学和几何学两门学科的知识进行关联，在方程的性质中体现图形的几何关系，进而创立了解析几何。1670年尼古拉斯·莱莫瑞（Nicolas Lemery）首次提出区分植物化学和矿物化学，创立了最初的具体交叉学科的名称，其中植物化学是植物学与有机化学相结合而形成的一门交叉学科，而矿物化学是由矿物学和化学结合形成的，旨在研究矿物中化学成分的一门交叉学科。1690年，威廉·配第（William Petty）首次系统研究了政治经济学的方法问题，并提出将数学方法和统计学方法进行跨学科结合。俄国科学家米哈伊尔·罗蒙诺索夫（Mikhail Lomonosov）分别于1752年和1760年提出了“物理化学”和“经济地理学”。

面对这一系列科学发展过程中所显示的学科交叉新趋势，弗里德里希·恩格斯（德语：Friedrich Engels）在分析各种物质运动形式相互转化的基础上预言：原有学科的邻接领域将是新学科的生长点[5]。20 世纪以前，交叉科学初露萌芽，但关于交叉科学的理论、方法以及概念大多来自直观经验，属于经验性科学研究。但不可否认的是，这一阶段的相关研究为后来交叉科学的蓬勃发展奠定了坚实的基础。

纵观科学发展史可以看出，科学经历了综合—分化—再综合的发展过程。当代科学呈现出高度分化基础上的高度综合的特征，独立的学科划分使科学系统分化成有着各自不同特点和功能的分支系统，但各学科本质上仍然相互联系和相互促进，并未完全被人为学科划分的边界所束缚。随着科学的不断发展，学科间的相互交叉与渗透趋势愈加明显，自然科学和社会科学已从“二元分立”逐渐走向交融。正如马克思所说，“正像关于人的科学将包括自然科学一样，自然科学往后也将包括关于人的科学：这将是一门科学”[6]。交叉科学不仅能够涵盖原有学科尚未涉及的知识领域，弥补科学知识体系的缺口，还能够成为连接学科知识的纽带，进而推动科学的整体化融合与革命性变化。

1.1.1 国外交叉科学的发展进程

正如列宁预言的那样，从自然科学奔向社会科学的强大潮流不仅在配第时代存在，在马克思时代也存在，在 20 世纪，这个潮流同样强大，甚至可以说更加强大[7]。虽然学科之间的交叉和融合现象由来已久，但具有现代科学形态的交叉科学还是 20 世纪的产物。1926 年，美国哥伦比亚大学心理学家罗伯特·塞钦斯·伍德沃斯（Robert Sessions Woodworth）在美国社会科学研究理事会（Social Science Research Council, SSRC）的会议上提出，理事会由多个学科组建，不应局限于促进某个单一学科的研究，而是应致力于打破学科之间的专业化界限，促进两门或多门学科之间跨学科的综合研究，并首次公开使用“interdisciplinary”一词[8]。然而“interdisciplinary”一词仅被记录在了 SSRC 的会议文件中，并未得到普及。直到 1937 年，《新韦氏大词典》《牛津英语辞典（增补本）》首次收录了“interdisciplinary”一词以后，才逐渐被后人所使用[9]。

在时代环境和社会需求的影响和推动下，交叉科学在理论与实践中都得到巨大的发展。第二次世界大战期间，战争催生了一系列新武器与新技术的研发，在这一战时背景和紧迫需求的推动下，雷达系统、原子弹的研制促使来自不同学科和不同领域的科研人员通力合作。战后，各国的恢复发展和国际竞争更是加大了对交叉科学的需求，政府对交叉科学研究的大力支持不仅促进了科学界、商业界和军事界之间的大规模长期合作，也推动了大量交叉科学工业实验室和研究机构的成立。1947 年，美国斯坦福大学第一个从事基础科学和工程领域交叉科学研究的独立实验室——汉森实验物理实验室（Hansen Experimental Physics Laboratory，HEPL）成立；1948 年，兰德公司（Research and Development，RAND）从道格拉斯公司（Douglas Aircraft Company）中脱离出来，成为一个独立的智库组织，其主导的项目大都是由不同学科、不同专长的学者采取各种集体研究的方法来完成；1949 年，密歇根大学社会研究所（Institute for Social Research, ISR）成立，其首任所长伦西斯·利克特（Rensis Likert）一直致力于跨学科的合作与交流。这些相继创立并不断成长起来的研究机构为促进交叉科学的发展提供了重要支撑。

20 世纪 50 年代到 60 年代，"interdisciplinary"及其相关术语开始被普遍使用，科研人员对交叉科学的理解和认识不断深入，交叉科学开始进入实质发展阶段。在此阶段，不少国家逐渐意识到交叉科学研究范式是解决复杂科学问题的有效途径之一，相继成立了交叉科学研究中心。1960 年，法国埃德加·莫林中心（Edgar Morin Center）成立，最初称之为大众传播研究中心（英语：Center for the Study of Mass Communication；法语：Centre d'Études des Communications de Masse，CECMAS），1973 年更名为交叉科学研究中心（英语：Center for Transdisciplinary Studies；法语：Centre d'Études Transdisciplinaires, Sociologie, Anthropologie, Sémiologie，CETSAS），并出版交叉科学杂志 *Communication*。1965 年日本野村综合研究所（Nomura Research Institute, NRI）成立，提供跨学科、跨专业、多领域的综合性咨询服务。1968 年，比勒费尔德大学（Bielefeld University）打破院系的限制，成立了交叉科学研究中心（英语：Center for Interdisciplinary Research, 德语：Zentrum für interdisziplinäre Forschung, ZIF），支持来自不同国家和不同学科的跨学科创新研究项目。这些研究中心展开了一系列多学科交叉的探索性研究，并对交叉科学教育的基本理论和模式展开了丰富的讨论。

20 世纪 70 年代，交叉科学的广泛实践引发了学术界对非传统学科范式知识活动的理论思考和经验总结[10]，国外交叉科学研究进入深度探索阶段。1970 年 9 月 7 日～9 月 12 日，经济合作与发展组织（Organisation for Economic Co-operation and Development，OECD）下属的教育研究与创新中心（Centre for Educational Research and Innovation，CERI）在法国尼斯大学召开了首届交叉科学学术讨论会，来自 21 个国家和地区的与会代表对交叉科学的概念和基本含义、交叉科学研究、交叉科学教育等问题做了全面、系统的探讨[11]。随后在 1972 年，基于此次研讨会的研究报告——*Interdisciplinarity: Problems of Teaching and Research in Universities* 在巴黎出版，这份报告被称为是"有关交叉科学的重要文献"[12]。1975 年，约瑟夫·J.科克尔曼（Joseph J. Kockelmans）等编著的《交叉科学与高等教育》（*Interdisciplinary and Higher Education*）出版，对交叉科学教育以及基本理论等问题做了全面论述[13]。1976 年，第一份交叉科学领域的国际期刊 *Interdisciplinary*

Science Reviews 在英国创刊，专门刊登有关交叉科学研究和思想观点的论文，至今（2019 年）仍在不断出刊。

20 世纪 80 年代，国际学术界对交叉科学的关注不断升温，相关理论研究体系愈趋清晰。1980 年，国际上第一个交叉科学研究联合会——国际交叉科学研究协会（International Association for the Study of Interdisciplinary Research, INTERSTUDY）正式成立。1986 年，联合国教科文组织在威尼斯召开第一次“科学与文化（Science and Culture）”多学科专题研讨会，研讨会以“科学和知识的边界：我们过去文化的开端（Science and the Boundaries of Knowledge: the Prologue of Our Cultural Past）”为主题，会后发表了《威尼斯宣言》（*Venice Declaration*）[14]。在此阶段，有关交叉科学研究（interdisciplinary research）、交叉科学理论（interdisciplinary theory）、交叉科学特征（interdisciplinary characteristics）、交叉科学教育（interdisciplinary education）、交叉科学联盟（interdisciplinary union）等相关术语也不断规范化。

20 世纪 90 年代，随着交叉科学理论的不断深化，交叉科学领域的理论与实践活动开始结合，在人才培养方面的探索尤为引人注目。在理论探索方面，长期致力于交叉科学研究的朱丽·汤普森·克莱恩（Julie Thompson Klein）于 1990 年出版了第一部完整的交叉科学专著 *Interdisciplinarity: History, Theory, and Practice*，克莱恩提出的有关交叉科学结构体系的论述极具代表性，标志着交叉科学理论进入系统、全面发展的新时期[15]。随后，克莱恩以独著或者合著的方式，陆续出版了一系列相关著作，如 1994 年出版的 *Interdisciplinary Studies Today* 是一本关于交叉科学研究项目和学校发展、管理和评估的实用书籍[16]；1996 年出版的 *Crossing Boundaries: Knowledge, Disciplinarities, and Interdisciplinarities* 一书呼吁更加深度的学科变迁、转移、扩大、交叉、跨界和融合[17]；1999 年编写的 *Mapping Interdisciplinary Studies* 指出高校应顺应交叉科学蓬勃发展的趋势，促进交叉科学教育的发展。在实践方面，交叉科学研究和人才培养平台不断涌现，美国斯坦福大学“Bio-X 计划”则是典型代表。“Bio-X 计划”是由生物化学家 James Spudich 和物理学家 Steven Chu（朱棣文）于 1998 年共同发起，是一项基于生物学与医学、工程学、计算机科学、物理学、化学等不同学科开展交叉科学研究，以解决生命科学中的重大问题为宗旨的大型交叉科学研究计划。自成立以来，“Bio-X 计划”资助了一系列生物科技前沿领域研究，整合斯坦福大学多学科资源，促进了生物学与各学科领域研究人员的沟通交流与合作，成功破译了人类遗传基因密码，在生物科学研究领域取得了突破性的成就，已成为美国以大型交叉科学研究计划为核心推动交叉科学研究和协同创新的典范[18]。

进入 21 世纪以后，交叉科学的发展逐渐引起了多国政府的关注和重视，对交叉科学的研究上升到国家科技发展规划的高度。其中，最具代表性的莫过于“国家科学院协会凯克未来创新计划”（National Academies Keck Futures Initiative, NAKFI）。该计划是由美国科学院协会和美国凯克基金会（W. M. Keck Foundation）于 2003 年发起，旨在推动创新的、跨学科的研究和探索，打破交叉科学发展的诸多障碍。在凯克基金会的资助下，美国国家科学院（National Academy of Sciences）、国家工程院（National Academy of Engineering）和国家医学研究院（Institute of Medicine）对美国科学界开展交叉科学研究的状况进行了调查研究，其研究报告《促进交叉科学研究》（*Facilitating Interdisciplinary Research*）于 2005 年正式出版。该报告通过大量的调查研究和案例分析，生动地描述了交叉科学的研究现状，就如何促进交叉科学研究提出了一个总的行动指南[19]。此外，芬兰科学院（Academy of Finland）也于 2005 年发布《促进交叉科学研究：以芬兰科学院为例》（*Promoting Interdisciplinary Research: The Case of the Academy of Finland*）的白皮书，试图通过制定研究政策、开发评估机制和创建组织机构来鼓励更多的交叉科学研究[20]。

通过对国外交叉科学研究与实践发展脉络的简要梳理，可以发现国外交叉科学的探索已有较长的发展历史，无论在理论上还是实践上都取得了显著进展，国外交叉科学研究积累的经验也为我国发展交叉科学提供了重要参考。

1.1.2 国内交叉科学的发展进程

相比于国外交叉科学的发展态势，我国交叉科学相关研究起步较晚。直至 20 世纪 50 年代，交叉科学在我国才初露萌芽。随着科学技术在国家建设中的地位和作用日益彰显，科学发展的前沿与动态、新兴技术的产生与发展等一系列具有交叉科学特征的研究问题逐渐成为学界研究和讨论的重要课题。运筹学、技术经济学、科技史等一批新兴交叉学科相继创立，科学在学科交叉与渗透中不断细化，例如钱学森有关工程控制论的研究不仅拓宽了控制论的研究领域，而且对不同学科领域的知识融合做了有益尝试。1956 年，在中科院钱学森和许国志的倡导下，我国成立了运筹学（运筹学是 20 世纪三四十年代发展起来的一门新兴交叉学科，它主要研究如何应用数学和计算的理论与方法对社会系统和工程系统做出最优或满意的决策[21]）研究组，后扩建为研究室。20 世纪 60 年代后期，由于历史原因我国交叉科学研究几乎中断，直到 20 世纪 70 年代后期才逐渐复苏。随着我国科学技术的快速发展，跨越自然科学与人文社会科学的研究活动蓬勃发展，各种新兴交叉学科层出不穷。

20 世纪 80 年代，随着我国对交叉科学的日趋重视，交叉科学研究正式进入起步阶段，并逐渐获得国家层面的关注与支持。1984 年，国务院通过了《关于科学工作的六条方针》，其中特别提到“自然科学中有与社会科学交叉的学科，不要搞批判”，这是政府文件中第一次涉及“交叉科学问题”[22]。在国家的支持和引导下，学界就交叉科学发展及研究问题多次组织会议开展广泛讨论。1984 年 12

月 16 日～20 日，中国社会科学院研究生院和中国科学院研究生院在北京召开了题为“现代自然科学和社会科学”的联席学术讨论会，会议讨论了自然科学与社会科学规律的研究方法，并提出要促进二者交流。1985 年 4 月，在钱学森、钱三强、钱伟长等学者的倡导下，中国科学技术培训中心会同中国科学技术协会所属的 17 个学会和研究会，在北京召开了全国首届交叉科学学术讨论会，会议就交叉科学的形成、历史、地位、未来发展趋势等展开探讨，并提出了“迎接交叉科学的新时代”这一具有里程碑式的口号，该会议探讨的议题和达成的共识对我国发展交叉科学以及发挥交叉科学在“四化”建设中的作用具有重要的指导意义[22]。不少学者也开始关注交叉科学研究，纷纷通过发表文章、出版专著、创办期刊等来传播和交流交叉科学研究成果。1985 年，刘仲林在《未来与发展》杂志上发表《跨学科学》一文，在我国首次提出并详细论述了“跨学科学”[23]。1986 年，《交叉科学》杂志在天津创办，为交叉科学研究提供了交流与讨论的学术平台。1987 年，光明日报出版社出版《交叉科学文库》第一辑。1989 年，李光、任定成主编的《交叉科学导论》出版。这一系列的学术成果不断推动着交叉科学在我国的繁荣发展。

20 世纪 90 年代，我国交叉科学进入高速成长阶段，国家对交叉科学予以持续关注，交叉科学研究成果不断涌现。1990 年，刘仲林编写的《跨学科学导论》一书出版，该书就交叉科学的概念界定、认识论、方法论等问题展开了理论探讨，成为我国交叉科学研究的重要奠基性著作[24]。1994 年《中国 21 世纪议程——中国 21 世纪人口、环境与发展白皮书》经国务院第十六次常务会议审议通过，该白皮书明确提出“要促进跨学科、跨领域科研人员的交流与合作，进行可持续发展科学技术研究”。这标志着交叉科学研究成为我国国家级发展战略。此外，一系列与交叉科学相关的学术活动、学术著作也纷纷开展和落实，如全国软科学研究工作座谈会的召开、“交叉科学文库”和“软科学丛书”的出版，以及天津师范大学交叉学科研究所的成立等，为交叉科学研究提供了广袤的生长空间。

进入 21 世纪，交叉科学研究在世界范围内蔚然成风，国内也呈现出欣欣向荣的生命力。随着各个学科在研究方法和知识体系等方面交叉、渗透趋势不断加强，不同学科之间的交流与合作已成为科学技术发展的重要特征之一。为此，国家相关部门大力推动交叉科学研究，《国家中长期科学和技术发展规划纲要（2006—2020 年）》明确指出“基础学科之间、基础学科与应用学科、科学与技术、自然科学与人文社会科学的交叉与融合，往往导致重大科学发现和新兴学科的产生，是科学研究中最活跃的部分之一，要给予高度关注和重点部署”[25]。2006 年，由科学出版社主办的、国内首个有关交叉科学研究的连续出版物《中国交叉科学》创刊，为交流交叉科学研究新思想、新观点、新成果提供学术争鸣的平台。2012 年，由教育部和财政部发起的“2011 计划”（即高等学校创新能力提升计划），是以前沿科学和交叉科学为重点，大力支持不同高校、研究机构间协同创新研究中心的建设。这一计划无疑是中国交叉科学研究过程中的一个重要里程碑[26]。2015 年 10 月，国务院发布的《统筹推进世界一流大学和一流学科建设总体方案》明确提出要“培育跨学科、跨领域的创新团队”[27]。在此背景下，一系列国内交叉科学研究和人才培养平台不断涌现，例如，北京大学前沿交叉学科研究院，浙江大学跨学科社会科学研究中心，清华大学交叉信息研究院、智能无人系统研究中心、智能网联汽车与交通研究中心和浙江清华柔性电子技术研究中心等，这些交叉科学研究机构和教育机构的创办在推动我国交叉科学发展、培养交叉科学人才方面发挥着重要作用。在一系列政策措施的支持和研究中心的推动下，我国在航空航天、生物工程、生命科学、信息技术、新材料、新能源等多个研究领域的学科交叉与融合趋势不断增强，取得了大批具有重要意义的科研成果。

从国内交叉科学的发展进程可以看出，相比于国外，我国交叉科学起步较晚，前期经验积累较少。进入 21 世纪，我国对交叉科学的重视程度不断提高，交叉科学开始进入全面发展的新阶段。但是目前我国在国家战略、交叉科学研究活动、研究组织制度等方面仍存在较大的发展和提升空间，应在借鉴国外交叉科学发展过程的经验基础上，制定适合我国国情发展的相关科技政策，促进我国交叉科学的不断发展。

1.2 交叉科学的相关概念

一门学科的理论体系一般是由概念、定律和逻辑形式等构筑起来的。其中，科学概念是构筑科学理论的细胞[28]。科学明晰的概念，是人类思维形式的基本反映，是对同类事物共同特性和一般本质属性的概括。正如列宁（俄语：Влади́мир Ильи́ч Улья́нов）在《列宁全集》中所指出的，概念体系是人类的“思维之网”，而各个概念则是网上的“纽结”[7]。目前，交叉科学这一学术术语的使用较为普遍，但其相关术语的区分仍有待明晰，对交叉科学及其相关概念进行科学定义是理解交叉科学并将其用于解决复杂难题的重要前提。

1.2.1 科学与学科

本节旨在从科学系统的角度对交叉科学的相关概念进行论述，因此在明确何谓交叉科学之前，首先需要清晰地界定和说明“科学”和“学科”这两个上位概念[22]。科学是人类对客观世界认识的结晶，是人类对客观世界实践经验的概括和总结，是所有知识体系的总和。科学的基本使命是认识客观世界，即以概念、范畴、原理、定律等理论形态，按照世界的本来面貌反映世界，进而正确揭示客观世界存在的现象和过程的本质的、必然的规律。关于“科学”的定义，不同学者从多个维度进行阐述。刘大椿认为科学不仅仅是知识体系，也是一种人类活动，这种活动在当代具有特定的结构[29]。他把科学作为一种特殊的人类活动来研究，并构建了“科学活动论”这一富有特色的完整体系。王续琨认为科学是人们创造知识的认识活动、社会活动以及由此建立的知识体系[22]。陈琴和庞丽娟认为科学既是一种过程，也是一种结果。一方面，科学作为一种认知活动，是人们积极探索周围世界、获取知识、探求规律的过程；另一方面，科学也是人们探索和认识自然世界的活动结果，它不仅表现为系统化的知识体系，而且还包含有独特的科学方法和科学精神[30]。

学科是科学细分的结果，是按照知识的性质划分的、具有特定研究对象的科学知识分支体系，是科学知识体系的基元结构层次。从学术研究的角度看，一门学科首先需要有一个中心问题（可以包含多个方面），然后有与问题相关的解释、目标与理论[31]。金吾伦认为学科是在科学不断分化和整合的过程中形成和发展的，并分别从研究对象、研究方法、研究成果等 5 个方面对学科进行定义[32]。王续琨从发生学视角将学科定义为具有特定研究对象的科学知识分支体系[22]。邹晓东等认为学科是由学者、学术信息、学术物质技术基础、学术行为规范和价值观，即学科文化等因素构成的一种组织[33]。金薇吟指出学科具有知识形态的学科和组织形态的学科双重含义[34]。综合来看，科学是由众多学科构成的多层次的庞大系统，学科是科学体系下的具体分支，科学和学科是整体和部分的区别，交叉学科则是不同分支之间的新增点。随着学科的不断细化以及交叉融合趋势不断增强，交叉学科逐渐涌现，科学系统不再是由若干学科组成的简单树状结构，而是呈现出纵横交错的复杂网状结构。

1.2.2 交叉科学及其相关术语辨析

科学本质上是内在的统一体，自然科学与社会科学的一体化根源于研究对象的统一性。现代科学已被细分为若干“至精至纯”的学科，各学科日益向高、精、尖方向发展。然而，随着社会环境的变化，单一学科在解决复杂问题方面的局限性逐渐显露，单纯纵向分化割裂了科学研究客体和科学自身整体性的内在联系，原本相对孤立的学科亟需突破学科限制。正如普朗克指出的“科学是内在的整体。它被分解为单独的部门不是取决于物质的本质，而是取决于人类认识的局限性。实际上存在着由物理学到化学，通过生物学和人类学到社会科学的连续链条，这是任何一处都打不断的链条。如果这个链条被打断了，我们就是瞎子摸象，只看到局部而看不到整体”[35]。交叉科学是这条科学连续链条的重要组成部分，不容忽视。乌家培认为“从根本上说，交叉科学的产生和发展是由客观存在的整体性所决定的。……客观存在的整体性，要求分散的单一学科向综合的整体化方向发展”[36]。现代科学既高度分化又高度综合的特质是交叉科学产生的重要原因，交叉科学集分化和综合于一体，在一定程度上能够填补各学科之间的间隔与空白，进而推动科学的整体化发展。

1. 交叉科学的内涵

关于交叉科学的定义，正如艾伦·L.波特（Alan L. Porter）等所指出的，目前尚无定论，也没有广泛认可的、有效可信的评估方法[37]。许多学者根据各自的理解赋予了交叉科学不同的概念，这些概念一方面展现了交叉科学的具体内涵和特征，推动了交叉科学研究的不断发展；另一方面，由于学界对交叉科学没有完全统一的概念，概念界定的分歧一定程度上也阻碍了交叉科学研究的进一步发展。回顾各种不同的交叉科学概念，可以从不同侧面和角度加深对交叉科学的认识与理解。

如前文所述，"interdisciplinary（交叉科学）"一词最早由美国哥伦比亚大学的伍德沃斯于 1926 年公开提出，并将其概括为超越一个已知学科的边界而进行的涉及两门或两门以上学科的实践活动[9]。1972 年，OECD 下属的教育研究与创新中心（Centre for Educational Research and Innovation，CERI）在法国尼斯大学联合召开了首届交叉科学学术讨论会。在此次会议上，学者们对交叉科学这一概念的各种定义进行了总结，并指出：交叉科学的目的在于整合两门或多门不同的学科，其涵盖的范围广，从简单的观点交流到某一领域内组织概念、方法论、认识论、术语、数据、研究和教学组织之间的相互融合[12]。在此之后，中外学者纷纷试图为交叉科学进行准确、恰当的定义，下文列举了几个具有代表性和影响力的交叉科学或者交叉学科的概念（此处尽可能地保留原文的表述，因此会存在交叉科学和交叉学科混用的情况）。

（1）交叉学科是指自然科学和社会科学相互交叉地带生长出的一系列新生学科[38]。

（2）交叉学科是与单一科学相对应的综合性科学，两门以上的科学相互结合、彼此渗透的交叉，不仅分别存在于自然科学和社会科学各自的内部，而且大量发生在自然科学与社会科学之间[36]。

（3）现代意义上的交叉学科源于统一科学、一般知识和知识整合等一系列思想的共振[15]。

（4）狭义的交叉科学概念是指形成于数学科学、自然科学与哲学科学、社会科学之间交汇区域的跨界学科或边缘学科[39]。

（5）交叉学科包括众多交叉性学科在内的学科群，如比较学科、边缘学科、软学科、综合学科、横断学科、超学科等[40]。

（6）交叉学科是在两种或两种以上单一学科基础上，科学主体凭借对象整合、概念移植、理论渗透和类比推理等方法，对对象世界及其变化进行探测、体认和再现后形成的跨越单一学科性的独立的科学理论体系[41]。

（7）交叉学科是由远缘的（非本学科内部的）理论簇之间发生非线性相互作用所构成的独立系统[42]。

（8）交叉科学的核心概念在于“知识整合”[43]。

（9）交叉科学就是通过不同学科之间观点、方法、概念、科学素材以及组织人员上的交叉、渗透乃至于有机整合，从而形成的相对确定的统一学科形态[44]。

（10）交叉学科是两门以上不同学科的理论和方法相互渗透，在遵循科学规律的基础上，通过实践过程的证明，形成的更为有效的学科群[45]。

以上定义的主语表述（交叉科学、交叉学科等）各不相同，学科交叉的方式（观同察异、话语移植、互补共融、连锁辐射、辐集聚焦、横断综析、形上升华 7 种类型[46]）也各有差异，但基本内涵相通，均关注跨越两门以上学科领域的科学研究活动，都强调学科知识的整合、共享和交融。知识整合包括不同学科知识的融合（即纯粹意义上的交叉科学），也可以通过不同地区、不同时代、不同思想流派的知识融合来实现。一般而言，研究成果融合的学科来源越多，其跨学科性就越强[47]。这些概念虽然存在共同之处，但也分别涉及了学科发展过程中不同的发展和演变结果[48]。交叉科学的发展是一个由浅入深的过程，概念界定是主观认识的表现形式，会随着交叉科学研究的深入而不断完善。

2. 交叉科学的相关术语

随着交叉科学的发展，一些与交叉科学相关的术语也相继涌现，如多学科、横断学科、超学科、边缘学科、综合学科、比较学科等。这些术语与交叉科学有着密切联系，但也有明确的区别，在学术研究和具体使用时容易混淆，这也引发了国内外学者的激烈探讨。通过梳理国内外相关文献发现，交叉科学（跨学科）（interdisciplinary）、多学科（multidisciplinary）、横断学科（crossdisciplinary）和超学科（transdisciplinary）的使用频次较高，因此本节将重点探究这四个术语之间的联系与区别，同时对使用频次相对较低的边缘学科、综合学科、比较学科等相关术语的内涵也做简要梳理。

1）交叉科学（跨学科）

交叉科学和跨学科是交叉科学领域最为常用的学术术语，二者常常相互替代或混用。1985 年，我国首届交叉科学学术讨论会在北京召开后，国内更多地把“interdisciplinary”译为“交叉科学”。跨学科和交叉科学虽然在概念上互有交叉，在实际应用中也可以替换，但二者并不完全等同。

交叉科学和跨学科的区别主要体现在“交叉”与“跨”这两种表达方式的差异。跨学科的“跨”是动词，指主体跨越学科边界的动作，体现了将某一学科知识带入其他学科并与之交融的行为。交叉科学的“交叉”有两层含义：一是不同学科相互交错、融合的动作，这里的“交叉”是动词，与跨学科含义相近；二是“交叉”作为形容词，交叉科学指学科交叉后形成的整合性的新学科，源于母体学科但又相互区别。一般将不同学科间的交叉称为一级交叉，如研究物质运动基本规律的基础科学领域之间的交叉活动就是一级交叉的表现，它形成了诸如物理化学、生物化学之类的新学科。随着学科一级交叉的深入，物质层次结构中各种原先孤立的运动形式开始相互联系、相互渗透、相互转化，从而形成对原有学科对象的某一侧面或者某一部分进行深入研究的情况，学科内的此类交叉称为二级交叉、三级交叉[49]。

尽管交叉科学与跨学科之间存在着细微差别，但大多数研究者还是将它们视为同义词。其共同之处在于二者均是以两门及两门以上学科的交叉融合为显著特征，以有效解决单一学科无法解决的问题为目的。事实上，无论是跨学科还是交叉科学都不是两门或两门以上学科的拼凑组合，而是要在交叉的基础上寻找学科之间的内在关系和逻辑契合点，彼此相互借鉴和补充，在学科交叉处将不同学科的知识和思维融合成新的知识体系并培育成新的学科增长点，从而实现“1+1>2”的效果。学科交叉后形成的新学科带有母体学科的背景，但其本身又是一个独立的学科体系，有特定的研究对象、研究领域和研究方法。如果仅仅为了交叉而交叉，流于形式，将不存在交叉意义，也不会形成新的学科。可见，交叉科学和跨学科在概念上虽略有不同，但是不影响在实践中的应用。在本书中，除个别保留原始文献中的说法或者特有的表达情境外，绝大多数情形下用“交叉科学”表述。

2）多学科

1970 年召开的首届交叉科学学术讨论会上，在讨论学科间关系时，曾将“多学科（multidisciplinarity）”界定为“不同学科的并置，有时它们之间并没有明显的联系，例如音乐、数学和历史”[12]。多学科强调从两门或两门以上学科或知识领域中获取信息，运用多元化视角全面认识复杂事物。但是由于各学科通常只专注于本领域内的研究问题，局限于本学科话语系统中，因而学科之间的交流多限于进度上的协调，较少有不同学科理论和方法的整合。例如，为了完成某一研究课题，拥有不同学科背景的研究者组成临时性的研究小组，各成员运用自己的学科知识和方法独立完成预先分配的任务，相互之间少有交流，并且目标达成后，便自行解散。这种模式的学术团队，看似阵容强大，实则“有形无魂”。另外，与交叉科学和超学科以问题为中心的研究模式不同的是，多学科围绕某一特定主题展开研究，不同学科就这一特定主题提供不同的观点或建议，并未突破学科间的藩篱、发生知识整合以及产生新的学科，因此在解决复杂性综合难题时，其比较劣势容易被凸显出来。

3）横断学科

“横断学科（crossdisciplinary）”又称“横向学科”。埃里克 •詹奇（Erich Jantsch）

认为“crossdisciplinarity”是指“在同一层次上，将一门学科的公理加于其他学科，因此围绕这一特定的学科公理，发生了一个固定的极化”[50]。横断学科包含的具有共性的规律、原理和科学方法如同横贯于各门学科的“横断面”，例如系统论、信息论、控制论等学科知识或方法的广泛适用性引发了各领域的关注，故有人称“横断学科”为“普适学科”或“方法学科”。相较于多学科，横断学科所涉及的学科之间的联系更加密切，从这一点来看，横断学科是多学科的更高层次，但二者均未跨越学科边界，未涉及知识整合。从学科涵盖的范围广度来看，交叉科学虽然也涉及差异较为明显的学科之间的交叉，但横断学科涉及的学科门类多于大多数交叉科学的组成学科；从学科的产生方式来看，横断学科通过捕捉学科的“共同点”或“横断面”得以建立，交叉科学则通过将两门或两门以上学科的知识进行整合的方式建立，其整合程度高于横断学科。整体来看，横断学科与交叉科学二者区分较为明显，重叠部分较少。但在学科演变过程中，二者仍有“互通友好”的关系，例如数学科学和系统科学作为由横断学科所构成的科学部类，在它们的内部均存在因学科相互渗透而形成的边缘学科[51]。

4）超学科

“超学科”的概念同样是埃里克·詹奇最早提出，他认为“超学科（transdisciplinarity）”是“在一个普遍的公理和新兴认识论模式的基础上，教育或创新系统中所有学科和交叉科学的协调”[52]。超学科的首要特征是“问题的解决”，以现实中复杂和多维的问题为重要研究对象，同时也涉及理论或概念层面的问题研究；多学科研究旨在围绕一个主题而非现实问题展开，不同学科对某一特定主题提供不同的观点而非解决方案，没有解决问题的意图[53]；交叉科学也关注复杂问题的解决，其与超学科的主要区别在于合作研究的参与者不同：超学科研究要求专业研究者和利益相关者共同参与决策，通过多维度价值观的整合最大程度促进问题的解决，这是超学科的另一个特征，而交叉科学研究者的范围仅限于科学界。另外，在方法论方面，超学科旨在对不同学科的方法进行整合，Gibbons 等提出，超学科只有在科学研究建立在共同的理论理解的基础上，并伴随着认识论的相互渗透才会产生[54]；在多学科研究中，每个学科都以独立的方式开展研究，具有学科自主性；交叉科学则构建了一个共同的方法框架，在此框架内，使用不同的方法研究问题的不同方面[55]。事实上，超学科打破了局限于学科知识体系内部的研究模式，谋求学科和非学科的知识整合，把各种知识整合成一个整体以获得全新的科学发现。

交叉科学、多学科、横断学科和超学科是当前主要的科学研究模式，根据上文四个学科概念的比较分析可以看出，这四个学科概念虽均涉及两门或两门以上学科的知识，但它们在学科间的联系紧密与否、是否跨越学科边界、是否涉及知识整合等方面具有明显的区别。根据学科整合的程度，可以将其从低到高排列为多学科、横断学科、交叉科学和超学科，图 1-1 是根据四个学科的内涵描绘出的示意图，可以简要地观察四个学科的形成路径及其组成学科之间的关系。其中，箭头指向呈现了四个学科的层次排列，对于相邻的层次而言，后一层次都是在前一层次的基础上谋求更好的学科合作。超学科是学科交叉与渗透程度最高的学科类型，能够在知识整合过程中产生新的学科，并参与到学科互动中，形成新一轮的学科交叉结构。

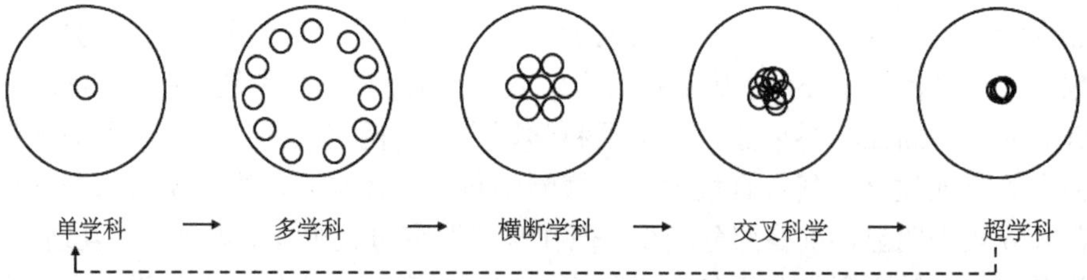

图 1-1　多学科、横断学科、交叉科学和超学科的交叉层次示意图[56]

5）其他相关术语

除上文论述的跨学科、多学科、横断学科和超学科四个相近术语外，与交叉科学相关的术语还包括比较学科、边缘学科、软学科、综合学科等，这些术语虽然在国内外相关文献中出现的频次较低，但由于它们均与交叉科学有着某种联系且内涵各不相同，对这些术语进行简要介绍对于加深交叉科学的理解是有益的。

（1）“比较学科”是通过比较的方法，对具有可比性的两个或两个以上的不同知识体系进行研究，探索各知识体系运动发展的特殊规律及一般规律的科学，如比较文学、比较教育学、比较法学等[11]。比较学科和交叉科学均涉及两门或两门不同学科的知识，都强调学科的交叉与融合，但二者同样存在差异。在学科整合程度方面，比较学科的学科整合程度比交叉科学低，对母体学科依赖性大，并未脱离母体学科自立门户；而交叉科学的学科整合程度相对较高，是对原有知识体系的重组、融合与创新，新生的交叉科学可以脱离母体学科而独立存在。在研究方法方面，比较学科的主要研究方法是比较方法，交叉科学则并不限于比较方法或某种单一的研究方法，而是集成多种研究方法，从而使交叉科学的应用范围更加广泛。

（2）“边缘学科”是指建立在传统学科分化的基础上，在两门或两门以上已有学科的边缘重合部或交叉点上发展起来的一门学科。边缘学科的形成有两条基本途径：其一是把某一门学科的理论和方法移用到其他学科领域；其二是两门以上学科的理论和方法相互融合，研究某些共同性课题[51]。边缘学科可分为两类：

第一类是介于两大科学部类之间（自然科学和社会科学）的边缘学科，由于学科间距离较远、研究对象和研究思路差异较大，因而此类亲缘关系较远的边缘学科又被称为“远缘边缘学科”，例如生态伦理学、统计物理学、生物数学等；第二类是介于科学部类内部不同学科门类和学科之间的边缘学科，各学科门类是较之科学部类的二级子系统，即介于自然科学与社会科学之间的学科群组，如人类学、地理学等。此类边缘学科建立于距离较近的学科间，由于亲缘关系近被称为“近缘边缘学科”。例如化学和物理同属于自然科学，二者的边缘重合部建立了物理化学。在社会科学的内部，社会学与民族学相互渗透建立民族社会学[51]。通过上述梳理，可以发现边缘学科和交叉科学有较大程度的相似性，因此有学者认为二者是同一个概念[57]。也有学者持不同意见，如王续琨认为边缘学科包含交叉科学，但边缘学科的外延远远大于交叉科学[22]。

（3）“软学科”又称“软科学”，是以管理和决策为核心议题的高度综合性学科，其研究对象大多是与国民经济、社会和科技发展相关的微观和宏观系统，每门软学科都是在多门学科的背景和基础上形成的[11]。王续琨将软学科理解为旨在提高自然科学社会效能的学科统称[22]。软学科和交叉科学均是在学科交叉的基础上形成的新学科，但与交叉科学相比，软学科最大的功能是服务于科学化的领导决策和政策的制定，即软学科的研究成果需要对重大现实问题的决策制定具有指导意义[58]，其研究对象大多是与国民经济、社会和科学技术发展密切相关的宏观大系统，而交叉科学解决的问题则具有综合性和复杂性特征，并且有着更加广泛的应用范围。

（4）“综合学科”又称为综合性学科，是以自然界、社会和人类思维为研究对象，综合运用多种学科的理论和方法，从各个角度进行研究的学科。综合学科扩大了人们研究问题的广度和深度，是科学经历综合、分化、再综合螺旋式发展进程的必然结果。综合学科的研究对象具有多层次、复杂性、立体、动态的特点，传统单一学科通常难以单独解决，因而需要改变科学研究方法，综合多学科知识或多种技术研究复杂事物的内在联系和逻辑结构，在此基础上衍生出环境科学、城市科学、情报科学、行为科学等综合学科。交叉科学与综合学科有较大面积的重叠，但两者并不完全重合，有些学科，如仿生学、知识学等属于综合学科，但并不能归属于交叉科学；有些学科如数理社会学、计量经济学等属于交叉科学，但并不能归属于综合学科[51]。

通过对交叉科学及其相关术语的辨析，可以看出，交叉科学与多学科、横断学科、超学科、比较学科、边缘学科、软学科、综合学科等概念均有不同程度的相似性，均是涉及不同学科的活动，关乎不同学科视角下对科学问题或实践活动的深刻解读。总体而言，交叉科学可划分为广义层面的交叉科学和狭义层面的交叉科学。主张广义交叉科学的学者将边缘学科、综合学科和横断学科等同于交叉科学，或者赋予交叉科学更为宽泛的外延，认为交叉科学包括比较学科、边缘学科、软学科、综合学科、横断学科和超学科。刘仲林主笔的《现代交叉科学》一书中有关交叉科学的定义开广义层面的交叉科学之先河，该书逐一分析了比较学科、边缘学科、软学科、综合学科、横断学科、超学科六大交叉学科门类，并按照交叉程度逐层排列，交叉层次最低的是比较学科，最高的是超学科，具体的交叉科学层次结构[11]如图 1-2 所示。

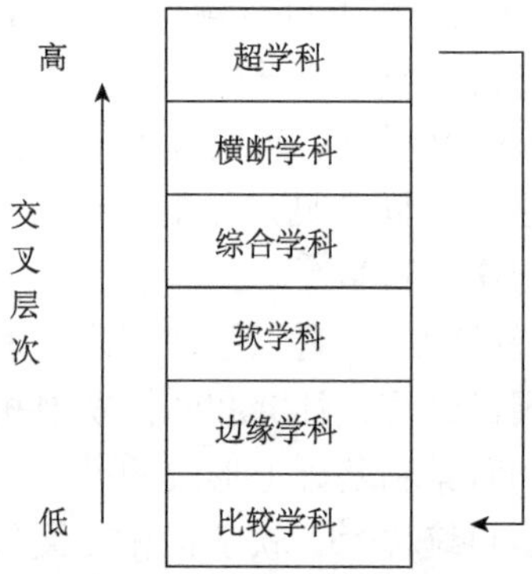

图 1-2 交叉科学层次结构[11]

而主张狭义交叉科学的学者认为与交叉科学相关的概念分别涉及学科发展过程的不同演变结果或交叉科学活动的不同层次，各学科各有不同或互有重叠。例如，王续琨曾论述了交叉科学与边缘学科、综合学科、横断学科的交叉重叠的关系[22]，并借助关系图予以说明，如图 1-3 所示。

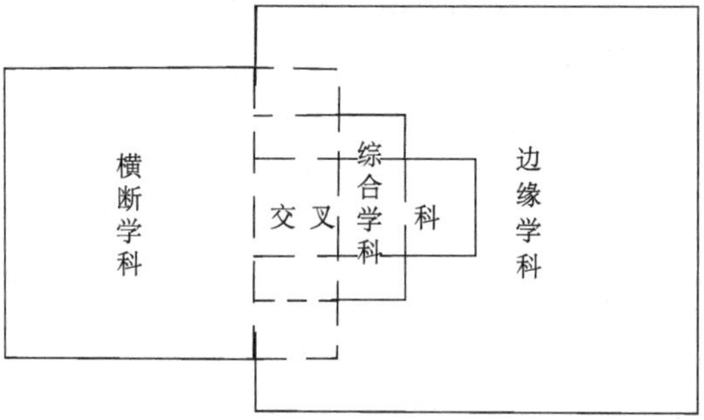

图 1-3 交叉学科与边缘学科、综合学科、横断学科的关系[22]

1.2.3 交叉科学研究

《促进交叉科学研究》(*Facilitating Interdisciplinary Research*) 报告中曾指出：交叉科学研究是最具成效、最鼓舞人心的一种探索活动，这一全新的研究范式正发挥着巨大作用[19]。随着交叉科学的日趋发展，交叉科学研究范式逐渐成为学术界关注的重点，正确揭示其内涵，对于合理高效地开展交叉科学研究活动、促进交叉科学发展具有重要意义。

1. 交叉科学研究的内涵

关于交叉科学研究的内涵，许多学者曾从不同角度予以阐述，但学术界尚未有统一定论，本小节将按照时间脉络，列举几个具有一定代表性的观点。1997 年，Newell 和 Klein 指出，交叉科学研究是一项提出、回答和解决某个问题的过程，该问题的涉及面和复杂度都超出了单一学科或行业所能处理的范围，交叉科学研究借鉴各学科的视角，并通过构筑一个更加综合的视角来整合各学科视角下的见解[59]，该定义的特点在于明确了交叉科学研究是以问题为导向的研究范式。1998 年，Wilson 根据参与的方式将交叉科学研究分为两种模式，第一种模式下的交叉科学研究是指单独的研究者精通多门学科并能把它们综合起来，这一研究者可能持有一个新问题或新方法，或敢于创新性地从研究者原来的学科中创建新的研究领域。第二种模式下的交叉科学研究是指在一组研究人员中，每位研究者都精通一门学科，成员之间通过沟通和协作完成一个复杂问题的研究[60]。2004 年，美国国家科学院、国家工程院和国家医学研究院联合发布的《促进交叉科学研究》报告认为交叉科学研究是由团队或个人进行研究的一种模式，它们把来自两个及以上的学科或者专业知识团体的信息、数据、方法、工具、观点、概念和理论统合起来，从根本上加深理解或解决那些超出单一学科范围或研究实践领域的问题[19]。2007 年，Porter 等提出交叉科学研究是研究小组或个人的一种研究模式，该模式整合了来自不同领域的概念、技术和数据[61]。2008 年，Schmidt 提出交叉科学研究是在科学和工程研究相结合的趋势下产生的，可以看作是为了重建科学统一体或者是为了解决社会迫切问题的一个有价值的工具[62]。2013 年，Angelstam 等认为交叉科学研究是通过集成不同学科领域以及研究人员和实践者，来提高创新性问题的解决能力的一种方法[63]。

综合以上关于交叉科学研究的概念，可以看出，交叉科学研究是以多学科协同的方式解决共同科学问题的科学研究模式，该模式整合了两门或两门以上学科的知识或方法，在科学研究中发挥着日益重要的作用。

2. 交叉科学研究的分类

在总结交叉科学研究的内涵的基础上，本节将进一步探究交叉科学研究模式的分类，以期能更加深入地探析交叉科学研究的内涵及其在科学体系中的独特价值。

根据交叉科学研究的主体规模，可以将交叉科学研究划分为“个体模式”和“团队模式”两类。“个体模式”即交叉科学研究的主体是单个研究人员，这要求研究人员具有广博的学科背景，具备多学科知识融合和方法迁移的能力，能从整体上把握知识间的纵横联系，利用不同学科知识的相互促进作用独立解决综合性科学问题。例如，亚里士多德在哲学、天文学、生物学、物理学等领域都有深入研究，被称为古代知识的集大成者。事实上，“个体模式”的交叉科学研究对研究者个人的能力要求颇高，而真正具备广博的多学科知识并能够灵活运用交叉科学方法研究问题的科学家却并不常见。因而在交叉科学研究中，“团队模式”更为普遍。“团队模式”的主体是由具有不同学科背景的科研人员组成的研究团队，团队成员通过发挥协同优势，解决共同的科学问题。合理的专业结构和知识结构配置是交叉科学团队建立的前提，也是取得高于单学科团队绩效的核心所在。团队成员的年龄、学历、专业背景、职称等应该具备多元性和互补性，同时要注重团队带头人的作用。作为团队组建的核心以及交叉科学研究的重要主导者，团队带头人需要把握团队研究方向、控制研究进度、协调成员关系等，在交叉科学研究中发挥着举足轻重的作用。

从广义的交叉科学概念来看，交叉科学研究按照所涉及的学科广度和深度可分为多学科研究（multidisciplinary research）、借用研究（borrowing research）和交叉科学研究（interdisciplinary research）三种模式。

多学科研究与单学科研究相对应，单学科研究作为科学分化的结果，其研究广度仅限于单一学科范围内。由于单学科知识只是对社会某一领域的某一对象，某一对象的某一层次、某一角度、某一过程等展开研究，很难做到互相沟通，因而运用单学科知识开展的科学研究具有一定的局限性[64]。单学科研究难以全面认识事物并揭示事物发展的全部规律，而交叉科学研究能够较为有效地弥补单学科研究的不足，交叉科学研究超越了传统单一学科的范围，促进研究广度的不断拓展。对比交叉科学研究与多学科研究可以发现多学科研究旨在从不同视角获得关于事物的整体认识，多学科研究团队中每位成员主要负责各自任务，注重成员个体学科知识的深度而非广度，因此多学科研究更多是相互累积的结果，在整合性和互动性方面相对较弱。交叉科学研究则强调诸多学科知识的融会贯通，且团队成员之间互相交流，强调互动性、整合性和统一性。

对比交叉科学研究与借用研究，可以发现借用研究依旧主要解决单学科研究问题，但是在研究过程中需要借助相关学科的方法或技术手段，进而收集常规方法无法获得的指标、数据等信息，获取单一学科下较难获得的创新性结论。例如，生物学研究中通常会运用物理学、电子显微镜、X 射线和光谱学等技术，是一种典型的借用研究[65]。借用研究在解决问题的过程中虽然借鉴了其他学科的知识，但并不涉及学科间的知识整合，没有形成新的学科知识体系和独立学科。例如在有机分子化学研究中，需要大量运用数学工具，但是借用研究通常看作是数学的方法和理论在化学研究中的运用，不能视之为新的交叉学科——有机分子化学数学。而交叉科学研究则是在方法借用的基础上，进一步促进知识融合，例如计量经济学便是代数和统计在向经济学移植和运用产生的。计量经济学有独特的理论与方法，以客观经济现象为研究对象，运用数学和统计学的方法，借助计算机技术从事经济关系与经济活动数量规律的研究，是一门在交叉科学研究中成长起来的交叉学科[66]。

总体来看，交叉科学研究为深入解决复杂的自然问题、社会问题提供了单学科研究、多学科研究、借用研究所无法取代的重要思路和方法，并日益显示出独特的作用和价值。

1.3 交叉科学发展的驱动力

交叉科学是当今科学研究的前沿领域，同时也是未来科学发展的重要方向，交叉科学不仅是科学自身进步的需要，也是全球经济和人类社会发展的需要。本节主要关注交叉科学发展的驱动力，试图明晰交叉科学发展的内外部因素，以期为促进交叉科学发展提供思路启示。

1.3.1 交叉科学发展的内在动力

所谓内在动力，即源于事物本身且能够推动事物发展的积极因素，交叉科学发展的内在动力源于科学进步的必然趋势和学科分化的内在逻辑。

从科学进步的必然趋势来看，科学是人类对客观世界的认识，是反映客观事实和规律的知识。随着各种认识活动的不断深化，人们逐渐形成对客观世界完整而系统的知识，并将科学知识划分为自然科学和社会科学两大主干门类。与对现实社会进行解读的社会科学不同的是，自然科学旨在深究世界上永恒的真理。自然科学的门类结构是按照它所研究的对象——自然界的各种各样物质运动形式来划分的，即机械运动、物理运动、化学运动、生命运动、地质运动等，它们分别对应自然科学中的力学、物理学、化学、生物学、地质学等基础学科。随着不同学科之间交叉渗透趋势愈发明显以及各新兴学科的不断涌现（如最早在物理学和化学之间产生的物理化学），传统自然科学结构已远远不能反映当代自然科学发展的现实，人们无法从中获得对自然科学完整而系统的说明。“交叉科学”是在学科的边缘交叉地带兴起的新的科学形式，无法在传统科学系统中找到其位置，因此科学系统亟待纳入“交叉科学”这一新的知识体系来补充原有的科学结构，从而使得科学结构能够更好地展示各门学科之间的内在联系以及预见自然科学的发展趋势。图 1-4 为基于自然科学门类结构绘制出的以地球为中心的自然科学四面体结构，其中物理化学、生物化学、地质力学等由基础学科交叉渗透形成的交叉学科在此结构中占据着举足轻重的地位，它们能够避免各学科之间的脱节现象，填补学科之间边缘地带的空白，将条块分割的学科连接起来，形成学科协同效应，从而使得自然科学结构更加完整。

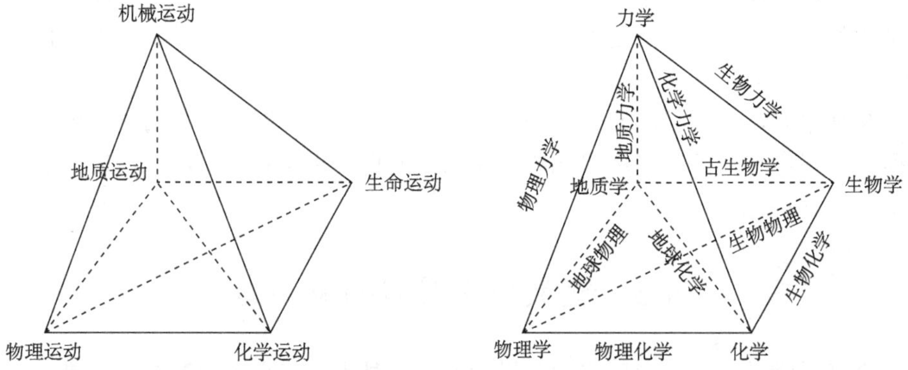

(a) 基础自然科学的四面体结构　　(b) 基础自然科学的主要交叉学科

图 1-4　基础自然科学的四面体结构与主要交叉学科[67]

现代科学知识体系具有高度分化和高度综合的特征，随着科学知识体系在长期发展过程中不断细化，诸多新兴学科不断裂变形成，细分学科的数量越多，学科间的距离越近，学科之间交叉的可能性就越大，从两门学科的交叉到两门以上多学科的交叉，从传统学科之间的交叉到传统学科与新兴学科的交叉，从自然科学内部学科领域的交叉、社会科学内部学科领域的交叉到跨越两“界”（自然科学和社会科学）间学科领域的互相渗透，交叉科学的发展紧密联系了科学的“分化”和“融合”。自然科学的“大科学”模式被社会科学所采用，与此同时，社会科学方法也在逐步向自然科学渗透，如“系统分析”“目的假设”等已被自然科学的许多学科所吸收，经济学中有关效果的理论和方法也被用于评价自然科学和工程技术领域的经济和社会效应[68]。新兴交叉学科的产生使得理论体系和研究方法不断完善和进步，也使得科学本身向着更深层次和更高水平发展。打破学科界限，填平知识领域鸿沟是促进科学发展的大势所趋。因此，科学发展的必然趋势是推动交叉科学不断发展的内在动力之一。

从学科分化的内在逻辑看，传统学科发展到一定阶段，可能会出现“天花板”效应，研究者需要从其他学科吸收、借鉴和移植有用的知识、理论和方法，从而寻找科学研究的突破口。以化学为例，这一学科本质上是研究物质变化的实验科学，但这一学科在发展中广泛借鉴了其他领域的知识，并不断取得突破，化学理论构架是以数学物理的模型为基础，应用导向是以材料器件的实现为前提[69]。因此，各学科按照内在逻辑互相借鉴与交流，整合其他学科的理论、概念、方法等，弥补单一学科研究的不足，进而拓宽学科本身的研究范围。有学者指出，可以利用不同学科的理论元素（如概念、规律、方法等），来审视和补充另一学科的理论，从而实现学科内容的系统化和综合化，前者可视为“供体”理论，后者可视为“受体”理论[70]。交叉科学正是在学科内部和学科之间内在逻辑的驱动下得以快速发展。

1.3.2 交叉科学发展的社会动力

交叉科学的形成和发展深植于纷繁复杂的时代环境中，新一轮科技革命和产业变革的加速演进，使得各学科面临着一系列新的考验，也承担着推动经济、社会发展的重任。在这一系列外部环境的作用下，交叉科学既要保持独特的学科特色，又需要广泛吸取多学科知识以促进自身发展。

科学技术一方面扎根于经济建设，与生产领域紧密相连；另一方面影响上层建筑，与社会发展相互交织[45]。可以说科学技术与人类社会的发展相辅相成，科技对社会发展的推动作用毋庸置疑，不断出现的新问题、新情况也对科学研究提出了更高的要求。应经济、社会和技术发展的需要，研发新技术、孕育新产业，成为科学研究的重要内容。诸多复杂的综合性研究问题仅依靠单一学科难以得到有效解决，因而需要各领域的密切合作和各学科的交叉融合。现代社会不断出现的环境、社会等一系列复杂科学问题是推动交叉科学发展的社会动力。

在环境问题方面，作为经济发展带来的首要难题，逐年累积的生态破坏使人类面临生存危机。环境问题作为全球性重大科学问题，涉及政治学、经济学、生态学、工程学等诸多学科领域，需要不同学科共同寻找解决方案和可持续发展路径[71]。在诸多学科之间成长起来的、致力于研究环境问题的环境伦理学便是多学科交叉融合的产物，对于反思人与自然关系、引导环境保护行为具有重要的作用[72]。

在社会问题方面，科技进步的确带动了生产力的极大提升，但是科技背后的道德、伦理、哲学问题同样值得深入探究。无论“基因编辑婴儿”与社会伦理的背离，还是原子弹的重大历史作用与核爆炸创伤之间的矛盾，无论是“深蓝”机器人的技术飞跃与何去何从的人类命运之间的反思，还是高速便捷的信息网络与信息安全、隐私泄露的担忧，都推动着自然科学与社会科学的交叉融合。而科学伦理学便是在上述议题的推动下研究科学和伦理如何和谐发展的交叉学科，是科学技术学与伦理学相结合的产物[73]。

上述的环境问题与社会问题仅仅是人类社会面临的诸多复杂性科学问题的某些具体表现，当前人类社会面临的科学问题越来越多地呈现交叉科学属性，个人认知的有限性与科学探索的复杂性之间的矛盾愈加突出。有学者曾指出，从科学研究的现状看，人类对自然的认识受到很多方面的限制，比如研究费用、实验所面临的困难、人类地位困境、选择性的限制、精确性的限制、语言的局限等[74]。

面对这些难题，整合知识、协同攻关，最大限度地拓宽认知边界，是较为有效的应对策略。

通过对交叉科学驱动力的分析可以明晰，科学进步的必然趋势和学科分化的内在逻辑是推动交叉科学发展的内在动力，社会发展的外在需求是推动交叉科学发展的外在动力，交叉科学的动力来源于内外动力的协同作用。

1.4 交叉科学的主要功能

随着交叉科学的蓬勃发展和交叉科学领域一系列重大科学突破的问世，交叉科学的生命力和重要性得到了充分彰显。本节主要从交叉科学的科学功能和社会功能两个方面论述交叉科学的重要意义，以期为充分认识交叉科学的潜力以及推动交叉科学规范化发展提供有益借鉴。

1.4.1 交叉科学的科学功能

现代科学具有综合与分化的双重特征：一方面，由于人类认知能力的局限，科学需要分割成具有近似知识单元的集合方能深入研究；另一方面，由于科学的高度分化，学科分支越分越细、学科种类越来越多。据美国国家科学研究委员会和联合国教科文组织的统计表明，当代的基础科学已有 500 个以上的主要专业，技术科学则有 412 种专攻领域[75]。不断分化的科学系统使学科研究的范围日益缩小，认识层次更加深入，与此同时，学科之间的界限也随势增加。假设各自分化而成的学科彼此隔离，互不交流，久而久之这些学科将形成一元孤立、隔绝环境的自封闭系统。这种封闭系统难以吐故纳新，进而会造成科学系统的萎缩与老化，因此学科间的交流互动十分重要。交叉科学是集分化和综合于一体的整合性学科，它可以打破学科传统规范的樊篱，填补自然科学与社会科学之间的鸿沟，使科学知识体系越来越成为一个有机整体。

交叉科学对科学系统整体化的重要作用主要体现在两点。

首先，交叉科学在一定程度上能够催生新生学科，促进科学知识体系的完善。在传统学科的交叉地带或边缘地带经常存在科学触角尚未触及的领域，这些领域通常是新的学科生长点和技术突破口之所在。交叉科学的重要作用是推动原有方法和体制界限的破除，填补传统学科的边缘空白，进而催生新学科的涌现，或者促进潜学科逐渐演变为显学科。例如控制论就是在大量吸纳电子技术、自动控制、神经生理学、无线电通信、生物学、医学、数学等学科养分的基础上，由各学科知识融汇整合而成的交叉学科[34]。

其次，交叉科学的发展在一定程度上能够扩展传统学科的外延，弥补各学科间的脱节现象，进而促进传统学科的发展。例如生物学中一些具有重要意义的核心概念往往是由物理学家或化学家而非生物学家率先提出的。这主要是由于生物学家长期从事生物学这一单一学科研究，容易形成思维定势而失去科学发现的敏锐性。同样，著名物理学家埃尔文·薛定谔（Erwin Schrödinger）运用物理学概念分析生物的生命运动，并最早提出了遗传密码的概念，对后世影响深远。这一科学史实是以物理学研究之长，补生物学研究之短，充分反映了交叉科学在科学研究中的重要意义[34]。交叉科学在一定程度上冲击了孤立、狭隘、专业化的学科体系，促使不同学科形成“你中有我，我中有你”的融合态势，进而推动科学系统向着整体化方向发展。

1.4.2 交叉科学的社会功能

交叉科学应社会发展需求而生，又能够反过来服务于社会发展的现实需求，正如克莱恩所指出的，交叉科学是一个实现整合的过程，这个过程通常以某个问题或话题为前提。克莱恩对交叉科学研究过程进行了详细描述，她认为交叉科学既不是一个主题（subject），也不是内容（content），它是一个实现整合的过程，这个过程通常以某个问题或话题为前提[15]。换言之，交叉科学是在社会需求的推动下，通过整合多学科知识推动复杂综合性问题的解决，激发创新性成果的探索，满足社会发展的现实需求。

1. 交叉科学是解决复杂问题的重要途径

随着人类社会的快速发展，科学问题也愈加复杂，通常涉及不同研究主体、不同研究视角和不同学科领域，单一学科的观点和方法往往难以适用于复杂科学问题的解决。正如流行病问题的解决，不仅需要生物学家深入探明流行病产生的原因，还需要医学研究人员关注治疗方法的应用，既需要流行病专家分析疾病的传播，也需要管理学家就疾病预防与控制传播等议题提供政策建议，还需要经济学家规划流行病管理成本和筹资机制，以及社会学家探析流行病产生与传播的社会根源。这种致力于同一研究问题的多学科通力合作，是解决复杂科学问题的有效途径。再如对于困扰全球发展的环境问题，不能仅局限于环境科学这一单一学科领域内，而是要广泛从化学、气象学、生物学、环境科学、法学、伦理学等诸多学科中寻求解决方案[76]。拥有不同学科背景的研究者能够从不同学科视角关注到问题的不同侧面，通过整合不同的研究视角从而为问题的解决提供最优方案。

2. 交叉科学是创新的重要源泉

创新是引领发展的第一动力，是促进社会经济发展和提高综合国力的战略支撑。我国始终把创新摆在国家发展的重要战略位置上，《国家创新驱动发展战略》明确指出了我国建设世界科技强国的“三步走”战略目标。载人航天、深海探测等一系列重大突破的背后，有着各学科共谋创新发展之道的努力。当今时代环境下，单一学科难以构成颠覆性技术的基础，多学科交叉融合更有可能激发引领性的原创成果。

交叉科学的创新性主要体现在两点：其一是交叉科学有利于孕育创新思维。创新的“创”，即打破常规，突破旧的习惯性思维模式。交叉科学正是需要打破传统学科壁垒，实现各学科的包容性发展。交叉科学的融合性有利于全方位、多角度地认识复杂事物，建立系统化的思路，促进发散式思考并形成创新思维。其二是交叉科学有利于培养创新型人才。科技创新需要创新型人才的推动。研究人员是科学研究的主体，研究人员的培养亟需打破学科、专业、院系间的固有藩篱，培养具有交叉科学知识结构的创新人才，以具有交叉科学背景的研究者之合力推动科学研究的突破与创新。

1.5 本章小结

本章首先回顾了国内外交叉科学产生和发展历程，进而讨论了交叉科学和交叉科学研究的具体内涵，并对多学科、横断学科、超学科、比较学科、边缘学科、综合学科等交叉科学相关术语进行了辨析。在此基础上，本章还探讨了驱动交叉科学发展的内在动力和社会动力（外在动力），并指出交叉科学产生和发展的动力来源于内外动力的协同作用。最后，本章总结指出了交叉科学促进科学系统趋于整体化以及满足社会发展现实需求的重要作用，以期深化对交叉科学的认知，增进对交叉科学的理解。

2 交叉科学的主要研究进展

交叉科学突破了单一学科“画地为牢”式的研究局限，通过借鉴、融合多学科的理论与方法，促进科学知识的“跨界”流动，在解决复杂科学问题的过程中凸显出了独特的优势。本章首先基于交叉科学研究相关论文的著录项信息，呈现国内外交叉科学研究的基本概貌；在此基础上，运用耦合分析和共现分析方法总结国内外交叉科学研究的主要内容，探究国内外交叉科学研究的主题分布；最后通过梳理国内外交叉科学的相关著作，进一步揭示交叉科学的发展沿革。系统分析交叉科学的主要研究进展，有利于从整体上把握交叉科学的发展脉络，挖掘交叉科学研究的热点与重点，这对于推动我国交叉科学的研究具有一定的启示意义。

2.1 国内外交叉科学总体研究进展

2.1.1 国外交叉科学研究的总体进展

梳理交叉科学研究的发展进程，首先应对其概念有明确的认知和界定。概念作为规范研究的前提，既是学科发展的基石，也是学术共同体应当遵循的统一规范。然而在梳理国外交叉科学的相关文献时发现，目前有关交叉科学的定义尚未有统一明确的界定。国外交叉科学的相关研究不仅出现在以“交叉科学”（interdisciplinary）为主题的文献中，还分布在以“多学科”（multidisciplinary）、“横断学科”（crossdisciplinary）和“超学科”（transdisciplinary）为主题的相关文献中。因此，为了更加全面地了解国外交叉科学研究的发展态势，需要综合关注上述四个主题词的相关文献。经过反复的文献检索与核查，在平衡查全率和查准率的基础上，最终将检索策略限定为：“TI=((Interdisciplinar*OR Inter-disciplinar*) OR(Multidisciplinar*OR Multi-disciplinar*)OR(Crossdisciplinar*OR Cross-disciplinar*) OR(Transdisciplinar*OR Trans-disciplcinar*))”。数据来源为 Web of Science（WoS）核心合集中的科学引文索引扩展（science citation index expanded，SCIE）和社会科学引文索引（social sciences citation index，SSCI），文献类型限定为 article 和 review，时间区间设定为 1900—2018 年，检索日期为 2019 年 3 月 19 日。检索结果如表 2-1 所示。

表 2-1　四个交叉科学相关主题文献检索结果

序号	检索式	SCIE/篇	SSCI/篇	SCIE&SSCI/篇
#1	TI=(Crossdisciplinar* OR Cross-disciplinar*)	190	252	348
#2	TI=(Interdisciplinar* OR Inter-disciplinar*)	4996	4177	7546
#3	TI=(Multidisciplinar* OR Multi-disciplinar*)	8611	2588	9558
#4	TI=(Transdisciplinar* OR Trans-disciplcinar*)	494	643	819
#5	#1 OR #2 OR #3 OR #4	13788	7561	18258

1．时序分布特征

文献数据可以使交叉科学研究更加有迹可循，数据结果显示，交叉科学相关研究最早可追溯至 1944 年。1944—2018 年期间，四个交叉科学相关主题的文献历年分布趋势如图 2-1 所示。其中，1944—1994 年期间，交叉科学相关研究的文献数量总体较少；1995—2004 年期间，SCIE 收录的文献数量开始缓慢增长，而 SSCI 收录的文献数量则并无明显增长趋势；2005 年后，整体文献数量均有显著的增长趋势，年均增速较为明显。近三年来，有关交叉科学研究的文献数量呈现加速增长的趋势，表明了交叉科学的关注度和研究热度持续升温。总体来看，随着交叉科学研究成果的不断涌现，交叉科学研究逐渐进入新的发展阶段。然而，具有不同特征的索引库的文献收录情况也不尽相同，SCIE 收录的文献数量增长速度明显高于 SSCI 收录的文献数量增长速度。

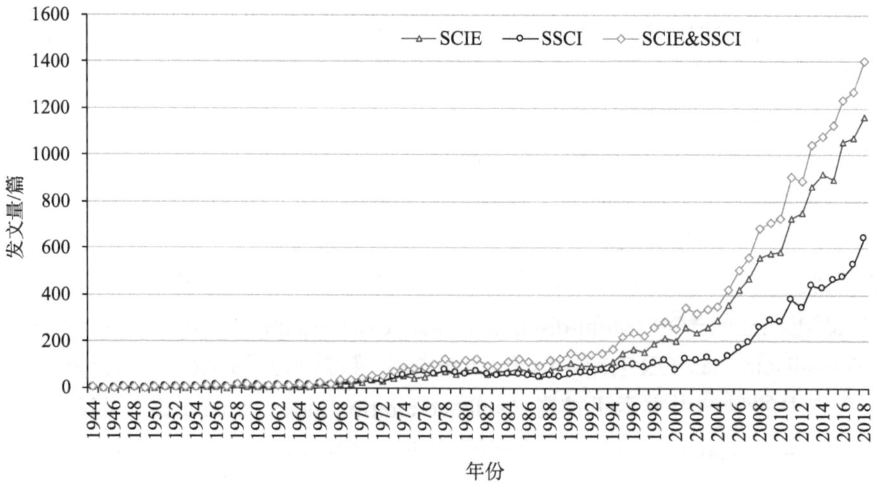

图 2-1　四个交叉科学相关主题文献的发文趋势

通过对 1900～2018 年间 WoS 数据库收录的交叉科学（interdisciplinary）、多学科（multidisciplinary）、横断学科（crossdisciplinary）和超学科（transdisciplinary）的文献数据进行初步分析可知，有关这四个主题的文献分别最早发表于 1944 年、1948 年、1951 年和 1970 年。为了进一步对比分析这四个主题的发文趋势，以 1944～2018 年为时间区间，分别绘制这四个主题的年度发文趋势图，如图 2-2 所示。

在数据检索结果中，与交叉科学（interdisciplinary）相关的文献共计 7546 篇，其中 SCIE 收录 4996 篇（论文 4500 篇，综述 496 篇），SSCI 收录 4177 篇（论文 3926 篇，综述 251 篇）。最早有关交叉科学研究的文献是 Brozek 和 Keys 于 1944 年发表在 *Science* 上的 *General aspects of interdisciplinary research in experimental human biology*[77]。就发文趋势而言，1944～1982 年期间，SCIE 和 SSCI 收录的相关文献数量均较少，但 SSCI 收录的文献数量总体上略高于 SCIE 收录的文献数量；1982～1994 年期间，相关文献数量缓慢增长，SCIE 和 SSCI 收录的文献数量基本相当；1995 年以后，SCIE 和 SSCI 每年收录的文献数量均呈快速增长态势；2000 年后，随着交叉科学受到越来越多的关注，相关研究的发文量也呈现出迅猛增长的趋势，其中 SCIE 收录的文献数量明显多于 SSCI 收录的文献数量。可以预见，在未来的一段时间里，交叉科学研究仍将是自然科学领域和社会科学领域的研究热点。

与多学科（multidisciplinary）相关的文献共计 9558 篇，其中 SCIE 收录 8611 篇（论文 7756 篇，综述 855 篇），SSCI 收录 2588 篇（论文 2400 篇，综述 188 篇）。最早有关多学科研究的相关文献是 O'Doherty 和 Eamonn 于 1948 年发表在 *Psychiatry-Interpersonal & Biological Processes* 上的 *Multidisciplinary methods in retrospect*[78]。虽然早在 20 世纪 50 年代左右就出现了有关多学科研究的文献，但真正有关多学科的研究起步于 20 世纪 70 年代，并且早期的发文量十分有限。1995 年后，SCIE 收录的文献数量才开始迅速增加，2004 年后，SCIE 收录的文献数量呈线性增长趋势，2018 年发文量达到峰值（729 篇）。与此形成鲜明对比的是，SSCI 收录的文献数量直到 2005 年以后才呈现出快速增长趋势。此外，从历年 SCIE、SSCI 与 SCIE&SSCI 收录的文献数量趋势可以发现，大多数被 SSCI 收录的多学科研究文献通常也会被 SCIE 收录。

相比于交叉科学和多学科研究的蓬勃发展，横断学科（crossdisciplinary）和超学科（transdisciplinary）相关的文献数量十分有限，仅有 348 篇和 494 篇。其中，SCIE 收录的横断学科相关文献共计 190 篇（论文 163 篇，综述 27 篇），SSCI 收录的横断学科相关文献共计 252 篇（论文 233 篇，综述 19 篇）。最早有关横断学科研究的相关文献是 Murphy 和 Nancy 于 1951 年发表在 *Human Relations* 上的 *The problem of cross disciplinary community education by a psychiatric clinic*。SCIE 收录的超学科相关文献共计 494 篇（论文 457 篇，综述 37 篇），SSCI 收录的超学科相关文献共计 643 篇（论文 608 篇，综述 35 篇）。最早有关超学科研究的相关

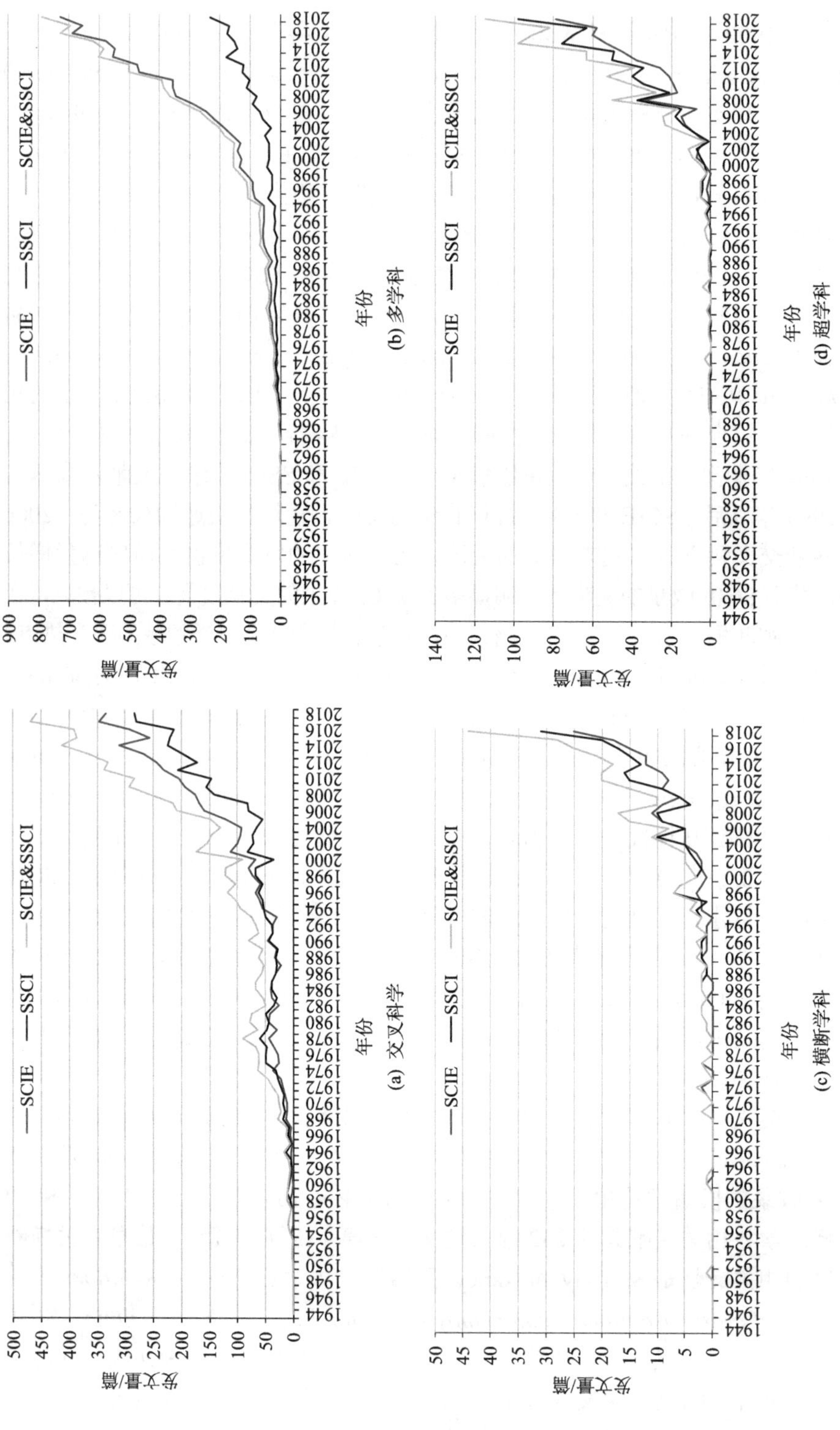

图 2-2 交叉科学、多学科、横断学科和超学科相关研究的主题文献发文趋势

文献是 Jantsch 于 1970 年发表在 *Policy Sciences* 上的 *Inter- and transdisciplinary university: A systems approach to education and innovation*[52]。整体来看，横断学科和超学科相关文献的发文趋势比较相近，均发展于 2005 年前后，近三年的发文数量有显著提升。可以看出，相比于交叉科学和多学科的长足发展，横断学科和超学科近年来才受到国外学术界的关注，相关研究成果仍然有限。但不可否认，作为新的学科形态，横断学科和超学科具有一定的发展潜力。

2. 学科分布特征

为了更好地展示交叉科学研究的学科分布和知识流向，本节引入覆盖图（overlap）直观地展示某学科领域的交叉程度以及相似度较高的学科类簇[79]。美国佐治亚理工学院的艾伦·L.波特（Alan L. Porter）及其团队，西班牙瓦伦西亚理工大学（同时任职于英国萨塞克斯大学）的伊斯梅尔·拉佛（Ismael Rafols），以及荷兰阿姆斯特丹大学勒特·雷德斯多夫（Loet Leydesdorff）一直致力于开发和研究科学覆盖图（science overlay maps），并将其用于交叉科学的研究中[80]。基于以上三位学者及其合作者在 *Visualization of disciplinary profiles: Enhanced science overlay maps* 一文中所提出的方法[81]，运用 VOSviewer 软件绘制这四个交叉科学相关主题文献的科学覆盖图，如图 2-3 所示。VOSviewer 是一款免费文献计量分析软件，该软件由荷兰莱顿大学的尼斯·简·范·埃克（Nees Jan van Eck）和卢多·沃尔特曼（Ludo Waltman）共同开发，基于文献计量方法，构建、展示

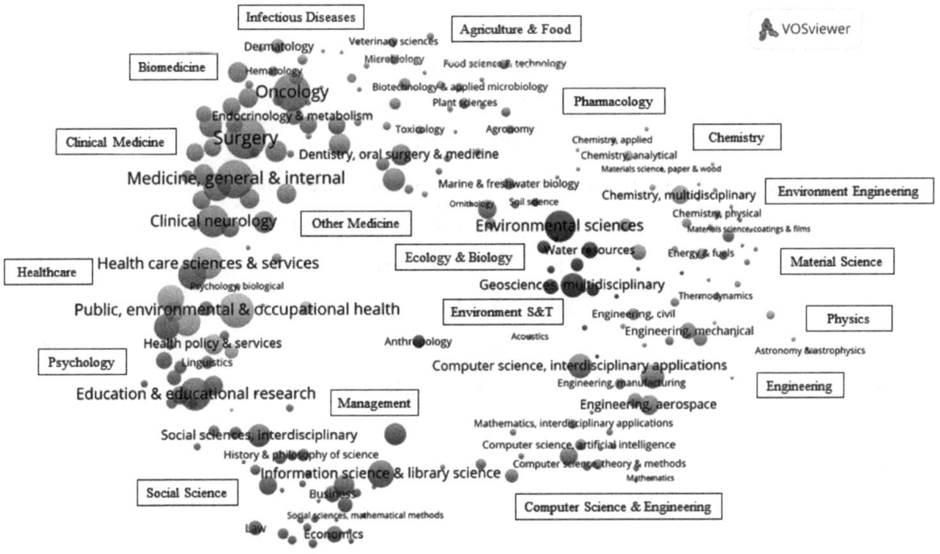

图 2-3　四个交叉科学相关主题文献的科学覆盖图

和分析科学知识图谱[82]。图中的每一个节点表示一个 WoS 学科分类（Web of Science category），节点的大小代表相对文献数量的多少，节点的距离表示学科之间的紧密程度。WoS 学科分类被聚类成 18 个大的学科领域，每一个学科领域对应一个标签。

总体来看，四个交叉科学相关主题的学科分布较为广泛，但主要集中于临床医学（clinical medicine）、心理学（psychology）、卫生保健（healthcare）、生物医学（biomedicine）、计算机科学和工程（computer science & engineering）、管理学（management）、环境科学和技术（environment science & technology）等领域。其中临床医学领域的文献分布最多，外科（surgery）；医学，全科和内科（medicine, general & internal）是其中最大的节点。此外，肿瘤学（oncology）；公共事业，环境和职业健康（public, environmental & occupational health）；教育和教学研究（education & educational research）；卫生保健科学和服务（health care sciences & services）；环境科学（environmental sciences）等领域的节点也相对较大，这说明与之关联的文献数量相对较多，可视为当前研究的热点领域。

为了从微观层面更为细致地了解四个交叉科学相关主题文献的学科分布差异，表 2-2 列举了四个交叉科学相关主题文献的主要 WoS 学科分类分布情况。可以看出，医学相关主题在交叉科学研究中最受关注。在排名前 10 的 WoS 学科分布中，医学类占据 7 席，教育类占据 2 席，环境类占据 1 席。

表 2-2　四个交叉科学相关主题文献的主要 WoS 学科分布

排名	Web of Science 分类	文献数量
1	外科（surgery）	1191
2	医学，全科和内科（medicine, general & internal）	1048
3	肿瘤学（oncology）	960
4	公共事业、环境和职业健康（public, environmental & occupational health）	842
5	教育和教学研究（education & educational research）	727
6	临床神经学（clinical neurology）	705
7	卫生保健科学和服务（health care sciences & services）	683
8	环境科学（environmental sciences）	666
9	康复（rehabilitation）	587
10	教育，科学学科（education, scientific disciplines）	573
11	小儿科（pediatrics）	535
12	护理学（nursing）	523
13	信息科学和图书馆科学（information science & library science）	501
14	精神病学（psychiatry）	467
15	地球学，多学科（geosciences, multidisciplinary）	408

续表

排名	Web of Science 分类	文献数量
16	计算机科学，交叉科学应用（computer science, interdisciplinary applications）	391
17	工程，多学科（engineering, multidisciplinary）	377
18	多学科科学（multidisciplinary sciences）	373
19	社会科学，交叉科学（social sciences, interdisciplinary）	351
20	心脏和心血管系统（cardiac & cardiovascular systems）	345

为了进一步分析交叉科学、多学科、横断学科和超学科这四个主题相关文献的学科分布情况，图 2-4 至图 2-7 分别呈现了相关主题文献的学科分布全景图。

交叉科学研究的文献主要分布于临床医学（clinical medicine）、心理学（psychology）、卫生保健（healthcare）、社会科学（social science）、管理学（management）、计算机科学和工程（computer science & engineering）等领域。从图 2-4 中单个节点的大小来看，交叉科学的研究方向主要包括教育和教学研究（education & education research）；医学，全科和内科（medicine, general & internal）；外科（surgery）；信息科学和图书馆科学（information science & library science）；环境科学（environmental sciences）；卫生保健科学和服务（health care sciences & services）；护理学（nursing）；化学和多学科（chemistry, multidisciplinary）；计算机科学和信息系统（computer science, information systems）等。

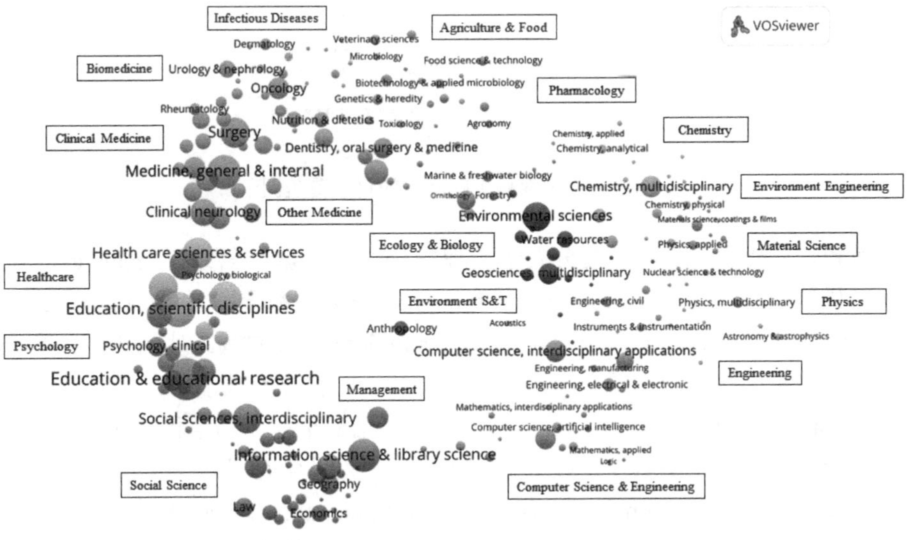

图 2-4 交叉科学主题文献的科学覆盖图

多学科研究的文献主要分布于临床医学（clinical medicine）、生物医学（biomedicine）、医疗保健（healthcare）、心理学（psychology）、计算机科学和工程（computer science & engineering）等领域。从图 2-5 中单个节点的大小来看，多学科相关文献的内容主要包括外科（surgery）、医学，全科和内科（medicine, general & internal）、肿瘤学（oncology）、临床神经学（clinical neurology）、公共事业、环境和职业健康（public, environmental & occupational health）、卫生保健科学和服务（health care sciences & services）、工程学和多学科（engineering, multidisciplinary）、地球科学和多学科（geosciences, multidisciplinary）、工程学和航空电子（engineering, aerospace）等，节点最大且占比较高的 WoS 学科分类大多与临床医学相关。

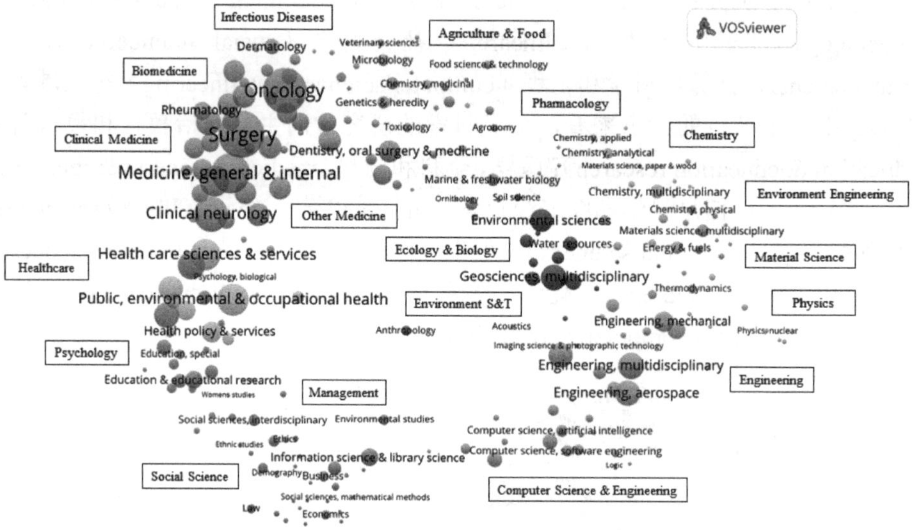

图 2-5 多学科主题文献的科学覆盖图

横断学科研究的文献主要分布于心理学（psychology）、管理学（management）、计算机科学和工程（computer science & engineering）、社会科学（social science）、环境科学和技术（environment science & technology）等领域。从图 2-6 中单个节点的大小来看，横断学科研究的内容分布广泛，在教育和教学研究（education & educational research）、语言学（linguistics）、信息科学和图书馆科学（information science & library science）、计算机科学和交叉科学应用（computer science, interdisciplinary applications）、环境科学（environmental sciences）等领域均有涉猎。但总体来看，横断学科研究与教育学、管理类和计算机类的关系更为密切，与化学、物理等自然科学领域的学科黏合度相对较弱。

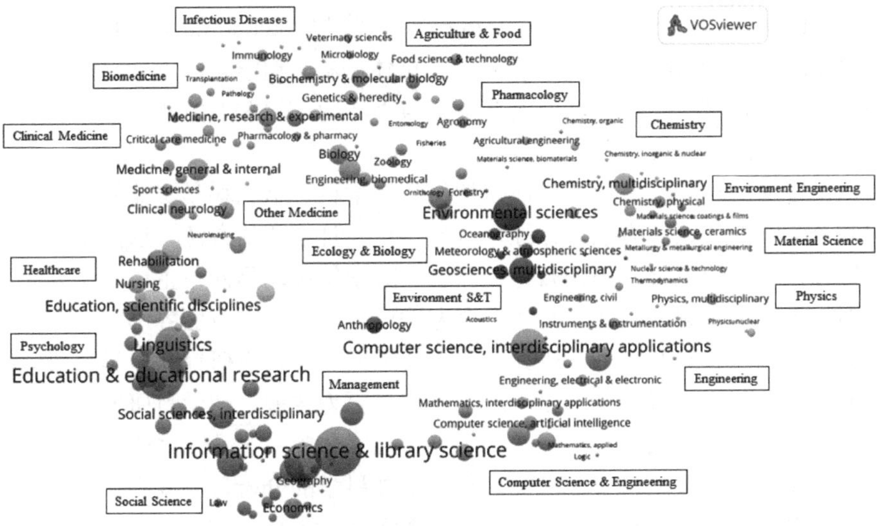

图 2-6 横断学科主题文献的科学覆盖图

超学科研究的文献主要分布于环境科学和技术（environment science & technology）、社会科学（social science）、医疗保健（healthcare）、环境工程（environment engineering）、生态学和生物学（ecology & biology）等领域。从图 2-7 中节点的大小来看，超学科的研究方向主要包括环境科学（environmental sciences）、环境研究（environmental studies）、绿色可持续科学和技术（green & sustainable science & technology）、公共事业、环境和职业健康（public, environmental

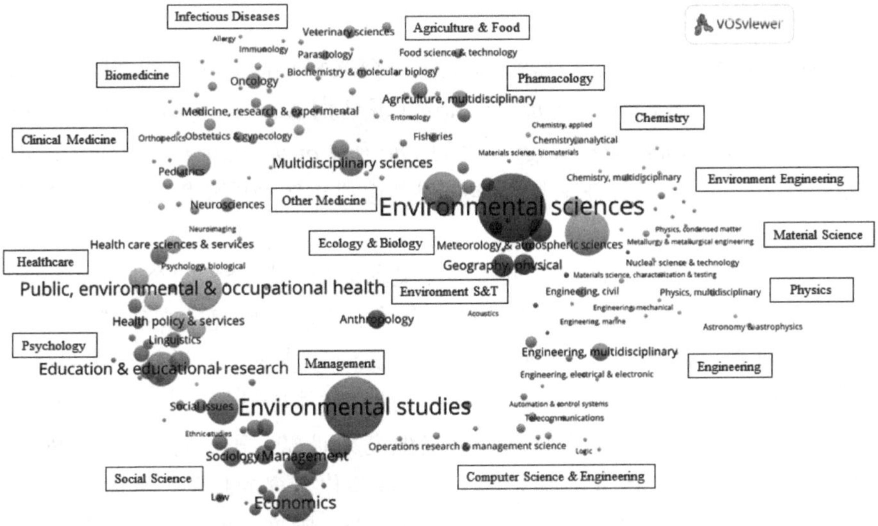

图 2-7 超学科主题文献的科学覆盖图

& occupational health）、生态学（ecology）、经济学（economics）、教育和教学研究（education & educational research）等。总体来看，超学科的主要研究主题大多都与环境相关，这在一定程度上能够说明与“环境”相关的主题是超学科研究的主要关注对象或者研究视角。

从上述交叉科学、多学科、横断学科和超学科文献的科学覆盖图可以看出，运用多个学科的理论和方法进行综合研究是重要且必要的方法。这四个主题相关的研究存在一定的重合，例如教育、环境、医学领域均是四个主题的主要研究领域。但由于四个主题的内在含义、研究方法以及应用范围方面各不相同，四个主题相关文献的学科分布也存在较大差异。其中，交叉科学研究和多学科研究侧重对临床医学的研究，横断学科在心理学研究中更为普遍，超学科研究主题中的环境科学和技术的占比最高。

由于本书重点关注科学计量学视角下交叉科学的分析、测度和评价，这一视角下的研究内容更多属于信息科学和图书馆科学（information science & library science, IS&LS）领域。因此，下文将重点探究交叉科学在信息科学和图书馆科学领域内的研究进展。

在数据检索方面，基于前文中提到的检索策略，在综合考虑文献查全率和查准率平衡的原则下，以 WoS 核心合集中的 SCIE 和 SSCI 数据库为数据来源，以“TS=((Crossdisciplinar* OR Cross-disciplinar*)OR(Interdisciplinar* OR Inter-disciplinar*) OR(Multidisciplinar* OR Multi-disciplinar*)OR(Transdisciplinar* OR Trans-disciplcinar*)) AND WC= (Information Science Library Science)”为检索式，文献类型限定为 article 和 review，时间区间设定为 1900～2018 年，检索日期为 2019 年 3 月 19 日，共检索到 1755 篇文献。

检索结果表明，在 IS&LS 领域内，最早与交叉科学研究相关的文献是 bluemle 于 1959 年发表在 *American Documentation*（现名为 *Journal of the Association for Information Science and Technology*）上的 *The role of the editor in interdisciplinary research*[83]。交叉科学研究在信息科学和图书馆科学领域的年度发文趋势如图 2-8 所示。

根据发文趋势可以将 IS&LS 领域的交叉科学研究划分为四个阶段：第一阶段为 1959～1989 年，该阶段 IS&LS 领域中有关交叉科学研究的文献寥寥无几，仅有少量相关研究。第二阶段为 1990～2005 年，该阶段相关文献数量开始明显增加，但是波动幅度大。国际学术群体对交叉科学的关注不断升温，相关理论研究体系在探索中愈趋清晰，同时不少国家开始重视交叉研究。第三阶段为 2006～2015 年，此阶段的相关文献数量快速上升，呈现规模化研究的趋势。此阶段也是许多重要理论与方法集中出现的时期，这主要得益于各国推出的一系列研究计划，如美国“国家科学院协会凯克未来创新计划”等。第四阶段为 2016～2018 年，此阶段发文量仍保持在较高水平，依据目前趋势，IS&LS 领域内有关交叉科学的研究在未来一段时间内都将是十分重要的研究方向。

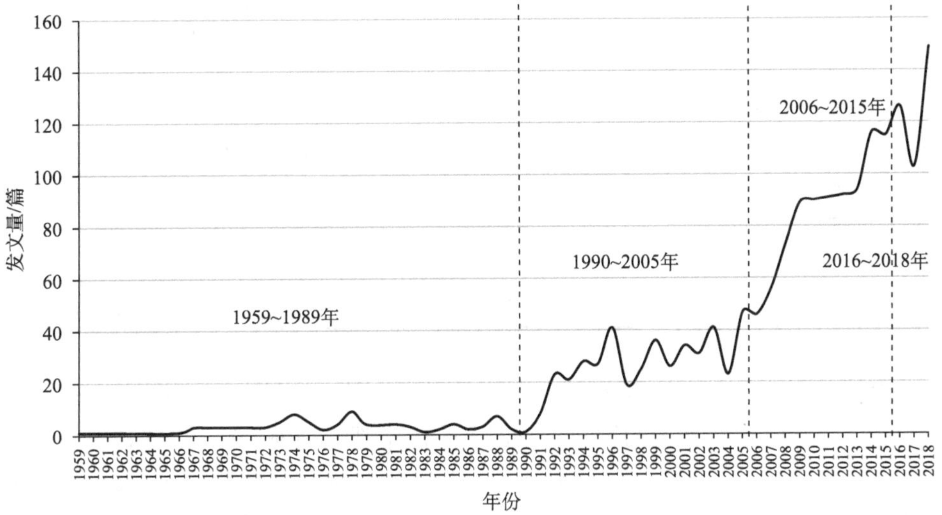

图 2-8 交叉科学研究在 IS&LS 领域的年度发文趋势图

3. 国家分布特征

WoS 核心合集的检索数据显示，美国、英国、西班牙、中国、加拿大等 69 个国家/地区的学者在 IS&LS 领域的期刊上发表过有关交叉科学研究的论文或综述，不同阶段下作者所在国家/地区的分布情况如表 2-3 所示。结合具体的发文数据可以看出，美国学者在 IS&LS 的期刊上共发表了 687 篇文献，占总文献数的 39.10%，位居榜首；英国和西班牙的学者分别发表相关文献 160 篇和 121 篇，分列 2、3 位；中国学者的发文量是 110 篇，排名第 4，占总文献数的 6.26%；紧随其后的是加拿大、荷兰、巴西、德国、澳大利亚、法国。由此可以看出，美国是 IS&LS 领域中从事交叉科学研究的主要力量，遥遥领先于其他国家。

表 2-3 四个阶段在 IS&LS 领域发表交叉科学研究文献的 Top 10 国家

排名	1959～2018 年（1755 篇）		1959～1989 年（86 篇）		1990～2004 年（431 篇）		2005～2015 年（862 篇）		2016～2018 年（376 篇）	
	国家	发文量/篇	国家	发文量/篇	国家	发文量/篇	国家	发文量/篇	国家	发文量/篇
1	美国	687	美国	35	美国	236	美国	316	美国	100
2	英国	160	英国	3	英国	38	英国	81	中国	46
3	西班牙	121	瑞典	3	加拿大	23	西班牙	65	西班牙	40

续表

排名	1959～2018年（1755篇）		1959～1989年（86篇）		1990～2004年（431篇）		2005～2015年（862篇）		2016～2018年（376篇）	
	国家	发文量/篇	国家	发文量/篇	国家	发文量/篇	国家	发文量/篇	国家	发文量/篇
4	中国	110	苏联	3	德国	19	荷兰	60	英国	38
5	加拿大	97	加拿大	2	荷兰	17	加拿大	57	巴西	29
6	荷兰	93	德国	2	西班牙	16	中国	54	澳大利亚	22
7	巴西	78	法国	2	法国	11	巴西	46	德国	19
8	德国	75	以色列	2	澳大利亚	9	德国	35	比利时	16
9	澳大利亚	62	荷兰	2	丹麦	9	澳大利亚	31	意大利	16
10	法国	42	丹麦	1	日本	8	比利时	21	加拿大	15

根据四个阶段IS&LS领域论文发表数量排名前10的国家/地区分布可知，美国、英国、加拿大和德国的发文量在四个阶段中都位列前10。在1959～1989年期间，共有14个国家/地区在IS&LS领域发表有关交叉科学研究的文献，美国以35篇的文献数量遥遥领先；在1990～2005年期间，共有来自32个国家/地区的学者发文，排名前3的国家/地区依次是美国、英国和加拿大，排名前10的国家/地区中新出现了西班牙、澳大利亚和中国；在2006～2015年，受美国“国家科学院协会凯克未来创新计划”及其《促进交叉科学研究》报告的影响，更多国家和地区开始关注交叉科学研究，此阶段共有来自58个国家/地区的学者发表交叉科学的相关文献，巴西和比利时开始进入发文量Top 10的行列；在2016～2018年期间，处于发文量排名前3位的分别是美国、中国和西班牙，新增国家意大利以16篇发文量排名第9位。

相比于其他发文量前10的国家，我国IS&LS领域有关交叉科学研究的国际发文起步时间较晚，直到1994年WoS才收录了第一篇由我国学者参与撰写的IS&LS领域有关交叉科学研究的文献[84]，而与交叉科学研究更为直接相关的文献则要追溯到2001年河南师范大学梁立明教授参与撰写的*Foundation of a global interdisciplinary research network*（*COLLNET*）*with Berlin as the virtual centre*一文[85]。随着我国对交叉科学研究重视程度的不断提高，相关研究成果开始涌现。2006～2015年，我国学者发表了54篇交叉科学相关文献，以6.28%的占比排名第6。2016年以后，我国交叉科学相关文献的发文量排名已上升至第2名，仅次于美国。由此可以看出，我国IS&LS领域的交叉科学研究的进展较为迅速，与美国等国家的差距在逐渐缩小，正逐步成为当前交叉科学研究的主要贡献者之一。但我国IS&LS领域的交叉科学研究与传统强国相比仍存在一定的差距，需要不断地对该领域进行深层次探索与创新。

4. 机构分布特征

通过对目标数据集中发文机构的信息进行统计，按照发文数量由高到低的顺序取排名前 10 的机构，如表 2-4 所示。从发文机构的所属国家来看，排名前 10 的机构中，共有 5 家美国机构，2 家荷兰机构，比利时、中国和西班牙分别各有 1 家。其中，来自美国的印第安纳大学伯明顿分校以 45 篇的发文量位居榜首，紧随其后的是荷兰的阿姆斯特丹大学，共发表 38 篇文献。从总被引频次来看，阿姆斯特丹大学、印第安纳大学伯明顿分校和佐治亚理工学院分列前三，总被引频次分别达到 1916 次、1658 次和 1268 次。从篇均被引上来看，阿姆斯特丹大学、佐治亚理工学院和莱顿大学分别以篇均 50.42 次、42.27 次和 40.65 次位列前三，在各大院校中表现突出。H 指数（H-index）是美国加利福尼亚大学圣地亚哥分校的物理学家乔治·爱德华多·赫希（Jorge Edu ardo Hirsch）于 2005 年提出的，是用于评估学术产出数量与学术产出影响的重要指标。赫希认为，一个人在其所有学术文章中有 N 篇论文分别被引用了至少 N 次，则他的 H 指数就是 N[86]。H 指数可扩展应用于机构、期刊等其他层面的研究对象。从机构的 H 指数来看，阿姆斯特丹大学和印第安纳大学伯明顿分校的表现仍然突出。值得注意的是，中国高校武汉大学以 28 篇的文献量与比利时鲁汶大学并列第五位，但是在被引频次和 H 指数指标方面与其他领先高校之间尚有不少差距。

表 2-4　IS&LS 领域发表交叉科学研究文献的 Top 10 机构

排名	机构	国家	发文量	总被引频次	篇均被引频次	H 指数
1	印第安纳大学伯明顿分校	美国	45	1658	36.84	19
2	阿姆斯特丹大学	荷兰	38	1916	50.42	22
3	德雷塞尔大学	美国	35	620	17.71	14
4	佐治亚理工学院	美国	30	1268	42.27	14
5	鲁汶大学	比利时	28	684	24.43	14
5	武汉大学	中国	28	149	5.32	7
7	哈佛大学	美国	26	700	26.92	13
7	莱顿大学	荷兰	26	1057	40.65	16
9	格拉纳达大学	西班牙	24	429	17.88	10
10	伊利诺伊大学厄巴纳-香槟分校	美国	23	616	26.78	14

5. 作者分布特征

作者是科学研究的主体，分析交叉科学研究领域的作者，有利于发现交叉科学领域的高产出科研人员，同时结合作者的发文数量、被引频次、H 指数还可以定位该领域的重要作者。通过对目标数据集中的作者信息进行统计，按照发文数量由高到低的顺序取排名前 10 的作者，如表 2-5 所示。从发文量来看，排名前 10 作者的发文量均在 10 篇及以上，来自荷兰阿姆斯特丹大学的 Loet Leydesdorff 以 34 篇发文量位居榜首，是其他学者发文量的 2～3 倍；从作者的所属国家和机构来看，来自美国的学者有 4 位，来自英国和比利时的学者各 2 位，其余 2 位作者分别来自德国和荷兰，中国学者没有出现在发文量前 10 作者的行列内。从总被引频次来看，荷兰阿姆斯特丹大学的 Loet Leydesdorff、西班牙瓦伦西亚理工大学（同时任职于英国萨塞克斯大学）的 Ismael Rafols 和美国佐治亚理工学院的 Alan L. Porter 分列前三，总被引频次分别为 1867 次、1744 次和 1021 次。从篇均被引来看，Ismael Rafols、Alan L. Porter 和 Loet Leydesdorff 分别以篇均 124.57 次、63.81 次和 54.91 次位列前三；从 H 指数来看，表现最佳的作者依然是 Loet Leydesdorff、Ismael Rafols 和 Alan L. Porter，表明发文影响力高的核心作者与发文数量多的核心作者基本一致。

表 2-5　IS&LS 领域发表交叉科学研究文献作者排名 Top 10

排名	作者	所属机构（国家）	发文量	总被引频次	篇均被引频次	H 指数
1	Loet Leydesdorff	阿姆斯特丹大学（荷兰）	34	1867	54.91	22
2	Alan L. Porter	佐治亚理工学院（美国）	16	1021	63.81	12
2	Mike Thelwall	胡弗汉顿大学（英国）	16	378	23.63	10
2	Wolfgang Glänzel	鲁汶大学（比利时）	16	334	20.88	11
5	Ismael Rafols	萨塞克斯大学（英国）	14	1744	124.57	13
6	Cassidy R. Sugimoto	印第安纳大学（美国）	12	206	7.17	8
7	Lutz Bornmann	马克斯·普朗克学会（德国）	11	270	24.55	7
8	KatherineW.McCain	印第安纳大学（美国）	10	165	16.5	6
8	Ronald Rousseau	安特卫普大学（比利时）	10	174	17.4	7
8	Erjia Yan	德雷塞尔大学（美国）	10	88	8.80	5

基于学者在 IS&LS 领域发表交叉科学研究文献的记录，可以构建作者合作网络，如图 2-9 所示。图中呈现了发文频次大于 4 次的作者节点，每个节点至少与其他任意一个节点相连。一个节点代表一个作者，节点的大小代表发文数量的多少。节点之间的连线代表作者之间存在合作关系，而这些簇类的划分是基于 VOSviewer 内置的社区探测算法[80]。由此可以看出，在 IS&LS 领域发表交叉科学研究文献的学者合作网络图中，共有 6 个簇类和 27 位作者。其中簇类 1 是最大的簇类，共有 6 位作者。Loet Leydesdorff（阿姆斯特丹大学）是该簇类的核心高产作者，与 Ronald Rousseau（安特卫普大学）等多位高产作者有直接合作关系，该簇类中还包括 Wolfgang Glänzel（鲁汶大学）和张琳（Lin Zhang，武汉大学）等

作者；簇类 2 以佐治亚理工学院的研究团队为核心，包括 Alan L. Porter，Stephen Carley，Jan Youtie 和 David J. Roessner，Ismael Rafols 也曾在该团队中担任访问学者；簇类 3 的成员包括 Cassidy R. Sugimoto（印第安纳大学）、Vincent Lariviere（魁北克大学）和 Mike Thelwall（胡弗汉顿大学）等；簇类 4 主要以印第安纳大学的研究团队为核心，成员包括学者 Ying Ding 与 Yi Bu、Erjia Yan 等；簇类 5 的研究学者大部分来自意大利罗马大学，包括 Ciriaco Andrea D'Angelo、Giovanni Abramo 和 Flavia Di Costa。簇类 6 主要由 Lutz Bornmann（马克斯 · 普朗克学会）和 Hans-Dieter Daniel（苏黎世大学）等学者组成。从总体上看，簇类内部成员之间的合作比较密切，同时簇类之间的合作也普遍存在，如 Loet Leydesdorff、Ismael Rafols、Lutz Bornman 之间显示出较为频繁的合作关系。

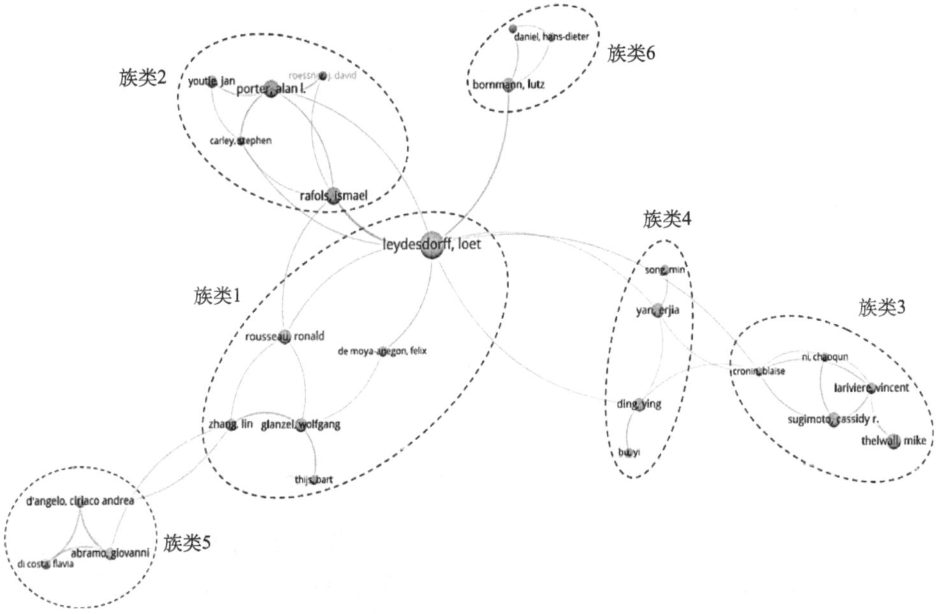

图 2-9　IS&LS 领域发表交叉科学研究文献的学者合作网络

注：Scale:1.15；Size variation（Labels）:0.5

6. 期刊分布特征

分析刊载 IS&LS 领域交叉科学相关研究文献的期刊，能够揭示 IS&LS 领域交叉科学研究的核心期刊分布情况。通过对目标数据集中的期刊信息进行统计，按照发文数量由高到低的顺序取排名前 10 的期刊，如表 2-6 所示。从发文量来看，排名前 10 期刊的发文量均在 30 篇以上，*Scientometrics* 以 341 篇发文量位居榜首，*Journal of the Association for Information Science and Technology*（原名为：*Journal of the American Society for Information Science and Technology*）以 139 篇的发文量次之。从总被引频次来看，*Scientometrics*、*Journal of the Association for Information Science and Technology* 和 *Journal of the American Medical Informatics Association* 分列前三，总被引频次达到 6052 次、5640 次和 2224 次，在期刊中遥遥领先。从篇均被引上看来，*Journal of the Association for Information Science and Technology*、*Journal of the American Medical Informatics Association* 和 *Journal of Informetrics* 分别以 40.58、25.86 和 19.35 的篇均被引位列前三。从 H 指数来看，*Journal of the Association for Information Science and Technology*、*Scientometrics* 和 *Journal of the American Medical Informatics Association* 位列前三，分别为 41、37 和 28。

表 2-6 IS&LS 领域发表交叉科学研究文献的 Top 10 期刊

排名	期刊名称	发文量	总被引频次	篇均被引频次	H 指数
1	*Scientometrics*	341	6052	17.75	37
2	*Journal of the Association for Information Science and Technology*	139	5640	40.58	41
3	*Journal of the American Medical Informatics Association*	86	2224	25.86	28
4	*Journal of Documentation*	59	917	15.54	16
5	*Research Evaluation*	57	1022	17.93	19
6	*Journal of Informetrics*	55	1064	19.35	17
7	*Qualitative Health Research*	54	812	15.04	16
8	*College Research Libraries*	34	400	11.76	12
8	*Social Science Information Sur Les Sciences Sociales*	34	559	16.44	8
10	*Knowledge Organization*	33	253	7.67	7

上文基于 WoS 对 IS&LS 领域刊载的交叉科学相关文献的期刊进行梳理，探究该领域交叉科学研究的核心期刊。但是进一步分析可以发现，这些期刊仅仅是 IS&LS 领域交叉科学研究的主要载文期刊，并非是刊载交叉科学研究的专门期刊。为发掘更具代表性的交叉科学研究期刊，以“Interdisciplinar*”为检索字段在 WoS 平台“期刊引用报告”（journal citation reports, JCR）的期刊名称中进行检索，并结合各期刊的官方网站搜索相关数据信息，最终得到与“交叉科学研究”主题关联性相对较高并被 SCIE/SSCI 索引的国外期刊，如表 2-7 所示。从学科类别来看，*Interdisciplinary Science Reviews* 的学科类别是多学科科学、社会科学和交叉科学，*Wiley Interdisciplinary Reviews-Computational Molecular Science* 的学科类别也包括多学科，是较为典型的交叉科学期刊；从发文年份来看，以伦理学为主要研究内容的 *Inquiry-An Interdisciplinary Journal of Philosophy* 刊载交叉科学相关研究的时间最早，可追溯至 1958 年，其次是 *Journal of Interdisciplinary History*，最早相关

表 2-7 刊名含有“Interdisciplinary”（交叉科学）字段的国外期刊

序号	期刊	ISSN	WoS 学科类别	出版商	最早发文年份	出版周期	2017 年期刊影响因子
1	*Inquiry-An Interdisciplinary Journal of Philosophy*	0020-174X	ethics（SSCI）	Taylor & Francis	1958 年	6 期/年	0.597
2	*Journal of Interdisciplinary History*	0022-1953	history（SSCI）	MIT Press	1969 年	4 期/年	0.563
3	*Interdisciplinary Science Reviews*	0308-0188	multidisciplinary sciences（SCIE）；social sciences, interdisciplinary（SSCI）	Taylor & Francis	1976 年	4 期/年	0.311
4	*Human Nature-An Interdisciplinary Biosocial Perspective*	1045-6767	anthropology（SSCI）；social sciences, biomedical（SSCI）	Springer	1990 年	4 期/年	1.620
5	*Syntax-A Journal of Theoretical Experimental and Interdisciplinary Research*	1368-0005	linguistics（SSCI）	Wiley	1998 年	4 期/年	0.923
6	*China Review-An Interdisciplinary Journal on Greater China*	1680-2012	area studies（SSCI）	The Chinese University Press of Hong Kong	2001 年	2 期/年	0.694
7	*Water Alternatives-An Interdisciplinary Journal on Water Politics and Development*	1965-0175	environmental studies（SSCI）	Water Alternatives Assoc	2008 年	3 期/年	2.64
8	*Interdisciplinary Sciences-Computational Life Sciences*	1913-2751	mathematical & computational biology（SCIE）	Springer	2009 年	4 期/年	0.796

续表

序号	期刊	ISSN	WoS 学科类别	出版商	最早发文年份	出版周期	2017 年期刊影响因子
9	*Wiley Interdisciplinary Reviews- Climate Change*	1757-7780	meteorology & atmospheric sciences（SCIE）; environmental studies（SSCI）	Wiley	2010 年	6 期/年	5.124
10	*Wiley Interdisciplinary Reviews- Cognitive Science*	1939-5078	psychology, experimental（SSCI）	Wiley	2010 年	6 期/年	2.881
11	*Wiley Interdisciplinary Reviews- Computational Molecular Science*	1759-0876	chemistry, multidisciplinary（SCIE）; mathematical & computational biology（SCIE）	Wiley	2011 年	6 期/年	8.836
12	*Wiley Interdisciplinary Reviews-Data Mining and Knowledge Discovery*	1942-4787	computer science, artificial intelligence（SCIE）; computer science, theory & methods（SCIE）	Wiley	2011 年	6 期/年	1.939
13	*Wiley Interdisciplinary Reviews- Developmental Biology*	1759-7684	developmental biology（SCIE）	Wiley	2012 年	6 期/年	5.343

文献的发文时间为 1969 年；从影响因子来看，*Wiley Interdisciplinary Reviews-Computational Molecular Science*，*Wiley Interdisciplinary Reviews-Developmental Biology* 和 *Wiley Interdisciplinary Reviews-Climate Change* 的 2017 年期刊影响因子位居前三，分别为 8.836、5.343 和 5.124。

2.1.2 国内交叉科学研究的总体进展

中文社会科学引文索引（Chinese Social Sciences Citation Index，CSSCI）是由南京大学中国社会科学研究评价中心开发研制的数据库，用于检索中文社会科学领域的论文收录和文献被引用情况，在我国学术界具有较高的认可度。本节以 CSSCI 为数据源，在检索区域的“篇名”字段和“关键词”字段中分别输入“交叉科学 OR 跨学科 OR 交叉学科 OR 学科交叉”，时间字段起始为 1998～2018 年（CSSCI 平台上可检索的最早时间为 1998 年），篇名和关键词间采用“或”运算，共获取 1957 篇文献数据（数据更新日期为 2019 年 3 月 16 日）。在获取研究所需的数据后，对文献的产出年份、发文机构、研究人员、发文期刊和基金资助机构等进行统计和分析。

1. 时序分布特征

国内交叉科学研究发文量的历年变化趋势如图 2-10 所示。可以看出，国内交叉科学研究经历了初步发展期和快速发展期两个发展阶段。1998～2006 年是初步发展期，这一时期，国内交叉科学研究处于起步阶段，1998～2004 年相关文献逐年递增，但增速缓慢，2004 年的发文量达到这一时期的峰值（88 篇），2005 年和 2006 年发文量有所下降，此阶段共发文 481 篇，年均发文量 53 篇；2007～2018 年是快速发展期，这一时期共发文 1476 篇，年均发文量 123 篇，远远高于第一阶段的年均发文数量，总体上交叉科学研究的相关文献数量呈波动式上升趋势。

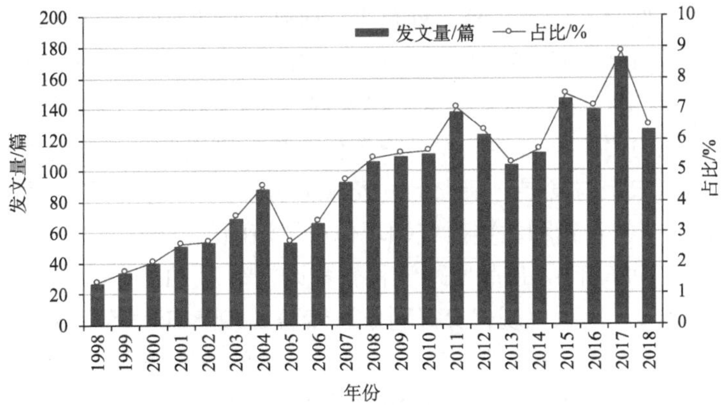

图 2-10 历年国内交叉科学研究的发文量趋势图

2. 机构分布特征

通过统计目标数据集中的机构信息，按照发文数量由高到低的顺序取排名前20的机构，如表2-8所示。从发文量来看，各机构的发文量差距较小，排名前20机构的发文量均在20篇以上，排名前10机构的发文量均在40篇以上。浙江大学以86篇发文量位居榜首，占文献总量的4.39%，紧随其后的是北京大学，共发表了78篇文献，占文献总量的3.99%，武汉大学以58篇发文量次之，占文献总量的2.96%。

表2-8 国内交叉科学研究的发文量排名Top 20机构

排名	机构	发文量	排名	机构	发文量
1	浙江大学	86	11	中国科学技术大学	34
2	北京大学	78	12	中国人民大学	33
3	武汉大学	58	13	四川大学	32
4	南京大学	54	14	上海交通大学	26
5	清华大学	46	15	华中科技大学	25
6	北京师范大学	44	16	中山大学	24
7	复旦大学	43	17	南京师范大学	22
8	华东师范大学	42	17	吉林大学	22
9	厦门大学	41	17	山东大学	22
9	大连理工大学	41	20	兰州大学	21

3. 作者分布特征

通过统计目标数据集中的作者信息，按照发文数量由高到低的顺序取排名前10的国内高产学者，如表2-9所示。国内交叉科学研究排名前列的高产学者有刘仲林、王续琨、邹晓东、李长玲、刘凡丰、张炜、陈艾华、刘志云、杨良斌、许海云等。排名前10位的作者共发文130篇，占文献总量的6.64%，其中中国科学技术大学的刘仲林以23篇的发文量位居榜首。作为国内交叉科学研究的早期启蒙者，刘仲林对国内“跨学科学”和“跨学科教育”研究做出了开创性贡献。1985年，刘仲林在《未来与发展》杂志上发表《跨学科学》一文，第一次对“跨学科学”这门学科的产生背景和主要研究领域作出了清晰的阐释，此后又先后创办《交叉科学》杂志（1986年），出版《跨学科教育论》专著（1991年），创办交叉科学研究所（1993年），出版《现代交叉科学》专著（1998年）等。大连理工大学的王续琨以19篇发文量次之，紧随其后的是浙江大学的邹晓东，共发表了17篇文献。从最早发文时间来看，排名Top 10的作者行列中，多位作者的最早发文时间均在21世纪初期，这表明我国学者的交叉科学研究成果相对国外出现较晚，但出现时间较为集中。

表 2-9 国内交叉科学研究的发文量排名 Top 10 作者

排名	作者	发文量	最早发文时间（CSSCI）	所属机构	主要关键词
1	刘仲林	23	1999年	中国科学技术大学	跨学科学；计量分析
2	王续琨	19	2000年	大连理工大学	学科门类；学科结构
3	邹晓东	17	2002年	浙江大学	科研生产力；研究型大学
4	李长玲	14	2011年	山东理工大学	社会网络分析；跨学科合作
5	刘凡丰	12	2007年	复旦大学	组织策略；研究型大学
5	张炜	12	2002年	浙江大学	创业型大学；跨学科教育
7	陈艾华	9	2010年	浙江大学	科研生产力；研究型大学
8	刘志云	8	2006年	厦门大学	国际关系理论；国际法学
8	杨良斌	8	2009年	国际关系学院	测度指标；文献计量学
8	许海云	8	2014年	中国科学院成都文献情报中心	主题识别；引文分析

4. 期刊分布特征

通过统计目标数据集中的期刊信息，按照发文数量由高到低的顺序取排名前20的期刊，如表2-10所示。从发文量来看，排名前20期刊的发文量均在15篇以上，共发文587篇，占文献总量的30%。其中，《学位与研究生教育》以60篇的发文量位居榜首，占文献总量的3.07%；《高等工程教育研究》以43篇的发文量次之，占文献总量的2.2%；紧随其后的是《中国高等教育》和《图书情报工作》，发文量均为42篇。

表 2-10 国内交叉科学研究的发文量排名 Top 20 期刊

排名	期刊	文献数量	排名	期刊	文献数量
1	学位与研究生教育	60	11	科学学研究	26
2	高等工程教育研究	43	12	国外社会科学	24
3	中国高等教育	42	13	科技进步与对策	23
3	图书情报工作	42	14	科技管理研究	22
5	情报杂志	41	15	情报科学	20
6	自然辩证法研究	35	16	高等教育研究	19
7	中国大学教学	32	17	情报学报	18
8	中国高教研究	31	17	教育发展研究	18
9	科学学与科学技术管理	30	19	中国比较文学	17
10	江苏高教	27	19	情报理论与实践	17

同国外刊载图书情报领域的交叉科学研究文献的期刊相似，国内刊载交叉科学研究文献的主要期刊也多为领域性综合期刊，刊载交叉科学研究相关文献的同时，也刊载单学科研究的文献。为进一步明确国内专门刊载交叉科学研究文献的期刊，以“交叉科学”“跨科学”“交叉学科”和“学科交叉”为检索词，分别在中国知网（China National Knowledge Infrastructure, CNKI）进行期刊名称检索，检索后发现，仅有两本期刊/集刊的名称中带有“跨学科”字段，其他均为会议论文集，如表 2-11 所示。其中，《工程研究——跨学科视野中的工程》于 2009 年创刊，该刊致力于从多学科综合的角度，前瞻性地研究和传播关于工程科技以及工程建设的新思路、新理念和新进展，探讨工程与社会发展的复杂关系，探讨工程与创新的公共政策议题，努力推动相关领域的学术发展，推动复杂工程问题的跨学科综合研究，进而服务于我国全面建设小康社会和构建和谐社会的任务。《亚太跨学科翻译研究》于 2015 年创刊，强调翻译研究与其他人文社会学科的互通互融，旨在为译界学者提供一个展示亚太地区翻译研究成果的学术交流平台，推动翻译研究的发展。这些以交叉科学视野研究复杂问题的期刊/集刊为科研人员和科技管理者提供了新的研究思路和研究方法，促进了交叉科学的发展和复杂问题的解决。但此类期刊/集刊数量较少，且大多以解决某一类问题为主，可以看出我国在专门性交叉科学期刊的建设上仍需要进一步提升。

表 2-11 带有“跨学科”字段的国内期刊/集刊

期刊/集刊	英文名称	ISSN 号	主办单位	出版周期	创刊时间
工程研究——跨学科视野中的工程	*Journal of Engineering Studies*	1674-4969	中国科学院大学	6 期/年	2009 年
亚太跨学科翻译研究	*Asia Pacific Interdisciplinary Translation Studies*	—	中国英汉语比较研究会；亚太地区翻译与跨文化论坛;广东外语外贸大学；清华大学翻译与跨学科研究中心	2 期/年	2015 年

5. 基金类型分布

统计目标数据集中的文献受资助信息，发现共有 512 篇文献曾获基金资助，占文献总量的 26.16%。其中有 152 篇文献获得教育部基金支持，占基金资助文献的 29.69%，占文献总量的 7.77%；获得省（市）级基金支持的文献有 129 篇，占基金资助文献的 25.20%，占文献总量的 6.59%；获得国家社科基金支持的文献有 118 篇，占基金资助文献的 23.05%，占文献总量的 6.03%。此外，国家自科基金、其他国家级基金、其他部委级基金、中科院基金和社科院基金分别资助了 105 篇、24 篇、16 篇、3 篇和 1 篇交叉科学研究文献。

2.2 国内外交叉科学研究的主要内容

2.2.1 国外交叉科学研究的主要内容

在文献计量学中，基于引文关系构建文献与文献之间的网络关系主要基于直接引用（direct citation）、共被引（co-citation）和文献耦合（bibliographic coupling）等方法。其中，由于共被引分析通常需要相对较长的引文窗口，因此容易导致在探测新出现的学科主题时缺乏“足够的”引文数据。直接引用分析侧重于反映文献之间的引证和传承关系，在追踪知识流动中具有一定优势。相对而言，由于耦合分析的数据基础是文献的参考文献，不受限于引文窗口的长短，并能较好地反映文献知识来源之间的关联性，因此在研究主题识别与追踪中被广泛应用。

基于 IS&LS 领域的 1755 篇交叉科学研究文献，运用 VOSviewer 软件构建基于文献（documents）层面的耦合网络，通过内置的社区探测算法，可以将文献划分为六个聚类，如图 2-11 所示。

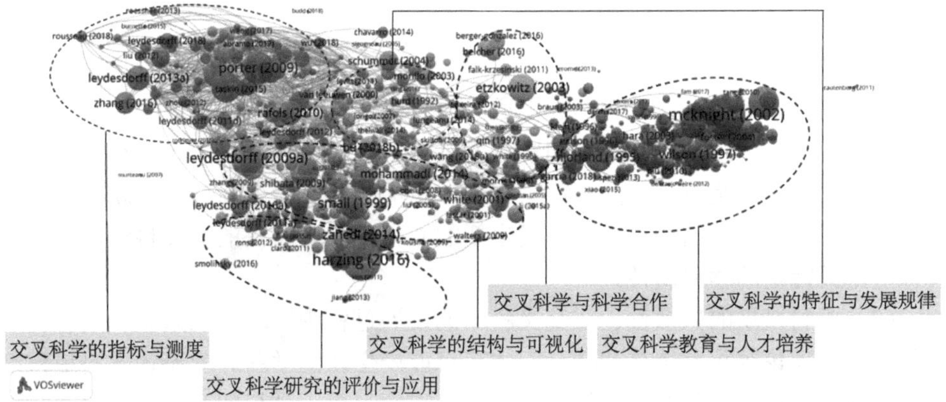

图 2-11 基于 SCIE& SSCI 的 IS&LS 领域交叉科学研究主题探测

进一步对聚类中的文献进行具体分析发现，IS&LS 领域的交叉科学研究主要集中于以下六个方面：交叉科学的特征与发展规律、交叉科学的结构与可视化、交叉科学的指标与测度、交叉科学研究的评价与应用、交叉科学与科学合作、交叉科学教育与人才培养。下文将从这六个方面对 IS&LS 领域的交叉科学研究内容进行深入剖析和解读，以期洞悉国外交叉科学研究的主要内容。

1. 交叉科学的特征与发展规律

交叉科学以解决综合性复杂问题为导向，它的产生并非偶然，而是学科发展的必然结果[17]。Schmidt 指出，交叉科学的兴起与科学研究愈加重视问题解决的趋势密不可分，交叉科学是促进科学统一以及解决复杂性综合难题的工具[62]。由于交叉科学产生于诸多不同学科，其在发展的过程中有着不同的术语表示，因此有不少学者尝试对交叉科学的相关术语进行辨析。如 Choi 和 Pak 认为多学科（multidisciplinary）、交叉科学（interdisciplinary）和超学科（transdisciplinary）的学科交叉程度逐级增强[87]；瑞士心理学家让·皮亚杰（Jean Piaget）从认识论和科学内在结构的角度，将学科间的相互作用分为多学科（multidisciplinary）、交叉科学（interdisciplinary）和超学科（transdisciplinary）三个层次。

任何一门学科通常都有区别于其他学科的某些自身特征，交叉科学也不例外。通过梳理国外学者对交叉科学相关特征的论述，可以将交叉科学的特征总结为如下三点。

（1）形成过程的跨学科性。交叉科学的形成方式不同于简单的学科分化，它是在不同学科之间相互作用和渗透下逐渐形成与发展的，跨学科性是其最为突出的特征之一。从这个意义上讲，交叉科学形成的过程也是不同学科之间相互交叉、相互融合的过程。

（2）学科属性的不确定性。交叉科学的出现和发展，使得人们对传统单一学科的理解产生了改变。交叉科学的形成过程，是原有不同学科的理论、概念、方法、工具等相互作用、相互渗透和融合的过程。在这个过程中，各学科之间的知识融合程度并非是绝对平均的，而是存在一定的差异。随着新理论、新方法和新概念等的不断介入，这种差异也会发生新的变化，许多新兴的交叉科学研究很难具体判定其特定的学科属性。

（3）学科发展的聚散性。在交叉科学的发展过程中，理论上来说，只有新的学科方法、理论等相互渗透和融合，才有可能产生新的学科。随着各学科更精细化的裂变，学科分化成若干更加专门化的分支学科后，学科间开始寻求交叉、融合与互动，包括对象整合、概念移植、理论渗透、观点碰撞、方法借鉴、信息整合等，进而形成了新的学科协同效应，最终呈现出高度发散和高度聚合的双重特征。这种聚、散现象同时存在、同步进行，即学科交叉过程中产生的新学科将在分化的基础上与其他学科聚合，并在聚合的前提下继续分化为更精细化的学科分支。

2. 交叉科学的结构与可视化

交叉科学的结构与可视化研究是当前国际科学计量学领域的热门课题。研究可视化是从单个对象（期刊、论文、作者等）角度来测度学科交叉程度或描述科学运作的图景[88]。可视化技术被诸多学者使用，以形象、全面地展示交叉科学的结构，如 Porter 和 Rafols 应用可视化技术考察学科交叉度的变化情况，并发现当前学科交叉的主流仍停留在近缘学科融合的层面[89]。Boyack 等将可视化技术与八种期刊相似度的计算方法结合，进而绘制能够反映错综复杂的科学网络的科学交叉网络图[90]。Leydesdorff 也曾利用可视化的方式分析自然科学和社会科学交涉界面的学科交叉现象，并详细展现了作为交叉学科的纳米科学，与自然科学和社会科学各领域期刊之间的交叉渗透关系[91]。此外，Leydesdorff 和 Schank 还应用多维尺度分析方法以及图谱技术，分析和演示学科结构的动态发展规律[92]。

3. 交叉科学的指标与测度

基于不同的测度维度，国外学者开发和应用了多种测度指标。Morillo 和 Levitt 等学者利用 WoS 学科分类体系，将发表在隶属于多学科期刊上的论文界定为交叉科学论文，并以此为基础进行了一系列的研究[93, 94]。利用 JCR 数据库提供的期刊引用及学科分类信息，Porter 和 Chubin 提出了交叉科学引用指数（citations outside category, COC）[95]，即用某学科引用（或被引用）文献中来自其他学科的比例衡量该学科的交叉性水平，该指标曾得到了较为广泛的应用[96, 97]。信息熵指标最初被用来测度信息的不确定性，但由于其能较好地综合表达学科数量的丰富性与分布的均衡性，也成为国内外学者常用的跨学科性指标之一。但 Stirling[98]认为客观表征跨学科性还需包含一个新的维度——学科相似度。他将学科数量的丰富度、分布的均匀度与学科之间的差异度三个维度综合起来，提出了“Rao-Stirling”这一新的多样性度量指标，该指标在国内外交叉科学研究中产生了较大的影响，常被用以测度交叉科学的“知识融合度”[61]。Zhang（张琳，本书作者）、Rousseau 和 Glänzel 进一步提出了测度研究成果学科多样性的改进指标“${}^2D^s$ 指标”（又被称为“true diversity”），该指标解决了“Rao-Stirling”指标存在的一部分理论问题，提升了测度结果的区分度和可对比性[99]。除了学科多样性，Rafols 和 Meyer 认为还应该进一步考察学科领域交叉融合的紧密程度，即学科聚合性，才能更全面地揭示跨学科性。在他们的研究中，一些网络分析中的指标被借用来刻画领域聚合度，如网络密度、平均路径长度等[100]。此外，Leydesdorff 提出将网络中介中心度作为测度交叉科学属性的指标[101]，并将该指标与信息熵、基尼系数、Rao-Stirling 等指标进行综合比较分析[102]。交叉科学指标与测度的相关研究内容将在本书第 4 章做进一步的深入探讨。

4. 交叉科学研究的评价与应用

相比传统的单一学科研究评价，交叉科学的评价标准具有多样性和复杂性特征，如何有效地评价交叉科学的效果和影响是科研评价领域面临的巨大挑战。传统的科学评价方法（如同行评议等）并不完全适用于交叉科学，其评价结果常会出现一定的偏差。Klein 将交叉科学研究评价置于一个包含七项一般性原则的框架中（目标的可变性、标准和指标的可变性、合作中社会因素和知识因素的相互作用、管理、领导和指导、全面和透明系统中的迭代、有效性和影响力），同时指出传统的评价方法虽然发挥了一定的作用，但并不足以准确评价潜在的动态影响[103]。

相比其他评价手段而言，基于引文的分析方法对交叉科学研究成果的评价具有客观性、易操作性等优点，目前已有一些探索性成果[104, 105]。其中，Larivière 和 Gingras 分析了论文的学科交叉度与引文影响力之间的关系，研究结果显示高交叉度和高专业度论文的引文影响相对较小[106]；Levitt 和 Thelwall 以自然科学和医学类期刊为研究对象，发现隶属于多学科期刊的引文影响低于单学科期刊[94]；Rinia 等通过考察荷兰的物理研究领域，发现处于交叉领域的物理学研究常被“边缘化”，其平均被引频次和期刊影响因子都低于传统的主流领域[107]；Arsenault 等的研究表明，Top 1%的高被引论文相比于其他论文呈现出了更高的学科交叉度[108]；Rafols 等利用 Tobit 回归模型分析了交叉科学测度的三个维度（学科丰富度、学科均匀度和学科差异度）对论文被引频次的影响，发现学科丰富度对论文被引频次有正向促进作用，邻近的学科融合更有助于产生高影响力的研究成果[109]；而 Rafols 和 Leydesdorff 的研究则揭示了传统的期刊评价方法对交叉科学研究的“不公正”性[110]。交叉科学的影响与评价相关研究内容将在本书第 5 章和第 6 章展开深入地探讨。

5. 交叉科学与科学合作模式

交叉科学研究打破了传统的学科界限，帮助传统学科建立新的规则，这一过程可以被称作通过跨越学科界限对科学知识进行定位、描绘以及再描绘[111]。Grant 等研究表明，跨机构、跨区域甚至跨国家的合作融合了更广泛的学科知识，更有助于高水平的交叉科学研究成果的产生[112]。有关交叉科学与科学合作模式的研究，已吸引了诸多学者的关注。有学者从科研人员的学科背景信息切入对交叉科学合作模式进行分析，如 Abramo 等在其系列研究中，以意大利特有的学者学科分类体系为基础，对不同领域的多学科合作模式进行了探索，并进一步比较了具有不同学科背景学者合作、相近学科背景学者合作以及单一学科背景学者合作的研究成果影响力的差异情况[113, 114]。合作网络能够反映错综复杂的科学合作关系，是科学合作分析的重要维度。Karlovčec 等通过对斯洛文尼亚的研究人员合作网络的内容和结构分析，提出了基于合作者网络图的测度跨学科性的方法[115]。Lafuerza 等提出通过构建“链”模型（“chain” of models），来促进社会学家和物理学家之间的合作[116]。

此外，还有一些学者尝试通过论文合作者的机构信息来进行交叉科学研究。Schummer 在对纳米科技领域的交叉科学特征进行分析时，尝试通过论文合作者所属机构的学科分类来获取作者研究领域[96]。Zhang 等创新性地提出了基于合作者的机构信息来进行交叉科学测度的方法，并与传统基于参考文献的交叉科学测度指标结果进行对比[117]，进一步根据交叉科学合作的测度方法对 ESI 社会科学总领域高被引学者交叉科学机构合作与交叉科学研究成果产出之间的关系进行深入的探讨与分析[118]。Bordons 等学者尝试以合作者所属的不同学科机构来测度校内交叉科学研究成果的产出情况[119]。Wang 等提出了基于参与人数测度跨机构合作强度的方法，以我国“985 工程”院校为例验证了该方法的可行性[120]。此外，也有学者提出综合多重维度分析科学合作与交叉科学研究，如 Qin 等学者尝试从作者数量、机构数量以及机构学科数量三个维度来研究科学合作与交叉科学研究之间的关系[121]。

6. 交叉科学教育与人才培养

交叉科学人才培养作为交叉科学研究的重要支撑，培养具备多学科背景、能够解决复杂科学问题的复合型人才不仅是当前高等教育的重要任务，同时也是交叉科学研究的需要，更是与时代发展相契合的重要举措[122]。交叉科学教育与人才培养受到了国外学者的广泛关注。在基本概念界定方面，Rhoten 等认为“交叉科学教育”是教师个人或者教师团队识别、评价与整合两门及两门以上学科的信息、数据、技能、工具、观点、概念或者理论，用以提高学生理解与解决问题、评价各种解释、创造新方法与问题解决路径能力的一种课程设计与教学模式[123]。与传统专业教育相比，交叉科学教育的优势更加明显[124]。Spelt 等指出创新能力的培养关键在于创造性思维能力的不断提高，而交叉科学教育的目的就在于培养学生的“跨界”能力，特别是交叉科学思维能力[125]。对于学生而言，交叉科学思维能力不可能自然生成，需要花费大量时间、经过相当水平的专业训练才能获得。交叉科学教育同交叉科学研究相似，需要多学科协作，交叉科学团队教学是建立在交叉科学特征基础上的人才培养方式。针对交叉科学团队教学的研究，Eisen 等认为交叉科学团队教学的核心要素包括协商性的关系、整合性课程与教学、新知识的持续建构[126]。Anderson 等认为交叉科学团队教学的影响因素包括合作教师的相容性、教师的学科技能与多种视角、教师的性别与教室的互动环境等[127]。

此外，改变传统的教学方式以适应交叉科学时代的知识变革也是国外学者一直探究的重要主题。Lattuca 提出了交叉科学教学的四种方式，即“借用式学科教学”“综合交叉科学教学”“跨学科式教学”和“概念化交叉科学教学”[128]。Gentile 等列举美国弗吉尼亚州的里士满大学（University of Richmond）面向本科一年级学生开设的科学、技术、工程和数学教育（science, technology, engineering, mathematics, STEM）课程的例子进行说明，通过组建 10 名教师（生物、化学、计算机科学、数学和物理学科的老师各 2 名）来联合教学，促进了综合式教学方式的发展[129]。Newell 研究发现在批判性思维、写作、演讲与独立工作技能等方面，迈阿密大学交叉科学学院的学生比单学科项目学习的学生表现要好[130]。总体来看，交叉科学教育的核心是知识的整合，其过程是各个学科的相互作用，其目标是培养学生解决复杂问题的能力。

2.2.2 国内交叉科学研究的主要内容

基于引文分析的主题探测方法依赖于能提供引文关系的原始数据资源，而由于国内文献数据库的引文信息不完善，无法采用上节中提到的三种分析方法。因此，本节采用基于关键词的共现分析方法揭示研究主题或研究领域的内容特征。基于 1998～2018 年间 CSSCI 收录的 1957 篇交叉科学研究的相关文献数据，运用 VOSviewer 软件构建基于关键词的共现网络，通过内置的社区探测算法，可以将文献划分为六个聚类，如图 2-12 所示。

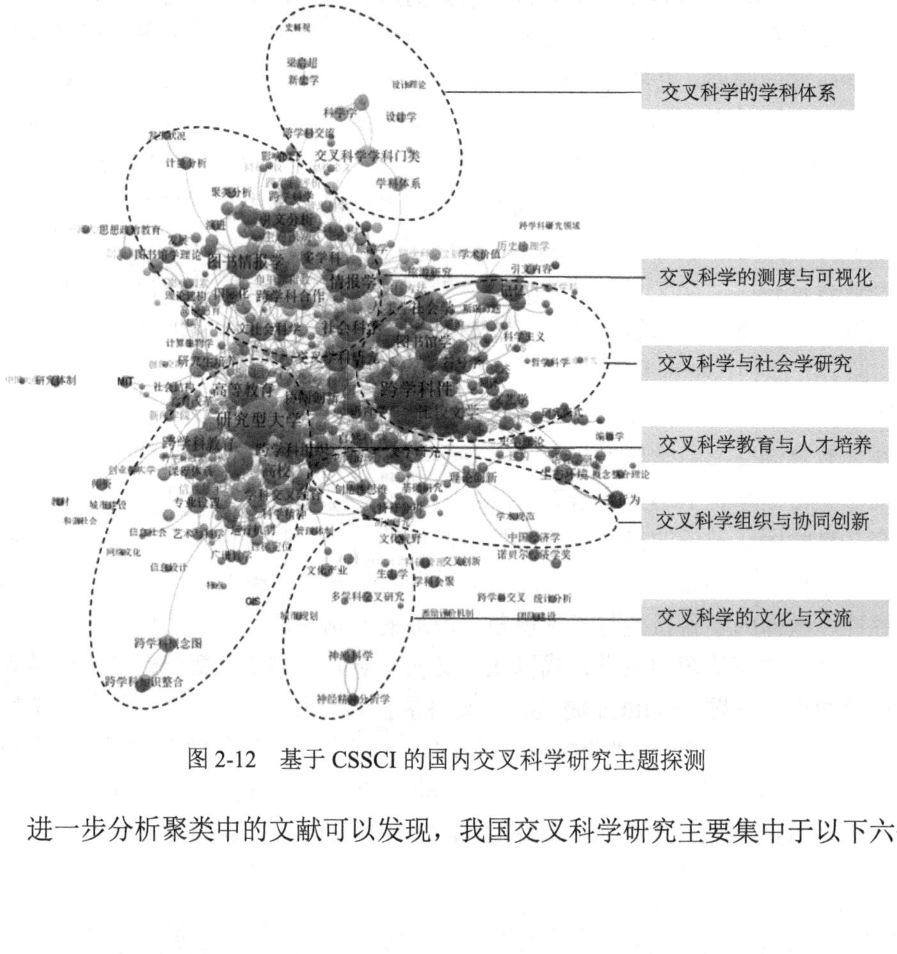

图 2-12　基于 CSSCI 的国内交叉科学研究主题探测

进一步分析聚类中的文献可以发现，我国交叉科学研究主要集中于以下六个方向：交叉科学的学科体系、交叉科学的测度与可视化、交叉科学教育与人才培养、交叉科学组织与协同创新、交叉科学与社会学研究、交叉科学的文化与交流。以下将对这六个方向的内容进行深入剖析和解读，以期把握国内交叉科学研究的主要内容。

1. 交叉科学的学科体系

由于各学者所依据的交叉科学分类方法不一致，因此交叉科学的分类结果也不尽相同。有学者从广义层面对交叉科学进行分类，例如刘仲林根据学科交叉的数量和程度不同，将交叉科学划分为比较学科、边缘学科、软学科、综合学科、横断学科和超学科六种类型，并对各类型之间的相互关系展开分析[131]。马跃等按照研究层次从易到繁将交叉科学研究划分为比较学科、边缘学科、软学科、综合学科和横断学科[132]。也有学者从交叉科学的生成位置进行分析，例如姜振寰认为交叉科学主要是自然科学、技术科学、社会科学内部各学科间，以及这三大门类之间相互交叉所形成的[133]。郑晓瑛从应用的角度将交叉科学分为三种类型，分别是学科的“内部”交叉、学科间的“近距离”交叉和学科间的“远距离”交叉[45]。王续琨以具有哲学、社会科学属性的边缘分支学科与具有数学、自然科学属性的边缘分支学科的对比关系为依据，将交叉科学划分为9个组团，包括涉及生命基础、生存环境、生存界域、生存安全、生存质量、身心发展、科学文化、技术文化、工程文化的 28 个学科门类[22]。学者们从不同视角对交叉科学的学科分类体系进行解构、重组和划分，提供了从不同层面、不同角度认识交叉科学整体特征的可能性。

2. 交叉科学的测度与可视化

定量化的交叉科学测度研究能够更清晰地描述交叉科学的特征规律。国内关于交叉科学测度研究的维度不一，学者们从参考文献、目标文献、作者或合作机构、文本内容等不同维度进行了探索。从参考文献和目标文献维度上看，黄颖等从参考文献学科多样性、目标文献学科多样性和合作机构学科多样性三个维度对交叉科学进行综合测度，旨在克服单一测度方法不能探测交叉科学的本质特征的局限性[134]；从作者或者合作机构维度上看，李长玲等运用作者专业度指标和作者潜在交叉科学合作度指数，构建了作者潜在交叉科学合作度模型，用以识别潜在合作组合[135]。和晋飞与房俊民从作者发表论文的角度，改进了作者专业度指标，并指出从参考文献和施引文献的角度来测度交叉科学是未来一项十分有益的工作[136]；从文本内容维度上看，徐庶睿等提出了结合术语和引文内容探测学科交叉度的研究方法[137]。张艺蔓等融合引文内容和全文本引文分析挖掘交叉研究领域的知识流动[138]。章成志等通过统计学科间术语的重叠交叉情况计算学科交叉度[139]。

在上述单一维度的基础上，有学者从多重维度展开交叉科学的测度研究，张琳等从合著者机构地址的相关学科背景和参考文献学科多样性两个不同的层面来测度知识融合过程中的学科交叉程度[118]。杨良斌等构建了以多学科度、专业度、学科交叉度和作者合作度为基础的交叉科学测度指标体系[140]。李江基于作者的研究方法和引文分析从交叉科学发文与交叉科学引用两个维度分别测度图书情报领域优秀学者发文的跨学科性与引用的跨学科性[141]。多重维度的交叉科学测度方法在一定程度上能够弥补单一维度测度方法的不足，从而更为全面地反映学科交叉情况。

可视化技术能够直观且形象地展示交叉科学的发展态势，帮助研究者挖掘文本或数据背后隐藏的玄机，是近年来交叉科学研究的“新宠”。魏建香从文献聚类中的关键技术研究、文献聚类算法研究、交叉科学知识发现与可视化模型研究等方面展开论述并通过实证研究予以说明[142]。陈必坤论述了学科知识可视化的理论基础以及相关理论，对不同类型的学科知识结构及其演化进行可视化分析，并以引文分析为例进行了可视化分析的实证研究[143]。此外，可视化技术还可以用来探测新兴或者具有潜力的交叉研究主题的关键技术，如李长玲等应用复杂网络重叠社群发现软件工具 CFinder 挖掘情报学和计算机科学的交叉研究主题[144]；薛晓丽和武夷山运用 Ucinet 和 Citespace 等可视化分析软件，建立交叉科学研究论文的学科交叉网络，并探讨 2004～2013 年交叉科学研究热点及研究前沿[145]；商宪丽从交叉科学内部和相关基础学科两个层次构建了交叉科学主题引用网络和主题层次知识传播图谱，从主题粒度上研究交叉科学中的知识传播[146]；代君等提出了基于规则的针对综述型文献的信息源信息抽取方法，使用数据驱动文档（data driven document, D3）对信息源实体信息进行可视化处理，绘制了交叉科学领域信息源地图[147]。

3. 交叉科学教育与人才培养

依托高等教育建设交叉科学，不仅是培育新兴学科的重要方式，更是培养交叉科学人才的基本途径。一般而言，相比于单一学科人才，交叉科学人才需要具备更为丰富的知识积累和方法技能。正如刘燕等的实证研究所指出的“交叉科学方向研究生比传统单一学科研究生在科研能力上具有显著优势”[148]。在交叉科学人才培养方面，如何根据我国高校的实际情况，找到并解决阻碍交叉科学建设和复合型人才培养的障碍是交叉科学人才培养研究面临的关键问题。面对这一关键问题，赵文平等指出知识障碍、组织障碍、意识障碍、文化与利益障碍和政策障碍是阻碍我国大学交叉科学研究的主要问题，并提出了相应的对策[149]。马廷奇针对高校传统制度障碍和交叉科学培养创新人才的机制不健全等问题提出构建交叉科学建设与拔尖创新人才培养的协同机制[150]。更多的学者从交叉科学人才培养本身提出了有关交叉科学教育的若干建议，例如张晓报根据交叉科学人才培养模式的划分框架，针对我国大学交叉科学人才培养提出了若干优化建议，其中包括树立兼具个体和组合的双重思想以完善交叉科学人才培养模式，加强教育教学资源共享，同时注重提升学生在专业及课程选择上的自由度[151]；吴伟等就多学科交叉培养提出了项目依托、机构依附和学科依赖三种划分模式[152]。目前，交叉科学教育与人才培养的相关研究立足国内高校的实际发展情况，从多个维度为高校人才培养、相关政策制定提供了诸多有益借鉴。

4. 交叉科学组织与协同创新

不同学科交叉融合、各个院系相互合作已成为当今许多世界一流大学的发展共识和重要特征，高校凭借齐全的学科设置、优质的硬件设施以及优秀的科研人才成为交叉科学研究的重要依托。如何管理高校交叉科学研究组织，从而更好地整合内部资源，开展交叉科学研究，提升自主创新能力，已成为交叉科学研究的重要内容。王靖总结了高校交叉科学研究的组织形式，包括国家（教育部）重点实验室，跨系、跨学科的中心或研究所，跨学科计划及课题组，跨学科学院（学系），独立设置的跨学科中心等多种形式[153]。张炜和翟艳辉认为交叉科学研究组织运作方式有三种，分别为矩阵组织运作方式、系统或混合组织运作方式和松散联合组织运作方式[154]。另外，还有学者分析了我国高校交叉科学研究组织运行的障碍，李丽刚指出联合不同学科利益主体进行的“跨组织”的研究活动需要较高的“交易成本”，所以较之其他学术组织，高校开展交叉科学研究的内部阻力复杂且强大[65]。根据交叉科学组织面临的障碍，也有许多学者提出了切实可行的相关对策。如刘洋从交叉科学组织的发展战略、组织结构、组织文化等方面，对我国研究型大学交叉科学组织建设与发展提出意见[155]；茹宁和李薪茹指出院系单位制是制约我国交叉科学机构规模化发展的“瓶颈”，要在院系之外设置与之平行发展的交叉科学机构[156]。

5. 交叉科学与社会学研究

实践表明，交叉科学在解决当代经济和社会发展中的复杂性、全球性问题方面具有独特且重要的作用，因此如何更好地综合多学科知识来解决复杂现实问题是交叉科学研究中备受关注的内容。张明根指出能源的开发和利用、生态平衡和环境保护、城市规划和建设、经济发展战略和社会发展规划的制定、社会系统的管理、人口的控制等，都离不开新兴学科和交叉科学建设[57]。陈婵和邹晓东认为交叉科学是知识生产的新途径，是对传统学科的突破，也是应对日益复杂的人类经济、文化以及社会问题的有效方式[157]。管晓霞指出多学科交叉是当代科技发展的显著特征和主要驱动力，具有强大的生命力，已成为当代人类认识和改造现实世界不可缺少的研究工具[158]。可以看出，交叉科学在满足国家重大科技需求和解决经济社会发展重大问题中展示出了强大的生命力，其对当代社会的重要作用毋庸置疑，也因此被广泛应用于社会问题的研究中。

6. 交叉科学的文化与交流

每一门学科都有其独特的文化特质，学科之间的交流与融合推动了学科文化的传播。同样，学科文化对交叉科学的发展起着不容忽视的作用，如何利用学科文化更好地促进学科交叉、融合、演化与创新，进而推动交叉科学研究的发展，是一个值得思考与探索的问题。顾沈静和王占军认为学科文化在交叉科学研究中扮演了精神引导者的角色，只有形成符合交叉科学特征的学科文化，“永恒性的交叉科学结构”才有可能实现，进而更好地促进交叉科学研究的整体发展[159]。文化与制度彼此相依，王建华和程静关注交叉科学文化与制度之间的关系，认为只有形成交叉科学文化才能促进交叉科学研究制度化的全面发展[160]。此外，也有学者关注学科文化面临的障碍并据此提出了一系列发展建议，如周朝成分析了大学交叉科学研究中的学科文化障碍及应对策略，并指出从行动层面促进交叉科学研究的学科文化沟通、对话与交流，主要途径有创设学科文化的对话平台、促进研究者之间的交叉学习以及培养交叉科学人才等[161]。

从以上国内外交叉科学研究的主要内容来看，国内外交叉科学研究日趋繁荣，研究视角更加多元，涌现出一系列有意义的探索和一批有影响的成果，对交叉科学的理论和实践都起到了良好的引导作用。从国内外交叉科学研究内容的对比分析中可以看出，不论是国外还是国内，现有的交叉科学的理论研究成果更多集中于现象和经验层面，尚缺乏对交叉科学本质问题的深入探讨和系统建构。而我国在交叉科学研究的评价、交叉科学合作等方面的探索还有待进一步加强。在信息科学与计算机技术高速发展的今天，如何利用新的量化方法和技术，对交叉科学的结构特征、演进趋势和最新动态进行探索和研究，是科学计量学、科技管理与科技评价等领域富有挑战的前沿研究课题，具有重要的理论价值和现实意义。

2.3 国内外交叉科学研究的重要著作

2.3.1 国外交叉科学研究的相关著作

学术著作是重要学术成果的体现，通常围绕某一复杂性问题进行深入细致的探讨与论述，具有内容广博、论述系统、观点成熟等特点。国外有关交叉科学的研究起步较早，相关著作数量多且涉及领域广泛，研究内容丰富且相对较为成熟。根据搜集到的交叉科学著作信息，结合四个交叉科学相关主题文献的发文趋势，将国外交叉科学研究划分为1944～1994年、1995～2004年和2005～2018年三个阶段。

第一阶段（1944～1994 年）：交叉科学研究处于起步阶段，虽然早在 1944 年就出现了第一篇与交叉科学相关的文献，但 1964 年第一本以交叉科学为题的图书 *Psychiatric Index for Interdisciplinary Research: A Guide to the Literature 1950-1961*（《交叉科学研究的精神病学索引：1950—1961 年文献导读》）才出版问世[162]，但它并不能称得上是一本真正意义上的研究交叉科学的学术著作。1974 年，Palmer 等编写的 *The Interdisciplinary Study of Politics*（《政治学中的交叉科学研究》）正式出版，该书主要分析了社会学、社会科学等概念在政治学中的学科交叉[163]；1984 年，由 Jurkovich 和 Paelinck 编写的 *Problems in Interdisciplinary Studies*（《交叉科学研究的问题》）出版，书中关于学科兴起与衰落、行为科学、交叉科学研究中的政策问题等一系列论述对后来的交叉科学研究产生了深刻的影响[164]；1986 年，Chubin 和 Porter 等共同编著出版了 *Interdisciplinary Analysis and Research: Theory and Practice of Problem-Focused Research and Development*（《交叉科学分析与研究：以问题为导向的研究及其发展的理论与实践》）一书，讲述了什么是交叉科学研究、如何进行交叉科学研究以及它如何产生重要的科学知识①。1987 年，*Interdisciplinary Research in Mathematics, Science, and Technology Education*（《数学、科学和技术教育的交叉科学研究》）出版，该书首先对科学合作的必要性及阻碍合作的因素进行论述，重点介绍了数学与科学教育，并通过具体项目予以说明[165]。1990 年，长期致力于交叉科学研究的朱丽·汤普森·克莱（Julie Thompson Klein）出版了第一部完整的交叉科学专著 *Interdisciplinarity: History, Theory, and Practice*（《交叉科学——历史、理论和实践》），她提出的有关交叉科学结构体系的论述极具代表性，标志着交叉科学理论开始进入一个系统、全面发展的新时期[15]。同年，美国促进研究合作委员会（Committee on Promoting Research Collaboration）出版了 *Interdisciplinary Research: Promoting Collaboration Between the Life Sciences and Medicine and the Physical Sciences and Engineering*（《交叉科学研究：促进生命科学、医学、物理科学与工程学之间的合作》），该书旨在促进生命科学、医学、物理科学与工程学不同部门之间的联系，共同应对复杂难题[166]。1994 年，由 Klein 和 Doty 合著的 *Interdisciplinary Studies Today*（《今日之交叉科学研究》）较为详细地论述了交叉科学研究项目与学校的发展、管理和评估，为交叉科学教育和管理提供了有益的参考[16]。这一阶段，国外学者开始了对交叉科学的初步探索，但由于缺少足够的理论指导，该阶段关于交叉科学的著作还只停留在发展进程的描述层面，在研究的规范性和科学性层面相对不足。

---

① Chubin D E，Porter A L，Rossini F A，et al. Interdisciplinary analysis and research: theory and practice of problem-focused research and development. Mt. Airy, Maryland: Lomond Publications, 1986.

第二阶段（1995～2004 年）：随着交叉科学的蓬勃发展，交叉科学理论不断深化，交叉科学的相关著作也日趋丰富。其中，比较有代表性的著作包括 Klein 于 1996 年编写的 *Crossing Boundaries: Knowledge, Disciplinarities, and Interdisciplinarities*（《边界互涉：知识、学科和交叉科学》），该书呼吁更加深度的学科变迁、转移、扩大、交叉、跨界和融合，并为交叉科学活动的界定提供了重要的参考价值[17]。其编写的又一重要著作 *Mapping Interdisciplinary Studies*（《映射交叉科学研究》）于 1999 年出版，该书主要论述了高校愈加重视交叉科学发展的趋势，包括学科变革、交叉科学领域和普通教育三个部分，为高校教育变革提供了参考[167]。2001 年，Spence、Macmillan 和 Kirby 编写的 *Interdisciplinary Design in Practice*（《实践中的交叉科学设计》）出版，该书主要论述了建筑行业的交叉科学设计，并分析其面临的机遇和挑战[168]；由 Twohig 和 Kalitzkus 编写的 *Interdisciplinary Perspectives on Health, Illness and Disease*（《健康和疾病的交叉科学视角》）于 2004 年出版，该书是 2003 年 7 月牛津大学举行的第二届“理解健康和疾病”全球会议的成果。该书所选的论文融合了人文、社会科学、临床科学等学科的观点，将健康置于更广泛的社会和文化背景下进行研究[169]。总体来看，这个阶段出版的交叉科学著作数量明显增多，研究内容也更加丰富，也出现了交叉科学理论与实践结合的相关著作，交叉科学研究在实践方面的价值逐渐凸显。

第三阶段（2005～2018 年）：本阶段以 2005 年出版的《促进交叉科学研究》研究报告为序幕，该报告全面深入地分析了交叉科学研究的发展现状，对如何促进交叉科学研究提出了深刻且富有创见性的建议，对后续交叉科学的研究起到了十分重要的促进作用。此后，交叉科学相关著作的涉及领域不断拓展，研究内容更加纵深化。2008 年，牛津大学出版社出版的 *Interdisciplinary Research: Case Studies from Health and Social Science*（《交叉科学研究：健康和社会科学的案例研究》）为社会学、行为学和生物医学的合作与整合研究提供了实质性指南，作者借助具体案例详细解答了交叉科学研究过程的重要问题。例如，有关人类健康、行为和发展相关主题的交叉科学研究的最佳方法是什么？这些领域中最成功的交叉科学研究项目是什么？如何确定合适的合作者？如何寻找专门的资金来源？这些问题的解答为进一步开展交叉科学研究提供了方法性指导[170]。*Case Studies in Interdisciplinary Research*（《交叉科学研究的案例分析》）于 2011 年出版，Repko 等通过案例分析向读者展示如何使用交叉科学研究方法解决问题，还构建了交叉科学研究的过程模型和知识整合机制，并介绍了它们在实际问题解决过程中的应用方式[171]。2012 年，由 Klein 编写的又一著作 *Humanities, Culture, and Interdisciplinarity: The Changing American Academy*（《人文、文化与交叉科学：变化中的美国科学院》）介绍了美国科学院三大思想（交叉科学、人文和文化）之间的关系，并追溯了从殖民时期至 20 世纪后半叶三大思想的整合性发展进程，在此过程中对美国文化进行了深入研究[173]。Preston 编写的 *The Interdisciplinary Science of Consumption*《消费中的交叉科学》于 2014 年出版，该书指出在消费欲望不断膨胀的现代社会，肥胖、购物狂潮、金融泡沫等问题正威胁社会的稳定，而交叉科学是调和消费成瘾与资源稀缺之间矛盾的关键。作者运用心理学、经济学、神经科学、市场营销等知识展开分析并提出相应的解决对策[174]。2016 年，*Interdisciplinary Research: Process and Theory*《交叉科学研究：过程与理论》（第三版）在 2012 年版本的基础上进一步完善，全面系统地介绍了交叉科学研究过程及其相关理论。Repko 和 Szostak 通过分析自然科学、社会科学、人文科学和应用领域的研究工作，详细说明了交叉科学的研究过程，强调在一个成熟框架内理论、研究和时间的关系[175]。同年，Repko、Szostak 和 Buchberger 主编的 *Introduction to Interdisciplinary Studies*《交叉科学研究导论》（第二版）出版，该书以理论和实际相结合的方法系统论述了学科和交叉科学的演变进程以及它们之间的联系和区别，并强调学生应该像交叉科学研究人员一样思考问题，提高处理复杂问题的能力[176]。从以上梳理可以看出，这一阶段交叉科学著作的实践导向更为明显，交叉科学研究与社会发展的结合也更为紧密。

2.3.2 国内交叉科学研究的相关著作

自 20 世纪 80 年代交叉科学在我国兴起以来，国内学者在交叉科学领域探索的脚步从未停止，本小节将按照时间脉络对国内交叉科学研究的主要著作进行梳理。

我国第一部关于交叉科学研究的著作可以追溯到 1985 年由中国科学技术培训中心编写的《我国交叉科学研究工作现状资料》，该书论述了交叉科学研究的重要意义及今后的研究方向①。1986 年，中国科学技术培训中心根据我国首届交叉科学学术讨论会的会议内容编辑了《迎接交叉科学的时代》一书，该书包括钱学森等著名科学家对交叉科学的观点和我国交叉科学的发展情况两部分内容[177]。1987 年出版的《交叉科学文献汇编》汇集了各报刊杂志上刊登的交叉科学的相关文献，集中展示了当时交叉科学的研究进展[178]；同年 12 月，《论交叉科学》一书出版，该书汇集了钱学森、钱三强、钱伟长等 27 位学者的有关交叉科学的观点，为后来的交叉科学研究提供了重要的参考[179]。1989 年，李光、任定成主编的《交叉科学导论》出版，该书对交叉科学兴起的历史背景、形态及其研究，以及在科学体系中的地位和作用、社会功能、形成机制和发展模式、研究的基本方法、发展趋势等问题进行系统梳理和全面论述[70]；同年 5 月，翁其银编写的《交叉新学科便览》介绍了自然科学与社会科学之间、社会科学内部的综合型、边缘型、横向型交叉学科以及少量与之密切联系的非交叉学科 256 门，并将其归类至综合科

① 中国科学技术培训中心. 我国交叉科学研究工作现状资料. 北京:人民大学出版社, 1985.

学类、哲学类、美学类等 15 个门类[180]。

20 世纪 90 年代，中国交叉科学研究进入高速成长阶段，交叉科学相关著作不断涌现。1991 年，徐飞编著的《科学交叉论》涵盖了科学交叉的源流、机制、方法、结构和背景五部分的研究内容[181]；同年 7 月，万海滨主编的《交叉科学研究与应用》收录了鄂州市交叉科学的基本理论研究和应用研究的成果，为探索自然科学和社会科学的“合流”积累经验[182]；同年 11 月，解恩泽等主编的《交叉科学概论》首次以交叉科学的体系结构和发展规律为研究对象，探讨了交叉科学的特征、类型与形成机制、交叉科学与软科学、思维科学、潜科学等联系和区别，以及自然科学向社会科学的渗透等一般性问题[183]。1992 年，王德胜等主编的《当代交叉学科实用大全》较为全面地反映了交叉科学全貌，并展现了交叉学科的生成位置，在我国交叉科学研究中具有重要意义[184]。1998 年，刘仲林编写的《现代交叉科学》系统地阐述了交叉科学的相关理论，不仅包含对交叉科学的含义、发展、分类、模式等自身发展的论述，而且还涉及比较学科、边缘学科、软科学等学科的比较研究，进而延展到交叉教育、交叉人才、交叉方法等交叉科学研究的方方面面[11]。

21 世纪以来，随着交叉科学在我国的蓬勃发展，交叉科学的相关著作急剧增加，极大地丰富了我国交叉科学的研究内容。2003 年，王续琨编写的《交叉科学结构论》一书从交叉学科和交叉科学的概念入手，分别阐述了地理科学、资源科学、生态科学等 20 个交叉学科门类，并展望未来交叉科学的发展趋势[22]。《中国交叉科学》是专门探讨交叉科学理论和实践研究的著作，目前已于 2006 年、2008 年、2010 年先后出版三卷，分别论述了我国交叉科学领域的最新成果和国外学者的代表性成果，对我国交叉科学研究具有重要意义[185-187]。2005 年，由科学出版社出版的《21 世纪 100 个交叉科学难题》汇集了 133 位科研工作者提出的 100 个交叉科学难题，这些难题的提出为后来的科学研究指明方向[188]。2007 年，万海滨主编的《交叉科学与发展战略》以总论篇统领全书，对交叉科学的理论、方法论等内容展开论述；以分论篇铺展内容，详细论述金融交叉科学、教育交叉科学等具体内容，为从交叉科学视角探索我国经济社会发展提供了有益参考和借鉴[182]。2008 年，《中国高校哲学社会科学发展报告：交叉学科》出版，刘大椿等学者在全面把握改革三十年（1978～2008 年）中国高校哲学社会科学的发展状况的基础上，广泛论述了交叉科学的发展概况、诞生背景、多元形象、研究建制等内容，被称为是改革开放三十周年的献礼之作[189]。2011 年，魏建香的《学科交叉知识发现及可视化》一书从聚类算法、知识发现和信息可视化技术等方面拓宽了交叉科学的研究空间[190]。2015 年，王续琨和宋刚撰写的《交叉科学结构论》是在第一版的基础上结合交叉科学最新进展进行内容扩充，增加了对海洋科学、服饰科学、网络科学、设计科学、警务科学、工程史、工程哲学、工程学 8 个交叉学科门类的发展历程和学科结构的论述[22]。2019 年，许海云等撰写的《学科交叉主题识别与预测方法研究》构建了一套完整的学科交叉主题识别及预测方法体系，试图从海量科技文献中识别学科交叉主题，探测科技研究前沿、热点以及学科新的生长点，发掘并甄别未来重要的研究发展动向和机会[191]。

通过对国内外交叉科学研究主要著作的梳理，可以发现，相比于国外交叉科学研究著作的发展情况，我国的相关著作出现时间较晚。但随着我国交叉科学研究的不断深入，近年来相关著作数量不断增加。由国内外交叉科学相关著作的研究内容来看，从交叉科学的含义、发展、分类、模式等基本层面的论述到学科交叉度的测度、可视化分析、科学图谱绘制等新兴研究方向的出现，交叉科学研究的相关著作的全面性、创新性和实用性愈加明显。对交叉科学相关著作进行系统梳理有利于全面系统地了解交叉科学研究的发展沿革，把握交叉科学研究由浅入深、由理论到实践的发展规律。

2.4 本章小结

高度分化与高度综合是当代科学发展的重要特征，一方面学科分化越加明显，另一方面各学科间相互作用不断增强，交互网络越加复杂。如何敏锐地发现交叉、融合而生的新兴学科，如何洞察新兴学科的发展规律，这些都是交叉科学研究的关键问题。本章充分运用文献计量学方法，以溯起源、析沿革的方式，梳理交叉科学的发展脉络。

本章首先分析了国内外交叉科学研究在时序、学科、国家、机构、作者和期刊方面的分布情况，运用耦合分析和共现分析方法呈现国内外交叉科学研究的主要内容，从研究主题层面揭示了国内外交叉科学研究的关注热点，并进一步梳理了国内外交叉科学研究的相关著作，力求全面地反映交叉科学研究的历史沿革和发展规律，以期为交叉科学研究者与决策者提供参考与借鉴。

3 交叉科学与科学结构

美国科学哲学家托马斯·塞穆尔·库恩（Thomas Samuel Kuhn）在《科学革命的结构》中曾指出“科学结构乃是科学进化长期形成的有机构成”[192]。科学在其长期发展过程中逐渐形成自身的内在关系和逻辑机制，可称之为科学结构，这一结构特征以学科划分为外在表现。研究科学结构是明晰学科内在关系与变化机理，探析交叉科学发展、变化的基础，也是科学学与科学技术管理领域的重要研究课题。

在信息科学与计算机技术高速发展的当下，如何利用新方法和新技术对科学的结构进行量化解读，如何剖析交叉学科的科学结构特征，是一项具有挑战性的课题。本章基于引文数据，构建期刊互引全矩阵，提出和引入一系列科学计量学方法和指标，应用引文分析、聚类分析、文本分析等方法研究交叉学科的科学结构，并创新性提出基于期刊混合聚类的科学结构研究方法，为交叉学科的科学结构研究提供了新的视角和方法论指引。

3.1 学科分类体系与交叉学科设置

科学是人类探索客观世界的产物，是由众多学科构成的多层次的庞大系统，有其内在规律属性和结构特征[42]。科学分类既是科学知识内在结构的外在表现，又关乎科学规划与决策。客观的科学分类可以帮助人们分门别类地认识和把握各门学科的内在结构，更全面地认识和理解科学，还可以从中把握各门学科之间的联系，预见科学发展的未来趋势，寻找正确的研究方向和更有效地开展科学研究[193]。随着科学的不断发展，学科划分也日益细化，学科之间的交叉与融合渐成趋势，交叉科学作为学科之间知识转移、融汇的新地带，其科学结构颇具特色，值得深入探究。

3.1.1 学科分类的历史沿革

科学分类的思想可追溯至古希腊时期，柏拉图（Plato）提出科学分类体系，把知识分为理性、理智、信念和表象四种状态。亚里士多德改进并发展了柏拉图的知识分类法，将知识分为理论性知识、实践性知识和创造性知识三大类，这一分类门类齐全、逻辑严谨，在西方一直沿袭至 15 世纪[194]。随着文艺复兴运动的推进，科学也迎来繁荣发展，科学分类体系应时代需要而生。

近代最早对科学进行系统分类的是英国经验论哲学家弗兰西斯·培根（Francis Bacon），他以人的理性能力作为依据，把科学划分为记忆的科学、想象的科学和悟性的科学，对近代科学的发展起到了先导作用。法国哲学家克劳德·昂列（法语：Claude Henri de Rouvroy）首次提出了科学分类的客观原则，按照研究对象的现象特征进行分类，并根据研究对象的复杂程度，按简单到复杂的原则排列。德国哲学家黑格尔（德语：Georg Wilhelm Friedrich Hegel）提出了相对完备的科学知识分类体系，并且引入了发展的思想[195]。

弗里德里希·恩格斯（德语：Friedrich Engels）在批判继承黑格尔辩证发展的合理思想的基础上，将科学分类的客观原则和发展原则有机结合，以“物质运动形式本质依据其内部所固有的分类和排列”作为科学分类的基本原则。恩格斯在《自然辩证法》一书中第一次提出辩证唯物主义的科学分类思想，他提出了各门科学按照其研究的各种物质运动形式的区别和固有发展顺序进行分类与排列的原则。恩格斯根据当时科学发展情况，把物质运动分为机械运动、物理运动、化学运动、生物运动和社会运动五种基本形式。对应这五种基本运动形式，他把科学分为力学、物理学、化学、生物学和社会科学五大部类。他还明确预见物理和化学之间将出现一门边缘学科。这种既注重研究对象本身的性质，又注重各研究对象相互联系及发展变化的科学的分类思想，对于认识纷纭复杂的现代科学分类体系具有重要的指导意义[5]。恩格斯还进一步指出科学分类的重要性，“每一门科学都是分析某一个别的运动形式或一系列互相关联和互相转化的运动形式的，因此，科学分类就是这些运动形式本身依据其内部所固有的次序的分类和排列，而它的重要性也正在这里”[5]。

在中国，学术分科的观念也有着悠久的历史，早在先秦时期，分、别、类、科等概念已经出现，分类、分别观念也较为普遍[196]。这些观念的产生与社会分工密切相关，正是有了“百工分事而劝”“士大夫分职而听”[197]，才使得学术能够成为一种专门的社会分工，进而出现专门掌管典籍的史官，学术分类与学术分科的观念也随之萌生。

《周易》中有关“道”“器”的区分，较早地阐述了学术分类思想，《周易·系辞上》有“形而上者谓之道，形而下者谓之器”，以“形上”和“形下”作为分类标准，将知识分为“道”和“器”，即“学”与“术”的区分，这一分类观念不仅体现了中国传统思维方式注重直观感悟的特点，也对中国古代知识系统的建构产生了重要的影响。在“学在官府”“学术专守”的商周时代，主要的学术门类便是所谓的“六艺”。“六艺”之名始于《周礼·地官》，最初是指礼、乐、射、御、书、数六种技艺，也是当时流行的六种学术。

中国古代较有影响的科学分类体系是西汉刘歆在编撰宫廷藏书时，将知识分为“七略”（“略”指“约略”或“方面”）。这一分类体系经《汉书·艺文志》加以采用（改为六艺略、诸子略、诗赋略、兵书略、数术略、方技略）后，成为中国传统的图书分类法，一直沿用至清代[133]。在宋代，文献中出现了“学科”一词，意为学问的科目门类。据欧阳修、宋祁等纂修的《新唐书》一九八卷《儒学传·序》记载：“自杨绾、郑余庆、郑覃等以大儒辅政，议优学科，先经谊，黜进士，后文辞，亦弗能克也”[198]。

20世纪以前，从事科学分类研究的大多是哲学家和自然哲学家，分类的目的是从总体上把握人类已有的知识。20世纪中叶，知识的发展出现了高度分化和高度综合的有机统一。一方面，知识分门别类的研究比近代科学更精细、更深入；另一方面，横断学科、综合学科、交叉学科的出现使知识综合化、整体化的趋势更为突出[199]。此时的科学分类已经超出了单纯进行哲学概括的范畴，而是成为科学发展规划、学校科系设置、科学研究和科研管理的必要基础。

近年来，许多学者对科学分类问题做了大量研究，进行各种科学分类的有益尝试。钱学森认为现代科学包含 11 个分类，并对现代科技体系整体结构展开探索[195]。于光远认为可以将科学划分为5个领域，分别是自然科学、社会科学、自然科学与社会科学共同的领域、哲学、数学[200]。王续琨则提出四面体塔杆式科学部类结构，该结构由哲学科学、数学科学、系统科学、交叉科学、思维科学、社会科学、自然科学7个科学部类组成[201]。刘则渊在研究众多学者有关科学分类和科学结构的理论之后，进一步概括出科学分类与科学结构的方法论原则，即科学结构与客体结构的统一原则、逻辑与历史的统一原则、整体与部分的统一原则[67]。

从科学分类体系的历史沿革和发展过程可以看到，大多数科学分类体系是基于相关专家长期以来的科学实践经验及其对研究内容的分析和阐释得到的。然而，在任何科学分类体系中，一定科学领域的分支必然是具有相同或类似知识的集合体[202]。在一个科学领域内部，知识是有内在联系、彼此相关的[203]。科学体系内在严谨的逻辑性以及自身的演化规律，是不以人的意志而转移，客观存在的。与此同时，科学体系是一个开放体系而不是封闭体系，在人类不断认识和改造客观世界的活动中发展变化[204]。因此，采用量化方法和技术对知识之间的相关性进行科学的定量分析，对于研究科学体系结构及其发展趋势而言既是有益的探索方向，也是完善学科发展布局和评价优先发展领域的基础之一。学科之间的相关性能直接反映新兴学科和交叉学科的生长，相关性的定量描述和研究亦是分析交叉学科的产生和科学技术革命突破的重要基础。

3.1.2 学科分类发展现状

学科分类是认识和研究科学的方式，被广泛应用于各个学科的研究活动中；同时也是科技、教育、研究等管理工作的基础。其核心是基于一定原则，对现代科学中各门学科的对象和领域加以揭示，确定其在学科体系中的位置，并以严格的逻辑排列形式表述这些关系[205]。

当前大多数的学科分类体系是基于相关专家长期以来的科学实践经验以及其对研究内容、研究方法的分析和阐释得到的，可称之为“专家”分类体系。主要可分为两类：一类是应用于教育、科研管理的各个国家或国际组织制定的标准学科分类体系；另一类是基于信息资源的各个数据平台自定的学科分类体系。此外，也有专家从学术研究层面展开的学科分类探索。

1. 国家/国际组织层面

应用于教育、科研管理的标准学科分类体系一般由各个国家或国际组织制定，如表 3-1 所示。中国、英国、美国、澳大利亚等国家根据相应的科学发展水平和知识水平，制定了适应自身科研和教育情况的国家标准学科分类模式，是科学发展、教育、科技统计、学科建设等工作的重要依据。国家层面的学科分类不仅能够广泛应用于教育机构等各个部门和相关政府机构，并且还在收集、报道、整理有关学科资料，指导教育规划、资源配置以及教育整体布局等方面发挥重要作用。

国际组织层面，联合国教科文组织制定了具有一定普适性的学科分类体系——“国际教育标准学科分类”（International Standard Classification of Education），该体系是经联合国教科文组织成员国大会正式通过的收集、汇编和分析国家间教育统计的国际认可框架。同时，该分类法也适用于那些还未开发出本国学科标准分类法的国家。此外，国际上还有经济合作与发展组织（Organisation for Economic Co-operation and Development, OECD）制定的《弗拉斯卡蒂手册》（*Frascati Manual*）等比较权威、应用型的学科分类体系。

各国制定的国家标准学科分类体系具有一定规范性，稳定且开放，能够根据科学发展趋势做出新的调整和增补，针对新的变化做出有效、合理的修订，这类学科分类体系通常能够保持一定的稳定性和连续性。

2. 数据平台层面

基于信息资源的各个数据平台自定的学科分类体系实用性突出，通常服务于各数据平台的检索功能。借助计算机网络技术整合社会信息资源，各平台形成动态信息的学科分类体系。比较常用的有 WoS 学科分类体系（254 个学科分类）、ESI

表 3-1 国家/国际组织层面的学科分类体系

国家/国际组织	名称	主要学科分类	学科层级	版本号	网址
中国	中华人民共和国学科分类与代码国家标准（学科分类与代码）	自然科学；农业科学；医药科学；工程与技术科学；人文与社会科学	5 个学科门类，下设 62 个一级学科、748 个二级学科、近 6000 个三级学科	GB/T 13745—2009	http://www.gb688.cn/bzgk/gb/newGbInfo?hcno=4C13F521FD6ECB6E5EC026FCD779986E
美国	The Classification of Instructional Programs（CIP）	农业与农业经营；自然资源和保护；建筑及相关研究；建筑行业；社会科学；心理学；区域、种族、文化与性别研究；传播学、新闻学及相关研究；通信技术；计算机与信息科学；个人与烹饪服务；教育学；工学；工程技术；外国语言文学；家庭和消费科学；法学与法律职业；英语语言文学；人文科学与常识研究；图书馆学；生物和生物医学；数学与统计学；军事科学与领导技能；军事技术与应用科学；多学科/跨学科研究；公园、娱乐、休闲、健身；基本技能和发展教育；公民活动；健康知识与技能；人际关系和社交技巧；休闲和娱乐；个人意识和自我提升；哲学与宗教；神学；物理科学；科学技术/技术人员；安全与防护服务；公共管理与社会服务；机械和维修技术；精密制造技术；交通与运输服务；视觉和表演艺术；卫生专业和相关规划；商业、管理、营销和相关服务；高中/中学证明；历史学；居民医疗服务	47 个学科门类，下设 421 个一级学科（4 位数代码）、1847 个二级学科（6 位数代码）	CIP2010	https://www.state.nj.us/highereducation/PDFs/CIP2010_PartIII.pdf
英国	The Joint Academic Coding System（JACS）	临床医学和牙医；医学研究；生物科学；兽医、农业及相关领域；物理科学；数学；工程科学；技术科学；计算机科学；技术；建筑和规划；社会研究；法律；商业和管理研究；大众传媒和文件；语言学、经典名著及相关研究；欧洲语言、文献及相关研究；东方、亚洲、非洲、美洲、大洋洲语言及相近科目；历史和哲学研究；创造艺术和设计；教育	20 个学科门类，下设 165 个一级学科、1570 个二级学科	JACS3.0	https://www.hesa.ac.uk/support/documentation/jacs/jacs3-detailed

续表

国家/国际组织	名称	主要学科分类	学科层级	版本号	网址
澳大利亚新西兰	The Australian and New Zealand Standard Research Classification（ANZSRC）	数学科学；物理科学；化学科学；地球科学；环境科学；生物科学；农业和兽医科学；信息与计算科学；工程科学；技术科学；医疗与健康科学；建筑、环境与设计；教育；经济学；商业管理、旅游与服务；人类社会研究；心理学与认知科学；法学；创意艺术与写作；语言、传播与文化；历史与考古学；哲学与宗教研究	22 个学科门类，下设 157 个子学科	Fields of Research（FoR）Classification（2008）	http://www.abs.gov.au/Ausstats/abs@.nsf/Latestproducts/6BB427AB9696C225CA2574180004463E?opendocument
联合国教科文组织（UNESCO）	International Standard Classification of Education（ISCED）	普通课程；教育学；人文艺术；社会科学、商业和法律；自然科学；工程、制造与建筑；农学；健康和社会服务；服务行业；未分类的学科	9 个学科门类，下设 25 个子学科	ISCED 2011	http://uis.unesco.org/sites/default/files/documents/international-standard-classification-of-education-isced-2011-en.pdf
经济合作与发展组织（OECD）	OECD Category Scheme	自然科学；工程和技术；医疗与健康科学；农学及兽医学；社会科学；人文艺术	6 个学科门类，下设 42 个子学科	Frascati Manual 2015	https://www.oecd-ilibrary.org/science-and-technology/frascati-manual-2015/abbreviations-and-acronyms_9789264239012-2-en

（Essential Science Indicators）分类（22 个学科分类）、Scopus 学科分类体系（27 个学科分类）等。

此种学科分类并非严格限定，具有一定的灵活性，其目的是服务于动态、高效的数据平台。因此，此种学科分类体系没有统一的模式，兼具针对性与实用性，可以根据用户需求设置，但整体而言不如国家标准体系完整、均衡，在普遍适用性方面也较为薄弱。

除了国家、组织、数据平台等层面的学科分类体系，也有学界专家致力于学科分类体系的建立和完善，如著名科学计量学家沃尔夫冈・格兰采尔（Wolfgang Glänzel）和安德拉斯・舒伯特（András Schubert）于 2003 年建立的 ECOOM 分类体系[206]，该体系包含了 15 个主要的学科领域和 74 个子学科领域，并且数据会定期更新，常用于学术研究。

3.1.3 交叉学科的设置情况

随着生产力的巨大发展和人类认识能力的提高，科学体系急剧膨胀，科学分化日益凸显。早在 19 世纪下半叶，就有研究图书分类的学者关注到学科之间的交叉渗透情况。美国哲学家威廉・托瑞・哈里斯（William Torrey Harris）对学科之间的联系和交叉做了有益探讨，麦尔威・杜威（Melvil Dewey）在哈里斯的基础上进一步改进，提出了著名的杜威十进分类法（Dewey decimal classification），并将涉及多学科知识的图书列在其他学科知识门类之首，称为总论类，可见交叉学科的设置已在杜威的分类法中初露端倪。随着科学的不断发展，各门学科相互联系、相互转化，传统的学科界限不断被打破。科学逐渐形成多层次的纵横交错的网状系统，现代科学发展新的特点和新的趋势促使人们探索新的学科结构[195]。

交叉学科在弥合知识板块、推进科学体系整体化的过程中发挥着越来越重要的作用。将交叉学科视为独立的学科分类，不仅有助于充分认识交叉学科在科学知识体系中的地位和功能，而且还有利于保持科学知识体系的完整性。

学科专业设置在一定程度上影响交叉科学的发展，因为交叉科学若无合理的学科地位，就只能依附于其他传统学科，在人才培养、经费申请、成果鉴定、职称评审、项目申报等方面的困境便愈加深化，容易被边缘化，不符合当代科学发展的新要求[207]。

早在 1985 年，钱伟长就敏锐地洞察到我国交叉科学的隐忧，“学校过于强调专业，综合性不够，也就是交叉不够”[11]。同年，《中共中央关于教育体制改革的决定》指出当前专业设置过于狭窄的问题，并提出要扶持新兴、边缘学科的成长。诚然，学科划分过细，对学科之间的交叉和融合十分不利，并且学科之间的分隔也与现代科学技术综合、交叉发展的趋势相背离，专业之间的封闭使得知识的传播与接受也随之被固定[208]，限制了学科之间的融合，人为地切断了各门学科在理论和学术体制方面的内在联系，阻碍新型交叉学科的产生。

目前常用的学科分类体系中，有明确设置交叉科学这一分类的是 WoS 学科分类体系和 ESI 学科分类体系。WoS 学科分类是基于期刊分类系统进行学科划分，WoS 学科分类和期刊是多对多的关系，即一本期刊可以同时属于多个 WoS 学科分类，一个 WoS 学科分类对应若干种期刊。其中，多学科领域（multidisciplinary sciences）是 WoS 类别中的一个独立学科门类，主要收录综合类期刊，如 *Science*、*Nature* 等。不同学科分类也有根据学科发展情况设置的多学科类别，如 WoS 的物理学大类下共包括 8 个子学科，其中包含“物理学，多学科”（physics, multidisciplinary）这一子分类。同样，WoS 的化学大类下共包括 7 个子学科，“化学，多学科”（chemistry, multidisciplinary）是其与交叉科学相关的学科分类。与之相对应的、同样隶属于科睿唯安（Clarivate Analytics，原汤森路透知识产权与科技事业部）的 ESI 学科分类体系共有 22 个学科领域，其中有多学科领域（multidisciplinary）。期刊分配基本为“单一分配”模式，即一种期刊只被划分入一个学科领域。

3.2 科学结构与研究方法

科学结构研究是科学学、科学技术管理以及信息科学等领域的重要研究课题。研究科学结构需要有明确的研究对象、合适的测度指标和可行的研究方法，本节在梳理科学结构以及交叉学科的科学结构相关研究基础上，归纳科学结构的研究方法，并详细介绍“引文熵”等指标，为科学结构分析提供基于客观定量分析和多重测度指标的综合研究思路。

3.2.1 科学结构

科学在其产生、运动和发展过程中，有其内在的规律属性和结构特征。科学结构即科学发展过程中长期形成的、固有的、不以人们的意志为转移的客观存在，是科学内在关系和逻辑机制的集中体现，也是科学自身体系的轮廓与构架[209, 210]。科学结构可以较为清晰、全面地反映不同学科之间的交叉发展和演化情况，厘清学科内部相关要素的逻辑关系，也能够分析某个领域或主题的知识结构。科学分类是依照科学研究对象不同的属性、科学结构特征以及研究手段，将科学知识分为不同的学科。学科结构则是进一步细化的科学结构，反映各个学科最基本的内容和特征，是各学科知识、理论、体系发展演进的有机构成，更是学科内在逻辑的集中反映[211]。因而，研究科学及学科的内部知识结构，建立全面、系统的科学结构体系，有利于把握科学发展的宏观趋势，制定符合科学发展规律和特点的科研规划和科技政策。

科学结构研究大致分为两类：一类着眼于科学与社会的互动，从宏观上将科学作为一种社会现象和活动；另一类是将科学作为知识体系，解析该知识体系的构成要素和构成方式。特别的是，从系统论的角度考察该知识体系各要素之间的相互关联以及由要素和关联变化引发的系统进化。科学结构及其演化研究可以落脚于宏观和微观两个角度，宏观角度主要研究科学的总体结构及其演化，分析不同学科之间的交叉发展和演化情况等，而微观角度主要分析某个研究领域或主题的结构及其演化。

国外学者对科学结构发展态势及演进的研究起步较早，研究方法和研究内容都较为详细和全面，主要是根据文献计量学的相关理论和方法展开研究，通过文献与文献的相互关系来探测学科的动态结构及发展规律。早在 20 世纪 60 年代，科学计量学奠基人德瑞克·约翰·德索拉·普赖斯（Derek John de Solla Price）就提出科学引文索引或许包含揭示科学结构信息，他认为期刊与期刊之间的引文关系包含着重要的信息，可尝试以此为切入点来探测科学结构[212]。在利用期刊之间的相互关系研究科学结构方面，荷兰阿姆斯特丹大学的洛伊特·雷德斯多夫（Loet Leydesdorff）做出一系列卓有成效的工作，不仅分析不同期刊群对应学科结构的变化轨迹，探析科学的动态结构特征[213]，而且还细致探讨具体学科领域的期刊群结构[214]。例如，分析纳米科学与自然科学和社会科学各领域期刊之间的交叉渗透关系[215]，并提出利用中介中心性（betweenness centrality）分析交叉学科特性[92]。

国内学者在学术期刊的引文关系以及其映射的科学结构特征等方面，也进行一些有益的探索性研究。例如，周萍等对 2003 年中国科技论文数据库中的 1576 种期刊进行引文分析，展示期刊引文关系网络和图谱结构[216]；金碧辉等对中国科技期刊在国际引文网络中的“主群”现象和“孤岛”现象两种结构特征展开了细致的分析[217]；也有学者对某一领域的科学结构特征展开分析，如管理学领域[218, 219]、计算机科学领域[220]等。

3.2.2 交叉学科的科学结构

现代科学的发展特征呈现分化与综合、交叉与渗透的融合趋势，即微观层面的科学分类愈加细化，宏观层面的知识融合愈加广泛。科学内部结构之间的交叉与融合是交叉学科形成、发展与成熟的必要途径。现代科学技术发展表明，没有科学交叉的实践活动，就没有产生交叉科学的土壤和形成交叉学科的动力[221]。

交叉科学的发展态势从纵向角度看，体现为某一系统内各个不同层次的学科及要素沿纵深方向交叉，一般是沿着某一大的学科体系的垂直方向展开。各个学科不仅追本溯源，强调学科的历史发展脉络，并且前瞻学科发展方向。从横向角度看，根据认识和改造事物的需要进行的学科之间的组合，各个学科之间的结合越来越紧密，互相融合的范围不断拓宽，呈现出纵横交错的交叉态势，既有自然科学和社会科学各自内部的学科交叉，也有自然科学和社会科学之间的相互交叉。

交叉学科有着不同于传统学科的科学结构特点和交叉形式。从结构特点上看，交叉学科呈现出非结构型交叉和结构型交叉两种形式。所谓非结构型交叉，即指单科型的综合性学科，如天体化学、分子工程学等。所谓结构型交叉，即包括同级交叉和跨级交叉。同级交叉指学科体系内部或者学科体系之间同级学科之间的交叉，如生物物理学、生物化学等；跨级交叉指非同级的学科之间的交叉，如量子生物学，分子生物物理学等[221]。

交叉科学研究有两种方式，既可以采用自上而下的方式，即直接采用某一专家学科分类体系对期刊及论文进行归类，进而研究不同学科内部和学科之间的知识结构与知识转移，也可以采用自下而上的方式，通过对文献的引文分析、文本分析，形成不同的聚类，进而探测交叉科学的科学结构[222]。本章对交叉科学的研究是立足于自下而上的方式，利用文献计量学方法探究科学结构关系。

交叉学科的科学结构研究是国际科学计量学领域的热门主题。有学者着眼于交叉科学的整体发展态势，结合可视化技术展开对交叉科学的全景式描绘，通过绘制交叉学科知识图谱，客观、形象地展现交叉学科整体知识结构和信息交流特征。如 Boyack 等应用 8 种期刊相似度的计算方法对 SCI 和 SSCI 数据库中 7121 种期刊进行分析，展示了一幅结构错综复杂的科学交叉网络图[90]；Leydesdorff 基于 2004 年 JCR 中的论文和引文数据，对自然科学和社会科学交涉界面的学科交叉现象进行可视化分析[91]。更多学者侧重分析特定领域下的交叉学科的结构特征和发展规律，如 Leydesdorff 以 JCR 中 12 种纳米期刊作为种子期刊，展现了纳米科学作为一门交叉学科，与自然科学和社会科学各领域期刊之间的交叉渗透关系[215]；王续琨分析了交叉科学的学科门类构成，阐释了某些交叉学科门类的发展趋向或态势[22]；陈悦和刘则渊对国际管理学领域的 26 种代表性期刊进行共被引分析，通过知识图谱技术，揭示了管理学与其他学科之间的交叉结构特征[218]。也有学者关注交叉学科的发展规律，如 Porter 和 Rafols 应用可视化技术考察了 6 个研究领域在 1975～2005 年间学科交叉度的变化情况，发现当前学科交叉的主流仍停留在近缘学科融合的层面[89]；Leydesdorff 和 Schank 应用多维尺度分析方法以及图谱技术，分析和展示学科结构的动态发展规律[92]。

3.2.3 科学结构研究方法

科学结构研究的分析单元多样，有文献成果、学术期刊、专利技术、科研人员等。其中学术期刊是科学活动的重要载体，是科学发展过程中重要的学术交流媒介和渠道，也是科学知识结构和分类体系中一个重要的研究单元。早在 20 世纪 60 年代，科学计量学奠基人 Price 就认为期刊之间的引文数据能为科学结构研究和科学的分类体系提供十分有用的信息，期刊引文的模式和规律能够反映学科研究前沿，也可以被用来描绘一个学科领域的知识结构[212]。近几十年来，利用学术期刊探讨科学结构及其发展趋势已成为国际科学计量学领域的热点研究主题[223, 224]。

期刊相互引用关系的强弱不仅可以反映期刊之间的亲疏远近关系，而且可以揭示相关学科内容上的联系。基于期刊的引文和文本关系进行聚类分析，可以探明有关学科之间的亲缘关系和结构，划定某学科的期刊和文献群，分析推测学科间的交互结构以及渗透和衍生的趋势，从而揭示科学的动态结构以及发展规律。

1. 主要指标

本章主要引入4组计量指标来度量个体期刊以及学科在互引网络中的信息交流特征，分别是期刊自链接相关指标、期刊链接强度相关指标、期刊“引文熵”指标和期刊的PageRank测度。以期刊为例，i 和 j 都代表期刊，SC_i 为期刊 i 的自引次数，TC_i 是期刊 i 的总被引次数，TR_i 是期刊 i 的总引文次数（即参考文献总数），a_{ij} 为期刊 i 被期刊 j 所引用的次数。

1）期刊自链接相关指标

（1）期刊自被引率（journal self-citation ratio, SCR_i）

$$\mathrm{SCR}_i = \frac{\mathrm{SC}_i}{\mathrm{TC}_i} \tag{3-1}$$

（2）期刊自引率（journal self-reference ratio, SRR_i）

$$\mathrm{SRR}_i = \frac{\mathrm{SC}_i}{\mathrm{TR}_i} \tag{3-2}$$

（3）期刊自链接指数（journal self-link index, SLI_i）

$$\mathrm{SLI}_i = \frac{\mathrm{SC}_i}{\sqrt{\mathrm{TC}_i \cdot \mathrm{TR}_i}} \tag{3-3}$$

2）期刊链接强度相关指标

（1）期刊 i 到期刊 j 的（有向）引文链接强度（citation links strength of journal i to j, CL_{ij}）

$$\mathrm{CL}_{ij} = \frac{a_{ij}}{\sqrt{\mathrm{TC}_i \cdot \mathrm{TR}_j}} \tag{3-4}$$

该指标度量不对称矩阵中两两个体期刊之间的引文链接强度，由于期刊 i 被期刊 j 所引用区别于期刊 j 被期刊 i 所引用的，因此该指标具有方向性。

（2）期刊 i 和期刊 j 之间的对称链接强度（symmetrised link strength between journal i and j, SL_{ij}）

$$\mathrm{SL}_{ij}=\frac{a_{ij}+a_{ji}}{\sqrt{(\mathrm{TC}_i+\mathrm{TR}_i)\cdot(\mathrm{TC}_j+\mathrm{TR}_j)}} \tag{3-5}$$

该指标度量在互引对称矩阵中两两期刊之间的链接强度，因此它可以衡量期刊“中心性”。

3）期刊“引文熵”指标

基于对称链接的期刊引文熵（journal citation entropy according to symmetrised links, EL_i）

$$\mathrm{EL}_i=-\sum_{j=1}^{n}\frac{a_{ij}+a_{ji}}{\mathrm{TC}_i+\mathrm{TR}_i}\cdot\log_2\left(\frac{a_{ij}+a_{ji}}{\mathrm{TC}_i+\mathrm{TR}_i}\right) \tag{3-6}$$

式中，$\sum_{j=1}^{n}\left(\frac{a_{ij}+a_{ji}}{\mathrm{TC}_i+\mathrm{TR}_i}\right)=1$。

受信息熵的概念及数学表达式的启发，我们在前期研究中提出了“引文熵”的概念，用以度量期刊的引文和被引在其他期刊中分布的“宽泛度”和“不集中度”[225]。

4）期刊的 PageRank 测度

著名的搜索引擎 Google 的创始人谢尔盖·布林（Sergey Brin）和拉里·佩吉（Larry Page）于 1998 年提出了对网页进行排序的 PageRank 算法[226]。PageRank 算法是利用互联网巨大的网络链接结构，计算出网页的级别（rank），并结合超文本匹配分析等其他技术，最终将网页进行排序输出。事实上，PageRank 算法的基本思想是来自科学计量学中的引文分析，即一篇文献的质量和重要性可以通过其他文献对其引用的数量来衡量。基于这个假设，一个网页的质量和重要性也可以通过其他网页对其超链接的数量来衡量。此外，在实际计算网页（例如网页 A）的 PageRank 值时，除了考虑网页 A 的链接数量之外，Google 还考虑到网页 A 的所有链入网页（链接到某网页的其他网页称为该网页的链入网页）自身的重要程度（即 PageRank 值）。

基于PageRank算法对网页进行排序的原理，可以计算所研究期刊的PageRank值。然而，对于期刊而言，需要考虑期刊的被引次数与其自身发文量之间的关系。一般而言，载文量较大的期刊的被引次数可能也较多。因此，在实际计算期刊的 PageRank 值时，可以对原始的计算网页排序的 PageRank 公式进行改进，即考虑所研究期刊发表论文的数目。经过改进的期刊 PageRank 算法（简称 PR_i）如下：

$$\mathrm{PR}_i=\frac{(1-\alpha)}{n}+\alpha\sum_j \mathrm{PR}_j\frac{a_{ij}/P_i}{\sum_k \frac{a_{kj}}{P_k}} \tag{3-7}$$

式中，PR_i 是期刊 i 的 PageRank 值；α为介于 0 和 1 之间的标量；n 为所研究期刊的数目；P_i 是期刊 i 在指定时间段所发表论文的数目。期刊 i 的 PageRank 值可以理解为一个随机读者阅读该期刊的概率大小，即当该读者随机且持续性地以相同的概率阅读其他期刊（区别于期刊 i）的参考文献时，其随机选择期刊 i 进行阅读的概率大小。一般而言，在 PageRank 中，排序越靠前的期刊越能更好地代表其所在的聚类。

2. 主要方法

1）引文分析方法

引文分析方法是科学计量领域应用较为成熟的定量研究方法，在分析学科演进、评价学科发展现状、预测科学发展趋势中起到重要的作用。引文分析是探测科学知识结构和演化趋势的重要方式，其基本原理是利用文献之间的关系和内在逻辑结构，通过聚类及可视化方法表现科学知识的结构。根据文献关系可以构建引文网络，跟踪不同时间片段中论文聚类的变化情况，进而探测研究领域的突现、发展趋势等，由此揭示整个科学或某领域的科学结构及其演化。

一般而言，引文分析方法可分为两大类：一类是将引文条目作为独立计量单位进行统计分析；另一类是以条目之间的联系程度作为计量单位进行更深入的网络聚类分析[227]。第一类方法的研究内容包括数据的选择和基本统计量分析、引文分布的基本类型（如文献类型、语种、时间、作者等）和规律，以及文献的自引分析等，是科学计量学中最基本的分析方法；第二类方法伴随着大规模引文数据库的出现和现代信息技术以及计算机技术的进步而不断发展，在科学学、情报学和现代科学技术管理中得到越来越广泛的应用。基于引文分析方法可以确定不同的引文关系，主要有互引分析、文献耦合和共引分析，不同引文关系能够不同程度且各有侧重地应用于科学结构及演化研究。

本章将综合应用这两类引文分析方法，其中第一种方法主要用于探测交叉学科在互引网络中的地位和功能，研究和揭示交叉学科的引文分布特征与信息流动规律。而第二种方法则对交叉学科的互引链接强度进行深入细致的网络和聚类分析。

引文分析常用的统计对象是学术期刊，本章的引文分析是基于期刊互引矩阵进行的。互引矩阵有两种形式，即原始矩阵和对称矩阵。记原始的引文矩阵为 $\boldsymbol{A}=(a_{ij})$，其中，引文链接 a_{ij} 具有方向性，a_{ij} 指期刊 i 被期刊 j 所引用的次数。原始矩阵为非对称矩阵，与其相应的对称矩阵为 $\boldsymbol{A}'=(\boldsymbol{A}+\boldsymbol{A}^{\mathrm{T}})/2$，这里，$\boldsymbol{A}^{\mathrm{T}}$ 是 $\boldsymbol{A}$ 的转置矩阵。原始矩阵用于区分个体期刊的被引链接与引文链接，而对称矩阵则主要用于期刊的互引网络和聚类分析。

在期刊互引网络和聚类分析中，两两期刊之间的相似度（S_{ij}）是基于对称矩阵计算的，具体公式如下：

$$S_{ij}=\frac{C_{ij}}{\sqrt{\sum_{k}C_{ik}\cdot\sum_{k}C_{jk}}} \tag{3-8}$$

式中，C_{ij}是指期刊 i 与期刊 j 在对称矩阵中的引文次数，换言之，$C_{ij}=C_{ji}$。式（3-8）亦可用来计算两两聚类之间的相似度。

然而，在具体的聚类过程中，除了反映两两期刊之间的互引关系之外，还可以进一步反映这两种期刊与其他期刊之间引文关系的相似性，例如，这两种期刊同时被第三种期刊高频引用。因此，本章的聚类过程采用的是另一种相似度计算方法，即计算两种期刊（i 和 j）与其他所有期刊的互引向量（互引矩阵中期刊 i 与 j 相对应的行和列）之间的余弦值，具体公式如下：

$$S_{ij}'=\frac{\sum_{k}C_{ik}\cdot C_{jk}}{\sqrt{\sum_{k}{C_{ik}}^{2}}\cdot\sqrt{\sum_{k}{C_{jk}}^{2}}} \tag{3-9}$$

式中，C_{ik}是指期刊 i 被期刊 k 引用的次数。

两种期刊最终的相似度是以它们与其他所有期刊之间的相似度为基础的，称这种相似度为“互引向量的余弦相似度”。这里，期刊相似度的计算同样是基于对称矩阵的，因此 $S_{ij}'=S_{ji}'$。

2）聚类分析方法

本章的聚类分析涉及两个层面：其一是期刊聚类，采用基于互引链接的聚类算法，以及“引文-文本”混合聚类算法，考察了期刊在互引链接和知识内容方面的亲疏远近关系；其二是学科聚类，在期刊聚类分析的基础上，将基于互引链接的聚类算法应用于学科的层面，进而分析交叉学科的科学结构特征。

在一个数据样本中，聚类数目的确定是一个非常复杂的问题，往往依赖于所采用的相似度指标、检验方法以及数据本身的表征方式等。一般而言，聚类数目是通过综合比较各种不同数目聚类结果的优劣来确定的，而对于聚类结果的评定方法则主要分为内部检测法和外部检测法。内部检测法仅仅评测数据和聚类本身的统计特征，而外部检测法则将聚类结果与一个公认的相对较优的分类结果进行比较。Halkidi 等曾对各种聚类检验方法的评估进行较为完整的评述[228]。本章采用将距离分析与图形分析相结合的方法来确定聚类的数目，其中包含树状图、基于文本和引文的 Silhouette 曲线以及模块性曲线等方法。在此基础上，使用 Jaccard 相似度系数以实现聚类结果与现有的学科分类体系的比较分析。

（1）树状图（dendrogram）

树状图法可以直观地展示聚类之间的距离，并将聚类反复组合和分裂的过程呈现在一个层级树状图中。聚类的数目可以通过以下直观的方法来选择：寻找一条合适的分割线，该分割线可以将层级树分割为相对比较独立的聚类群，即垂直分割线截断的各条水平线相对较长。由于直观地确定一个层级树的最优切割点相对比较困难[229]，因此往往将这种方法与其他方法结合起来，例如 Silhouette 曲线以及模块性曲线等。

（2）Silhouette 曲线

一个特定聚类的质量可以通过 Silhouette 图进行可视化。在一个 Silhouette 图中，每个聚类内部所有对象的 Silhouette 值都被标注在水平线上。如果一个聚类的 Silhouette 图像偏移至零点垂直线的右侧，那么距离零点越远，则该聚类的质量越高，而负的 Silhouette 值则表示相应的对象更应该属于其他的聚类。

个体 i 的 Silhouette 值 $S(i)$ 的范围为[–1，+1]，度量该个体与其聚类内部各个体之间相似度和该个体与其他聚类中的个体之间相似度的比值[230]。$S(i)$ 的定义如下：

$$S(i)=\frac{\min\left(B\left(i,C_j\right)\right)-W(i)}{\max\left[\min\left(B\left(i,C_j\right)\right),W(i)\right]} \tag{3-10}$$

式中，$W(i)$ 是个体 i 与其所在聚类内部其他个体之间的平均距离；$B(i,C_j)$ 为个体 i 与另一个聚类 C_j 内部所有个体之间的平均距离。

所有被聚类个体（例如期刊）的平均 Silhouette 值是聚类整体质量的一个内在度量指标。由于 Silhouette 值是基于距离来计算的，因此根据不同的研究对象及距离指标，可以得到不同的 Silhouette 值。

（3）模块性曲线

Newman 等提出的模块性指标是度量聚类质量的另一个常用指标[231, 232]。在互引网络中，模块性指聚类内部的互引次数减去有着同样聚类数目的随机网络中的随机互引次数。直观上，在一个质量较高的聚类体系中，每个聚类内部的互引次数要比随机网络中的期望值多，而不同聚类之间的互引次数要比随机网络中的期望值少。在随机网络中，两种期刊之间互引次数的期望值取决于整个网络的总引文次数以及这两种期刊各自发表论文数的多少。

Newman 等将模块性定义[231]如下：V 表示被聚类对象的集合，L 表示连接各个对象的连线的集合，$\boldsymbol{A}$ 为其对应的邻接矩阵。对于有 n 个节点的网络，$\boldsymbol{A}=(a_{i,j})$，其中 $i,j=1,2,\cdots,n$。如果对象 i 与 j 相连，则 $a_{i,j}=1$，否则 $a_{i,j}=0$。设 V_p,V_q 是 V 的真子集，且 $V_p\cap V_q=\phi$，那么，$\boldsymbol{A}_{p,q}=(a_{i,j})$，其中 $i\in V_p, j\in V_q$，且 $e_{p,q}=\frac{\|\boldsymbol{A}_{p,q}\|}{\|\boldsymbol{A}\|}, e_{p,p}=\frac{\|\boldsymbol{A}_{p,p}\|}{\|\boldsymbol{A}\|}$。记 $\|\boldsymbol{A}\|=\sum_{i=1}^{n}\sum_{j=1}^{n}a_{i,j}$，当 $p\neq q$ 时，$\|\boldsymbol{A}_{p,q}\|=\sum_{i\in v_p}\sum_{j\in v_q}a_{i,j}$ 为子集 V_p，V_q 间的连线数量，$a_{i,j}\in\boldsymbol{A}$；当 $p=q$ 时，$\|\boldsymbol{A}_{p,p}\|=\sum_{i\in v_p}\sum_{j\in v_p}a_{i,j}$ 为子集内部连线的数量，$a_{i,j}$

$\in \boldsymbol{A}$。设网络中共有 c 个子聚类，则模块性指标 Q 的定义如下：

$$Q=\sum_{p=1}^{c}[e_{p,p}-(\sum_{q=1}^{c}e_{p,q})^2] \tag{3-11}$$

式中，$\sum_{p=1}^{c}e_{p,p}$ 代表每个子聚类内部对象的连接情况，$\sum_{p=1}^{c}\left(\sum_{q=1}^{c}e_{p,q}\right)^2$ 则反映不同子聚类之间对象的连接情况。因此，每个子聚类内部的链接越多，即 $\sum_{p=1}^{c}e_{p,p}$ 越大，而不同子聚类之间的链接越少，即 $\sum_{p=1}^{c}\left(\sum_{q=1}^{c}e_{p,q}\right)^2$ 越小，则模块性值 Q 越大。

（4）Jaccard 相似度系数

Jaccard 指数是两个群体的交集与它们并集的比值，Jaccard 相关系数是 Jaccard 指数的一种扩展形式，也是聚类外部检测的一种常用指标。它可以用来比较聚类结果 $C=(C_1,C_2,\cdots,C_k)$ 与另一个分类体系 $P=(P_1,P_2,\cdots,P_l)$，其中 k 和 l 分别代表聚类和分类的数目。对于 C 和 P，定义 $n\times n$ 矩阵 $\boldsymbol{M}^C$ 和 $\boldsymbol{M}^P$，其中 n 是期刊的总数。每个布尔值 $\boldsymbol{M}^C{}_{ij}$ 表示期刊 i 和 j 是否属于 C 中的同一个聚类，$\boldsymbol{M}^P{}_{ij}$ 表示期刊 i 和 j 是否属于 p 中的同一个分类。令 N_{00} 表示既不属于 C 中同一个聚类，又不属于 P 中同一个分类的期刊对的数目，即满足 $\boldsymbol{M}^C{}_{ij}=\boldsymbol{M}^P{}_{ij}=0$ 的期刊对（i, j）的数目。类似的，N_{01} 表示符合条件 $\boldsymbol{M}^C{}_{ij}=0$ 且 $\boldsymbol{M}^P{}_{ij}=1$ 的期刊对的数目，N_{10} 和 N_{11} 也可类似地做出定义。则 Jaccard 相关系数的定义如下：

$$J(C,P)=\frac{N_{11}}{N_{11}+N_{01}+N_{10}} \tag{3-12}$$

3）科学知识网络图

科学知识网络图是展示科学知识结构关系与发展进程的一种可视化图形，一幅精确的科学网络图有助于更好地理解科学知识的结构背景，可以反映和揭示趋于融合的或者正在出现的学科新领域。尤金·加菲尔德（Eugene Garfield）1963 年提出利用文献之间的引用关系建构科学知识网络图[233]。此后，获得一幅有关科学学科“全景图”的设想激励了大量的研究者从事相关的研究。自 20 世纪 90 年代以来，伴随着对信息技术日益增长的兴趣，科学知识网络图的发展也迎来了一个新的繁荣时期。新的分析软件的应用以及计算能力的大规模提高为科学网络图提供了广阔的发展空间。此外，可视化技术的进步也为科学知识网络图的应用和发展提供了许多便利条件[234]。然而，在当前已经发表的科学知识网络图中，大多数的图谱都集中于一些小的或是单一的学科领域[235-239]。Garfield 认为，新的可视化技术使得科学全景图的绘制成为可能，并能在此基础上探测新兴学科前沿的发展趋势[240]。一些学者也尝试在大的科学领域中绘制科学知识网络图[90, 214, 241, 242]。下一小节将在引文分析和聚类分析的基础上，利用科学知识网络图形象地展现聚类结果，可视化展现交叉学科的知识结构、信息交流特征和演化趋势。

3.3 基于期刊的交叉学科的科学结构研究

学术期刊是科学活动的重要载体，也是科学知识结构和分类体系中重要的研究单元。随着科学技术的开拓式和纵深式发展，各学科期刊的内容相互渗透、彼此交织的现象越来越明显。期刊作为基本且常用的科学单元，在很大程度上能够反映科学知识之间的交叉与融合[243]。基于期刊之间的引文关系进行聚类分析，可以探明有关学科之间的亲缘关系和结构，分析推测学科间的交互结构以及渗透和衍生的趋势，从而揭示交叉科学的动态结构以及发展规律。

3.3.1 基于期刊互引网络的研究方法

个体期刊在互引网络中的地位与信息交流规律可以通过期刊互引网络的结构特征来反映。前文提到的指标和方法可应用于描绘期刊在互引网络中的信息交流特征。通过建立期刊互引矩阵，分析和比较期刊的“孤立度”“方向性”“中心性”和“宽泛度”，进而揭示具有交叉科学特征的期刊的信息流动特征和引文网络关系，如图 3-1 所示。

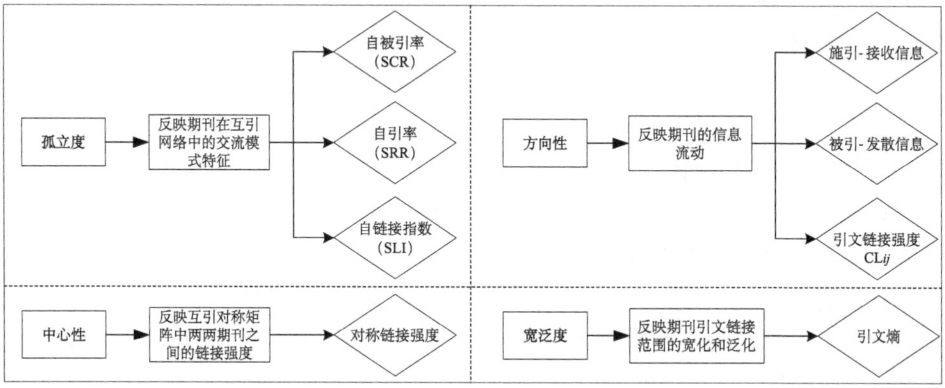

图 3-1　基于期刊互引网络的科学结构研究框图

1. 期刊孤立度

期刊的自被引率和自引率通常被认为是描绘期刊在互引网络中的交流模式特征及其“孤立度”的衡量指标，期刊自链接的分析主要基于期刊互引矩阵，其计算方式如式（3-1）～式（3-3）所列。

Schubert 等的研究显示，较低的期刊自引率（SRR）是评论性（review）期刊的典型特征[244]。另一方面，期刊高自引率并不意味着其一定具有高自被引率（SCR）。在各种因素中，期刊的学科专业化程度和交叉学科度是影响其自引和自被引对称性的重要因素。

2. 期刊信息流动的方向性

施引和被引的方向性差异是引证行为的核心特征之一。当期刊 i 被期刊 j 引用时，期刊 j 为施引对象，期刊 i 则为被引对象。对于信息流动的方向而言，施引可以被认为是接收信息，而被引则为发散信息。可以采用式（3-13）和式（3-14）（其中，TC 指期刊的施引总次数，TR 指期刊的被引总次数）对期刊的施引和被引情况进行比较，进而可以分析期刊信息流动的不对称性。

$$\text{期刊的信息发散度}=(\mathrm{TC}-\mathrm{TR})/(\mathrm{TC}+\mathrm{TR}) \tag{3-13}$$

$$\text{期刊的信息接收度}=(\mathrm{TR}-\mathrm{TC})/(\mathrm{TC}+\mathrm{TR}) \tag{3-14}$$

期刊 i 到期刊 j 的（有向）引文链接强度 CL_{ij}（式（3-4））度量不对称矩阵中两两个体期刊之间的引文链接强度，由于期刊 i 被期刊 j 所引用区别于期刊 j 被期刊 i 所引用的，因此该指标具有方向性。

通过这个指标，可以比较个体期刊在引证行为中的两个不同方向，即被引方向和施引方向，并且可以观测到两两期刊的引文关系中所存在的极端不对称引文链接现象，在某些期刊对 i 和 j 之间存在“强不对称链接”，即期刊 i 在被引次数方面强烈地依赖于期刊 j，换句话说，期刊 j 在引用次数方面强烈地依赖于期刊 i。满足以下阈值的链接可被定义为强不对称链接：$a_{ij}\geqslant 20$ 且 $\mathrm{CL}_{ij}-\mathrm{CL}_{ji}\geqslant 0.1$。

3. 期刊中心性

不同于基于期刊互引矩阵的期刊“孤立性”（期刊高自引或自被引率）研究，反映互引网络中期刊中心性的期刊强链接研究主要基于对称矩阵 $\boldsymbol{A}'=(\boldsymbol{A}+\boldsymbol{A}^{\mathrm{T}})/2$，其中，$\boldsymbol{A}^{\mathrm{T}}$ 代表矩阵 $\boldsymbol{A}$ 的转置矩阵。

期刊 i 和期刊 j 之间的对称链接强度 SL_{ij}（式（3-5））度量在互引对称矩阵中两两期刊之间的链接强度，因此它可以作为衡量期刊“中心性”的一个指数。当期刊 i 和期刊 j 之间的链接满足条件 $a_{ij}+a_{ji}\geqslant 20$，并且期刊 i 和期刊 j 之间的对称链接强度 $\mathrm{SL}_{ij}\geqslant 0.025$ 时，它们被认为是期刊之间的“强链接”，这里不考虑期刊的自引链接。这种度量方法参考了 Glänzel 等提出的“核心文献”测度指标，该指标最早被应用于探测“核心文献”，即与其他文献有着很多引文“强链接”的文献[245]。

从这个“核心文献”的概念类推，如果一种期刊与其他期刊之间有很多的“强链接”，那么也可以认为该期刊在互引网络中处于相对“中心”地位。在整个互引网络中，具有较多“强链接”的期刊可以视为网络中的关键节点，它们在网络中组成一些内在关系紧密的子网络。具有强链接的两种期刊之间可能具有这样一些关系：隶属同一学科领域；隶属不同学科领域但有相似的研究主题；隶属不同学科领域但研究方法相关；隶属不同学科领域但处于理论-应用链条上；分属自然科学与社会科学（或人文科学）领域。对于分属不同学科领域的强链接，可称之为“异域强链接”，对“异域强链接”的进一步分析可为探测交叉学科以及科学发展的交叉渗透和融合趋势带来新的思路启示。

4. 期刊宽泛度

“熵”起初作为热力学中一个十分重要的态函数，有着确切的物理意义，然而它的应用已远远超出这一范畴，被广泛运用到信息论、控制论、概率论等其他领域中。信息理论的鼻祖之一克劳德·艾尔伍德·香农（Claude Elwood Shannon）把信息熵定义为对离散随机事件出现概率的一种量度。信息熵作为信息的计量，在信息论中有着重要的作用，其数学表达式与统计物理熵的表达式是一致的。受信息熵的概念及数学表达式的启发，我们提出的“引文熵”可用以表征引文链接范围的宽化和泛化。

与反映期刊“中心性”的“强链接”指标不同，“熵”度量的是期刊在其他期刊中链接分布的范围和广度，期刊强链接指标和引文熵指标在一定程度上是互补的。期刊引文熵的指标计算同样是基于期刊互引对称矩阵，基于对称链接的期刊引文熵的计算方法详见式（3-6）。

我们在前期研究中收集了 2002～2006 年间 WoS 收录的至少发表 50 篇论文，并且在 2002～2006 年间引文和被引次数总和至少为 30 次的期刊，共计 8305 种期刊，计算了所研究的每种期刊的熵值（EL），研究发现在熵值（EL）最高的前 100 种期刊中，98 种都是自然科学领域的期刊，其中 93%的期刊属于生物科学或医学领域，剩余几乎都属于多学科领域（multidisciplinary sciences）的期刊，包含顶级期刊 *Science*，*Nature* 以及 *Proceedings of the National Academy of Sciences of the United States of America* 等。生物学和医学领域的期刊在高熵值期刊中的主导地位与生物学和医学学科自身的广泛性和渗透性相关，而这种特性也正是多学科领域的典型特征[225]。

3.3.2 基于期刊互引聚类的研究方法

基于期刊互引分析的聚类算法不仅可以对期刊展开聚类分析，还可以应用文本挖掘技术对每个聚类进行“标识”，这些“标识”较为清晰地反映了每个聚类的内在知识元素特征，可在此基础上探讨交叉学科的知识内容特征。

1. 基于引文相似度的期刊聚类

1）期刊引文相似度计算

计算期刊之间的相似度是进行期刊聚类的前提，具体而言，期刊 i 和 j 之间的“相似度”依照如下方法计算：首先，利用式（3-5）计算期刊 i 和期刊 j 之间的对称链接强度 SL_{ij}，得到期刊链接强度矩阵；其次，将期刊 i 与其他所有期刊之间的引文链接强度作为向量 $\boldsymbol{V}_i$（即矩阵中与 i 相关的行或列），将期刊 j 与其他所有期刊之间的引文链接强度作为向量 $\boldsymbol{V}_j$（即矩阵中与 j 相关的行或列），进而计算两个向量 $\boldsymbol{V}_i$ 与 $\boldsymbol{V}_j$ 之间的 Cosine 值，最终得到的 Cosine（$\boldsymbol{V}_i$,$\boldsymbol{V}_j$）即为期刊 i 与期刊 j 的相似度。

从以上计算方法可以看出，两两期刊之间的相似度，不仅反映了这两种期刊自身之间引文链接的强度，同时也反映了这两种期刊与其他期刊之间的引文关系。

2）聚类算法的选择

在聚类算法的选择上主要采用基于 Ward 算法的凝聚层次聚类方法来实现对期刊的聚类[229]。具体而言，首先使 n 个样本中每个样本自成一类，然后将样本之间方差平方和最小的两个样本聚成一类，这时类的数目减至（n–1）类，之后再将两类聚为一类，使得类内方差平方和增加最小，以此类推，直至所有的样本聚成一类为止。这种聚类算法是一种硬聚类技术，即在聚类结果中每一种期刊被精确地归入一个聚类之中。

在基于期刊互引的聚类研究中，两两期刊之间的相似度是通过计算两种期刊（i 和 j）与其他所有期刊的互引向量（互引矩阵中期刊 i 与 j 相对应的行和列）之间的余弦值（见式（3-9））得到的，这种相似度被称为期刊互引向量的“余弦相似度”。

3）聚类数目的确定

在对期刊进行聚类之前，首先需要确定聚类的理想数目。一般说来，可以通过比较不同聚类结果的质量来最终确定较为理想的聚类数目。在本节中，主要应用树状图、Silhouette 曲线等方法来确定聚类数目。

首先，利用聚类的树状图，对聚类之间的距离进行初步的可视化。在树状图中，聚类的反复组合或分裂过程被展示在一个层级树中，通过直观地寻找层级树中一些相对清晰的聚类“分割线”，可以获得一些聚类数目的参考值。然而仅依靠树状图来确定聚类的数目相对较难[229]，往往还需要结合其他方法来确定最终的聚类数目。这里主要采用的方法是 Silhouette 曲线，以期刊的互引相似度为基础，计算相应的 Silhouette 值，并进而比较基于不同聚类数目的聚类结果质量。最后，一个具体的聚类体系的质量可以进一步通过 Silhouette 图进行评估，Silhouette 图可以较好地将聚类内部个体和聚类之间个体的相似性进行对比。

2. 基于最关联词条的互引聚类标识

为了更好地描述和理解每个聚类的知识特征，用基于文本挖掘方法得到的最佳 TF-IDF（term frequency-inverse document frequency）词条可以对每个聚类进行标注。

（1）提取所有相关文献的标题、摘要以及关键词中的文本，将文本内容分割为具体的词条，计算每个词条在所研究文本中出现的总频次，并且删掉无实际语义信息的词条，比如“the”或“and”等。

（2）进一步处理保留下来的词条，删除或整合一些无实际语义的词根或词的变形，比如名词复数、动词的时态和变形、常用的同义词等。在此基础上，得到“词条-文献”矩阵。

（3）由于只在单篇文献中出现的词条对聚类结果不产生任何影响，因此需要进一步删除所有仅在单篇文献中出现的词条，在此基础上利用 TF-IDF 加权模型计算所有词条的权重[246]，并在矢量空间模型（vector space mode）中对所有词条进行编码。

（4）利用基于奇异值转换方法（singular value decomposition, SVD）[247]的隐性语义索引技术（latent semantic indexing, LSI）[248]，进一步将经过处理的词条降维。在向量空间中应用这种隐性语义索引技术实现降维，有效地改进数据检索以及聚类算法的结果。其中，文献之间的“词条相似度”是通过计算两篇文献的词条因子向量之间的余弦值得到的。此外，依据 TF-IDF 模型对所有词条权重的编码结果，可以得到每个聚类的最相关词条，并以之作为其相应聚类的“标识”。

诚然，最关联词条已经对每个聚类的知识特征进行较客观的描述，但是可以观察到在一些不同聚类的词条之间仍然存在相当程度的重合现象。这种不同聚类之间错综复杂的联系，正是现代科学整体化发展的突出反映。正如钱学森所说，“既然是整体结构，那每个大部门就不能完全独立，必然有互相交叉”[249]。这些重合词条再次从另一个角度揭示了不同学科之间交叉渗透和融合的发展趋势。

3. 期刊互引聚类与“专家”分类体系的比较研究思路

“专家”分类体系是相关专家根据长期的科学实践经验以及对研究内容、研究方法的分析和阐释所得到的学科分类，期刊互引聚类结果则是采用量化分析方法根据期刊之间的引用关系得到的较为客观的学科分类，通过二者之间的比较研究，可以揭示科学发展的特征与规律，明晰科学结构的内在机理，并探测新兴学科和交叉学科的发展趋势。同时，也将为调整和改进现存的期刊分类体系提供有益的参考依据。

ECOOM 分类体系是沃尔夫冈·格兰采尔（Wolfgang Glänzel）和安德拉斯·舒伯特（András Schubert）于 2003 年建立的期刊与学科分类体系[206]，在学术界具有广泛的认可度，可以作为“专家”科学分类体系的代表与期刊互引聚类结果进行比较分析。

首先，利用可视化方法比较聚类结果和 ECOOM 学科分类体系的互引网络，然后比较两个分类体系的重心。所谓每个聚类或学科领域的重心，可定义为其中所有文献线性组合的重心，每个重心将作为同一个向量空间中的一个向量而存在。根据这个定义，可计算每一个聚类和学科领域的重心，并利用多维尺度分析方法（multidimensional scaling, MDS）展示所有两两重心之间的距离。从多维尺度分析的地图中，可以大体观察到各个聚类与各个 ECOOM 领域在空间中的相对位置，根据不同聚类与不同 ECOOM 领域之间的相对距离，可以初步判断出聚类和 ECOOM 领域之间的匹配关系。

为了进一步将聚类结构与 ECOOM 分类体系进行比较，可以应用 Jaccard 相关系数将每一个聚类与每一个学科领域进行比较和分析，具体计算方法参见式（3-12）。这里定义两个分类体系的交集为每个聚类与每个 ECOOM 学科领域之间相重合的期刊数目。将每个 ECOOM 学科领域与所有聚类的 Jaccard 值从大到小依次排列，其中最大的 Jaccard 值所对应的聚类定义为该 ECOOM 领域的最匹配聚类。类似地，将每个聚类与所有 ECOOM 学科领域的 Jaccard 值从大到小依次排列，其中最大的 Jaccard 值所对应的 ECOOM 领域即为该聚类的最匹配 ECOOM 领域。由此，基于 Jaccard 指数可以确定每个聚类的最匹配 ECOOM 学科领域以及每个 ECOOM 领域的最匹配聚类。同时，在学科领域与聚类之间存在一些“强匹配”，即 Jaccard 值相对很高。

基于 Jaccard 相关系数，可以确定每个 ECOOM 学科领域最匹配的聚类。对于聚类结果与 ECOOM 分类相一致的期刊，可以认为其在互引链接方面具有较强的“学科关联度”，将这部分期刊定义为相应学科领域的“学科内核”。所有学科的“学科内核”形成科学结构之网的网上纽结，展示了科学知识的差异性和学科的多样性。其余部分则为“学科外围”，学科的“外围期刊”可以分为两类：第一类是在 ECOOM 分类中隶属于某一学科 i，但在聚类分析中却未与学科 i 的“内核期刊”划入同一聚类，这类期刊与“学科内核”之间互引关系相对松散，其“学科关联度”相对较低；而第二类则在 ECOOM 分类中本不属于学科 i，却由于与学科 i 的“内核期刊”互引关系紧密而被划入学科 i 的最匹配聚类之中，这类期刊也因此成为学科 i 的“新”的“外围期刊”，这些“外围期刊”不仅展现了学科的分化、不同学科的交叉与融合、理论的渗透和方法的移植，而且也能够体现出理论学科和应用学科相互作用的交叉结构特征。

3.3.3 基于期刊混合聚类的研究方法

在期刊互引聚类的基础上，进一步拓展和改进聚类算法，即在期刊互引相似度的基础上，引入文本相似度，并应用基于“引文-文本”拟合相似度的混合聚类算法对期刊进行新的聚类与分析。通过运用混合聚类技术改进期刊聚类结果和学科分类，进而探讨交叉学科的知识结构特征，以揭示学科的分化、融合、衍生和更新的规律性。

1. “引文-文本”混合聚类方法概述

在科学单元的聚类研究中，通常采用 4 种方法，一种基于文本的方法和三种基于引文的方法[250]。三种基于引文的方法分别为直接引用、文献耦合和共被引，每种方法都各有优势，但其自身也均存在一定的局限。

在基于文本的研究方法中，由于通常是以数量庞大的语言词库为基础，因此其研究结果往往在科学单元的相关和不相关之间缺乏十分清晰的界限，由此产生的科学单元之间的关系也通常有些模糊。文本信息也许能揭示一些引文分析技术所不能反映的相关性，但是文献之间真正的相似度也可能由于词汇的不同，使用方式而被掩盖。此外，文本的前期处理过程以及一些多义词和没有实际语义的词都可能导致相似度的不准确。基于引文的研究方法主要通过已发表论文的引用情况来揭示科学结构及演化，能够较好地反映文献集中存在引用关系的主题，但其内容的揭示是一种间接的方式。由此可见，基于文本和基于引文的方法在数据的相关性研究中虽各有所长，但也各有不足，将两种方法恰当地结合可以提高相似度分析的准确性，也可以改进相应的聚类算法。

目前，关于混合聚类算法的使用和有效性已受到一些学者的关注，有学者对“内容-链接混合聚类算法”展开研究，结果显示链接和文本内容都是网页聚类的重要指标，但更理想的聚类结果依赖于对二者进行合适的加权拟合[251]。也有学者基于共享词条、外链接和内链接 3 个指标对超文本文件进行聚类分析[252]。Calado 等通过应用贝叶斯网络模型，将链接相似度和文本相似度拟合，尝试改进网络检索的分类结果[253]。还有学者应用遗传程序技术探讨如何将引文信息和文本信息进行最佳的结合，以实现对文件分类结果的改进和优化[254]。

混合聚类方法的优势主要有 3 点：第一，这一方法打破了传统学科范畴的界限，直接深入到微观知识结构，能够更客观地揭示交叉学科的结构特征；第二，混合聚类方法弥补了单一引文数据或文本数据所反映相关学科结构的片面性，综合考察了交叉学科在信息流动和知识内容两方面的整体结构特征；第三，具有层级的混合聚类算法可根据研究需要得到不同层级的聚类结果，从而满足不同层面的宏观和微观分析。

混合聚类技术在科学计量学领域，特别是科学结构的相关研究中应用相对较少。本节采用混合聚类技术，将交叉学科作为知识体系进行研究，在聚类结果中解析交叉学科知识体系的构成要素和结构模式，特别是从系统论的角度考察该知识体系各要素之间的相互关联，以及由要素和关联变化所引发的系统进化。这种研究方法弥补了相关研究依据单一指标对期刊和学科进行聚类的局限性，揭示了相关学科在信息流动和知识内容两方面的整体内在联系和结构特征。研究结果将深化和拓展混合聚类技术及其在科学计量学中的应用范围，为交叉学科研究提供新的计量方法和分析思路。

2. “引文-文本”混合聚类过程

混合聚类算法是将互引分析方法与文本挖掘技术相结合的算法，该算法建立在应用基于互引链接相似度对期刊进行聚类的基础之上。混合聚类中的期刊相似度通过对相应的引文相似度矩阵和文本相似度矩阵进行加权线性拟合而实现。混合聚类的实现过程如图 3-2 所示。具体来说，基于期刊的互引链接相似度矩阵和文本相似度矩阵，结合线性拟合和 Ward 算法得到“引文-文本”拟合相似度矩阵。在此基础上，通过混合聚类树状图和混合聚类的互引网络结构进行可视化呈现。其中，混合聚类数目的确定以及聚类结果的检验主要依据树状图、Silhouette 曲线、Silhouette 图和模块性曲线。

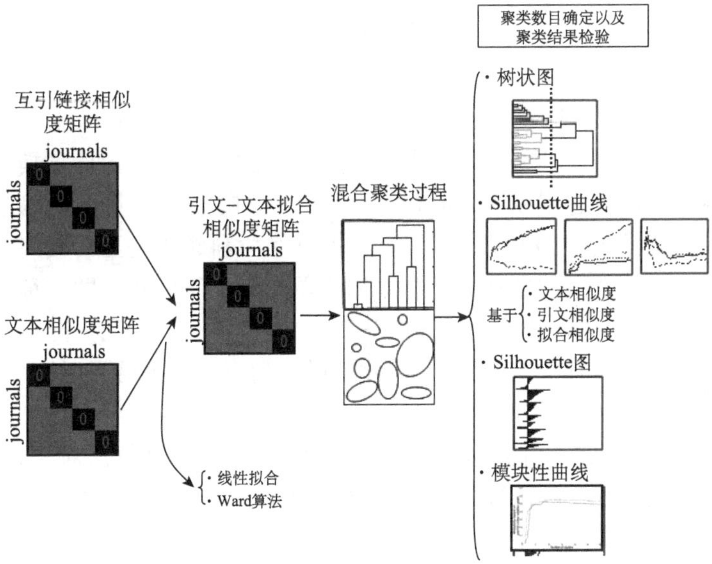

图 3-2 “引文-文本”混合聚类实现过程

混合聚类综合多方优势，利用“引文-文本”混合聚类算法对期刊进行聚类，利用文本分析所产生的最相关词条对每个聚类的内在知识特征进行“标注”，利用互引网络对聚类之间的引文关系进行可视化，这一研究方法不仅可以弥补单一指标测度科学结构的局限性，并且能够综合考察期刊在互引链接和文本内容方面的整体内在联系和知识结构特征，为交叉科学的科学结构分析提供多维视角。

然而，单独基于期刊互引链接相似度、文本相似度以及基于二者线性拟合的相似度对期刊进行聚类分析的聚类结果的特点与差别还尚不明了，为了分析期刊混合聚类的有效性，需要对聚类结果进行对比检验，主要有以下 6 种检验方法。

（1）基于期刊互引相似度的模块性值；

（2）基于期刊互引相似度的 Silhouette 值；

（3）基于期刊互引余弦相似度的 Silhouette 值；

（4）基于文本相似度的 Silhouette 值；

（5）基于期刊引文和文本线性拟合相似度的 Silhouette 值；

（6）聚类的外部检验，基于 WoS 等学科分类的模块性值。

3. 实证研究

以 2002～2006 年间 WoS 收录的 9527 种期刊（删除了在五年中没有连续发表论文的期刊）作为研究对象，涵盖了 WoS 核心合集中 SCIE、SSCI 和 A&HCI 三大引文索引数据库。经过数据清洗和筛选，最终筛选出符合一定条件的 8305 种期刊。以发表在这 8305 种期刊上的 600 多万篇文献作为分析对象，利用混合聚类算法探究交叉学科的结构特征和演化趋势。

ESI 是美国科学信息研究所（Institute for Scientific Information，ISI）于 2001 年推出的衡量科学研究绩效、跟踪科学发展趋势的基本分析评价工具，ESI 已成为当今世界范围内普遍用以评价高校、学术机构、国家/地区国际学术水平及影响力的重要指标工具之一。ESI 分类体系中的 22 个学科领域是当前被广泛采用的期刊分类体系之一，其中的期刊分配基本为“单一分配”模式，即一种期刊只被划分入一个学科领域。本章所采用的硬聚类算法同样将一种期刊分配给一个聚类，二者在聚类方法上具有一定的契合，因此可以作为混合聚类结果对比分析的参考。

1）基于期刊混合聚类的科学结构

基于图 3-2 展示的“引文-文本”混合聚类过程和 Ward 算法对 8305 种期刊进行凝聚层级聚类，最终可以得到 22 个聚类结果，其互引网络结构在 Pajek 中呈现如图 3-3 所示。聚类 i 和 j 之间的引文链接强度基于式（3-8）计算，式中的 i 和 j 分别代表聚类 i 和 j。其中，聚类内部的“自引链接”只计算一次。图 3-3 中连接线的粗细程度与两两聚类之间的引文链接强度成正比，节点的大小与其对应聚类中期刊的数目成正比，所有的聚类均以其最相关的 3 个 TF-IDF 词条标注。

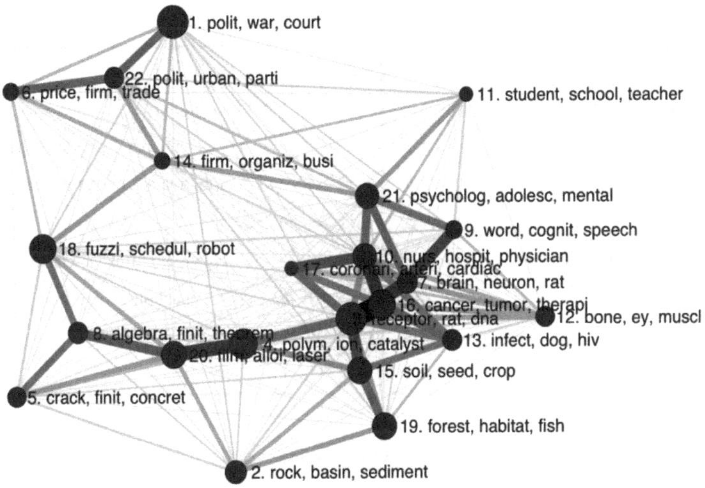

图 3-3 22 个混合聚类的互引网络结构

2）期刊混合聚类与 ESI 期刊分类的匹配对应关系

期刊混合聚类与ESI学科分类体系的对应主要是基于Jaccard指数度量混合聚类的结果与 ESI 分类体系之间的匹配度。Jaccard 指数是基于一个聚类与一个 ESI 领域所共有的期刊数目计算的，共有期刊数目越多，Jaccard 指数值相应越高。将每个聚类与所有 ESI 学科领域的 Jaccard 值从大到小依次排列，其中最大的 Jaccard 值所对应的聚类即为该 ESI 领域的最匹配聚类。

表 3-2 列出每个 ESI 学科领域的最匹配聚类。基于聚类与学科领域的一些"非一一对应" 匹配结果，即两个或两个以上的 ESI 领域与同一个聚类相匹配，可以观察到一些 ESI 领域在聚类分析中具有融合的趋势。例如，地理科学（geosciences）与空间科学（space science）都对应于聚类#2，农业科学（agricultural sciences）与环境和生态学（environment/ecology）都对应于聚类#15，说明这些不同学科领域在文本和引文链接方面具有较强的相似度，也反映了不同学科的交叉与融合趋势。

表 3-2 基于 Jaccard 指数的 ESI 学科领域的最佳匹配聚类

ESI 学科领域	聚类	ESI 学科领域	聚类
农业科学（agricultural sciences）	#15	数学（mathematics）	#8
生物学和生物化学（biology & biochemistry）	#3	微生物学（microbiology）	#13
化学（chemistry）	#4	分子生物学和遗传学（molecular biology & genetics）	#3

续表

ESI 学科领域	聚类	ESI 学科领域	聚类
临床医学（clinical medicine）	#16	多重学科（multidisciplinary）	#3
计算机科学（computer science）	#18	神经科学和行为科学（neuroscience & behavior）	#7
经济学与商学（economics & business）	#6	药理学和毒物学（pharmacology & toxicology）	#3
工程学（engineering）	#5	物理学（physics）	#20
环境和生态学（environment/ecology）	#15	植物和动物科学（plant & animal science）	#19
地理科学（geosciences）	#2	心理学和精神病学（psychology/psychiatry）	#21
免疫学（immunology）	#16	社会科学（social sciences, general）	#22
材料科学（materials sciences）	#20	空间科学（space science）	#2

3）期刊混合聚类与 ESI 分类体系比较分析

在所研究的 8305 种期刊中，有超过 500 种期刊没有在 ESI 分类中找到其对应的学科分类，有近 4000 种期刊在聚类分析中被划分入其 ESI 领域的最匹配聚类之中，而剩余的超过 3700 种期刊则在聚类中并没有划分入其 ESI 领域的最匹配聚类中。根据上文提到的学科关联度，可以绘制学科的“内核-外围”结构，如图 3-4 所示。

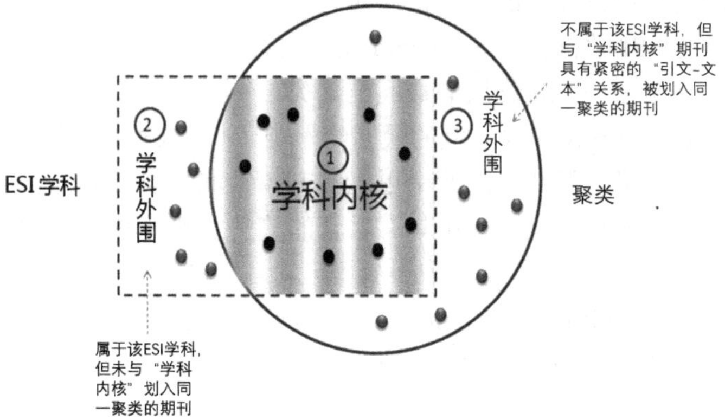

图 3-4　ESI 学科与期刊聚类的结构比较图

对于聚类结果与 ESI 分类相一致的期刊，可以认为其在文本内容和互引链接方面具有较强的“学科关联度”，将这部分期刊定义为相应学科领域的“学科内核”（图 3-4 中的①）。所有学科内核形成科学结构之网的网上纽结，展示了科学知识的差异性和学科的多样性[255]。学科的“外围期刊”可以分为两类：第一类是在 ESI 分类中隶属于某一学科 i，但在聚类分析中却未与学科 i 的“内核期刊”划入同一聚类（图 3-4 中的②），这类期刊与“学科内核”之间文本和互引相似度相对较小，其“学科关联度”相对较低；而第二类则在 ESI 分类中不属于学科 i，却由于与学科 i 的“内核期刊”具有紧密的“引文-文本”关系而被划入学科 i 的最匹配聚类之中（图 3-4 中的③）。这类期刊也因此成为学科 i 的“新”的“外围期刊”。

依照上述定义，可以确定每个 ESI 领域相应的“学科内核”期刊。事实上，由于存在两个或两个以上的 ESI 领域与同一个聚类相匹配的情况，因此有些不同学科领域的“内核期刊”属于同一个聚类。如地理科学（geosciences）与空间科学（space science）领域的“内核期刊”都位于聚类#2 中，材料科学（materials science）与物理学（physics）的“内核期刊”都属于聚类#20。而不同学科领域“内核期刊”最集中的聚类则是聚类#3，其中包含生物学和生物化学（biology & biochemistry）、分子生物学和遗传学（molecular biology & genetics）、药理学和毒物学（pharmacology & toxicology）以及 ESI 分类中的一个多重学科（multidisciplinary）领域的相应期刊。虽然隶属的学科领域不同，但这些期刊在研究方法或研究内容方面具有较多的共同性，或者处于“理论-应用”链条之上，因此在文本内容和引文链接方面具有较大的相似度，被划分入同一个聚类之中。以聚类#3 为例，图 3-5 形象地展示了不同 ESI 学科领域的期刊在聚类中显示出较大相关性的现象，再次揭示了不同学科领域相互交叉与融合的趋势。

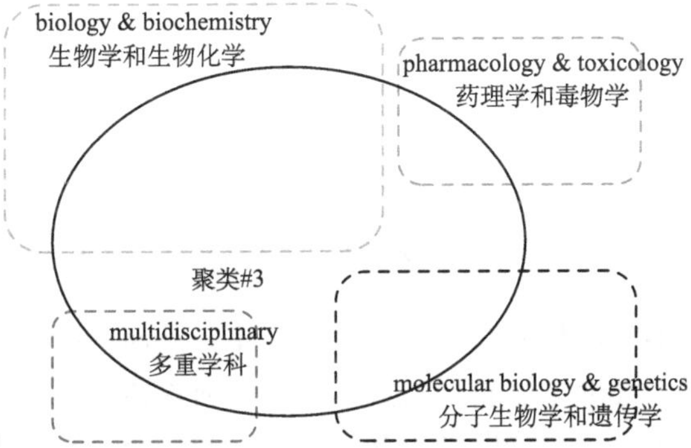

图 3-5 混合聚类#3 与不同 ESI 领域的匹配关系

对于第一类“外围期刊”，可以分为以下 2 种情况进行讨论：

第一种情况是，在某些 ESI 领域中，出现了大量的期刊“集体”归属于其他聚类的情况。如表 3-2 中临床医学（clinical medicine）的最匹配聚类为聚类#16，但是在临床医学领域中，除了被划分到聚类#16 中的期刊以外，还有相当数量的期刊分别被划分入聚类#10、#12 和#17，通过细致分析可以发现这些聚类分别对应不同的细分研究领域。这揭示了在某些大的学科领域中，存在相对独立的小的研究领域，这些小的领域无论在文本内容还是引文链接方面均表现出相对的独立性，与“学科内核”关系相对较弱，而其自身期刊之间却显示出较强的相关度，因此，在聚类分析中被“集体”划分入其他的聚类之中。对这种类型的期刊进行分析，可以更好地解读学科领域内部的科学结构，揭示学科的分化现象与趋势。此外，在图 3-6 中还可以发现，聚类#16 不仅是临床医学的最佳匹配聚类，同时也是免疫学（immunology）的最匹配聚类。免疫学是研究机体免疫系统组织结构和生理功能的一门学科，与生物医学具有紧密的联系。免疫学自身也可以细分为许多分支学科，与临床医学有着密切关系的包括免疫血液学、免疫药理学等。因此，临床医学的“内核”期刊与免疫学的“内核”期刊同属一个聚类（#16）之中，是符合两门学科自身研究内容和特点的。而基于“文本-引文”混合相似度的聚类技术再次从量化分析的角度，揭示了这两门学科在研究内容和引文链接方面的亲缘关系，也从另一个角度体现了现代科学相互交叉与融合的整体趋势。

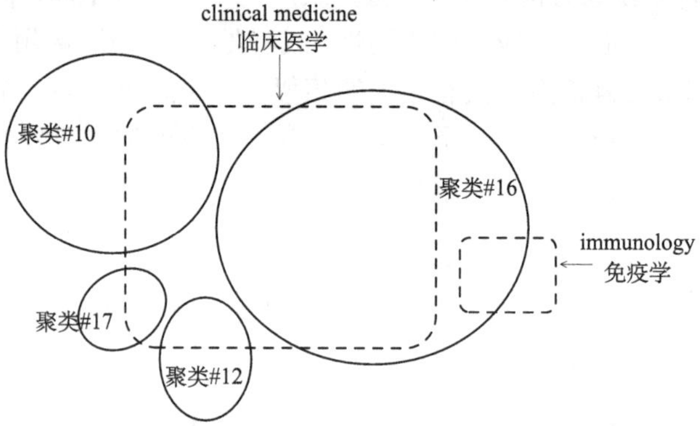

图 3-6　临床医学领域期刊在聚类中的分化现象

第二种情况是期刊质量相对较差，影响较小，从而被引链接较少，在混合聚类的“引文相似度”维度方面表现较弱，与“学科内核”之间不能构成明显的相似关系，因而在聚类分析中未能划入其学科最匹配聚类。这类期刊可以被称为相应学科领域中的“不活跃期刊”，对这些期刊聚类结果的分析，也可以从另一个角度反映出这些影响力小的“不活跃期刊”与其他学科领域期刊之间的文本和引文的相关性，从另一侧面揭示科学的内在结构特征。

4）混合聚类不属于匹配 ESI 学科的期刊分析

通过对比期刊聚类结果与 ESI 分类，可以发现一些期刊在聚类分析中被划分入同一个聚类，与该聚类对应的“学科内核”期刊之间的“文本-引文”拟合关系紧密，而它们并不属于该聚类所对应匹配的 ESI 学科领域。对于这种类型的“外围期刊”（图 3-4 中的③），可以从科学研究对象、科学研究方法、理论研究与应用研究的关系等方面进行思考和探讨。

首先，期刊具有相似的研究对象，在文本内容方面具有较大的相似性，也可能因此建立了相对紧密的引文关系，最终“文本-引文”相似度较高，被归属于同一聚类。但这些期刊的研究方法并不相同，不属于同一学科。例如，在聚类#2 中，发现一些在 ESI 分类中隶属于工程学（engineering）领域的期刊，如 *Nonlinear Processes in Geophysics*，*Quarterly Journal of Engineering Geology and Hydrogeology*，*Tunnelling and Underground Space Technology*，*Aviation Week & Space Technology* 等。聚类#2 同时是 ESI 分类中地理科学和空间科学的最匹配聚类，聚类中大部分期刊为地理科学与空间科学领域的“内核”期刊。而这些工程学领域的期刊，大多是应用工程学的研究方法与技术，对地理科学和空间科学领域的相关问题进行研究和探索。因此，属于研究对象相似，但研究方法不同的类别。随着现代科学技术的不断发展，对于同一研究对象，应用不同的研究方法从各个不同的角度进行分析和探索，已经成为当今科学发展，特别是交叉科学发展的重要趋势之一。

其次，期刊具有类似的研究方法，因此具有较强的“文本-引文”拟合相似度，被划分入同一聚类，但研究对象不同，并不属于同一学科。例如，聚类#18 是计算机科学（computer science）的最匹配聚类，然而在该聚类中，发现了一些隶属于社会科学（social science, general）领域的期刊。例如，*Applied Measurement in Education*，*Accident Analysis and Prevention*，*Journal of Educational and Behavioral Statistics*，*Sociological Methodology*，*Sociological Methods & Research* 等。这些期刊大多应用自然科学，特别是计算科学的相关理论、方法和模型，来对社会科学领域的各方面问题进行系统研究和分析，并从量化的角度揭示社会科学的相关现象与规律。由于采用了相似的量化研究方法，因此与计算科学聚类中的其他期刊之间具有相对紧密的联系，被归属于同一聚类。对这种类型期刊的聚类结果进行分析，可以揭示不同学科领域中潜在的、具有共性的研究理论和方法，并解读这种共同的研究方法和技术是如何在各个不同的学科领域，甚至是传统的自然科学与社会科学领域之间搭建交流平台，最终促进自然科学与社会科学不同学科的交叉与融合。

再次，期刊隶属于不同的学科领域，但处于“理论-应用”链条之上，因此具有相对紧密的“文本-引文”相似度，被划分入同一聚类。例如，聚类#14 的最匹配领域为经济学与商学（economics & business），然而在该聚类中，除了经济学与商学领域的期刊之外，发现了相当数量的心理学和精神病学（psychology/psychiatry）领域的期刊。例如，*Counseling Psychologist*，*Cyberpsychology & Behavior*，*Journal of Business and Psychology*，*Journal of Applied Psychology*，*Journal of Consumer Psychology*，*Journal of Counseling Psychology*，*Journal of Economic Psychology*，*Journal of Occupational and Organizational Psychology*，

Journal of Occupational Health Psychology，*Media Psychology*，*Psychology & Marketing* 等。这些期刊大多应用心理学的相关理论和研究方法，对经济学与商学领域的各种问题进行分析和探讨。此外，这种类型的期刊聚类还经常出现在一些基础理论学科，如数学、物理学、计算科学等相关应用性研究的期刊之中。通过对这种处于“理论-应用”链条上的期刊聚类进行分析，可以揭示和预测相关学科的动力发展机制，构建科学知识结构演化和发展的动态图谱。

最后，期刊分属自然科学与社会科学（或人文与艺术科学）领域，但在“文本-引文”关系方面表现出较高的相关度，被划分入同一聚类。例如，聚类#3 是一个主要与生物科学相关的聚类，其中包含了大量的生物学与生物化学、分子生物学与基因学、药理学和毒物学等相关领域的期刊。然而，在聚类#3 中，可以发现相当数量的社会科学（social sciences, general）领域的期刊，例如 *Ageing Research Reviews*，*Anthropological Science*，*Homo-Journal of Comparative Human Biology*，*Human Nature-An Interdisciplinary Biosocial Perspective*，*Mankind Quarterly*，*Public Health Nutrition*，*Bioinorganic Chemistry and Applications* 等。从这些期刊的刊名和研究范围来看，它们往往具有社会科学和自然科学研究的双重属性，大多采用自然科学，特别是生物学领域的相关研究方法与技术，对社会科学中的各种问题进行探索和研究。或者选取社会科学的视角审视与科学技术研究相关的心理学和社会学问题。通过聚类分析，量化展示了传统的自然科学与社会科学领域相关期刊之间的紧密关系，揭示了自然科学与社会科学相互交叉渗透的综合趋势。

4. 案例分析

在前文的实证研究中，基于 Jaccard 指数将混合聚类得到的 22 个聚类结果与 ESI 的 22 个学科领域进行初步的比较。在混合聚类分析的过程中，除了 22 个聚类结果以外，还有其他一些局部最优值可以作为聚类的数目，其中，将期刊划分为 7 个聚类的结果提供了最优的聚类检验结果。图 3-7 展示了 22 聚类和 7 聚类体系的互引网络结构。在 7 聚类体系中，“心理学、社会学和教育学”聚类共有 760 种期刊，其在 22 聚类体系中分裂为 3 个子聚类（图 3-7），分别为：1 个包含社会学和教育学的子聚类（#11，136 种期刊），以及 2 个有关心理学的子聚类，其中聚类#9（298 种期刊）主要对应认知心理学（cognitive psychology），而聚类#21（416 种期刊）则侧重于医学心理学（medical psychology）。

在分析“心理学、社会学和教育学”聚类中的 760 种期刊的聚类体系中与 ESI 学科体系中分类结果的异同时，发现认知心理学聚类（#9）中期刊的 ESI 学科领域分布相对比较分散，涉及多个学科领域，分布份额较高的有“心理学/精神病学”（psychiatry/psychology）、“社会科学总论”（social science, general）、“神经科学和

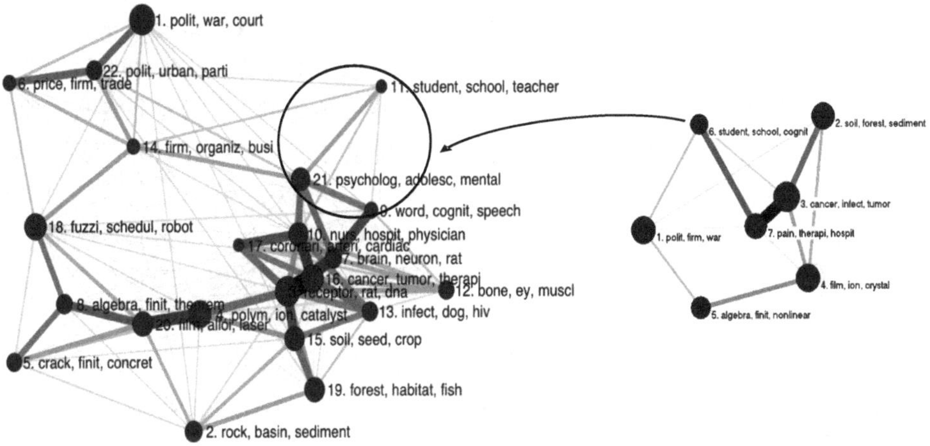

图 3-7 混合聚类的互引网络结构

行为科学”（neuroscience & behaviour）、“临床医学”（clinical medicine）领域的期刊，这些学科与认知心理学都有着较为紧密的学科亲缘关系。值得注意的是，一些“物理学”（physics）、“工程学”（engineering）以及“计算机科学”（computer science）的期刊也出现在聚类结果中，在一定程度上反映认知心理学研究的学科多样性。

在分析该聚类中其他学科领域的期刊时，发现了一个非常有趣的现象。无论是“临床医学”“物理学”“计算机科学”，还是“工程学”，能够被划分入该“认知心理学”聚类的绝大多数期刊具有一个共同的特点：与声音、听力或语言的研究相关。在“认知心理学”聚类中，存在众多隶属各个学科领域，但都与声音研究相关的期刊，这些期刊与它们所在的自然学科领域中的其他期刊相对疏离，却在文本和引文链接方面与认知心理学领域的期刊关系紧密，最终被划分入同一个聚类，甚至其中一些期刊还在该聚类中扮演“中心期刊”的角色。针对这一特别的现象，不禁产生以下疑问，在声音的相关研究和心理学的相关研究之间出现如此多的紧密联系，有关声音研究的期刊在认知心理学的聚类中表现如此活跃，是否预示了在这两个学科领域的交界面上将出现新的研究热点？相关的交叉学科是否也将随之得到进一步的演化和发展？

追溯历史不难发现，早在先秦时期，就有关于声音与心理的记载。据《乐记》记载，“凡音之起，由人心生也，人心之动，物使之然也。感于物而动，故形于声”。由此可见，关于声音产生的心理机制，古人已窥得门径，即“人心感于物而动”。

著名音乐学家王光祈先生认为，“大凡一个‘声’之感觉，都是经过‘物理’‘生理’及‘心理’三种历程”[256]。其中，声音与“心理”的关系主要体现在声波到达大脑皮层之时，人已产生了声音听觉心理，感觉到了声音的不同属性，在大脑中留下了不同的声音印象，使辨别声音的高低与协和成为可能。王光祈先生还进一步对声音传播过程中的三种重要的心理现象作了诠释，认为“声”“音”和“乐”各自有所不同，它们三者引起的心理现象也有所不同。不懂音乐者只能听到“声”，通晓律吕之人能闻其“音”，具有审美意味者才能知“乐”。“声”与“感觉”相对应，“音”与“辨察”相对应，“乐”与“详审”相对应。其中，“感觉”和“辨察”属接受声音心理过程中的心理现象，而“详审”是音乐的审美心理活动[257]。

由此看来，声音和心理学两个看似不直接相关的研究领域，的确存在一些内在的关联。但通过查阅相关文献，直接关于“声音心理学”的研究并不多。在相关资料中，大多数研究与“音乐心理学”相关，探析音乐与心理之间的关系。正如《乐记》中所记载的“乐音，音之所由生也”，不同的心境和心理活动所产生和感知的音乐也是不同的。

音乐心理学是用心理学的方法及理论研究音乐与人的各种心理现象的相互关系，涉及心理学、生理学、声学、美学、社会学等多门学科，是一门新兴的交叉学科[258]。现代音乐心理学发端于 19 世纪中叶的欧洲试验心理学流派。开垦我国音乐心理学荒原的是王光祈先生，他 1927 年创作完成了中国第一部音乐心理研究专著《声音心理学》。之后音乐心理学的研究在我国沉寂了几十年。直到 1983 年，张前撰写了《音乐欣赏心理分析》一书，第一次从感知、情感、想象上全面深刻地分析了音乐欣赏过程中的心理活动[259]。2002 年 8 月 29 日，“中国音乐心理学学会”在首届中国音乐心理学学术研讨会上正式成立，标志着音乐心理学在我国已作为一个独立学科正式诞生[260]。事实上，音乐心理学中诸如音乐养生功效的理论早已在音乐心理治疗的实践中得到验证。在医疗中以音乐代替麻醉镇痛，在手术室、牙医治疗室和产房播放柔和悦耳的音乐以缓解病患紧张恐惧的心理和病痛，在生产车间、服务行业、交通工具等众多场所作为优化环境的背景音乐，这些都是在充分利用和发挥音乐调节人身心的养生功效[261]。总体而言，音乐心理学在我国虽然有一个古老而悠久的发展历史，但作为一门独立的学科，还远未达到成熟水平。相关研究成果虽然很多，但涉及最基本问题（如学科基本属性、对象与范畴、内容与方法等）的文献数量很少，尚未达到学科理论的基本共识。

科学的发展历程表明，在对于对象的剖析不断深入的情况下，某个学科就有可能将触角伸入其他领域，由此形成渗透、发生交叉，其交界处正是传统学科研究的空白地带，从而产生出新的“生长点”和“再生核”，不断建立起跨越传统学科框架的横断学科、交叉学科和边缘学科[262]。正如有学者所指出的——“今日的‘学科际’，就是明天的‘学科’”[263]。本小节展示了与声音研究相关的期刊在认知心理学聚类中的重要地位，揭示了两个研究领域可能出现的新的“生长点”。而在发现的这些与声音研究相关的期刊中，绝大多数并非音乐研究领域的期刊，而是隶属于物理学、医学、计算机科学和工程学等领域。事实上，西方的音乐心理学最初并非来源于心理学或是音乐学，而是来源于一门纯自然科学——实验物理学。实验物理学对人类听觉的测量与研究逐渐演变成为心理声学，再后来是音乐声学，进而是音乐心理学。本节的聚类分析结果显示了物理学、医学等自然科学领域中关于声学的研究与心理学研究之间的紧密联系，表明音乐心理学仅仅是声音和心理学交叉结合的一小部分。而在有关声音的研究，特别是在传统自然科学领域中有关声音的研究和有关心理学研究的交叉领域中还大有发展和延拓的空间，甚至可能会产生新的交叉学科和边缘学科。

3.4 本章小结

本章从学科分类体系出发，追溯学科分类的“前世今生”，梳理历史脉络与发展现状，进而引出学科分类的新增点——交叉科学。本章重点关注了学科的科学结构，科学结构既是学科划分的重要依据，也是分析学科内在联系和演变趋势的关键。交叉学科产生于各个学科的交界地带，是多学科依存于内在逻辑关系联结渗透形成的“新学科”，其科学结构既具有多样性和融合性，也呈现出广泛联系的生命力。分析交叉学科的科学结构能够从基础层面把握交叉学科的学科特征和发展规律，从而为完善学科分类体系、构筑有利于交叉学科发展的政策环境提供有益借鉴。

本章基于“论文-论文”的引用关系，提出以构建期刊互引全矩阵作为科学结构研究的基础，设计了“引文强链接”“引文熵”等一系列计量指标测度科学领域的知识流动特征与规律，从而为更好地研究交叉学科的内部结构提供新的方法与视角。同时，也为预测新兴学科和交叉学科的发展提供有益的依据，具有一定的政策参考价值。

在期刊互引聚类方法的基础上，本章进一步详细介绍了基于“引文-文本”的混合聚类方法，借助文本分析技术，对每个聚类结果进行“标识”，从而较为清晰地揭示每个聚类的知识元素特征。在此基础上，提出混合聚类结果与科学分类体系（ECOOM 学科分类体系、ESI 学科分类体系）的比较研究思路，进而为分析学科分化、交叉、融合提供思路启示和方法论指引。此外，本章还分析了混合聚类结果中“心理学、社会学和教育学”的子聚类——认知心理学的期刊分布情况，发现了在声音研究和心理学研究两门学科交叉处成长起来的新兴学科，以实际的案例分析进一步展现了交叉科学的蓬勃生命力。

4 交叉科学的测度

学科之间的分化整合，频繁的知识交流使得各学科间的界限变得模糊，不同学科间的知识融合特征也越来越显著。交叉科学研究从最初关注学科间工具借用、边界跨越，逐渐发展成为以交叉科学的整体规律和特征为研究对象，强调整合不同学科知识的一个专门的研究领域。交叉科学量化测度对探测和理解学科交叉现象与学科发展规律具有十分重要的意义。

当前有关交叉科学测度的研究主要集中在两个视角：多样性测度视角和凝聚性测度视角。多样性指标通常被用来测度文献集的异质性，而凝聚性指标是为了揭示知识体系网络的结构凝聚性。学科多样性表示知识基础的广泛性（多学科的范围），网络凝聚性则反映知识内容的整合性。本章首先梳理了交叉科学在多样性测度视角和凝聚性测度视角下的相关测度指标；在此基础上，分别从引文关系、科学合作和文本内容 3 个维度出发，结合具体案例对交叉科学研究的外部知识融合、科学合作模式与内在知识会聚进行测度。

4.1　交叉科学测度：学科多样性视角

多样性的概念起源于生态学中对生物多样性的研究[264]。随着现实社会问题的愈加复杂和学科之间的融合发展，多样性的概念逐渐被运用到不同的学科中，如物理学、信息科学、政策研究以及社会经济学等领域。特别是在科学和技术政策研究中，多样性已经成为一个重要的研究视角。在文献计量学中，学科领域多样性与生物分布多样性具有诸多共性，在研究方法上可以相互借鉴。Gomez 等认为，具体到交叉科学研究中，多样性特征是交叉学科的一般属性[265]。

4.1.1　学科多样性的维度解析及单维测度指标

学科多样性的本质主要是指研究对象的研究方法、研究工具、研究思路等各个方面的知识来自不同的学科，组合在一起后使得研究对象具有学科多样性特征，但如何具体地量化测度研究对象的学科多样性特征却较为困难。现有的相关研究中，基于引文关系的学科多样性测度是交叉科学测度的主流方法[89,98]。其中，Stirling

提出的交叉科学三维测度的论述，即丰富度（variety，学科的数量）、均匀度（balance，学科分布的均匀程度）和差异度（disparity，学科性质的差异程度），为交叉科学的测度研究提供了坚实的理论参考。3 个维度的网络示意图如图 4-1 所示。

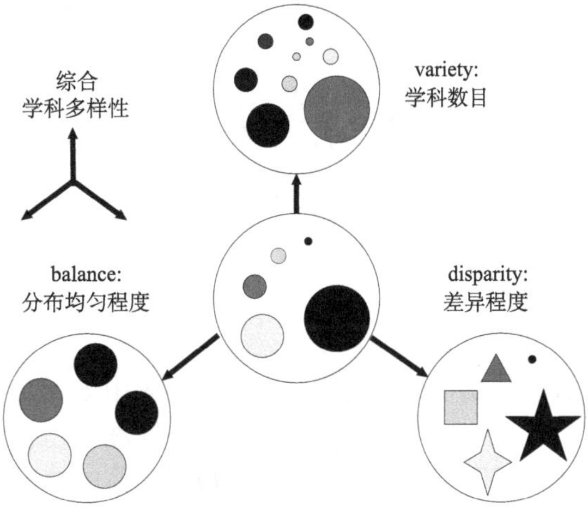

图 4-1 学科多样性的三维示意图[222]

1. 多样性之丰富度

丰富度（variety）指的是研究对象中融合的不同学科类别的数目，表达不同学科的知识输入情况。借鉴生态学中通过物种数量来表征生物多样性的思想[266]，学者们尝试通过研究对象涉及的学科数量来表征学科多样性特征，本章用 number（简称 num）来表示。举例来讲，假设研究对象 A 中融合了学科 1、学科 2 和学科 3 三个不同学科的相关知识，那么 A 的学科多样性可以表示为 $num_A=3$；研究对象 B 中融合了学科 1 和学科 2 两个不同学科的知识，那么 B 的学科多样性为 $num_B=2$。显然，基于丰富度指标，研究对象 A 的学科多样性要大于研究对象 B。

此外，Porter 和 Chubin 基于引文分析方法，利用 JCR 数据库的期刊文献引用数据和领域分类信息，提出了定量刻画领域交叉性的跨领域引用指数（citations outside category, COC）[95]。该指标的主要特点是将目标文献（或者其引文）划分为内学科（研究对象所属学科）和外学科（研究对象所属学科以外的学科）两大学科门类，然后根据外学科文献所占的比例来测度目标文献的学科交叉程度。COC 指标的具体计算公式如下：

$$\mathrm{COC}=\frac{\sum_{i\in O}C_i}{\sum_{i\in I\cup O}C_i} \tag{4-1}$$

式中，I 表示研究对象所属学科（内学科）的集合；O 表示研究对象所属学科以外的学科（外学科）集合；C_i表示属于 i 学科的引用文献数量。该指标充分考虑了文献所属学科外的其他学科文献的分布占比情况，但是对文献中涉及的学科数量这一因素并没有得到充分的展示。基于此，Chen 和 Liang 进一步提出了改进的加权跨领域引用指数（weighted citations outside category, WCOC）[267]，该指标的具体计算公式如下：

$$\text{WCOC} = \frac{|O|}{|I \cup O|} \frac{\sum_{i \in O} C_i}{\sum_{i \in I \cup O} C_i} \tag{4-2}$$

式中，$|O|$和$|I \cup O|$分别表示相应集合中的学科数量；I、O、C_i的含义与式（4-1）中的含义相同。

2. 多样性之均匀度

均匀度（balance）是指不同学科类别在研究对象中进行交叉融合时，各学科类别分布的均匀程度。随着交叉科学测度研究的不断深入，不少学者发现，单纯依靠学科数量的单一指标不能很好地反映研究成果具体的知识融合情况。如图 4-2 所示，假设研究对象 A 和 B 中各包含了 6 篇参考文献，涉及 3 个学科。其中 A 的 6 篇参考文献在涉及的 3 个学科中均匀分布，B 中的 6 篇参考文献中有 2 篇参考文献分别属于 2 个不同的学科，4 篇参考文献属于同一学科。当用丰富度指标来表征研究对象 A 和 B 的学科交叉度时，仅仅知道研究对象 A 和 B 均涉及 3 个学科，却不知道涉及的 3 个学科在研究对象 A 和 B 中的占比情况。为了解决这一问题，学者们尝试进一步对研究对象中涉及学科知识的均匀度进行测度。不同学科知识融合的均匀度越高，那么研究对象的学科交叉程度越高。

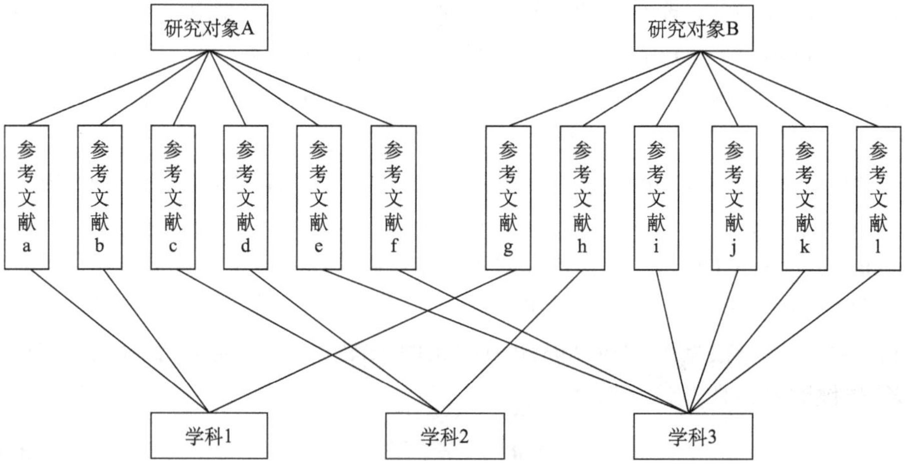

图 4-2　学科多样性的均匀度示意图

基尼系数（Gini coefficient）是国际上通用的、用以衡量一个国家或地区居民收入差距的常用指标。在现有的交叉科学测度指标体系中，借用基尼系数来测度学科交叉的不均匀程度[102]。值得注意的是，基尼系数越大，通常表示学科交叉的不均匀程度越高。因此，在目前的交叉科学测度相关研究中经常使用 1-Gini（简称 GE）来表示学科交叉的均匀程度。GE 指标主要对研究对象中不同学科分布的均匀度进行测度，并没有对研究对象涉及的学科数量进行测度。具体计算公式如下：

$$\mathrm{GE}=1-\frac{\sum(2i-n-1)x_i}{n\sum x_i} \tag{4-3}$$

式中，n 是涉及的学科数量；i 是序列指标；x_i 是属于第 i 个学科类别的数量，学科类别依据 x_i 由小到大排列。以图 4-2 中的研究对象 A 和 B 为例，基于 GE 指标计算得到的 A 和 B 的均匀度分别为 1 和 0.67。

3. 多样性之差异度

差异度是指不同学科类别之间的差异化程度。在交叉科学发展的大趋势中，学科之间的知识融合不仅发生在相似学科之间（例如数学和统计学），在学科知识差别较大的学科之间也可能会出现知识的交叉融合（例如统计学和心理学）。以数学、统计学和心理学为例，数学和统计学的知识体系存在许多相似之处，并且两个学科均属于自然科学的范畴，而统计学和心理学则属于不同的学科范畴，统计学属于自然科学，心理学属于社会科学，二者知识体系差别较大。因此，不同学科知识体系之间的相似程度对学科交叉测度的影响如何呢？一般来说，不同学科之间的差异化程度可以通过 1 减去学科相似度来计算。其中，经常被用来测度学科相似度的指标有余弦相似度（Cos）和索尔顿相似度（Salton）。

余弦相似度的计算公式为

$$\mathrm{Cos}(x,y)=\frac{\sum x_i y_i}{\sqrt{\left(\sum x_i^2\right)\left(\sum y_i^2\right)}} \tag{4-4}$$

式中，x_i 表示学科 x 在学科 i 的引文数量；y_i 表示学科 y 在学科 i 的引文数量。

索尔顿相似度是由 Salton 和 McGill 提出的表征两个领域之间关系强度的指标[268]。具体计算公式为

$$\mathrm{Salton}=\frac{c_{ij}+c_{ji}}{\sqrt{\left(\mathrm{TC}_i+\mathrm{TR}_i\right)\left(\mathrm{TC}_j+\mathrm{TR}_j\right)}} \tag{4-5}$$

式中，i 和 j 表示两个不同的学科（$i \neq j$）；$c_{ij}+c_{ji}$ 等于学科 i 和 j 之间交叉引用的

引文总数；TC_k表示学科 k（$k=i,j$）被其他学科引用的总引文数；TR_k则代表学科 k 引用其他领域的总引文数。

交叉科学是一个多维的概念，丰富度、均匀度和差异度分别从不同的角度描述了学科多样性的重要特征。其中，丰富度主要回答“研究对象涉及多少个学科”的问题，在其他属性相同的情况下，研究对象的学科丰富度越大，其学科交叉程度越高。均匀度主要回答了“研究对象涉及的每个学科在研究对象中的分布情况”的问题，当其他属性相同时，研究对象的学科均匀度越高，说明每个学科在研究对象中的分布越均匀，其学科交叉程度越高。差异度主要回答了“研究对象涉及的学科之间的差异程度或者是区别程度如何”的问题，其他属性相同时，研究对象的学科差异度越大，说明学科之间的区别程度越高，学科交叉程度也就越高。

4.1.2 学科多样性的二维测度指标

交叉科学的多维属性决定交叉科学的测度也要从多维度、多属性的视角出发，仅基于学科多样性的单一维度属性进行交叉科学测度研究，无法全面、客观地认识和了解交叉科学和研究对象的学科交叉程度。因此，国内外许多学者尝试开发或引入多种不同的指标来较为全面地表征学科交叉这一复杂概念。其中，融合了两个维度的测度指标主要包括 Shannon 信息熵指标、Simpson 指标、Herfindahl 指标、Brillouin 指标和 Specialization 指标等。

1. Shannon 信息熵指标

1948 年，克劳德·艾尔伍德·香农（Claude Elwood Shannon）将热力学中的熵值概念引入信息论，提出了用于度量不确定性的香农信息熵指标（Shannon entropy，SH 指标）[269]。后来，该指标被逐渐引入到交叉科学测度的相关研究中[270, 271]。香农熵指标可以从学科丰富度和学科均匀度两个维度测度学科交叉程度。具体计算公式如下：

$$\mathrm{SH} = -\sum p_i \ln\left(p_i\right) \tag{4-6}$$

式中，$p_i = x_i / X$，$X = \sum x_i$，而 x_i 是属于第 i 个学科类别的数量。

2. Simpson 指标

辛普森多样性指数（Simpson's diversity index，SI 指标）是爱德华·修·辛普森（Edward Hugh Simpson）于 1949 年提出的用于测度生态系统多样性的指标[272]，后被引入文献计量学领域用来测度研究对象的学科交叉程度。该指标能够综合学科丰富度和学科均匀度两个维度对研究对象的学科交叉程度进行测度。具体计算公式如下：

$$\mathrm{SI} = 1 - \sum p_i^2 \tag{4-7}$$

式中，$p_i = x_i / X$；$X = \sum x_i$；x_i是属于第 i 个学科类别的数量。

3. Herfindahl 指标

Herfindahl 指标又称 Herfindal–Hirschman 指标（Herfindal–Hirschman index，HE 指标），它与 Simpson 指标类似，其最初主要用于经济学领域，用来测度产业的集中化程度[273, 274]。在交叉科学测度中，Herfindahl 指标同样可以综合学科丰富度和均匀度来测度研究对象的学科交叉程度。具体计算公式如下：

$$\mathrm{HE} = \sum p_i^2 \tag{4-8}$$

式中，$p_i = x_i / X$，$X = \sum x_i$，而 x_i是属于第 i 个学科类别的数量。

4. Brillouin 指标

1956 年，布里渊（Brillouin）根据信息熵计算原理提出了一个用于测度传播过程中的信息熵或不确定性的指标，后被称为“布里渊指数”（Brillouin index，简称 H 指标），具体计算公式如下[275]：

$$H = \frac{\lg N! - \sum(\lg N_i!)}{N} \tag{4-9}$$

式中，N 表示研究对象涉及学科被观测到的频次之和；N_i表示涉及的学科 i 在研究对象中观测到的频次。从数学角度来说，布里渊指数有很好的数学性质，$H \in [0, +\infty)$，且主要取决于学科总数和分布情况。该指标在测度学科交叉性时，不仅考虑研究对象涉及的学科数量，而且将不同学科知识在研究对象中的分布占比情况也纳入考量。研究对象涉及的学科类别越多，并且各学科类别分布越均匀，H 值就越大，表明该研究对象的学科交叉程度越高。以单篇论文的学科交叉测度为例，假设文献 A 的参考文献涉及 R_1、R_2 和 R_3 三个学科，这三个学科在文献 A 中分别被引用了 1 次、2 次和 2 次，那么文献 A 的 H 值约为 0.295。

5. Specialization 指标

2007 年，Porter 等提出专业化指数（Specialization index, S 指标）来测度作者发表论文的学科多样性程度[61]。专业化指数可以用来测度目标文献集合所属学科类别的集中程度。如果某一个作者发表的文章越集中于某一个或某几个学科类别，则该作者的专业化指数越大。具体计算公式如下：

$$S=\frac{\sum\left(P_{\mathrm{SC}_1}{}^2+P_{\mathrm{SC}_2}{}^2+\cdots+P_{\mathrm{SC}_n}{}^2\right)}{\sum\left(P_{\mathrm{SC}_1}+P_{\mathrm{SC}_2}+\cdots+P_{\mathrm{SC}_n}\right)^2} \tag{4-10}$$

式中，P_{SC_n} 指学科 n 中的文献数量，$S\in[0,1]$。作者的学科交叉性越高，则 S 值越趋近于 0；反之，如果作者只在一个学科内发表过论文，则 S 值为 1。假设学者 A 与学者 B 均发表了 5 篇论文，A 的论文包括 1 篇化学论文、2 篇物理学论文和 2 篇生物学论文，B 的论文包括 3 篇化学论文和 2 篇物理学论文，那么 A 和 B 的 S 值分别为 0.36 和 0.52，即学者 A 发文的学科交叉性更高。

4.1.3 学科多样性的三维测度指标

随着交叉科学测度研究的逐渐深入，学科多样性的测度从单一维度的学科数量、基尼系数、差异度发展到综合了丰富度和均匀度两个维度的香农熵、布里渊指数等。尽管这些指标能够在一定程度上测度学科交叉程度，但它们并没有完全融合三个不同的维度，因此学者们开始探索能够涵盖丰富度、均匀度和差异度的综合性指标。

1. Rao-Stirling diversity 指标

Stirling 在提出了多样性三个维度论述的同时[98]，进一步将三个维度综合起来，提出了相应的非参数测度指标——Rao-Stirling diversity 指标（简称 D 指标），其一般形式的测度公式如下：

$$D=\sum_{\substack{i,j\\ i\neq j}}\left(d_{ij}\right)^{\alpha}\left(p_i p_j\right)^{\beta} \tag{4-11}$$

式中，$d_{ij}=1-S_{ij}$ 表示学科 i 和学科 j 之间的学科距离，S_{ij} 是学科类别 i 和 j 之间的相似程度；$p_i=x_i/X$，$X=\sum x_i$，x_i 是属于第 i 个学科类别的数量；α 和 β 是调整学科（α）和比例（β）之间距离的重要计量参数。为防止因缺乏经验而调整 α 和 β，Rafols 和 Meyer 建议将它们设为 1[222]，因此式（4-11）可以表述为：

$$D=\sum_{i\neq j}\left(1-S_{ij}\right)p_i p_j \tag{4-12}$$

2. Integration 指标

为了更精细地测度交叉科学研究成果以及作者研究内容的整合程度，Porter 等提出了集成度指标（Integration index，简称 I 指标），该指标不但采用学科分布频次度量了学科分布的均匀度，同时也将学科相似度考虑在内[61]。具体计算公式如下：

$$I = 1 - \sum(f_i \times f_j \times S_{ij}) / \sum(f_i \times f_j) \tag{4-13}$$

式中，i、j 为学科类别；f_i 表示学科类别为 i 的参考文献数量占参考文献总数比例；S_{ij} 为两个学科类别之间的余弦相似度。当 D 指标用来测度参考文献的多样性时，D 指标和 I 指标的计算结果一致。

3. True-diversity 指标

Jost 认为以往的交叉科学测度指标均存在不同程度的局限，不能很好地描述交叉科学概念的实质含义[276-278]。以 Simpson 指标和 Shannon 指标为例，假如某位作者发表了 10 篇文章，每篇文章的参考文献数目相同（假设每篇参考文献都是不同的），且这些参考文献分布在不同期刊上的篇数也相同。设 R=（5, 3, 1, 1）指的是其中一篇文章的参考文献列表，那么，在基于参考文献的测度视角下，这篇文章的学科多样性和 10 篇文章的学科多样性之间是什么关系呢？最符合逻辑的答案是 10 篇文章组的多样性应该是一篇文章多样性的 10 倍。但实际上运用 Simpson 指数得出的结果显示一篇文章所引用的参考文献的多样性值是 0.640，10 篇文章的多样性值则是 0.964；运用 Shannon 指标测度一篇文章的学科多样性值为 1.168，10 篇文章则为 3.471[278]。由此可以看出，这些指标测度出来的结果均不符合直观的预期结果。

Leydesdorff 和 Rafols 在测量期刊的学科交叉度时发现 Rao-Stirling 多样性指标的结果并不理想，通过进一步将网络指标（中介中心性）、不均匀性指标（Shannon 指标，Gini 系数）和 Rao-Stirling 多样性指标的比较，指出了 Rao-Stirling 指标存在的局限[102]。此外，Zhou 等将 Simpson 指标和 Rao-Stirling 指标结果进行对比，同样发现 Rao-Stirling 指标在实际应用中存在的低区分度问题[279]。

在满足生物多样性 6 个基本条件的基础上，Hill 提出通过 Hill 型多样性指数来测度“真正的多样性”的方法[280]。具体的计算公式如下：

$$\text{Hill} = \left(\sum_{i=1}^{n} p_i^q \right)^{1/(1-q)} \tag{4-14}$$

式中，参数 q 的取值区间为 0 到正无穷（在 q=1 和 q=∞情况下 Hill 型多样性指数值为正无穷）；p_i 为参考文献中属于学科 i 的参考文献所占的比例。当 q=2 时，该指标的形式与 Simpson 指标相关，但并不完全相同。同样以上面某位作者发表的 10 篇论文为例，此时的 Hill 型多样性指数为 2.778，而 10 篇文章的值则刚好为 27.78。

然而，该指标虽然能够较好地测度学科多样性情况，但并未包含学科差异度这一维度。因此，Leinster 和 Cobbold 对该指标进行进一步的改进[281]，将差异度添加到 Hill 指标中，具体测度公式为

$$
{}^{q}D^{S}=\left(\sum_{i=1}^{n}p_i\left(\sum_{j=1}^{n}s_{ij}p_j\right)^{q-1}\right)^{1/1-q} \tag{4-15}
$$

式中，$S=(s_{ij})$ 是一个相似度矩阵。在这个相似度矩阵中，对所有的学科 i 而言，$0\leqslant s_{ij}=s_{ji}\leqslant 1$，并且 $s_{ii}=1$。检验发现，该指标具有良好的统计特征，可以更好地测度研究对象的多样性情况。

在该指标的基础上，经过反复对比和验证，本书作者及其合作者在研究中取 $q=2$，将该指标转化为如下形式[99]：

$$
{}^{2}D^{S}=\left(\sum_{i=1}^{n}p_i\left(\sum_{j=1}^{n}s_{ij}p_j\right)\right)^{-1}=\frac{1}{\sum\limits_{i,j=1}^{n}s_{ij}p_ip_j} \tag{4-16}
$$

式中，s_{ij} 是学科类别 i 和学科类别 j 的相似度；$p_i=x_i/X$；$X=\sum x_i$，x_i 是属于第 i 个学科类别的数量。${}^{2}D^{S}$ 指标同样满足 Hill 指标的相关特性。Leydesdorff 等学者认为该指标是对 Rao-Stirling 多样性指标的显著改进，使指标值之间具有可量化操作的可比性，并将该指标称为“true diversity”指标（简称 TD 指标）[282]。Leydesdorff 是荷兰著名科学计量学家、普赖斯奖获得者和“三螺旋创新理论”奠基人之一，他曾在多篇论文中引用了 TD 指标[283-286]，并将该指标集成到半自动化的多样性计算工具中（http://www.leydesdorff.net/portfolio）。

当 $d_{ij}=1-s_{ij}$ 时，TD 指标可以进一步推导得出：

$$
\mathrm{TD}=\frac{1}{\sum\limits_{i,j=1}^{n}\left(1-d_{ij}\right)p_ip_j}=\frac{1}{\sum\limits_{i,j=1}^{n}p_ip_j-D}=\frac{1}{1-D} \tag{4-17}
$$

在交叉科学成果的实际测度研究中，本书作者及其合作者的研究从理论和实践的双重角度全面论证了 TD 指标在测度研究成果学科交叉度时的优越性：①TD 指标计算的结果具有“比例”层面的意义，例如，当 TD 值增加或下降 20%时，可以相应表征“多样性”的结果增加或下降 20%。②TD 指标计算的结果值范围从 1 到无穷大，而 D 指标计算的结果值范围从 0 到 1，因此前者在表征“多样性”时具有更大的区分度。

4.2 交叉科学测度：学科凝聚性视角

上一小节主要阐述了学科多样性视角下的交叉科学测度，学科多样性指标通常需要依赖预先设定好的学科分类进行测度，因而使用不同的学科分类体系得到的测度结果存在差异。事实上，学科间知识的互相流动使得不同学科之间建立了一定的相关关系，每个学科并不是单一独立的学科知识体系，而是通过这种相关关系形成了由多个学科知识共同构成的综合知识体系。因此，有学者尝试引入网络分析的相关概念和方法，将学科、期刊、文献或作者等研究对象视为网络节点，将研究对象之间的相关程度作为节点之间的链接强度，进而探究利用网络指标表征节点（研究对象）的学科交叉性，这就形成了凝聚性视角下交叉科学测度的主要思路。

4.2.1 学科凝聚性指标的提出和发展

凝聚性概念旨在捕捉系统内各个元素在多大程度上被一致地连接起来，并形成一个有意义的相关簇[222]。因此，凝聚性是系统功能的一般属性。如果将相似性程度作为文献之间联系强弱的衡量标准（例如，使用共引、共词或耦合），那么一个更集群化的网络则被认为具有更高的凝聚性。凝聚性及其相关概念早在 2003 年就已经在信息科学中得到广泛的研究[287]。在文献计量学领域，学科多样性主要探究交叉学科中涉及的学科数量、学科分布的均匀程度以及学科之间的差别程度，而学科凝聚性主要探究学科之间关系的凝聚程度。构建学科间网络凝聚性指标可以更好地测度学科间的相似关系强度，进而揭示学科关系网络的结构凝聚性。

Leydesdorff 在“中介中心性”概念的基础上首次尝试将社会网络分析中的中介中心度指标引入学科交叉测度研究，并对期刊的学科交叉程度进行测度[101]；Rafols 等将学科交叉融合的紧密程度称为交叉学科的聚合性（coherence），提出从学科多样性和学科聚合性两个维度来考察学科交叉特征，从而全面立体地揭示学科的交叉属性。2012 年，Leydesdorff 等基于期刊数据阐述了学科多样性与中介中心性在测度学科交叉时的区别，并利用凝聚性与多样性的二维矩阵展示了单学科、多学科和跨学科研究之间的系统排序差异[110]。Rafols 在 2014 年进一步完善了学科凝聚性的研究框架，提出了凝聚性测度的三个维度（关系密度、关系强度和关系差异度），并与学科多样性的三个维度进行对比分析[288]。

4.2.2 学科凝聚性测度指标

在网络中，一个节点的中介中心度是指在任意两个节点的所有最短路径中，需要通过某节点进行连接的最短路径数量与这两个节点所有最短路径的比值。经过一个点的最短路径的数量越多，表示其中介中心度越高。Leydesdorff 首次提出将网络中介中心度（betweenness centrality, BC）作为测度交叉科学属性的指标，并将该指标与 Shannon 指标、Gini 系数、Rao-Stirling 等指标进行综合比较分析[101]。在文献计量学领域，中介中心度表征了学科间关系网络的集中分布趋势，可以衡量同被引学科网络中，任意学科对网络内其他学科相互间知识吸收和传播效率的影响力。其具体计算公式如下：

$$BC = \sum_{ij} g_{ijk} / g_{ij} \quad (4\text{-}18)$$

式中，g_{ijk}表示网络节点 i 和 j 经过节点 k 的最短路径数量；g_{ij}为节点 i 与节点 j 之间的最短路径的总数量。需要说明的是，该指标并不能反映领域多样性，并且不适用于非连通网络与加权网络。

此外，网络密度和平均路径长度等社会网络分析中的指标也常被用来刻画学科凝聚性[222]。网络密度（network density, ND）是一个网络图中各个节点之间联络的紧密程度。在社会网络中，网络密度主要为紧密和松散两种关系，这两种关系对于网络内成员沟通和交流的影响不同。对于关系紧密的网络，网络成员之间的交流行为比较多，信息的流通会更加顺畅，反之则不利于信息的流通。整体网络的密度越大，该网络对其中行动者的态度、行为等产生的影响可能越大。在文献计量领域，通过学科共现网络的密度值可以分析学科间知识传播和交流的紧密程度，从而表征学科间的交叉程度。网络密度的具体计算公式如下：

$$ND = \frac{2l}{N(N-1)} \quad (4\text{-}19)$$

式中，l 表示网络中的连线数；N 表示网络中的节点数。需要说明的是，该指标仅考虑了领域节点间的直接联系，不能反映领域多样性。

在社会网络分析中，连接两个网络节点的最短路径上的边数被称为两个节点之间的距离，而网络平均路径长度（mean path length, MPL）指的是任意两个网络节点之间距离的均值。平均路径长度的具体计算公式如下：

$$MPL = \frac{2\sum_{ij} \text{dist}(i, j)}{N(N-1)} \quad (4\text{-}20)$$

式中，dist（i, j）表示节点 i、j 间的最短距离；N 为网络中的节点数。虽然平均路径长度能够刻画学科的凝聚性特征，但是该指标并不适用于非连通网络。

随着越来越多的学者对学科交叉凝聚性进行探究，社会网络分析中的相关指标和方法也越来越多地应用到文献计量学领域。除了以上三个指标外，网络分裂指数（external-internal index, EI）也被引入到相关的学科凝聚性研究中[48]。EI 指数是网络结构分析的一种指标，主要用来分析整体网络中子群的凝聚程度或整体网络的分派程度[289]。随着对社会网络分析方法应用的拓展，EI 指数常被用来衡量一个整体网络中小团体现象的严重程度。其具体计算公式如下：

$$EI = \frac{EL - IL}{EL + IL} \quad (4\text{-}21)$$

式中，EL 为子群之间存在的关系数；IL 为子群内部的关系数；EI 指数的取值范围为［–1，+1］，该值越靠近 1，表明关系越趋向于发生在子群之间；该值等于 0 时，表明网络中的关系是随机分布的；该值越靠近–1，表明子群之间的关系越少，关系越趋向于发生在子群之内。在整个学科体系中存在着多个学科凝聚子群，多个凝聚子群之间的交叉程度即为学科之间的交叉程度。以期刊为例，不同学科核心期刊之间的互引情况体现了各学科间知识的交流性和学科的交叉性。在式（4-21）中，若 EL 代表各学科期刊之间的引用次数；IL 代表各学科期刊内部的引用次数。EI 指数越高，表明各学科之间的交叉程度越高，学科的独立性则越低；EI 指数越低，表明学科之间的交叉程度越低，学科的独立性则越强。

Rafols 在完善学科凝聚性的研究框架基础上，尝试性提出凝聚性测度的 3 个维度（关系密度、关系强度和关系差异度）[288]，如图 4-3 所示。其中，学科凝聚性的关系密度是指不同学科类别的关系数量；关系强度是指所有学科类别间的关系链接总强度；差异度则主要指学科类别之间关系的差异程度。基于凝聚性的 3 个维度，Rafols 也给出具体的非参数测度指标[288]，具体计算公式如下：

$$\text{Coherence} = \sum\nolimits_{i,j(i\neq j)} i_{ij}^{\gamma} d_{ij}^{\delta} \tag{4-22}$$

式中，i_{ij} 表示学科 i 和学科 j 的关系强度；d_{ij} 表示学科 i 和学科 j 关系的距离；指数γ和指数δ可分别取值为 0 或 1。当两个指数均为 1 时，则表示综合性的学科凝聚性测度公式；当指数γ和指数δ分别取值为 1 和 0 时，该公式测度的是学科间的关系强度。

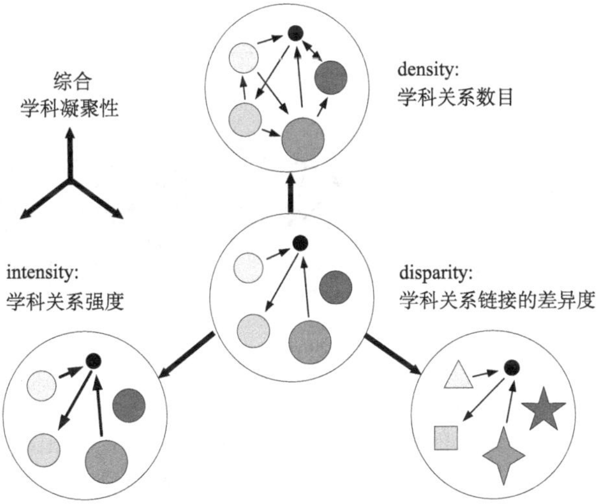

图 4-3　学科凝聚性的三维示意图[288]

4.2.3 学科多样性与学科凝聚性的综合测度

Rafols 等在分析学科交叉的多样性和凝聚性关系时，根据二者的差异将其具体分为 4 个不同类型（图 4-4），并对每种类型文献的属性特征进行了解读[288]。

（1）低多样性-低凝聚性，表示该研究将同一学科领域内、但本身距离较远的知识进行集成。

（2）低多样性-高凝聚性，表示该研究是同一学科领域内且距离较近的知识集成，是典型的单学科研究。

（3）高多样性-高凝聚性，表示该研究集成了多个不同学科的知识，但这些知识本身之间的距离较近。该研究虽然是交叉科学研究，但却并没有实现新的知识融合，一般是已经形成相对成熟体系的交叉学科研究，例如纳米研究。

（4）高多样性-低凝聚性，表示该研究集成了多个不同学科的知识，且这些知识本身之间的距离较远。该研究是最显著和最有潜力的学科间知识融合。

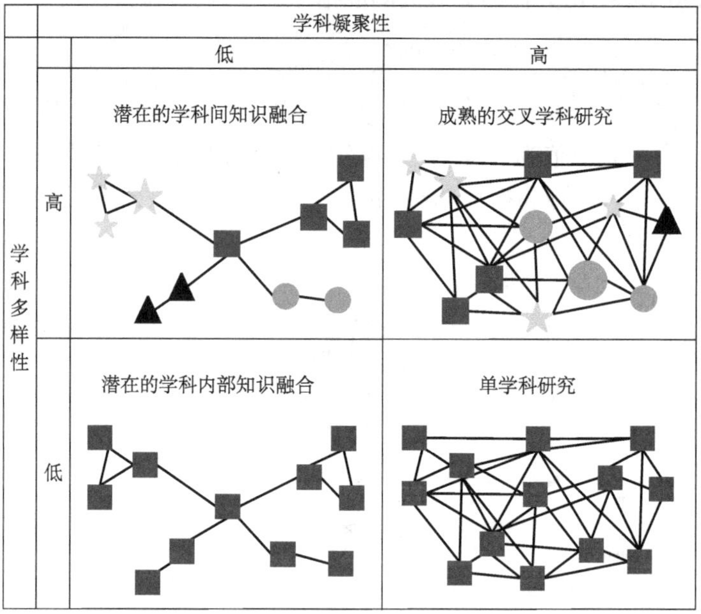

图 4-4　学科多样性与凝聚性关系示意图[288]

有学者尝试将学科交叉的多样性和凝聚性结合起来，提出综合性的学科交叉测度指标。陈赛君和陈智高对 Stirling 的多样性指标公式进行扩展，将其与聚合性指标适当整合，得到定量刻画学科交叉性及其要素属性的 φ 指标[290]，具体计算公式如下：

$$\varphi = \sum_{i,j(i \neq j)} d_{ij}^{\alpha} \times \left(p_i p_j\right)^{\beta} \times \left(1 - \frac{d(i,j)}{N}\right)^{\gamma} \tag{4-23}$$

式中，N 为学科数量；p_i 为学科 i 的比重；d_{ij} 为学科 i 与学科 j 的差异度；$d(i,j)$ 为学科 i 与学科 j 在交叉关系网络中的最短加权距离；指数 α、β 和 γ 可分别取值 0 或 1，它们的不同取值组合使得 φ 有多种变体，可以用来衡量不同维度的学科特征。

4.3 学科多样性视角下交叉科学的测度方法和应用

由于交叉科学是一个多维的复杂概念，任何单一的测度方法都无法全面描述其本质特征。在上两节中分别介绍了学科多样性视角下和学科凝聚性视角下的交叉科学测度，相比之下，当前学科多样性视角下的交叉科学测度指标的研究更为成熟，相关研究成果也更多。本节将基于多样性视角，从引文关系、科学合作和文本内容三个维度分别介绍各自维度下的交叉科学测度方法，并通过具体案例展示不同维度下交叉科学测度研究方法的应用。

4.3.1 基于引文关系的交叉科学测度：外部知识融合

随着跨学科引用的增多，涌现了大量具有学科交叉特征（跨学科性）的科研成果。如何测度这些科研成果的学科交叉性，是交叉科学研究的重要组成部分。基于引文关系的交叉科学测度研究是目前交叉科学测度的主要方法。

1. 引文关系与交叉科学

在科学文献体系中，各科学文献之间并非孤立存在，而是相互联系的。文献之间的相互引证关系即为科学文献相互关系的主要表现。在发表科学论文或著作时，作者往往会采用尾注和脚注等形式列出文献引用的参考文献，进而形成科学文献之间的引证与被引证关系。被引证的文献通常被称为参考文献，引证的文献则被称为施引文献。参考文献的产生是研究人员对知识进行采集、编码及生产知识、创造新知识的过程，也是知识从一篇文献流动到另一篇文献的过程。随着现实世界问题复杂性的愈加凸显，仅仅使用单一学科知识已难以满足需求。因此，需要不同学科之间的知识相互借鉴融合，并逐渐形成具有创新性、复杂性的知识体系，不同学科文献之间的引用是实现各学科知识互相融合交叉的主要途径[291]。

在基于引文关系来测度科研成果的学科交叉程度时，施引文献和被引文献之间的引用关系成为学科交叉测度的关键所在。论文的参考文献包含了被引文献的元数据信息，如作者、标题、来源期刊等，通过对参考文献的分析，可以获得被引文献的期刊以及学科来源、作者信息等[137]。

2. 基于引文关系的交叉科学测度方法

Porter 等认为，参考文献的特性或状态从逻辑上来说是学科交叉的最好测度。不同学科知识从参考文献流向施引文献的过程反映了其他领域的知识和信息输入该领域的情况[61]。与此同时，参考文献的相关信息也会保留在施引文献中。基于保留在施引文献中的参考文献信息，能够较好地测度施引文献的学科交叉情况，这也是目前基于引文方法测度学科交叉的主要思路。本节将施引文献称为目标文献，基于引文关系测度学科交叉的流程如图 4-5 所示。

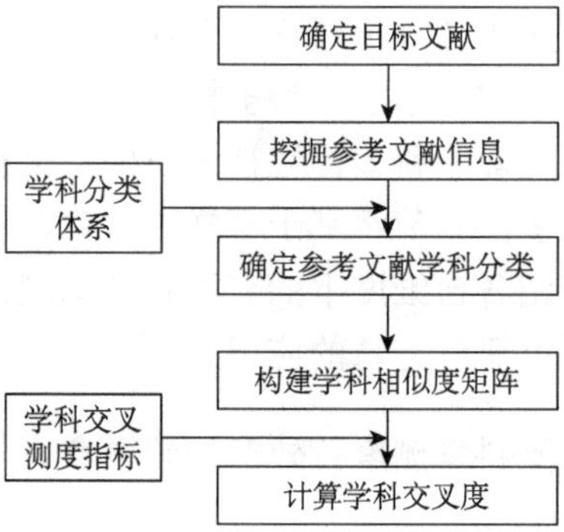

图 4-5　基于引文关系的学科交叉测度流程

可以看出，基于引文关系的学科交叉测度主要分为 5 个主要步骤：①确定目标文献，即确定需要测度学科交叉的文献集合；②抽取参考文献条目，并从中挖掘参考文献所在期刊的信息；③确定参考文献的学科分类，通常可以借助于参考文献所在期刊的学科分类来近似表示参考文献的学科分类；④构建选用的学科分类体系中的学科相似度矩阵；⑤计算目标文献的学科交叉程度。

在以上步骤中，划分参考文献的所属学科是其中的关键环节，对于参考文献学科的划分本质上是界定参考文献所包含的知识的学科领域。值得注意的是，由于目前国际上没有统一的学科分类体系，选用不同的学科分类体系得到参考文献的学科会存在差异，从而导致学科交叉测度结果存在差异。以单篇论文为例，参考文献学科划分的主要思路如图 4-6 所示。假设文献 A 中共有 n 篇参考文献，首先基于目标文献 A 中的参考文献信息确定每篇参考文献的所属期刊；其次，基于现有的学科分类体系确定每个期刊的所属学科；最后，根据“参考文献—期刊—学科”的所属关系确定每篇参考文献的所属学科。

需要说明的是，由于一些期刊具有综合性的特征，其中的文献也可能来自多个不同的学科，因此这样的期刊可能会被划分到多个学科中。例如，图 4-6 中的期刊 N 属于一个综合性的期刊，同时隶属于学科 3 与学科 M。这种多重分配体系

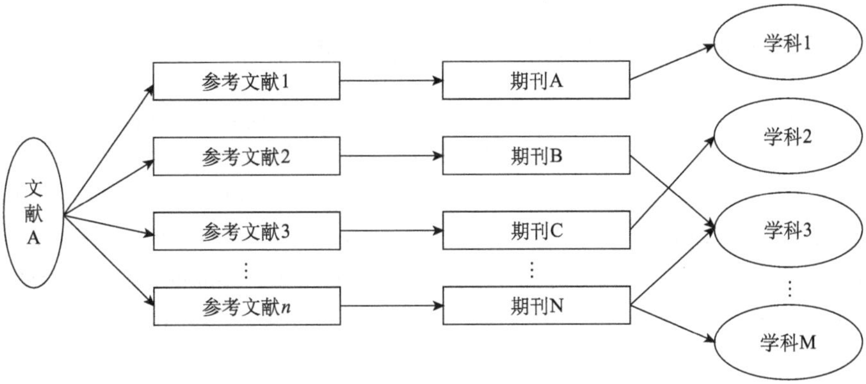

图 4-6 参考文献的学科划分示意图

可能会导致引文关系的构建存在一定的误差，最终导致学科交叉测度的准确性下降。现有的相关研究中，对于这一问题的解决主要有两个方法：①给多重分配中的每个学科计算整体的引用频次，即全计数的方法；②将参考文献的被引频次在各个学科中进行平均分配，即分数计数法。以图 4-6 中的参考文献为例，假设参考文献 n 在目标文献 A 中被引 1 次，由于参考文献 n 同时属于学科 3 和学科 M，第一种方法（全计数法）认为目标文献 A 通过参考文献 n 引用学科 3 的频次为 1 次，引用学科 M 的频次也为 1 次。第二种方法（分数计数法）则将参考文献 n 的被引频次进行平均分配，即目标文献 A 的所属学科通过参考文献 n 引用了学科 3 和学科 M 的频次均为 0.5 次。

综合前文梳理的相关学科交叉测度指标，本节及后续章节主要采用的交叉科学测度指标如表 4-1 所示。

表 4-1 主要采用的交叉科学测度指标

维度	指标	相关描述（公式）
丰富度（variety）	不同学科数目（num）	涉及的不同学科类别数量 n
均匀度（balance）	1-基尼系数（GE）	$\mathrm{GE}=1-\dfrac{\sum(2i-n-1)x_i}{n\sum x_i}$ 其中，i 是序列指标；x_i 是属于第 i 个学科类别的文献数量，类别依据 x_i 由小到大排列
差异度（disparity）	学科距离（Dis）	$\mathrm{Dis}=\dfrac{1}{n(n-1)}\sum_{i\neq j}(1-s_{ij})$ 其中，s_{ij} 是学科类别 i 和 j 的相似度；n 是学科类别数量
综合测度	true diversity 指标（TD）	$\mathrm{TD}=\dfrac{1}{\sum\limits_{i,j=1}^{n}(1-d_{ij})p_ip_j}$ 其中，$p_i=x_i/X$；$X=\sum x_i$，x_i 是属于第 i 个学科类别的文献数量，$d_{ij}=1-s_{ij}$，s_{ij} 是学科类别 i 和 j 的相似度

3. 实证研究：基于引文关系的期刊学科交叉测度

基于引文关系的交叉科学测度方法，本小节主要对期刊层面的学科交叉程度测度进行实证研究。选取 2 个多学科期刊 *Nature* 和 *Science*、2 个预期学科交叉度较低的数学期刊 *Journal of Symbolic Logic* 和 *Journal of Differential Equations*、2 个预期学科交叉度较高的生物医学期刊 *Bioinformatics* 和 *Journal of the American Geriatrics Society* 和 1 个科学计量学领域的重要期刊 *Scientometrics* 共 7 个期刊作为实证分析对象。数据获取自 WoS 的核心合集，时间区间为 2007～2011 年，文献类型为 article 和 proceeding paper。去除期刊的自引数据后，共计获取样本数据 15757 条。

如前文所述，在进行学科交叉测度时，首先要确定参考文献的学科归属，通常可以借助于参考文献所在期刊的学科分类来替代。经过对比，最终选取由 Glänzel 和 Schubert 于 2003 年提出的 ECOOM 学科分类体系来划分参考文献的学科属性[206]。该学科分类体系建立在 WoS 学科分类的基础上，WoS 分类体系中的 250 多个学科类别在 ECOOM 学科分类体系中不重复地映射为 16 个大学科领域（或 64 个学科子领域），学科数目较为适中，且不同的学科层次有具体的对应关系，便于进行两个不同学科层次之间的比较研究。图 4-7 展示了具体的参考文献学科划分过程，对于一篇参考文献被同时分配到多个学科的情况，统一采用全计数方法处理。当一篇参考文献发表在期刊 i 上，期刊 i 同时被划分在两个子学科领域 s_1 和 s_2，则在两个子领域 s_1 和 s_2 都计 1 次。但在将子学科聚类为更高一级的大学科领域时，则需要进行剔重处理，如果两个子领域 s_1 和 s_2 都归属为大学科 M，则同一篇文献在学科 M 中计为 1 次。

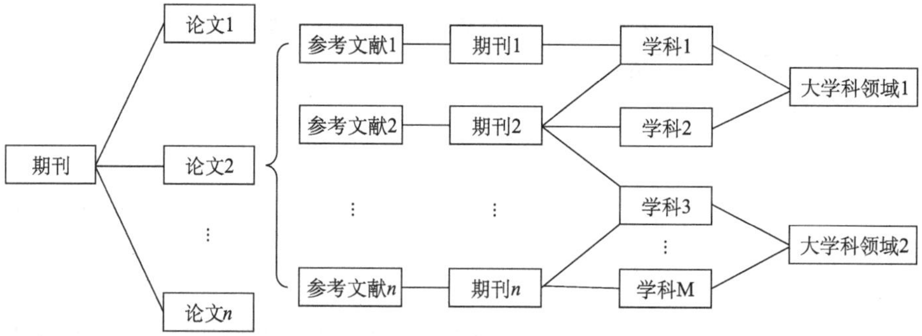

图 4-7　参考文献的学科类别划分过程

其中，TD 指标中涉及的不同学科之间的相似性（或差异性）矩阵的计算步骤如下：①基于样本数据的发表时间，同步获取 2007～2011 年 WoS 数据库中所有论文之间的交叉引用数据；②基于“论文-期刊-学科类别”的逐层上升结构，将单篇论文之间的交叉引用矩阵最终会聚到学科层次，得到不同学科的交叉引用矩阵；③通过 Salton 相似度[见式（4-5）]对学科交叉引用矩阵进行标准化，得到标准化后的相似度矩阵；④对应的差异度矩阵为 $d_{ij}=1-S_{ij}$，当 i 和 j 为同一学科时，$S_{ij}=1$。

表 4-2 展示了 7 种期刊在不同学科分类体系下的综合学科交叉度情况，其中，期刊的学科交叉程度为基于单篇论文的学科交叉度均值。

表 4-2 研究样本中 7 种期刊的 TD 均值

期刊	TD_ECOOM（64）	TD_ECOOM（16）
Bioinformatics	3.424	2.318 (2)
Journal of the American Geriatrics Society	3.379	1.753 (5)
Nature	3.311	1.952 (3)
Scientometrics	3.295	2.588 (1)
Science	3.205	1.901 (4)
Journal of Differential Equations	2.073	1.399
Journal of Symbolic Logic	1.456	1.131

注：期刊依据“TD_ECOOM（64）”结果排序。第三列数值后面括号中的数字为“TD_ECOOM（16）”结果排名，未标注的两个期刊排名与对应期刊的“TD_ECOOM（64）”排名一致。

从表 4-2 可以看出，①依据不同学科分类体系计算得出的期刊学科交叉度结果明显不同。以 *Journal of the American Geriatrics Society* 为例，在 ECOOM（64）子学科分类体系的基础上，其学科交叉度结果排在第二位，而在 ECOOM（16）大学科分类体系中，其排名则下降到第五位。与之形成对比的是，当学科分类体系由分类较细的子学科层级上升为大学科层级时，*Scientometrics* 的学科交叉度排序大幅上升（第四到第一）。由此可见，*Scientometrics* 期刊的学科交叉更多地发生在大学科领域之间，而 *Journal of the American Geriatrics Society* 期刊则在子学科层级上呈现出更大的“学科多样性”。值得注意的是，*Bioinformatics* 在两种学科分类层级中都呈现出较高的学科交叉度。②两种数学期刊 *Journal of Differential Equations* 和 *Journal of Symbolic Logic* 的排序均在最后，在任何学科分类体系中都显示出最低的学科多样性特征。相对于 *Journal of Differential Equations* 期刊，*Journal of Symbolic Logic* 由于其更强的专业性特征，对应的 TD 值更低。此外，对比两种多学科期刊 *Nature* 和 *Science* 发现，无论在哪个学科分类层级上，*Nature* 均比 *Science* 呈现出更高的学科交叉度。③整体而言，基于 ECOOM（64）子学科分类体系计算得到的 TD 指标测度结果比 ECOOM（16）大学科分类体系的结果更高，这主要是由于子学科层级的学科分类比大学科层级更加细致的原因导致。因此，在基于子学科分类的学科交叉测度中，期刊通常会具有更高的学科交叉程度。

在单篇论文的层次上，学科交叉度最高的论文为2009年发表在*Scientometrics*上题为“*Global stem cell research trend: Bibliometric analysis as a tool for mapping of trends from* 1991 *to* 2006”的文章[292]，该论文的参考文献相对均匀地分布在25个ECOOM子学科（12个大学科）中，且较好地体现了“学科多样性”测度的三个维度：丰富度（25个子学科）、均匀度（分布相对均匀）和差异度（学科分布范围广，学科差异大。例如，自然科学与社会科学）。通过对该论文的具体内容探索发现，该论文对1991～2016年间全球范围内发表的干细胞相关研究成果进行系统的评估，深入总结了干细胞研究的活动特点、识别模式、发展趋势和规律特征。因此，无论从学科交叉的量化测度指标结果，还是论文的实质内容来看，该论文均体现了多个学科的交叉融合。

此外，研究中还发现了其他一些有趣的例子。如在ECOOM（64）子学科分类层级学科多样性测度中，一些论文成果具有非常高的交叉科学特征，而在基于大学科分类体系的测度中，其“学科多样性”结果却很低。例如，Feinberg等在2007年发表的题为“*Muscular thin films for building actuators and powering devices*”的论文的TD值分别为10.504（子学科）和3.808（大学科）[293]；Wheeler和Stroock在2008年发表的题为“*The transpiration of water at negative pressures in a synthetic tree*”的论文的TD值分别为9.490（子学科）和2.814（大学科）[294]。这类论文虽然在较细的子学科分类体系中呈现出较高的多学科交叉特征，但在更宏观的学科分类体系中则无法得出较高的学科交叉程度，表示其更多的是在大学科领域中各子学科之间的交叉融合。相比之下，还有一些论文则是在大学科分类体系中显示出更高的学科交叉情况。例如，Wadley等发表的题为“*Middle Stone Age bedding construction and settlement patterns at Sibudu, South Africa*”的论文的TD值分别为8.401（子学科）和6.341（大学科，该值为大学科分类体系下样本论文的学科交叉度最大值）[295]。

4. 实证研究：基于引文关系的论文章节学科交叉测度

虽然基于论文整体参考文献进行学科交叉测度研究已得到广泛使用，但仍旧存在一定的局限性。首先，基于论文整体参考文献测度学科交叉的方法缺乏对论文中各章节学科交叉情况的微观探究[137]。在论文的不同章节中，参考文献的作用和功能可能存在差异，参考文献引用的具体位置也可能体现不同引文的重要程度，这种差异对论文整体学科交叉的测度可能产生影响[296]。其次，基于论文整体参考文献测度学科交叉时，每一条参考文献均被计算一次，忽略了引文在不同章节的引用或者在同一章节多次引用的情形。

在此背景下，本节提出以下问题：①论文不同章节的学科交叉情况存在何种差异？②如何综合考虑论文不同章节的学科交叉、多次引用以及参考文献重要程度等因素来测度论文的学科交叉程度？③基于以上三个因素测度的学科多样性与基于论文整体参考文献测度的学科多样性之间是否存在差异？

随着信息技术的发展，arXiv、PubMed/BioMed Central 和美国科学公共图书馆（Public Library of Science，PLoS）等多个数据库和期刊平台建立了论文的全文本数据库，利用机器自然语言处理来分析论文的全文本内容，逐渐成为交叉科学研究的重要数据获取途径和新兴研究方法之一[297]。其中，*PLoS ONE* 期刊是 PLoS 创办的开源性在线综合性刊物，发表社会科学与医学的原创性论文，具有较为明显的学科融合特征，而且每一篇文章均有完整的全文数据信息（html 页面浏览、pdf 和 xml 下载）供研究者免费使用[298]，可以用来测度不同章节的学科交叉程度。

因此，本节以 2007～2016 年 *PLoS ONE* 期刊发表的论文为研究对象，文献类型限定为 article，经过数据清洗和预处理，共计获取数据 181473 条。具体的数据获取流程如图 4-8（1）所示。基于下载到的全文本信息，借鉴 Boyack 等学者关于论文结构的划分[299]，将全文主要划分为 Introduction、Method、Results 和 Discussion 4 个部分，通过 Python 机器语言提取参考文献在 4 个章节中的分布情况，具体流程如图 4-8（2）所示。在计算基于参考文献的论文整体及各章节学科交叉测度指标的同时，本研究进一步通过熵值法确定不同章节学科交叉程度在全文的占比，并最终得到基于各章节的加权学科交叉度，具体流程如图 4-8（3）所示。

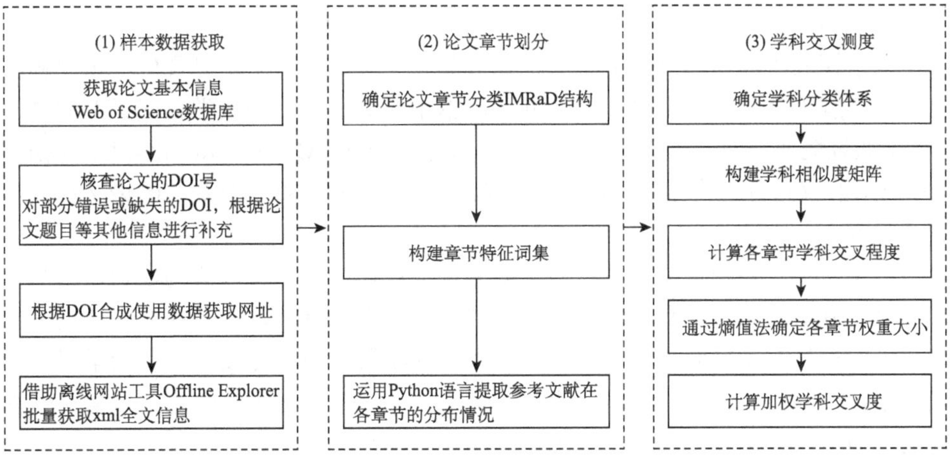

图 4-8　基于引文关系的论文章节学科交叉测度流程

考虑到后续需要把基于各章节加权的学科交叉测度结果与基于全文的学科交叉测度结果进行对比，因此这里将数据样本限定为论文 4 个章节的学科交叉度均不为 0 的数据集，最终共计得到样本数据 49688 条。论文不同章节的学科交叉指标的均值如表 4-3 所示。从表中可以看出，论文各章节的学科交叉度存在如下大小关系：Introduction > Discussion > Method > Results。有趣的是，虽然 Results 章节的参考文献数量高于 Method 章节，但是由于 Results 一般是论文研究结果的陈述，引文大多来自同一学科或相近学科，因此 Method 章节的平均涉及学科数量和平均学科交叉度要高于 Results 章节。

表 4-3 论文各章节交叉科学指标均值表

章节	参考文献数量均值	涉及学科数量均值	学科交叉度（TD）均值
Introduction	23.88	8.64	4.35
Method	9.66	6.04	4.02
Results	12.37	5.99	3.56
Discussion	22.98	8.66	4.27

为了进一步探究论文不同章节具体的学科交叉度差异情况，论文 4 个章节的 TD 交叉程度数值的频率分布如图 4-9 所示。整体来看，4 个章节的学科交叉程度数值分布较为集中。其中，Introduction 和 Discussion 章节的 TD 值分布较为相似，Method 和 Results 章节的 TD 值分布相似。从集中趋势来看，Introduction 和 Discussion 章节的 TD 值主要集中在[3, 5]区间上，而 Method 和 Results 章节的 TD 值主要分布在[2, 4]区间上。由此可见，不同章节的学科交叉度分布规律存在一定的差异，不同章节的学科交叉度集中趋势不同。

为了探究“如何综合论文中不同章节学科交叉、多次引用以及引文重要程度等因素测度论文学科交叉度”这一问题，本小节提出论文加权学科交叉度的测度方法。通过熵值法对全部数据计算，得出 Introduction、Method、Results、Discussion 4 个章节的权重分别为 0.21、0.30、0.27、0.22，据此计算基于章节的论文加权学科交叉度。

结果显示，基于论文整体参考文献测度的篇均学科交叉度值为 5.44，而基于加权测度方法的篇均学科交叉度值为 4.02。由此可以看出，基于论文整体参考文献测度的学科交叉度明显高于加权方法测度的结果。两种测度视角下的学科交叉度的累计频率分布情况如图 4-10 所示，其中“TD_f”为基于论文整体参考文献视角测度的学科交叉度，“TD_w”为论文的加权学科交叉度。

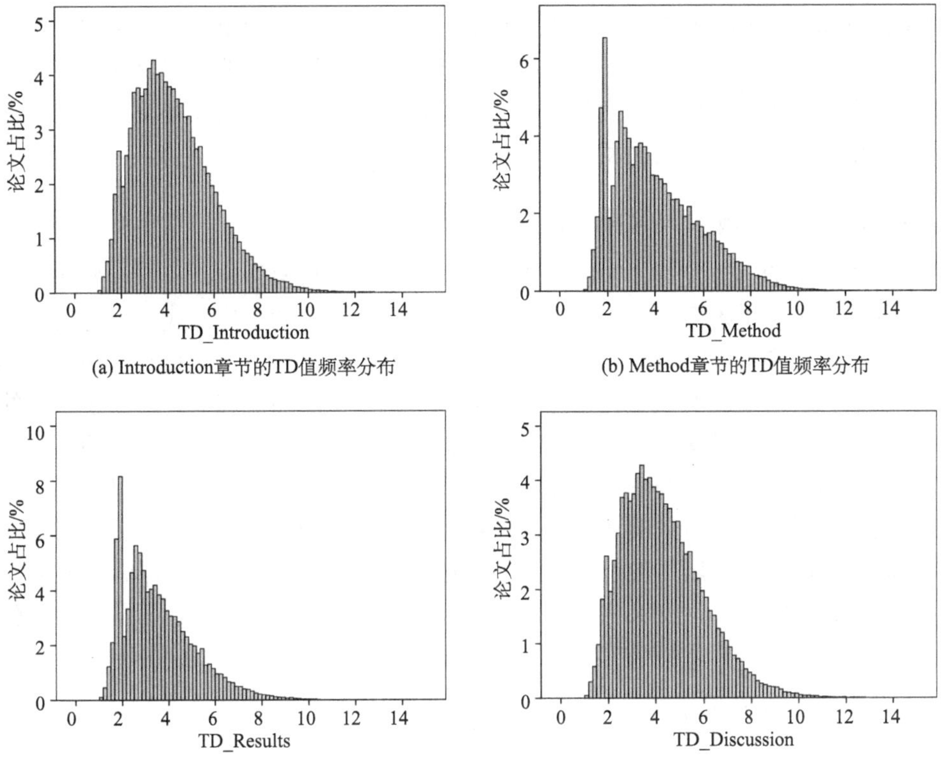

(a) Introduction章节的TD值频率分布
(b) Method章节的TD值频率分布
(c) Results章节的TD值频率分布
(d) Discussion章节的TD值频率分布

图 4-9 论文各章节 TD 交叉程度数值频率分布图

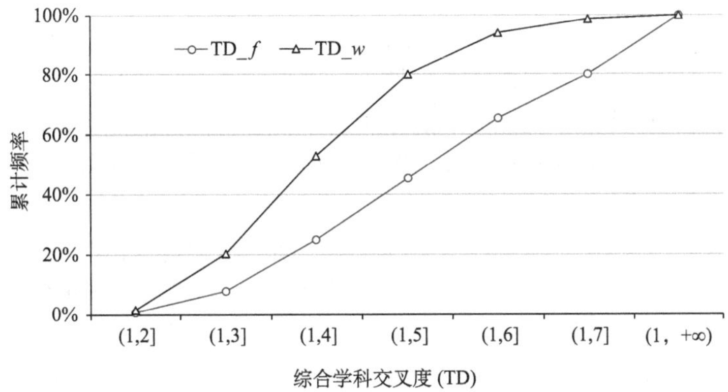

图 4-10 不同测度视角下论文学科交叉度累计频率分布图

由结果可以看出，TD_*f* 累计频率增长趋于均衡增长，其分布较为均衡；TD_*w* 累计频率增长呈由快到慢的增长趋势，且分布较为集中。其次，对于相同的 TD 分组，TD_*w* 的累计频率显著大于 TD_*f* 的累计频率。此外，当 TD_*f*<5 时，TD_*f*

的累计频率为45%，而 TD_w <5 时，TD_w 的累计频率为80%。由此可知，TD_f 与 TD_w 在集中趋势上存在差异，综合考虑论文中不同章节的学科交叉、多次引用和参考文献重要程度等因素测度论文的整体学科交叉度，会使得论文的学科交叉度集中于较低的学科交叉度区间。

4.3.2 基于合作关系的交叉科学测度：科学活动模式

随着科学的迅速发展，科学自身分化和融合趋势日益加速，科学合作作为科学发展到一定历史阶段的必然行为，逐渐成为科学研究的主流方式，并且科学合作活动的规模和范围随着科学的迅速发展而迅猛增长。此外，学科知识的交叉融合对于学科自身发展的重要性也愈加凸显，学科知识流动能够更好地促进科学的发展与进步。从科学交流的角度出发，学科知识流动的内涵是"来自不同的学科知识背景的科学主体参与者（科研人员或科研机构）"将其所携带的"可信的学科知识资源"以一种"有效的流动方式或渠道"进行融合，最终达到"解决科学发展或科研活动中的问题"的过程，进而促进科学知识的创新和学科结构的发展。正是在这样的背景下，交叉科学的测度研究发展出新的研究视角，即从科学合作的行为模式出发探究学科交叉情况。

1. 科学合作与交叉科学

科学合作的本质是知识在同一学科或不同学科间的交流与融合。在全球知识经济不断发展的过程中，没有任何一种学科知识主体能够长期单独存在，通过与其知识集合的内部环境和外部环境之间知识信息的交流融合，构成相互作用、相互依赖、共同发展的知识整体。"单兵作战"式的单学科研究往往难以有效应对复杂性日益凸显的科学研究问题，跨地域、跨国界、跨学科的交叉研究已经成为当代科学发展的突出特点。交叉科学的本质是不同学科知识的融合，而这种知识融合往往是跨学科或专业的知识团体在解决超出单一学科范围的科研问题的合作过程中实现的。

李江指出，正是由于作者、团队或机构之间的跨学科合作，使得其科研成果具有学科交叉性[141]。Wagner 等在对测度交叉科学的方法进行回顾时发现，在文献计量方法中合作关系会被经常研究和使用[88]。Schummer 曾提到，交叉科学测度可以通过对一篇论文进行文本分析或参考文献的学科分类识别问题转移到作者的学科属性划分问题上[96]。因此，作者、团队和机构等信息均可以用来测度学科交叉。基于引文关系和科学合作两种不同视角测度学科交叉的区别在于，基于引文关系的交叉科学测度可以反映各个学科知识和信息的输入情况，揭示研究对象的知识学科来源与相关结构[43]，而基于科学合作视角的交叉科学测度可以探究交叉科学形成过程的活动模式与规律。

2. 基于科学合作的交叉科学测度方法

基于科学合作模式测度论文的学科交叉主要是通过界定作者、团队或机构等研究对象的学科属性来确定论文的学科多样性，其中研究对象学科属性的确定是基于科学合作测度学科交叉的关键点和难点。作者的学科背景可由教育背景、研究领域、从属机构等学科特征进行判断。团队或机构的学科交叉性属性可以通过团队或机构内不同研究人员的学科属性来表征，也可以通过对机构所归属的学科属性来分析。在确定作者、团队或者机构的学科属性之后，根据现有的学科分类确定作者、团队或者机构的具体所属学科，进而计算合作研究对象所属的学科分布情况和学科交叉情况。

以作者合作视角下的论文学科交叉测度为例，假设一篇论文有 5 位作者合著完成，经过作者学科属性的划分，5 位作者被分别划分到 A、B 和 C 学科，其中学科 A 中有 1 位作者，学科 B 中有 2 位作者，学科 C 中有 2 位作者，那么该篇论文的合著信息涉及 A、B 和 C 三个学科的频次分别为 1、2 和 2，再基于学科的相似度矩阵便可以计算该论文在合作视角下的学科交叉度。然而，基于作者合作视角测度学科交叉的方法存在一定的局限性：①由于目前学科分类体系的不统一，选取不同的学科分类体系会导致作者学科属性与选取的学科分类体系中的学科不相匹配的情况；②作者的学科属性判定较为复杂，例如作者的教育背景可能与当前从事的研究领域并不一致，作者可能从事超越所属机构学科范畴的研究等。

除了作者本身的学科属性之外，机构或团队名称在一定程度上能够反映其相关研究内容和研究领域，例如一个作者隶属于某一个高校的计算机学院（School of Computer Science），则可以推断该作者应该是从事与计算机科学相关的教育与研究工作。因此，借助于机构或者团队名称的学科属性可以在一定程度上弥补作者学科属性划分困难的问题，是科学活动模式下测度论文学科交叉的另一重要途径。在基于机构或团队合作测度学科交叉时，一般需要通过机构或团队的名称来提取相关的学科属性，再基于提取的机构或团队学科属性对应目前的学科分类体系来确定机构或团队的所属学科。其他的流程则与作者合作视角下的学科交叉测度流程相似。然而，该方法也存在一定的局限性：①学科分类体系不统一导致机构或团队的学科属性不相匹配；②在一些机构或团队的名称中，并不能够有效地提取到相关的学科属性信息，比如“Centre for Science and Technology Studies , Leiden University”就很难通过机构名称直接来判断学科属性。对于后一局限性，目前可以通过获取机构下的二级机构名称，并结合人工查询的方式辅助确定其学科属性。科学合作视角下的学科交叉测度与引文视角下的学科交叉测度相比，数据量越大，通过科学合作测度学科交叉的难度越大，其难度主要在于确定作者、机构或团队的学科属性。

3. 实证研究：基于作者合作和引文关系的交叉科学测度方法比较

在基于作者合作关系测度交叉科学时，首先需要确定作者的学科类别。然而在现有的数据库中，极少有提供单个作者的学科信息。意大利高等教育和研究部（the Ministry of Education, University, and Research, MIUR）发起建立的意大利科研信息系统通过学者自行注册和专家认定的方式提供了每位意大利学者的学科信息，为基于作者合作的交叉科学测度提供了珍贵的数据来源[300]。在该系统中，共设置有 370 个子学科（scientific disciplinary sector, SDS），每一个子学科可以进一步映射到 14 个大学科领域（university disciplinary area, UDA），每位作者可以根据自身的研究内容选择一个且仅一个对应的学科领域。

在 WoS 核心合集论文数据的基础上，意大利的学术数据库 Italian Observatory of Public Research（IOPR）通过复杂的算法对作者的真实身份进行消歧处理，最终实现每篇论文与其作者之间的对应关系。本节以 2006～2016 年 WoS 核心合集收录的意大利出版物为例，限定文献类型选取最能代表原创性论文成果的 article、proceedings paper 和 book chapter 三类作为样本数据来探究科学合作层面的学科交叉情况。由于意大利的学科分类系统只包括本国的学者，因此剔除了合作者隶属于其他国家机构的研究成果，最后共获取文献记录 43667 条（独著 19286 条，合著 24381 条）。

基于意大利科研信息系统确定每位作者所属的学科领域之后，便可以通过作者的合作关系进而测度不同学科之间的跨学科合作情况。根据作者合作关系及 SDS 学科分布情况，将案例数据最终划分为以下 3 个子样本集：

（1）独著论文集（single-authored）——19286 篇论文；

（2）多作者合作，但合作作者来自同一学科的论文集（multi-authored, single-SDS）——16624 篇论文；

（3）多作者合作，且合作作者来自不同学科的论文集（multi-SDS）——7757 篇论文。

基于表 4-1 中的学科交叉测度指标，计算了每篇论文基于参考文献的学科交叉情况，各 UDA 学科领域下独著论文学科交叉情况如表 4-4 所示。

表 4-4　UDA 学科分类下的独著论文学科交叉指标均值表

大学科分类层级（UDA）	论文数量	论文占比/%	num 均值	GE 均值	Dis 均值	TD 均值
生物学	695	3.60	11.016	0.496	0.953	4.442
化学	714	3.70	10.629	0.485	0.957	4.276
农业与兽医科学	347	1.80	7.908	0.519	0.890	3.796
土木工程与建筑	1069	5.54	6.776	0.595	0.902	3.743

续表

大学科分类层级（UDA）	论文数量	论文占比/%	num 均值	GE 均值	Dis 均值	TD 均值
医学	1046	5.42	7.953	0.473	0.910	3.481
工业与信息工程	2789	14.46	5.730	0.608	0.858	3.439
地球科学	335	1.74	7.322	0.524	0.921	3.426
经济与统计学	2410	12.50	5.602	0.481	0.862	2.867
物理学	2206	11.44	5.534	0.495	0.861	2.729
政治与社会科学	719	3.73	4.127	0.509	0.752	2.694
历史、哲学、教育学与心理学	1645	8.53	4.337	0.459	0.667	2.660
数学与计算机科学	3843	19.93	4.184	0.479	0.761	2.367
法学	340	1.76	2.932	0.525	0.710	2.146
古代史、语言学、文学与艺术	1128	5.85	2.168	0.389	0.526	1.760
总计	19286	100	5.565	0.503	0.811	2.950

从表 4-4 中可以发现，14 个 UDA 学科领域的学科交叉程度存在一定的差异。生物学领域的研究成果的参考文献涉及的学科数目最多，对应的综合学科交叉程度也最大。化学领域次之，而化学领域的学科差异度最高。此外，社会科学、人文艺术科学以及数学和计算机科学的学科交叉度最低。

研究发现，在基于参考文献的学科交叉测度中，独著论文同样存在一定的学科交叉特征。表 4-5 列出了独著成果中学科交叉程度（基于参考文献的测度）最高的 5 篇论文，其中前三篇论文的学科交叉度在整个样本集中也是最高的。从表 4-5 可以看出，学科交叉度最高的 5 篇论文中，有 2 篇来自于同一位作者——Lucarini V，该作者的学科类别为物理学下的地球与大气科学学科。Lucarini V 的 2 篇论文中，其参考文献涉及了计算机科学、物理学和工程学等大学科下的形态解剖学、生物化学与分子生物学、多学科化学、民用工程学、环境科学、林学、淡水生物学、多学科材料科学、数学、力学、概率统计学、水资源等十余个子学科。正如 Bunderson 和 Sutcliffe 所言，团队的学科多样性可以由团队成员的学科分布来决定，也可以由组成团队的个人本身的学科多样性体现[301]，表 4-5 中的作者很好地体现了研究人员的个人跨学科属性。

表 4-5　高学科交叉水平的独著论文示例

作者	大学科分类（UDA）	文献题目	TD 值	num
Lucarini V	Physics	From symmetry breaking to Poisson point process in 2D Voronoi tessellations: the generic nature of hexagons[302]	18.781	31

续表

作者	大学科分类（UDA）	文献题目	TD 值	num
Giorgio B	Medicine	Differential diagnosis: Shape and function, fractal tools in the pathology lab[303]	17.229	37
Fiori S	Industrial & Information Engineering	Fast statistical regression in presence of a dominant independent variable[304]	16.909	21
Lucia U	Industrial & Information Engineering	Transport processes in biological systems: Tumoral cells and human brain[305]	16.060	28
Lucarini V	Physics	Three-dimensional random voronoi tessellations: From cubic crystal lattices to poisson point processes[306]	15.403	32

同样地，多学科作者合著成果基于参考文献的学科交叉测度结果如表 4-6 所示。其中，第 1 列的学科数目根据合作者的学科类别确定，第 4～7 列的学科交叉值是基于参考文献测度的结果。从表 4-6 可以看出，85%以上的多学科作者合著仅涉及两个学科。不考虑样本量较少的“5 个或更多学科”组，基于参考文献的学科交叉程度均随着合作者学科数目的增加而增加。

表 4-6　多学科作者合著论文的学科交叉测度

涉及 SDS 学科的数量	论文数量	论文占比/%	num 均值	GE 均值	Dis 均值	TD 均值
2	6629	85.46	7.572	0.538	0.906	3.735
3	970	12.50	9.292	0.547	0.936	4.458
4	135	1.74	10.985	0.572	0.962	5.205
≥5	23	0.30	12.478	0.516	0.930	5.708

此外，图 4-11 进一步展示了独著论文、单一学科的多作者合著论文和多学科作者合著论文对应的 TD 值分布情况。从图 4-11 可以看出，TD 值为 1 时（参考文献全部来自单一学科），独著论文的占比最大，为 13.7%。在基于参考文献测度的学科交叉 TD 值低于 3 时，独著论文的比例最大；而在基于参考文献测度的学科交叉 TD 值大于 3 时，多学科作者合著论文占比则明显高于其他两组。

综上所述，独著论文和单一学科的多作者合著论文在基于参考文献的学科交叉测度中同样可能显示较高的学科交叉度，但整体而言，随着合作者所属的学科数目的增加，基于参考文献的学科交叉程度呈增加趋势。

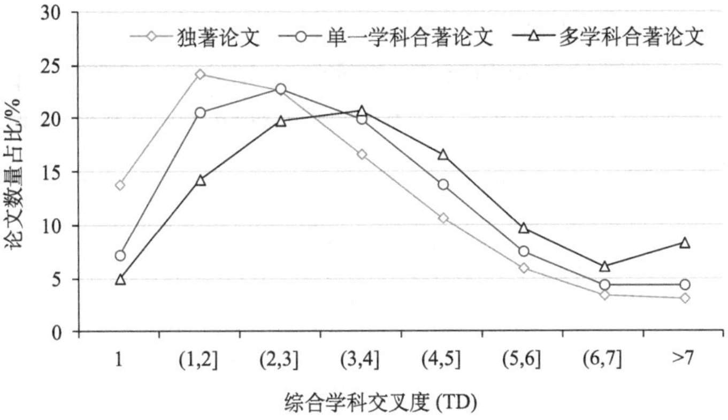

图 4-11 不同作者合作类型论文的学科交叉度频率分布

4. 实证研究：基于机构合作和引文关系的交叉科学测度方法比较

由上一小节可知，科学合作虽然无法直接反映跨学科的结构特征（例如独著论文也可能显示较高的学科交叉度），但交叉科学研究特有的复杂性，决定了科学合作必然成为其主流的科学活动模式。但是目前还没有被广泛使用的作者学科分类体系，意大利作者学科分类体系虽然可以被用来探究全部由意大利学者参与的学术论文的学科交叉程度，因而无法广泛推广到其他国家学者主导或参与的研究中。而面对大量的文献资料和作者信息，从中准确地匹配出每一名研究人员并收集其教育背景信息和所有的发文信息则极具挑战性。为了突破这一局限性，本小节探索基于合著作者所属机构的合作测度学科交叉。合著作者蕴含了丰富的信息，除个人信息之外，还包括相关研究机构、地域国别分布等信息。对这些信息的深度挖掘和分析，可以从另一视角揭示交叉科学的活动模式与规律。基于研究人员从属的机构信息来探究科研人员合作的交叉科学属性，具体指标测度的处理流程如图 4-12 所示。

具体的数据处理流程主要包括如下步骤：

首先，基于数据集中完整的著录信息，从目标文献的作者地址中提取出含有 Dept，Sch，Ctr，Coll，Inst，Lab，Assoc，Fac，Div，Lib，Grp，Res 等涉及二级机构的特征词条，对于含有 Inst 的特征词，只选取其出现在二级机构字段位置的相关记录，以避免类似于 Harbin Inst Technol 等表示学校而非二级机构的词条带来的干扰。

其次，基于 WoS 学科分类，参照 ECOOM 的学科分类[206]，匹配出与 WoS 学科分类相对应的 13 个机构学科分类方案（10 个自然科学类及 3 个社会科学类），它们分别为：农业与环境（agriculture & environment）、生物学（biology）、化学（chemistry）、计算机科学与信息技术（computer science & information technology）、工程学（engineering）、地球科学与空间科学（geosciences & space sciences）、数学（mathematics）、医学（medicine）、物理学（physics）、心理学（psychology）、人文与艺术（arts & humanities）、经济与管理（economy & management）和社会科学（social science）。

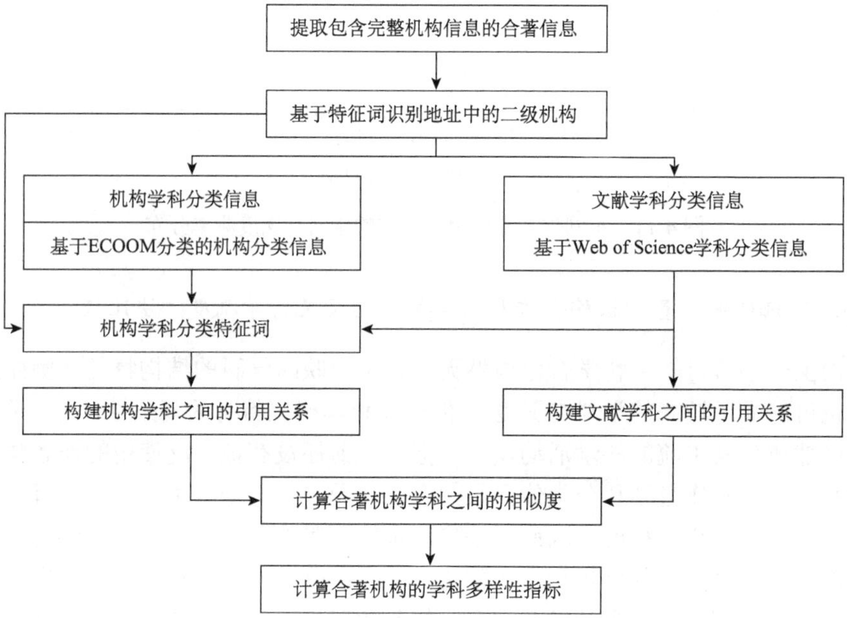

图 4-12　基于合著信息的交叉科学测度的处理流程

再次，根据 WoS 学科分类的学科特征词，将其与机构中提取的特征词进行对应整理，在保证检索效率和准确率的前提下梳理出一套较为全面的学科特征词表，共 13 个学科（匹配机构学科分类方案）499 个词汇。通过学科特征词进行初次匹配，对于无法使用学科特征词来匹配的记录，结合人工核查方法对未匹配的记录进行逐一识别，同时补充和完善最初的学科特征词库。

最后，根据 WoS 核心合集中 1991～2015 年期间 252 个 WoS 学科分类之间的互引矩阵以及机构学科的对应关系，通过 Salton 相似性计算公式可以得到 13 个机构学科之间的引用关系，进而可以得到机构学科之间的相似性数值。

至此，可以计算出单一文献或者一组文献集合基于合著机构信息的学科多样性指标。

选取 2007～2016 年间 *PLoS ONE* 发表的 article 类型文献作为研究对象，从科学合作的视角来测度单篇论文的学科交叉程度。对于一些高校名称中包含的二级机构特征词（例如 Harbin Institute of Technology）进行相关的人工清洗。在删除不包含二级机构信息或缺少相关二级机构特征词的记录后，最后获取有效数据157710条。

根据处理后得到的合作机构学科信息，运用基于合著信息的合作机构学科交叉的测度方法，根据对应的学科交叉测度指标，可以计算出每篇论文的合作学科交叉度。通过统计，*PLoS ONE* 期刊各年度文献的合作机构学科丰富度（Variety_A）、均匀度（Balance_A）、差异性（Disparity_A）、综合学科交叉度（TD_A）以及合作相关的基本信息如表4-7所示。

表4-7 合作机构学科多样性指标分布

指标	平均值	中位数	标准差	最小值	最大值
作者数目	2.80	2.00	2.25	1	121
机构数目	6.91	6.00	4.28	1	295
国家数目	1.48	1.00	0.91	1	31
Variety_A	2.39	2.00	1.18	1	12
Disparity_A	0.55	0.71	0.36	0	1.00
Balance_A	0.53	0.60	0.35	0	1
TD_A	1.57	1.46	0.57	1	5.57

从表4-7中可以看出，合作机构学科数目（Variety_A）的均值为2.39，表示每篇文章中平均涉及两个以上学科的机构之间的合作。合作机构数目的均值为6.91，合作国家数目的均值为1.48。在样本集中，合著论文的比例为99.13%，不同学科的机构合作比例高达75.49%。机构学科数目的最大值为12，即该对应论文的合作者几乎跨越了全部的机构学科类别（共13个）。进一步研究发现，该篇题为"*A collaboratively-derived science-policy research agenda*"的文章发表于2012年[307]，由来自5个国家31个机构的52位作者共同合作完成。该文阐述了科学与政策之间的关键问题来帮助增进在这些领域交汇处工作的人员之间的相互了解，提高工作效率。52名参与者分别来自政府和非政府组织、学术界和工业界。该篇论文的合作者机构中唯一没有涉及的领域为计算机科学与信息技术。

现有研究中，有学者尝试通过韦布尔分布（Weibull distribution）函数模型来验证科学合作最佳规模现象的存在[308]，并定义概率密度峰值对应的合作规模为最佳合作规模。因此，本研究对合作者数目、合作机构数目及合作机构学科数目对应的论文数目借助威布尔函数模型进行拟合，具体结果如图4-13所示。从图中可以看出，样本数据中，合作者数目的最佳合作规模为5人，机构数目和机构学科数目的最佳合作规模则均为2左右。

为了对基于合作机构的学科多样性测度结果进行验证，将基于合作机构的学科交叉测度结果与基于参考文献的测度结果进行 Spearman 相关性分析，结果如

表 4-8 所示。可以看出，两种视角下对应指标之间的相关性相对较弱甚至不相关，表明两种不同指标所测度和揭示的交叉科学特征存在较大差异，正如 Leydesdorff 和 Rafols 所指出的，不同的指标可以从不同的角度增进对交叉科学这一多维概念的理解[102]。

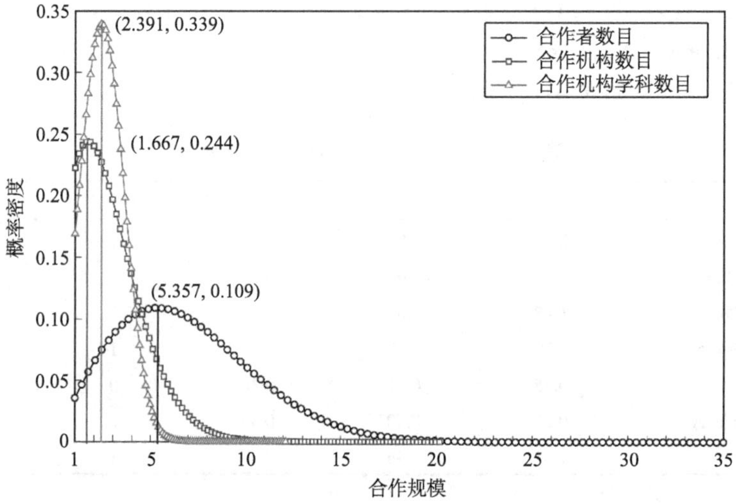

图 4-13 科学合作规模的威布尔分布曲线

表 4-8 两种视角下不同多样性指标的 Spearman 相关性结果

		Variety_A	Disparity _A	Balance_A	TD _A
Variety_R	相关系数	0.129**			
	显著性（双尾）	0.000			
Disparity_R	相关系数	0.137**	0.165**		
	显著性（双尾）	0.000	0.000		
Balance_R	相关系数	0.011**	0.037**	–0.022**	
	显著性（双尾）	0.000	0.000	0.000	
TD_R	相关系数	0.101**	0.061**	0.068**	0.087**
	显著性（双尾）	0.000	0.000	0.000	0.000

注：**表示在 0.01 水平（双侧）上显著相关；Variety_A, Disparity_A, Balance_A, TD_A 表示基于合作机构的多样性测度；Variety_R, Disparity_R, Balance_R, TD_R 表示基于参考文献的多样性测度。

基于以上研究结果，本小节尝试从参考文献学科多样性和合作机构学科多样性两个角度来综合比较和理解研究成果的学科交叉情况，基本的概念模型如图 4-14 所示。其中，4 个小图中心的圆圈代表一篇文献，左边为作者机构的学科分布情况，右边为引用参考文献的学科分布情况，不同形状的图标表示不同的学科信息。可以得到以下 4 种不同的组合方式。

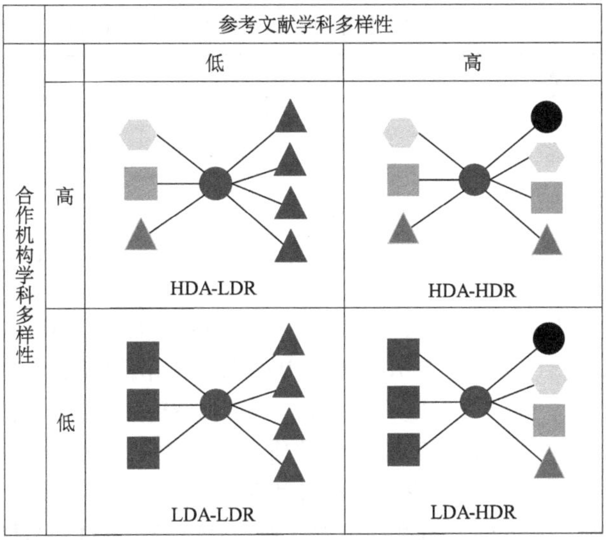

图 4-14 合作机构学科多样性与参考文献学科多样性之间的关系概念模型

（1）低合作机构学科交叉性-低参考文献学科交叉性（LDA-LDR）：学科类别相对单一的机构合作完成专业化研究，即由来自同一学科或相似学科机构的作者合作完成的参考文献同样来自同一学科或相近学科的研究成果。

（2）低合作机构学科交叉性-高参考文献学科交叉性（LDA-HDR）：学科类别相对单一机构合作完成高交叉性研究，即由来自同一学科或相似学科机构的作者合作完成的参考文献来自多个不同学科的研究成果。

（3）高合作机构学科交叉性-低参考文献学科交叉性（HDA-LDR）：多学科机构合作完成的专业化研究，即由来自多个不同学科机构的作者合作完成的参考文献来自同一学科或相近学科的研究成果。

（4）高合作机构学科交叉性-高参考文献学科交叉性（HDA-HDR）：多学科机构合作完成的高交叉性研究，即由来自多个不同学科机构的作者合作完成的参考文献同样来自多个不同学科的研究成果。

在参考文献和合作机构两个层面上，将全部样本分别按照学科数量（合作机构学科数量和参考文献学科数量）和学科多样性（合作机构学科多样性和参考文献学科多样性）指标的大小进行降序排列，各取排名前 50%的论文对应图 4-14 中相应指标的“高”分组，后 50%的作者对应图 4-14 中相应指标的“低”分组。在此基础上，合作机构学科数量与参考文献学科数量的“高”“低”四种组合、合作机构学科多样性与参考文献学科多样性的“高”“低”4 种组合的论文占比如表 4-9 所示。

表 4-9 学科数量与学科多样性视角下的论文分布

组合类型	学科数量占比/%	学科多样性占比/%
LDA-LDR	32.80	25.14
LDA-HDR	17.20	24.86
HDA-LDR	17.20	24.86
HDA-HDR	32.80	25.14

从表中可以看出，在学科数量视角下，“LDA-LDR”和“HDA-HDR”组合的论文占比要明显高于“LDA-HDR”和“HDA-LDR”两种组合，而在学科交叉度视角下，4 个组合之间的分布则相对均匀。来自同样或相似学科的作者合作可以产出参考文献视角的专业性或跨学科性的研究成果，同样地，多学科机构的作者合作也可以产出单一学科或多学科的研究成果。

表 4-10 列举各个组合中的典型案例情况。可以看出，“LDA-LDR”和“LDA-HDR”组合的论文，同样都具有较低的机构学科多样性，但对应的参考文献学科多样性却大不相同。在“LDA-LDR”组合的案例中，合作者虽然来自不同的机构，但都与医学相关，而且论文的研究主题也为医学，这是典型的“低-低”组合。相反，在“LDA-HDR”组合的论文中，来自同一社会科学机构的合作者共同研究了“多角色女性的压力”这一交叉科学的问题。该论文的参考文献涉及了心理学、社会学、神经科学、精神病学、行为科学、生物学、管理学、经济学等多门学科。“HDA-HDR”组合的论文探讨了“利用全球定位系统完善人类时间活动”的问题，在合作机构和参考文献层面均显示出较高的学科多样性。从文献计量学的视角来看，“高-高”组合的研究是知识融合的最有力证明，这一类别的研究值得研究人员和科技管理者给予更多的关注。

4.3.3 基于文本内容的交叉科学测度：内在知识基础

在现有的交叉科学测度研究中，依托参考文献、科学合作等外在因素进行测度时，基于外在指标的测度始终只是一个较为抽象的概念，缺失科学文献本身的文本内容信息，进而无法真实地展现各学科知识在文献中的实际融合情况。基于文本内容视角，利用相关文本挖掘和自然语言处理技术可以从内部微观层面，如标题、摘要、关键词、正文内容等方面揭示一些引文分析等外部指标所不能反映的文献内生关系，进而更全面地测度不同学科的知识融合情况。

1. 文本内容与交叉科学

期刊论文的全文本数据指的是通过相关信息技术的处理将论文全文信息储存

表 4-10 TD 指标下合作机构学科多样性与参考文献学科多样性模型组合中的代表性论文

组合模型	文献题目	作者机构	机构对应学科	TD_A	TD_R
LDA-LDR	Spinal radiographic progression in patients with ankylosing spondylitis treated with TNF-alpha blocking therapy: A prospective longitudinal observational cohort study[309]	Univ Med Ctr Groningen, Dept Rheumatol & Clin Immunol Med Ctr Leeuwarden, Dept Rheumatol Univ Med Ctr Groningen, Dept Epidemiol Univ Med Ctr Groningen, Dept Radiol Med Ctr Leeuwarden, Dept Radiol Univ Med Ctr Groningen, Dept Lab Med	医学	1.00 —	1.07 （排序位于前 99.83%）
LDA-HDR	Stress and the multiple-role woman: taking a closer look at the "superwoman" [310]	Univ Toronto Scarborough, Dept Anthropol	社会科学	1.00 —	17.88 （排序位于前 0.004%）
HDA-LDR	Systematic review and meta-analysis of the clinical efficacy and adverse effects of Chinese herbal decoction for the treatment of gout[311]	Third Mil Med Univ, Coll Prevent Med Chongqing Univ Arts & Sci, PE Dept Phys Educ Univ Washington, Dept Biol Sci Univ Washington, Dept Asian Language & Literature Chongqing Univ Posts & Telecommun, Sch Software	医学；物理学 生物学 人文艺术科学 计算机科学与信息技术	4.79 （排序位于前 0.01%）	3.70 （排序位于前 80.02%）
HDA-HDR	Refining time-activity classification of human subjects using the global positioning system[312]	Univ Calif Irvine, Coll Hlth Sci Texas A&M Univ, Dept Landscape Architecture & Urban Planning Univ Calif Irvine, Sch Social Ecol, Dept Planning Policy & Design Chinese Acad Sci, Inst Geog Sci & Nat Resources Res Jiangsu Ctr Collaborat Innovat Geog Informat Reso	医学 人文艺术科学 社会科学 生物学 地球与空间科学 计算机科学与信息技术	5.16 （排序位于前 0.004%）	12.44 （排序位于前 0.49%）

为一定数据形式的数据信息。根据论文的全文本数据可以进行数据格式解析和文本内容挖掘。随着信息技术的发展，arXiv，PubMed/BioMed Central 和 PLoS 等多个数据库和期刊平台建立了论文的全文本数据库。研究者可以基于相关数据库进行论文全文本数据的下载和处理。其中，论文全文本数据包含论文的题目、摘要、关键词、正文和参考文献等信息。论文题目是对论文研究内容的高度概括，能够体现出论文的研究范围和方向。论文摘要是对论文内容的简要概括，能够体现出论文研究思路、研究方法和研究结果的相关内容。论文的关键词是从论文题目和正文中选取出来的表现论文主题内容、具有关键作用的规范化单词或术语。论文正文主要包含了对相关前期研究的梳理、对论文研究方法和研究结果的详细阐述以及对研究结果的总结概述等。论文的参考文献主要是指在论文创作过程中，对某一著作或其他论文的整体参考或借鉴，被引用的参考文献会在论文正文进行标注并按照在正文中出现的顺序在正文后面依次列出。由此可以看出，论文的全文本数据中包含了丰富的信息数据，利用论文全文本数据可以更加详细地探究不同学科知识在论文中的具体融合情况。

在论文的正文中，对其他著作或者论文的相关引用内容会被标记出来，这部分内容可称为引文内容。它和被引文献关系最为密切，通过引文内容可以获得很多关于被引文献的信息。从本质上来讲，引文内容和参考文献都体现了文献间的引用现象。不同于参考文献，引文内容不再是抽象的、间接的代表被引文献的符号，而是实实在在代表具体概念或观点的语言[313]。结合语言学以及引文分析的基础理论，利用文本挖掘和自然语言处理技术，对引文内容从内部微观层面进行研究，从而能够探究引文内容语言层面的文本特征，丰富施引文献和参考文献之间的引用关系，挖掘出引用背后所蕴含的动机[314]。当被引文献来自不同的学科时，引文内容更能体现不同学科知识在论文中的具体融合情况。

基于文本内容的上述特点和优势，有学者尝试从相关文献的全文本内容中挖掘论文的学科融合情况并进行相应的测度[137]。文本内容的内在知识会聚主要是通过对反映文献主题内容的主题词进行统计分析，研究文献的内在联系和科学结构，包括共词聚类、共词关联、共词词频分析和突发词监测等，它常用于揭示特定领域内的研究主题及其层次之间的关系，反映相对应的研究方向间的关系，划分科学子研究领域并确定其研究结构。有学者在此方向上进行尝试性探索，如利用文本挖掘技术，对纳米科技 5 个相关领域的主题词进行共词分析，揭示这些相关领域的交叉聚合趋势[315]。再如采用文献共词聚类的方法，构建学科交叉文献发现模型和学科交叉知识模型，从学科交叉点和新的增长点两个方面揭示了学科之间的交叉关系[316, 317]。

此外，论文全文本数据中的题目、摘要、关键词和正文等信息可以单独提取或将不同的要素信息进行组合提取，进而进行文本内容视角下的学科交叉测度。

其区别在于，题目和关键词的提取较为简单且提取的信息准确程度较高，而摘要和正文内容信息的提取过程和后期的数据清洗工作较为复杂。将不同的要素信息进行组合提取后测度学科交叉的方法虽然能够更为全面地了解论文内知识融合的情况，但是数据的提取和清洗过程比较困难。

2. 基于文本内容的交叉科学测度方法

在论文的全文本数据的构成要素中，论文的题目、摘要、关键词和正文信息是基于文本内容测度学科交叉的主要数据基础，基于这些要素信息可以构建论文的主题词集，然后进行学科交叉测度。然而，如何将这些全文本数据中的要素信息转化为可供处理分析的具体数据是基于文本内容测度学科交叉的关键。

现有的研究中，基于文本内容视角的学科交叉测度主要有以下两种方法：①首先采用现有的学科分类体系对文本内容进行学科划分，之后计算学科交叉程度；②不是采用现有的学科分类方案，而是依据样本数据的文本信息，运用文本聚类技术得到关键词的学科领域分布，进而计算研究对象的学科交叉程度。图 4-15 展示了这两种方法下进行学科交叉测度的基本流程。

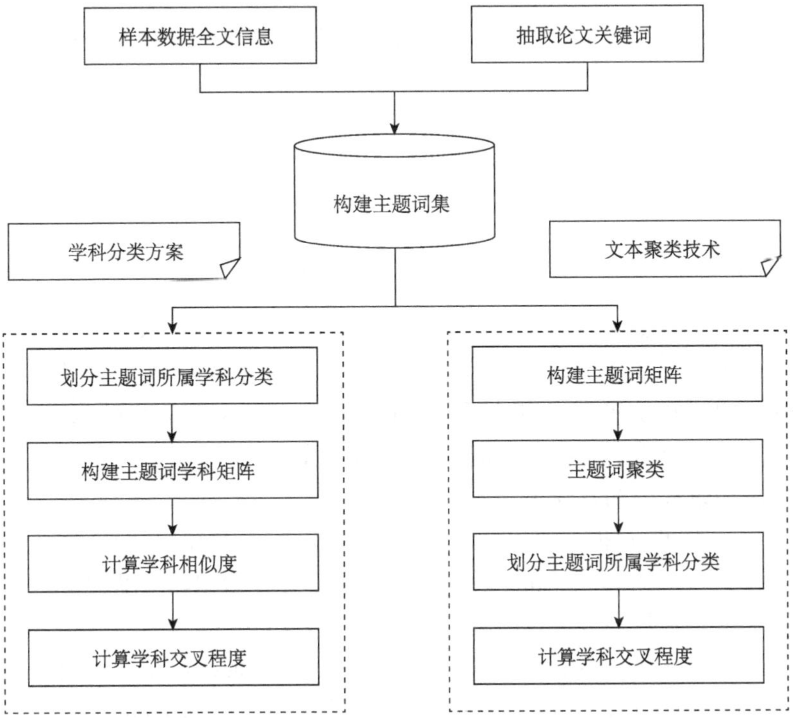

图 4-15　基于主题词的学科交叉测度流程图

首先，需要从全文本数据中抽取能够代表论文研究主题与内容的主题词，构建主题词集。面对大量的文本数据，单纯依靠人工挖掘获取和清洗主题词汇实现起来较为困难，因此采用相关文本挖掘工具可以为研究工作的开展提供极大的便利。目前，常用的文本挖掘工具主要有 Search Technology 的 VantagePoint、科睿唯安（Clarivate Analytics，原汤森路透知识产权与科技事业部）的 Derwent Data Analyzer（DDA）、日本野村研究所的 True-Teller、北京正乙科技有限公司的 Itginsight 以及其他自然语言处理工具[318]。其中，DDA 除了具备数据信息抽取功能，还具有强大的数据清洗能力，因此选取 DDA 来进行主题词的抽取和清洗。

基于构建的主题词集，选取现有的学科分类方案，通过设置阈值的方式将主题词进行学科划分（图 4-15 左侧）。在学科分类的基础上，通过构建各学科主题词的学科矩阵得到不同学科之间的相似性程度，进而计算研究对象的学科交叉程度。而在不采用现有学科分类的情况下，可以通过文本聚类技术实现主题词的学科领域划分（图 4-15 右侧），进而测度研究对象的学科交叉程度。

在文本内容视角下，基于预设学科分类体系测度学科交叉的方法在探究单篇论文学科交叉程度时，可以通过计算研究样本的均值而得到期刊、学科、团队等层面的学科交叉情况。而通过文本聚类技术进行领域划分的学科交叉测度方法则在一定程度上更适用于期刊、学科以及机构等论文集合的学科交叉测度。这是因为主题词矩阵的构建需要一定数量的论文集合，而期刊、学科以及机构等层面是能够包含多篇论文集合的主要来源。此外，基于预设学科分类测度学科交叉的方法在更大程度上是对学科交叉的多样性特征进行探究，而通过文本聚类技术进行领域划分的学科交叉测度方法则更多揭示了凝聚性特征。

3. 实证研究：基于文本内容的学科交叉测度测度

相较于基于引文关系的学科交叉测度，对目标文献的文本内容进行分析，获取其归属学科、研究领域、研究主题等信息，进而衡量学科交叉程度。同样以 2007～2016 年 *PLoS ONE* 发表的所有 article 类型文献为研究对象。具体构建文本关键词所属学科分类的数据处理流程如图 4-16 所示。

数据处理过程中的具体说明如下：

（1）利用 Python 机器语言爬取 *PLoS ONE* 截至 2018 年 6 月的全部论文共 200488 篇，解析所爬取的 html 网页获得每篇论文的 DOI、文献类型、题目、摘要、关键词、发表时间等文本信息。

（2）基于获取的文本信息提取关键词并构建关键词集，获取关键词 9422 个。

（3）根据构建的关键词集，在微软学术（Microsoft Academic）数据库中对每个关键词进行检索，每个关键词的检索结果是数据集中包含该关键词的全部文献。

（4）基于每个关键词检索到的全部文献，获取每篇文献所对应的期刊信息，由此将关键词对应到相关的期刊，通过统计、计算得到关键词的期刊分布。在此步骤的处理中，共得到 9398 个关键词所对应的期刊。

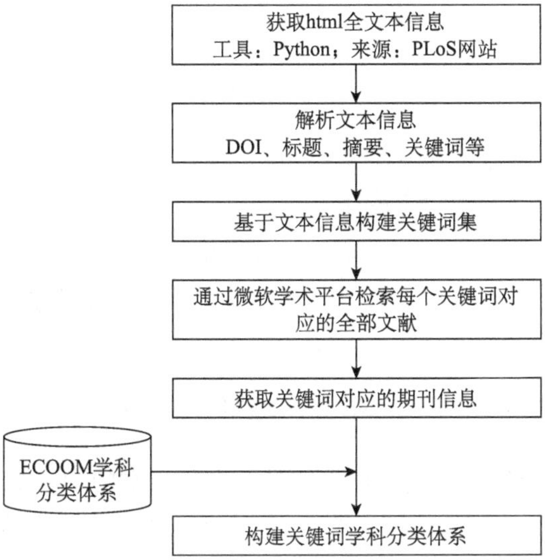

图 4-16　构建文本关键词所属学科分类的数据处理流程

（5）选取 ECOOM 学科分类体系，把期刊映射到对应学科上，通过关键词-期刊分布矩阵可以得到关键词-学科的对应关系，进而计算关键词的学科领域分布情况。

（6）设定关键词学科分布的阈值，确定关键词的所属学科。在步骤(5)计算得到的关键词学科分布中，存在一个关键词对应多个学科的情况，为了对该类关键词的学科属性进行较为精确的划分，需要设置一定的阈值。经过多次的尝试与检验，初步认为阈值设置为 0.3 最为合适，即关键词在某个学科分布频率大于 0.3 时，认为该关键词属于这个学科。在该阈值下，关键词分类既有一定代表性，又不会导致过多关键词无法分类被弃用，最终被划分到单一学科、两个学科和三个学科的关键词分别有 7040 个、1321 个和 8 个，无法确定学科归属的关键词有 1029 个。对于属于多个学科的关键词，采用每个学科各计算 1 次的方法来进行处理。

需要说明的是，在步骤（4）和步骤（5）中对关键词的期刊和学科分布计算时，采用的计算方法是关键词在某期刊或学科出现次数除以该关键词在所有期刊或学科中出现的总次数，因此每个关键词在不同期刊或学科分布的数值之和为 1。

基于以上步骤对每个关键词进行学科分类处理，最终计算出 155890 篇 *PLoS ONE* 论文在关键词视角下的学科交叉度，记为 TD_*k*。基于文本内容测度的论文学科交叉度分布如图 4-17 所示。其中 TD_*k* 的最小值为 1（共有 7737 篇论文），最大值为 5.29，均值是 1.91。

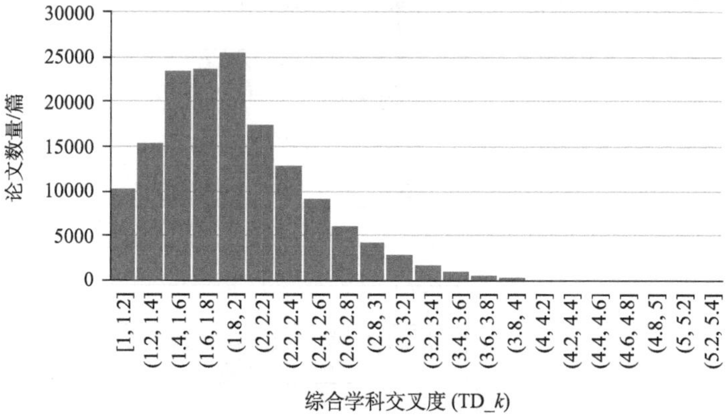

图 4-17　基于文本内容测度的论文学科交叉度分布图

可以看出，基于论文关键词计算得到的多数论文的学科交叉度 TD_*k* 值处于[1, 2.6]的区间内，在该区间内的论文共有 138264 篇，占论文总数量的 88.7%。其中在[1, 2]区间的论文有 98642 篇，占论文总数量的 63.3%。其中，题目为"*Group dynamics and landscape features constrain the exploration of herds in fusion-fission societies: The case of european roe deer*"的论文（DOI: 10.1371/journal.pone.0034678）的 TD_*k* 最大值为 5.29，该篇论文是生态学领域的研究论文，主要探究了生物群体动态活动对生物群落在融合裂变社会中的限制作用[319]。

4.4　本章小结

如何对交叉科学进行有效的、可操作的量化测度是交叉科学研究必须直面的一个重要命题。为了定量描述其学科交叉特征，国内外学者引入和开发了多种测度指标。本章从学科多样性和凝聚性两个方面对现有的交叉科学测度相关研究进行系统性梳理。学科多样性与学科凝聚性之间存在着一定的区别：学科多样性主要探究交叉学科涉及的学科数量、知识融合程度和涉及的学科之间的差异程度，而学科凝聚性主要探究学科之间关系的凝聚程度。

在当前相关研究中，基于引文关系的外部知识融合、基于合作关系的科学活动模式和基于文本内容的内在知识基础是交叉科学多样性测度研究中的三个主要维度。三个不同维度的测度结果揭示交叉科学的不同维度特征，不同的方法之间并不具备直接的可比性，不能简单断定其中一个维度的学科交叉测度方法比另外两个维度的测度方法更具优越性。面对交叉科学这样一个多维、复杂的概念，任何单一维度视角的考察都难以全面描述其本质特征，只有将三个维度进行综合利用分析，探寻各维度方法的差异性和结合点，才能在已有研究基础上对交叉科学进行更深入、全面的多角度剖析。交叉科学的三维测度研究对于当前跨学科领域的项目评审、管理评估、成果鉴定、团队建设等政策制定具有一定的借鉴和启示作用，可以为制定利于学科交叉的管理机制和公共政策，以及优化国家科技发展整体布局提供决策参考。

5 交叉科学的影响

科学上的重大突破、高水平科研成果的产生乃至新学科的出现，越来越多地依赖于不同学科之间的相互交流与相互渗透。在此背景下，交叉科学研究的发展受到了越来越多国家和相关管理部门的高度关注与重视，鼓励不同学科之间的交叉融合已成为促进科技发展的重要途径之一。

随着交叉科学研究的持续升温，对交叉科学研究相关成果的影响力进行有效的测度与评估逐渐成为科技管理部门及相关领域学者重点关注的问题。然而，交叉科学研究成果的影响力应当如何测度？学科交叉程度与研究成果影响力的关系如何？学科交叉程度越高的交叉科学研究是否可以产生越大的影响力？这些问题尚未得到很好的解决。在此背景下，本章从引文影响与社会影响出发，梳理了影响评价的相关数据来源与指标，并以 *PLoS ONE* 为例进行实证分析，以期为交叉科学研究成果影响力的测度提供借鉴与参考。

5.1 交叉科学的引文影响

科研成果的影响力可以表现在多个方面，其中引文影响来自学界同行对其学术成果的认可，一般表现在引用行为上，因而被引频次是反映科研成果引文影响力的直接指标。Clark 的研究表明，最能体现论文“价值”的指标就是被引频次[320]；Egghe 和 Rousseau 在其专著中也提出，被引频次是显示一篇文献的重要性、质量和影响力的有效指标[321]。随着被引频次在影响力测度和科技评价中的广泛使用，基于引文的各类评价指标相继涌现，相关指标的理论与实践问题引发了国内外学者的广泛讨论，为分析科研成果的引文影响提供了多重视角[322-325]。

5.1.1 交叉科学引文影响的相关研究

科学研究是一个不断进行知识扩张与补充的探索过程，庞杂的学术系统内存在许多规律性的联系。新的学术成果总是与原有的学术基础之间存在着千丝万缕的联系，每一项学术创新都建立在长期的学术积累之上，这种科学发展规律最直观的表现就是科技文献之间的引用与被引。文献之间的引证行为不仅反映了知识的传承与交流，同时也体现了科研人员吸收和扩散知识的轨迹。引证行为产生的引文数据在科研成果影响力评价方面的应用由来已久，基于引文数据的期刊影响因子、H 指数等逐渐成为学术界普遍使用的重要科研评价指标。

与传统的单学科研究相比，交叉科学研究的评价标准更加复杂多样，传统的科学评价方法（如同行评议等）并不完全适用于交叉科学，其评价结果容易产生一定的偏差[326]。相比于其他评价手段，基于引文分析方法对交叉科学相关研究成果进行影响力等评价则具有客观性、易操作性等优点，目前已有一些探索性成果[106, 327]。

现有的研究中，许多学者尝试从不同的分析维度（例如单篇论文或期刊）来探索交叉科学与引文影响之间的关系[94, 106, 328]，但由于交叉科学本身的复杂特征，相关研究结论并不统一，甚至出现互相矛盾的现象。如 Steele 和 Stier 在单篇论文层面通过布里渊指数对参考文献的学科交叉程度进行了测度，并得出了学科交叉对引文影响有显著正向影响的结论[329]；Adams 等关于交叉科学与引文影响的报告则认为，大多数研究成果的学科交叉程度与其收到的引文量之间并不存在系统关联，二者呈现出了一种倒 U 形的关系[330]；Chen 等的研究则发现，Top 1%高被引论文相比于其他论文呈现出了更高的学科交叉水平[108]；而 Larivière 和 Gingras 的研究则发现高交叉度和高专业度论文的引文影响都相对较小[106]。期刊层面上，Levitt 和 Thelwal 以自然科学和医学类期刊为研究对象，发现多学科期刊（在数据库中隶属于多个学科类别的期刊）的引文量比单一学科期刊约少 50%[94]。

此外，也有一些学者尝试通过构建量化模型来研究学科交叉程度对引文数据的具体影响。如 Yegrosyegros 等利用 Tobit 回归模型分析了交叉科学测度的三个维度（学科丰富度、分布均匀度和学科差异度）对论文被引频次的影响，结果发现，学科丰富度对论文的总被引频次有正向促进作用，邻近的学科融合（学科差异度较低）更有助于产生高影响力的研究成果[109]。Wang 等学者通过泊松回归模型同样对交叉科学三个维度与引文影响之间的关系进行了分析[331]，发现学科丰富度和学科差异度对研究成果的长期（13 年引文窗口）引文数量均有正向促进作用，学科分布的均匀度则对论文的短期（3 年时间窗口）引文数量有着负向的消极影响。以上研究结论对深入理解交叉科学研究的引文影响，促进相关科学政策的改进与制定均具有一定的启示意义。

相比传统的单学科研究，交叉科学研究常被认为具有较大的创新性，政府和公众对其科研成果也往往寄予了更高的期望。然而，就已有的相关探索结果而言，交叉科学研究并不等同于高影响力研究，论文的“学科交叉度”与“引文影响”之间也并非存在绝对的正相关或负相关关系，且不同的学科领域存在很大的差异。本书作者及其合作者在提出新的学科交叉测度指标 ${}^{2}D^{S}$ 的基础上，进一步探索了学科交叉程度与引文影响之间的关系[99]。以 *Nature* 和 *Science* 在 2007～2011 年发表的论文数据为例，论文在发表后三年内平均被引频次与学科交叉度的关系如

图 5-1 所示。从图中可以看出，上述两种期刊所发表论文的引文影响与其学科交叉度之间并不是简单的正相关或负相关，而是存在一个“最优值”，即当学科交叉度达到一定的数值（并非最大值或最小值）时，其引文影响最大。

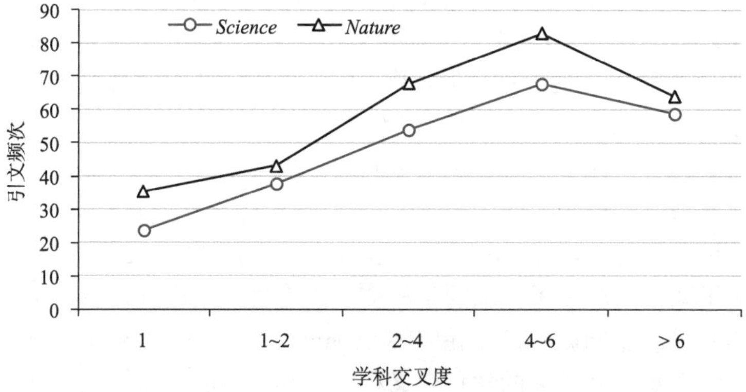

图 5-1 不同学科交叉度与篇均被引频次的关系（以 *Nature*、*Science* 为例）[99]

5.1.2 交叉科学引文影响的数据来源

研究交叉科学的引文影响首先需要选择合适的数据源来获取研究成果的引文数据。随着信息技术的迅速发展，信息资源的电子化、数字化和网络化日益普及，现代化的方法和手段为信息计量领域的系统化、规范化建设提供了可能。开放科学背景下，各类数据库和数据平台的建设也为科研成果的引文评价提供了愈加丰富的数据来源。目前，国际上相对主流的引文数据库为 Web of Science（WoS）、Scopus 等。此外，国内陆续建立的中国科技论文与引文数据库（CSTPCD）、中国科学引文索引（CSCD）、中文社会科学引文索引（CSSCI）等相关数据平台也为我国科技文献的引文分析提供了数据基础。

1. Web of Science

Web of Science（http://apps.webofknowledge.com，简称 WoS）是世界领先的一站式科研资源库。1964 年，美国科学信息研究所（Institute for Scientific Information, ISI）正式发布科学引文报告（Science Citation Index, SCI），随后于 1973 年和 1978 年分别推出社会科学引文索引（Social Sciences Citation Index, SSCI）和艺术和人文学科引文索引（Arts & Humanities Citation Index, A&HCI）。WoS 数据库收录了来自全球的 18000 多种高影响力学术期刊、180000 多种会议论文以及 80000 多种学术书籍，内容涵盖了自然科学、社会科学、工程技术、生物医学、人文艺术等领域中的所有学科。在 WoS 数据库中，SCIE、SSCI 和 A&HCI 是国际公认的三大引文数据库。除此之外，WoS 还提供各区域或新兴科学领域重要文献索引的 ESCI（Emerging Sources Citation Index）、基于图书索引的 BkCI（Book Citation Index）以及快速定位会议前沿的 CPCI（Conference Proceedings Citation Index）等多个检索平台。

针对 WoS 数据库的相关特征研究已有较广泛的探索性成果。如 Moed 和 Larsen 等学者就 WoS 的覆盖范围进行了深入的探索[332, 333]；Huang 等学者对 ESCI 源刊的国家和学科分布进行了比较[334]；García-Pérez 就 WoS 中的错误引用关系问题展开了细致的分析[335]；Michels 和 Schmoch 描述了 WoS 的发展历程[336]；Harzing 则研究了 WoS 的文献类型划分特征[337]；Olensky 等学者对 WoS 引文匹配算法的准确性进行了分析[338]；Zhang 等对 WoS 中的作者关键词（keywords）和算法选择的关键词（keywords plus）进行了比较[339]。

2. Scopus

与 WoS 类似，Scopus（https://www.scopus.com）同样是一个一站式科研资源库。该数据库是 Elsevier 公司于 2004 年 11 月推出的多学科文摘索引型数据库，其收录内容除期刊外，还包括相关书籍和会议论文，内容涵盖数学、物理、化学、工程学、生物学、生命科学及医学、农业及环境科学、社会科学、心理学、经济学等 27 个学科领域。

当前有关 Scopus 的特征研究虽然不如 WoS 广泛和深入，但也有一些相关的探索成果。Franceschini 等学者讨论了 Scopus 中出版物 DOI 分配错误的问题[340]；Kawashima 和 Tomizawa 对 Scopus 中作者标识符的准确性进行了研究[341]；Valderrama-Zurián 等则指出了该数据库中对某些出版物的重复收录问题[342]。同时，也有一些学者就 Scopus 收录数据的质量展开了批判性的讨论[343]；Wang 和 Waltman 对 WoS 和 Scopus 的期刊分类体系的准确性进行了比较研究[344]。

3. Google Scholar

谷歌学术（Google Scholar）是谷歌（Google）公司于 2004 年推出的学术文献编制索引工具。目前谷歌学术已经与多家学术出版商进行了广泛的合作，如 ACM（Association for Computing Machinery，国际计算机学会）、Nature、IEEE（Institute of Electrical and Electronics Engineers，电气和电子工程师协会）、OCLC（Online Computer Library Center, Inc.，联机计算机图书馆中心）等。相对于 WoS 和 Scopus 而言，谷歌学术主要作为学术文献的搜索引擎，仅提供非常有限的关于出版物的书目元数据。

现有的相关研究中，关于谷歌学术的内容相对有限。Waltman 的研究对这一现象作出了解释：谷歌学术不提供任何可用的来源列表[324]。有关谷歌学术与 WoS

的比较研究表明，谷歌学术在文献的覆盖范围方面要优于 WoS 和 Scopus[345, 346]。Khabsa 和 Giles 的研究表明，谷歌学术提供索引的英文文献占网络上所有英语学术文献的近 87%[347]。Meho 和 Yang 通过对图书馆和信息科学领域研究人员的科研成果研究发现，与 WoS 和 Scopus 相比，谷歌学术在会议论文集和非英语语言期刊的收录方面更具优势[348]；Mingers 和 Lipitakis 则发现，谷歌学术在商业和管理学领域的覆盖范围比 WoS 要更加广泛[349]。

4. 中国科学引文数据库（CSCD）

中国科学引文数据库（Chinese Science Citation Database, CSCD）是中国科学院文献情报中心于 1989 年在中国科学院和国家自然科学基金委共同资助下主持建立的我国第一个引文数据库，它收录了数学、物理、化学、天文学、地学、生物学、农林科学、医药卫生、工程技术、环境科学和管理科学等领域出版的中英文科技核心期刊和优秀期刊千余种，目前已积累论文记录超过 300 万条，引文记录近 1700 万条。CSCD 除具备一般的检索功能外，还提供国内最早的引文索引功能，用户可以通过该功能迅速从数百万条引文中查询到某篇科技文献被引用的详细情况，对我国交叉学科和新学科的发展研究具有十分重要的参考价值。

5. 中文社会科学引文索引（CSSCI）

中文社会科学引文索引（Chinese Social Sciences Citation Index, CSSCI）是由南京大学中国社会科学研究评价中心开发的数据库，用来检索 1998 年以来中文社会科学领域的论文收录和文献被引用情况，是我国人文社会科学评价领域的标志性工程。该数据库严格按照将期刊影响因子的分学科排序位次和国内知名专家评议的定性评价相结合的方法，挑选中国大陆地区出版的中文人文科学、社会科学学术期刊以及海外出版的期刊共 500 多种组成来源期刊（每年更新）。作为我国人文社会科学主要文献信息查询与评价的重要工具，CSSCI 提供来源文献、被引文献等多种信息检索，并辅以优化检索功能，可为人文与社会科学领域的研究、期刊评价与管理以及学校科技管理部门等提供多种服务。

6. 中国知网（CNKI）

中国知网（Chinese National Knowledge Infrastructure, CNKI）是中国最大的连续动态更新的学术文献数据库，包括学术期刊、博硕士学位论文、会议论文、报纸、年鉴、专利、国内外标准、科技成果、经济统计数据、工具书、图片等中文资源以及 Springer 等外文资源，该数据库的数据资源保持每日更新。中国学术期刊网络出版总库为知网的核心子库之一，内容覆盖自然科学、工程技术、农业、哲学、医学、人文社会科学等各个领域。收录年限自 1915 年至今，部分期刊可回溯至创刊。目前，该数据平台实现了期刊、论文、图书、报纸类文献的引证关系链接，为引文数据的获取提供了较大的空间。

7. 维普数据库（VJIP）

维普期刊资源整合服务平台（VIP Journal Integration Platform, VJIP）是维普资讯推出的中文科技期刊资源一站式服务平台，该平台从单纯的全文保障服务延伸到引文、情报等服务，整合了期刊文献检索、文献引证追踪、科学指标分析、高被引析出文献、搜索引擎服务五大模块。其中，期刊文献检索模块是我国数字图书馆建设的核心资源之一，涉及期刊 12000 余种、核心期刊 1982 种，文献总量达到 4000 余万篇，所有期刊回溯年限至 1989 年，部分期刊可回溯至 1955 年。学科范围涵盖社会科学、自然科学、工程技术、农业科学、医药卫生、经济管理、教育科学和图书情报等领域。文献引证追踪模块采用科学计量学中的引文分析方法，对文献之间的引证关系进行深度数据挖掘，除提供基本的引文检索功能外，还提供基于作者、机构、期刊的引用统计分析功能。该模块收录文摘覆盖 12 000 多种中文科技期刊，引文数据可追溯到 2000 年。

5.1.3 交叉科学引文影响的计量指标

交叉科学的引文影响指标与传统的引文评价指标类似，只是评价的对象从单一学科的研究成果转变为交叉科学研究成果。常见的引文影响指标主要有以下三类。

1. 基本引文指标

1）被引频次

在评价实践中，被引频次是衡量科学出版物引文影响的重要标准之一。被引频次一般指某时期内特定研究单元在特定数据库或者数据平台收录的论文中获得引用的次数。它一般被认为是衡量研究成果影响最简单、直接的指标。但被引频次通常会由于学科差异、出版时间、文献类型等因素的影响而在数值表现上有所差异。

2）篇均被引频次

篇均被引频次是某一研究对象在特定的样本或时间中的平均被引频次。它有效地避免了总被引频次的某些缺点，经常被应用于引文分析的相关研究中。篇均被引频次也有一定的局限性，如 Seglen 等学者的研究指出，引文分布通常呈现出偏态分布的特征，篇均被引频次很容易受到一个或多个极高或极低样本值的影响[350, 351]。

3）自引

引证行为中，限于本身范围内的引证称之为“自引”。自引是一种较为普遍的科学文献引用形式，也是科技文献交流的基本属性之一。常见的自引现象一般分为作者自引和期刊自引两类。作者自引是指作者在其所发表的文献中对本人曾经发表文献的引用；期刊自引则是指某一期刊发表的文献对曾在该期刊发表文献的引用。研究表明，绝大多数的科学论文作者都存在自引现象，在全部引用文献中，作者自引文献占 10%～30%[345]。

总体来说，作者自引现象产生的主要原因可以概括为以下三点。

（1）研究主题的相关性：自引是作者将自身研究工作与先前的研究进行联系的重要手段。通常情况下，学者的研究主题存在一定的延续性，自引可以为现有研究提供相关的背景、数据或方法等。

（2）参考文献的可获得性：参考文献的引用应当选取本领域最具权威性的文献以及与本研究相关性最高的文献，作者自身最为了解自己的研究，因而也最容易产生自引。

（3）作者本人的主观心理：文献的被引频次通常被视为衡量研究成果学术价值及其主体学术地位的一个指标，不排除有部分作者为了提升自己的声誉而故意加大自引量。

期刊自引是指某一期刊发表的论文引用本期刊之前发表论文的一种现象，一般可以代表该期刊对某一领域研究的持续关注情况。超出合理范围内的期刊自引即为期刊过度自引。一般而言，期刊过度自引的原因主要包括以下两点。

（1）作者投其所好地自引：一些研究者为了提高论文投稿的命中率，根据期刊的办刊喜好有针对性地开展相应专题研究，并在研究中相对较多地参考了期刊研究成果从而形成过度自引。

（2）编辑干预因素：由于影响因子是期刊评价的重要指标之一，为达到提高期刊论文被引频次和影响因子的目的，期刊编辑采取各种途径暗示或明确要求投稿作者引用本刊已发表的论文作为参考文献，致使期刊自引率过高，超出了合理的范围。

2. 延伸的引文指标

1）期刊影响因子

期刊影响因子（journal impact factor, JIF）是引文分析的一个重要应用指标，它衡量了在一个特定的时间周期内，期刊中每篇文章的平均被引用次数。例如，期刊某年度的两年期影响因子，是该期刊前两年发表的论文在报告当年的被引用总次数除以该刊前两年发表的论文总数。计算公式如下：

$$\mathrm{IF}_n(J)=\frac{c_n}{p_{n-1}+p_{n-2}} \tag{5-1}$$

式中，c_n 为期刊 J 在 n–1 和 n–2 年发表的论文在第 n 年收到的总被引频次；p_{n-1} 和 p_{n-2} 分别为期刊 J 在第 n–1 和第 n–2 年发表的论文数目。

此外，除了两年期的期刊影响因子之外，还有五年期的期刊影响因子，即某期刊在过去五年中发表的论文在报告当年的总被引次数除以五年内发表的论文总数。

2）H 指数

2005 年，美国加州大学圣迭戈分校（University of California San Diego）的统计物理学家乔治·爱德华多·赫希（Jorge Eduardo Hirsch）巧妙地将发表论文的数量和论文的被引频次结合在一起，提出了用于评价科研人员学术成就的一种新的科学计量评价指标——H 指数，该指数可以同时对科学家的论文产出和论文影响力进行测度，一定程度上弥补了以往文献计量指标只能评价单一方面的缺点与不足。

赫希对 H 指数的定义是“被引频次大于等于 *h* 的 *h* 篇论文数量”，H 指数与论文数和论文被引频次分布关系如图 5-2 所示。图中的横轴表示论文数量，纵轴表示论文被引频次，曲线表示论文数量和被引量的分布情况，两坐标轴之间的对角线与曲线的交点就是 H 指数值。具体来说，如果一个科学家发表了 *n* 篇论文，其中有且仅有 *h* 篇论文的被引频次大于或等于 *h*，那么他的 H 指数就是 *h*。例如，如果一个科学家发表了 80 篇论文，每篇论文的引文数都是 50，那么就有 50 篇论文的被引频次大于或等于 50，所以这个科学家的 H 指数是 50。

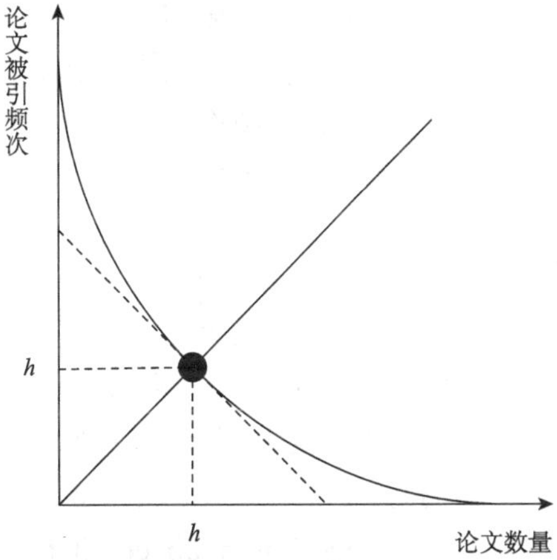

图 5-2　H 指数与论文数量和论文被引频次分布关系示意图[86]

3. 标准化的引文指标

不同学科领域的论文，在发文量、数据库收录比例和被引频次等方面均存在差异。因此，引文分析的关键原则之一是不同学科领域的出版物被引频次不应直接比较。例如，在同一时间窗口下，生物化学领域被引频次为 25 的文献并不一定比数学领域被引频次为 10 的文献影响力更高，这两个学科领域的被引频次几乎相差了一个数量级[352]。此外，不同年份、不同文献类型出版物的被引频次也无法直接比较。

在评价实践中，有时需要对不同领域、不同年份或不同文献类型的出版物进行比较，这就需要对相关的引文指标进行适当的标准化，来满足不同类型数据之间的可比性。常用的标准化引文指数主要有以下 3 种。

1）相对引文率

相对引文率（relative citation rate, RCR）最早由 Schubert 等提出，其原始定义为“平均论文被引频次/平均期刊影响因子”[353]。Schubert 在其后续研究中，又对该指标进行了进一步的修正，并用实际引文率/期望引文率来计算相对引文率[354]，用 r 表示，其具体公式为

$$r=\frac{\sum 实际引文率}{\sum 期望引文率} \tag{5-2}$$

式中，实际引文率为考察对象所有论文的实际被被引频次；期望引文率为研究对象所在期刊的篇被引频次。相对引文率使不同学科领域、不同出版年、不同文献类型的成果影响具有可比性。

2）相对引用比率

相对引用比率（relative citation ratio, RCR）是 2016 年由美国国立卫生研究院投资组合分析办公室提出的论文影响力评价方法[355]。该方法通过每篇论文的共引网络进行领域（或时间）的归一化，进而拟合得到论文的预期引用率，并用论文引用率（年均被引频次）除以共引网络中论文的预期引用率最终得到相对引用比率。即

$$\mathrm{RCR}=\frac{1}{n}\sum\frac{\mathrm{Acr}_i}{\mathrm{Ecr}_i^{\mathrm{year}}} \tag{5-3}$$

式中，Acr_i 为论文 i 的年均被引频次；$\mathrm{Ecr}_i^{\mathrm{year}}$ 为论文的预期引用率。该方法对论文的被引频次进行了学科上的加权，因此能够对不同学科的论文影响力进行横向比较。

3）学科规范化的引文影响力

学科规范化的引文影响力（category normalized citation impact, CNCI），是科睿唯安（Clarivate Analytics，原汤森路透知识产权与科技事业部）在 Incites 平台推出的用于考察机构、国家、个人等的论文影响力的指标，该指标对不同文献类型、不同出版年、不同学科领域的论文进行了归一化处理，在一定程度上满足了不同规模、不同学科成果影响力的比较需求。具体来讲，该指标的计算方式为某一文献的实际被引频次除以同一文献类型、同一出版年及同一领域的被引率。以同时归属于不同学科领域的某一文献为例，其学科规范化的引文影响力为

$$\mathrm{CNCI}=\frac{\sum\frac{c}{e_{f(n)td}}}{n}=\frac{\frac{c}{e_{f(1)td}}+\frac{c}{e_{f(2)td}}+\cdots+\frac{c}{e_{f(n)td}}}{n} \tag{5-4}$$

式中，c 为该论文的实际被引频次；$e_{f(n)td}$ 表示该论文相对于同年、同一文献类型、同一学科领域论文的预期被引频次（expected citations），其中，$f(n)$表示某一学科领域，t 为论文出版年，d 表示文献类型。若 CNCI 值等于 1，表示该论文的被引表现与全球水平相当；若小于 1，则表示低于全球平均水平。

5.1.4 交叉科学引文影响研究的局限

不可否认，引文影响是反映论文或相关评价主体学术影响的重要指标，但在实际应用中仍存在诸多问题需要予以重视。首先，引文的目的多种多样，如伪引、自引、“友情互引”、批判式引用等[356]。其次，引文理论的逻辑基础存在若干争议，如不同类型的引文重要性及其可加性等。因此，对于引文的衍生指标和数据不可滥用或过度解读，正如加菲尔德博士本人所告诫的：“我们总是应该强调，当使用引文数据来评价任何事物时，对引文数据的解释一定要小心，清醒地认识其局限。例如，不同学科之间与同一学科之内，作者数与期刊数会有很大差别，作者与刊物的引用水平与引用率也随之不同，像植物学和数学这些较小的领域产生的论文数与引文数往往比不上生物技术与遗传学这样的学科。另外，对于某些领域，也许需要 10 年甚至更长的时间，一篇论文的被引次数才会显现。而对于其他研究领域，被引频次在论文发表之后短短几年之内就达到高峰”[357]。国内学者叶继元也表示：“引文是科学对话的一种方法，是作者认为对其研究有用的资料，并不是专门对研究质量的评价”[358]。

首先，就期刊影响因子而言，虽然其长期被用于科研评价，但由此产生的争议也最多。一方面，期刊影响因子有效地将论文数量、发表时间和被引频次三个基本要素进行综合，可以总体上了解某一期刊及其刊载论文的客观被关注程度，进而通过评价指标值的大小来初步判断该刊发表论文的扩散传播情况。另一方面，受少数高被引论文的影响，期刊影响因子的高低并不能准确地反映期刊影响力大小[359]。同时，期刊影响因子还存在其他的一些问题，如易被人为操纵、统计错误、可供计算的文献类型局限性、不能跨学科比较、期刊源标准问题等。此外，影响因子建立在以“所有引文重要性等价”为假设的基础上，实际上也是存在问题的，如在总被引频次相等的情况下，被 *Nature* 等高影响力期刊引用的论文的影响力一般大于只被一些低水平期刊引用的论文[360]。

其次，基于引文的研究成果影响力测度还存在其他的一些局限。以引文产生的时滞性为例，通常情况下，论文的引用周期为 2～3 年，即每篇论文在其发表后的 2～3 年才会达到引用高峰，但也存在显著的学科领域差异。相对于自然科学领域而言，工程学、社会科学、人文艺术科学等学科的引文活动相对较少，引文周期较长，引文分析的样本数据也较为缺乏。这一现象在 WoS[361]和 Scopus[362]数据库中均得到了证实。

Bornmann 和 Daniel 进一步指出，科研人员的引文习惯同样影响引文质量，进而影响到引文分析在学术评价中的作用[363]；Gorraiz 等认为引文只能表征一个研究课题的受众程度，并不能完全等同于学术成果或学术期刊的影响力[364]；我国学者杨思洛认为引文分析存在着片面性与计数不合理性，国内大量的学者依赖于引文分析，刻意引用影响了文献及期刊评价的客观性[365]。

更为重要的是，以往关于交叉科学与引文影响的研究表明，论文的学科交叉度与引文影响之间的关系并非正相关或负相关，不同学科领域之间存在很大的差异[99]。相比传统的单学科研究而言，交叉科学研究常被认为具有较大的创新性，政府和公众对其科研产出结果也往往寄予了更高的期望。但与传统的单学科研究相比，交叉科学的引文影响呈现出了更加多样和复杂的特点。因此，单一的引文计量并不能全面、客观地对交叉科学研究成果的影响进行评价，需要引入新的计量方式对其进行补充。

5.2 交叉科学的社会影响

全球化和知识经济社会背景下，在科学由公共财政资助的前提下，政府和社会公众对科学增强国家竞争力的期望值不断提高[366]，明确要求研究成果对经济社会作贡献，这既是政府和社会对科学的期望，也是科学承担社会责任的表现之一。Friesike 等 2018 年发表在 *Nature* 上的文章也指出，社会影响应该是科研评价的一个重要组成部分[367]。Evans 的研究则肯定了社会影响对相关政策的指导意义[368]。科研成果的社会影响力逐渐成为众多国家科学政策的重要考虑因素和目标取向，英国、比利时、法国、意大利、澳大利亚、新西兰等国先后进行科研成果的社会影响力评价[369]。在英国卓越研究框架（Research Excellence Framework, REF）的三个评估维度中，研究主体的社会影响力占 20%（其余为科研产出占 60%，科研环境占 20%）[370]。

在我国建设创新型国家的过程中，研究成果的社会影响力也毋庸置疑地被摆在了更加重要的位置。2016 年的“科技创新大会”上，习近平总书记强调“要改革科技评价制度，建立以科技创新质量、贡献、绩效为导向的分类评价体系，正确评价科技创新成果的科学价值、技术价值、经济价值、社会价值、文化价值”。这表明了政府和社会对研究成果多维度影响力（包括社会影响力）的认可与重视，也意味着研究成果的社会影响力评价是科技评价的重要内容之一。在这种形势下，如何认识和理解研究成果的社会影响力评价已经成为相关科研人员和科技管理部门面临的重要问题。

在科学研究活动中，将两种或两种以上不同学科间的概念、理论、方法等相互借鉴，融合不同学科的研究范式，可以推动以往被专业学科所忽视领域的研究，打破专业化的垄断现象，增加各学科之间的交流，最终达到促进社会复杂问题解决的目的。从社会影响力视角对交叉科学研究成果进行相关的影响评价，有助于政府和科研人员更加全面地了解交叉科学研究的重要作用和功能，进而为相关科技政策的制定、科研资源的分配提供参考。

1. 宏观社会影响

自 20 世纪 90 年代以来，科研成果的研究评价范围已经扩展到对社会、文化、环境、公共资源等多方面的经济回报衡量[371, 372]。英国作为欧洲率先实施高等教育评估的国家，其科研评估制度有着悠久的历史。在 2014 年完成的科研卓越框架评价中，英国首次尝试在科研评价体系中引入研究成果社会影响力评价，并将社会影响力定义为对社会经济、文化、公共政策或服务、健康、环境、生活质量等超越学术界的影响与改变[373]。其中还列举了可以视为影响力的案例，包括但不限于任何地理位置（无论是本地、某个地区、国家还是国际上）的受众、受益人、群体、选区、机构或个人在活动、态度、认知、行动能力、机遇、表现、政策、实践、过程或理解方面产生的效果、改变或收益，也包括减少或防止伤害、风险、成本或其他负面影响。

从科技发展和满足国家需求角度看，未来在全球范围内开展研究成果的社会影响力评价势在必行。但由于社会影响力评价的理论问题和技术难度，使其在实际应用过程中不可避免地遇到挑战。相对于科研成果的引文影响力评价，科研成果的社会影响力评价仍处于起步阶段，目前尚未形成用于社会影响力评价的一般方法[374, 375]。也正因此，"案例分析"方法被较为广泛地应用于研究成果的社会影响力评价中[376]，尽管这种方法需要耗费较多的人力等资源，但目前仍受到学术界和社会的广泛认可[377]。

随着 Web 2.0 与 Science 2.0 的发展，科研人员查阅和发表论文的方式发生了革命性的变化。社交网络平台上出现了越来越多的学术声音，科研实验室、团队和个人通过社交网络平台第一时间报道相关研究成果，讨论热门研究问题或观点，社会公众对于科技发展的关注度越来越高。与此同时，在用户检索电子出版物时，系统会记录用户检索的内容、时间、地点等。尽管用户潜在的心理活动，如检索意图等无法被系统记录，但有研究人员提出，通过利用用户论文下载数据的详细内容可以探测其目前正在从事的研究工作[378]。在此情形下，科研成果在网络媒体上的报道、讨论等数据为社会影响力的测度提供了可行的切入点和数据支撑[379]。由于网络数据并不能完全反映社会影响力的全部内容，因此本书将其称为网络社会影响。

2. 网络社会影响

随着在线社交媒体技术的发展，传统的引文评价体系已无法满足网络环境和大数据背景下产生的论文社会影响力评价。2010 年，Priem 和 Hemminger 率先提出补充计量学（altmetrics）的概念，尝试从网络和社交媒体中广泛存在的个人（学术）博客、微博、链接、标注、推介、引用等信息交流数据来衡量和计算研究成果的影响力和效果，作为对传统计量指标的补充和完善，补充计量学旨在推动科研成果评价向侧重论文在网络环境中的使用、交流活动的方向发展，甚至以网络链接和网络评价的方式代替同行评议[380]。补充计量学提出的主要目标是解决网络学术交流环境中科研成果价值与影响力的快速评价问题，该方法一经提出，便引起了学术界的巨大反响，随即引发了计量学领域近年来最为关注的研究热点。

基于网络的学术交流不同于传统以同行评议为基础的学术交流机制，便捷的网络工具使得学术交流具有充分的灵活性，转发、评论等方式体现出巨大的学术传播潜力，科研成果的影响力评价不再完全依赖基于引文的评价。此外，网络背景下，学术评价的对象来源更加广泛，包括学术界、工业界、社会大众等；学术交流行为更加多样，包括点击、下载、浏览、评论、推介、链接等；对这些网络行为数据进行计量分析，可以更加快速地反映科研成果的影响贡献，同时也使得分析对象超越了传统的科研产出范畴[381]。

随着学者们的不断探索与完善，目前针对科研成果的影响力评价已经形成了“学术影响力+社会影响力”的二维影响力框架，并在论文影响力评价中发挥了重要作用。

5.2.1 交叉科学社会影响的相关研究

在社会影响力的相关研究中，Upton 等认为科研成果的社会影响力是一个知识转移与转化的过程，并主张从科学研究社会影响力的产生过程、条件、要素角度对其进行评价[382]。根据社会影响力波及的主体和类型，不少科研评价体系将其划分为经济、社会、文化、环境等若干测评维度，分别构建相应评价指标，从而进行综合评价，如澳大利亚研究质量框架、欧盟大学研究评估框架、英国卓越研究框架等。假定科学研究社会影响力产生需要经过资源投入、研发活动展开、研究成果产生、研究影响力形成等关键活动的递推转化，则其社会影响力评价要素包括资源、活动、产出、波及群体、相关的外部影响等[378]。此外，Buxton 和 Hanney 提出了一种关于科学研究收益、影响力评估与测量的多维分析模型[383]，其理论基础是将科学研究的社会影响力看作一个结果，通过对不同阶段不同影响力类型与载体的评估来对其进行总体评价。该模型主要分为两个部分：第一部分展示了研究成果从研究主体流向社会的过程，包括研究主题识别、研究投入、研究展开、直接研究成果、间接研究成果、研究成果被利益相关者采用、社会影响力产生七个阶段和项目申请与筛选、研究成果传播两个关键转折点；第二部分则细化展示科学研究影响力，包括学术产出、未来研究和能力建设、政策服务与产品开发能力、部门收益以及更为广泛的经济收益五个方面。该多维分析模型可以与案例分析法、文献计量法、数据调研等多种评估方法兼容，能够对不同资助形式、不同研究类型、不同时间段的研究进行比较，同时也是进行研究资金收益评估的基础模型。但该模型在实际操作层面面临着诸多挑战，例如，运用案例分析方法进行评价时需要大量资源投入以及很难追踪到科学研究更为广泛的经济、社会影响力等[383,385]。

而在网络背景下，由于数据的即时性与可获取性，很多国内外学者就论文的网络数据展开了一系列的研究。其中讨论较多的是论文被引频次与下载量之间的关系[386, 387]。Guerrero-Bote 和 Moya-Anegón 分别在期刊和单篇论文层面对此进行了分析，并进一步分析了不同语种对二者关系的影响[388]。Vaughan 等学者比较了不同学科之间使用数据与引文数据二者关系的差异情况[389]。Bornmann 将 PLoS 发表的期刊论文与 F1000 数据结合，验证了补充计量数据在研究成果社会影响评价中的有效性[390]。国内学者何星星和武夷山利用 *PLoS Biology* 的数据，对基于文献使用数据定量评价单篇学术论文的方法进行了实证研究[391]。王贤文等以 *PLoS Computational Biology* 发表的 46 篇论文作为跟踪对象，监测其在发表后 5 个月到 2 年 4 个月之间的引用数据、社交媒体数据和使用数据变化情况，指出了各计量指标在论文发表后不同时间段的差异，并在此基础上构建了动态、综合的单篇论文评价体系[392]。

由于交叉科学研究的前沿性与创新性，已有许多研究证实了学科交叉程度对短期引文影响的负向相关作用[331, 393]，而网络数据的产生则可以在论文发表后的很短时间内得到比较迅速的影响力反馈，刚好弥补了引文数据产生的时间滞后性这一缺陷。但在目前的相关研究中，尚未见到从网络数据等社会影响的角度来探索交叉科学成果影响力的情况。

交叉科学研究为诸如气候变化、能源短缺以及突发性灾难等一系列重大科学问题的解决提供了单一学科无法超越的手段与方法，对交叉科学研究成果从社会影响的视角进行相关评价研究，有助于相关人员更好地把握交叉科学研究的社会功能，促进科学与社会的互动，引导科技成果产生社会影响力，更好地为经济、社会作贡献。

5.2.2 交叉科学社会影响的数据来源

随着科学研究成果在社交网络中的不断扩散，各学术出版商与相关公司紧跟趋势，围绕相关科研成果构建了一系列包含网络数据影响力评价功能的多样化数据平台[394]。2009 年，PLoS 开始在其官方网站（https://www.plos.org）上提供单篇论文层次的计量指标，包括基于 PLoS 和 PubMed Central（PMC）的浏览量和下载量的使用数据，从 PubMed Central、Scopus、CrossRef 和 WoS 获得的引用数据以及社会网络链接、相关新闻报道、评论和读者评级等，为科技论文的评价提供了更多可以考虑的因素[395]。同时，越来越多的出版商选择向公众开放使用数据，其中包括知名的出版商 Frontiers、IEEE Xplore、Nature 等。此外，相关的网络数据集成平台也陆续建立，如 Altmetrics、PlumX Metrics、Dimensions 等。

1. 主要学术出版商

1）PLoS

PLoS 是一个非营利的开放获取（open access）科学出版项目，旨在根据开放内容许可证创建一个开放获取期刊和其他科学文献的图书馆。该出版商于 2003 年 10 月推出了第一本期刊 *PLoS Biology*，截至目前共计出版 *PLoS ONE*、*PLoS Biology*、*PLoS Medicine*、*PLoS Computational Biology*、*PLoS Genetics*、*PLoS Pathogens*、*PLoS Neglected Tropical Diseases* 七种期刊。依据其自身作为开放出版商的特点，PLoS 对每一种期刊下的每一篇文献均建立了基于论文级别的计量评价指标体系，包括使用影响力、引用影响力、社交网络影响力、博客媒体影响力和 PLoS 影响力五个方面。具体内容如图 5-3 所示。

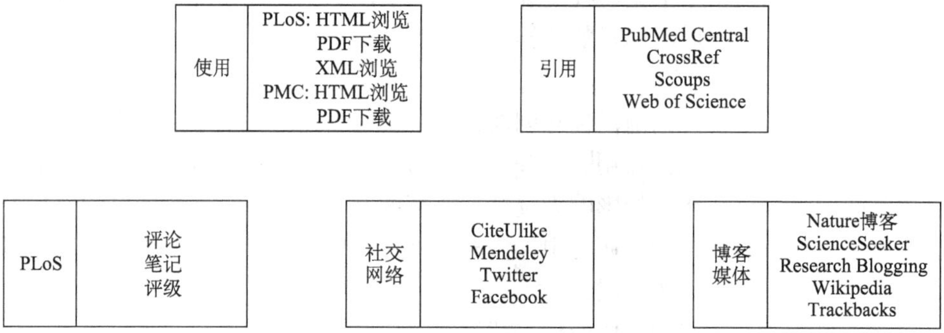

图 5-3　PLoS 单篇论文层次计量及其内容[396]

以论文 DOI=10.1371/journal.pone.0174205 为例，其相关计量指标如图 5-4 所示。从图中可以看出，页面左上角系统显示了保存（Save）、引用（Citation）、浏览（View）、分享（Share）四类的数据情况，并提供自论文发表之日起每个月的使用数据信息。

2）Frontiers

Frontiers（https://www.frontiersin.org）是国际上领先的开放存取出版商和开放科学平台，由瑞士洛桑联邦理工学院（法语：École Polytechnique Fédérale de

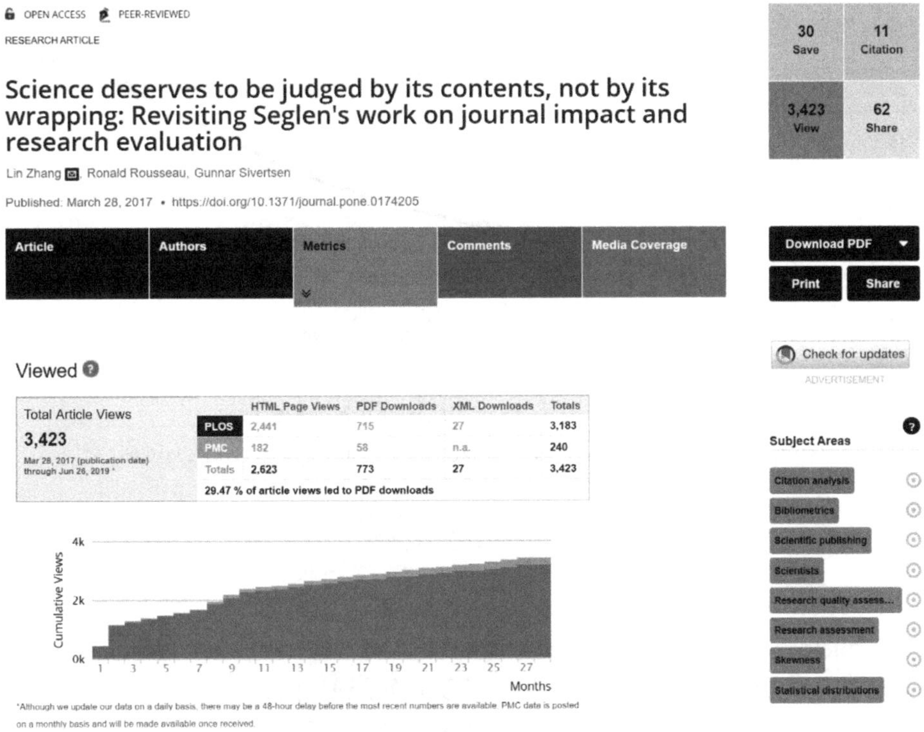

图 5-4　PLoS 提供的单篇论文层次计量指标

图片来源：https://journals.plos.org/plosone/article/metrics?id=10.1371/journal.pone.0174205（2019-06-26）

Lausanne, EPFL）的两位神经科学家 Henry Markram 和 Kamila Markram 于 2007 年创立。目前已发展成为世界最大的 5 家开放获取出版公司之一[396]，并于 2014 年获得 ALPSP 出版创新金奖。2013 年，Frontiers 与 Nature 出版集团达成合作，共同通过开放获取等手段进一步促进开放科学的发展。截至目前，Frontiers 共计发表开放获取论文超过 10 万篇，浏览和下载次数已超过 5 亿次。Frontiers 出版社发表的每一篇论文都提供了论文的 html 网页浏览和 pdf 下载信息以及论文读者的位置信息，并且数据内容每天更新。以论文 DOI=10.3389/fnagi.2010.00012 为例，其发表以来的网页浏览数据如图 5-5 所示。从左上角的选项可以看到，Frontiers 提供有自文章发表以来、近 12 个月（1 年）和近 30 天三种形式的浏览或下载情况。此外，Frontiers 还提供有对应的读者位置信息，并在地图上进行了详细的展示，点击“Demographics”按钮即可查看。

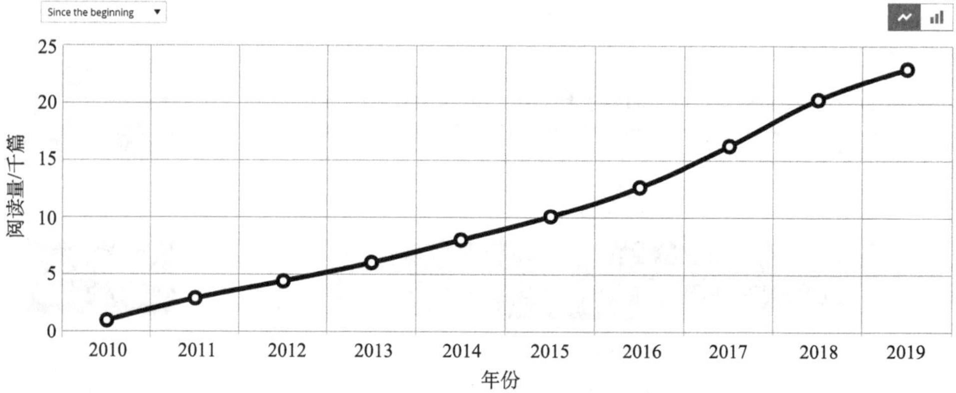

图 5-5 Frontiers 提供的单篇论文阅读量数据

图片来源：http://loop-impact.frontiersin.org/impact/article/1224#totalviews/views（2019-06-26）

2. 相关数据平台

1）Altmetrics

Altmetrics（https://www.altmetric.com）网站于 2011 年成立，总部位于英国伦敦。该数据平台致力于开发补充计量工具及服务，通过跟踪学术研究的网上活动，根据相应的评价指标对文章给出评分。其数据来源主要如下。

（1）政策文件：来自政府或非政府组织的政策、指南或指导方针文件。

（2）主控媒体：Altmetric 网站上的新闻来源网页目前已扩展至超过 2700 个英文和非英文的全球新闻媒体。

（3）博客：可通过 RSS 反馈自动追踪超过 11 000 个学术和非学术的博客。

（4）在线参考文献管理软件：Mendeley、CiteULike 等。

（5）已发表文章的同行评审论坛：PubPeer、Publons 等。

（6）社交媒体：Twitter、Facebook、Google+、Reddit 等。

（7）专利引用：可以追踪来自全球 9 个专利知识产权局的专利引用。

（8）其他在线资源：Wikipedia、Sites running Stack Exchange（Q&A）、F1000、YouTube 等。

以论文 DOI=10.1371/journal.pone.0174205 为例，其 Altmetrics 页面如图 5-6 所示。从图中可以看出，页面左侧为 Altmetrics 得分及相关网络数据值；右侧显示有具体的论文信息，下拉可以进一步获取网络数据的国家和相关使用人员分布情况。

需要指出的是，由于 Altmetrics 是近些年来网络发展的产物，对于年代较为久远的科研成果，可能没有太多的 Altmetrics 活动，但这并不意味着该成果没有被大量使用、阅读和共享。

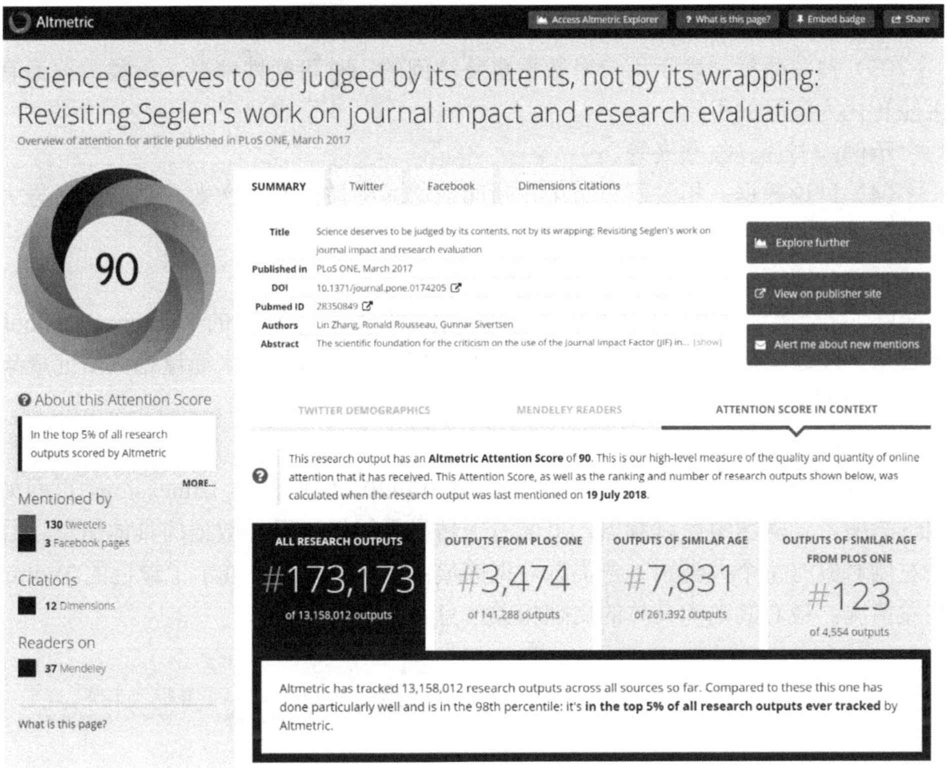

图 5-6　Altmetrics 提供的单篇论文层次计量指标

图片来源：https://dimensions.altmetric.com/details/18236685（2019-06-26）

2）PlumX Metrics

PlumX Metrics（https://plumanalytics.com）是 Plum Analytics 公司于 2012 年建立的开放数据平台，旨在为科研人员及相关机构提供现代化的影响力研究数据与方法。该平台于 2014 年被 EBSCO 公司收购，并于 2017 年加入爱思唯尔（Elsevier）集团。

PlumX Metrics 集成了各类研究成果（文献、会议、书籍章节等）的在线网络数据，并将评价指标系统地划分为五类：引用（citations）、使用（usage）、获取（captures）、讨论（mentions）和社交媒体（social media），具体介绍如下：

（1）引用数据：该平台提供的引文数据在涵盖传统的 WoS、Scopus 引文外，还包括有助于表明社会影响的引用情况，如临床或政策引用。

示例：论文引用、专利引用、临床引用、政策引用等。

（2）使用数据：以访问或下载的形式使用某项成果的数据。它也是继引文之后最为科研人员所关注的影响力评价指标。

示例：点击、下载、浏览、馆藏、视频播放等。

（3）捕获数据：表示用户对数据重复访问的一种可能性情况，该类数据最有可能转化为实际的引用。

示例：书签、收藏夹等。

（4）讨论数据：相关研究成果在新闻或博客中被提及的次数，是一种引导大众参与该项研究的方式。

示例：博客、维基百科、新闻媒体等。

（5）社交媒体数据：该类数据主要指与相关研究成果相关的 Twitter、Facebook 等数据，反映了研究成果在大众中的受关注程度，也可以用来衡量相关研究成果的推广程度。

示例：分享、点赞、评论等。

同样以论文 DOI=10.1371/journal.pone.0174205 为例，其 Dimensions 页面如图 5-7 所示。从图中可以看出，页面右上角显示了以上五类数据的具体信息，且在左侧对应有每个大类别下各类源数据的值；页面中间部分展示了最近的 Twitter 转发情况；最右侧则为具体的文献相关信息。

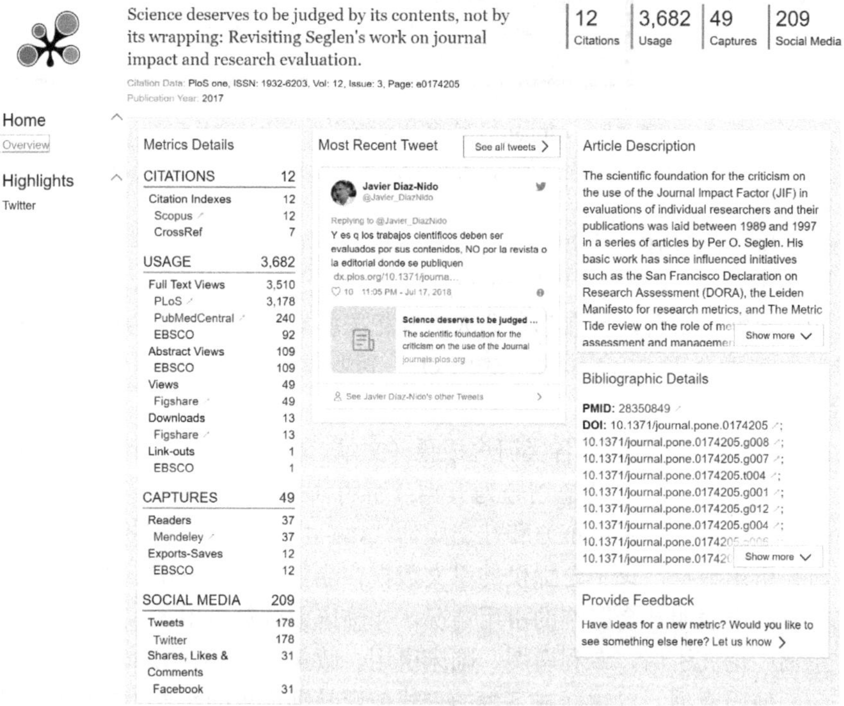

图 5-7　PlumX Metrics 提供的单篇论文层次计量指标

图片来源：https://plu.mx/plum/a/?doi=10.1371/journal.pone.0174205&display-tab=summary-content（2019-06-26）

3）Dimensions

Dimensions（https://www.dimensions.ai）是 Digital Science 公司于 2018 年 1 月 15 日推出的开放关联数据平台。该平台集成多个数据源，为科研人员提供了丰富的学术资源，包括期刊、图书、基金、专利、临床试验和政策文档，并实现了超过 9000 万份文章和图书的全文索引。此外，该平台通过改进相关算法，实现了单篇文章的学科类别划分。

在研究成果的评价方面，该平台与多个数据库建立了合作关系，提取了更加全面的评价指标数据，包括学术指标（引用）和 Altmetric 影响力指标，且用户均可免费获取。

以论文 DOI=10.1016/j.cell.2013.05.039 为例，相关 Dimensions 页面如图 5-8 所示。从图中可以看出，该网站在提供论文的基本信息及相关引文指标的同时，用户也可以获取到其对应的 Altmetrics 相关指标情况。

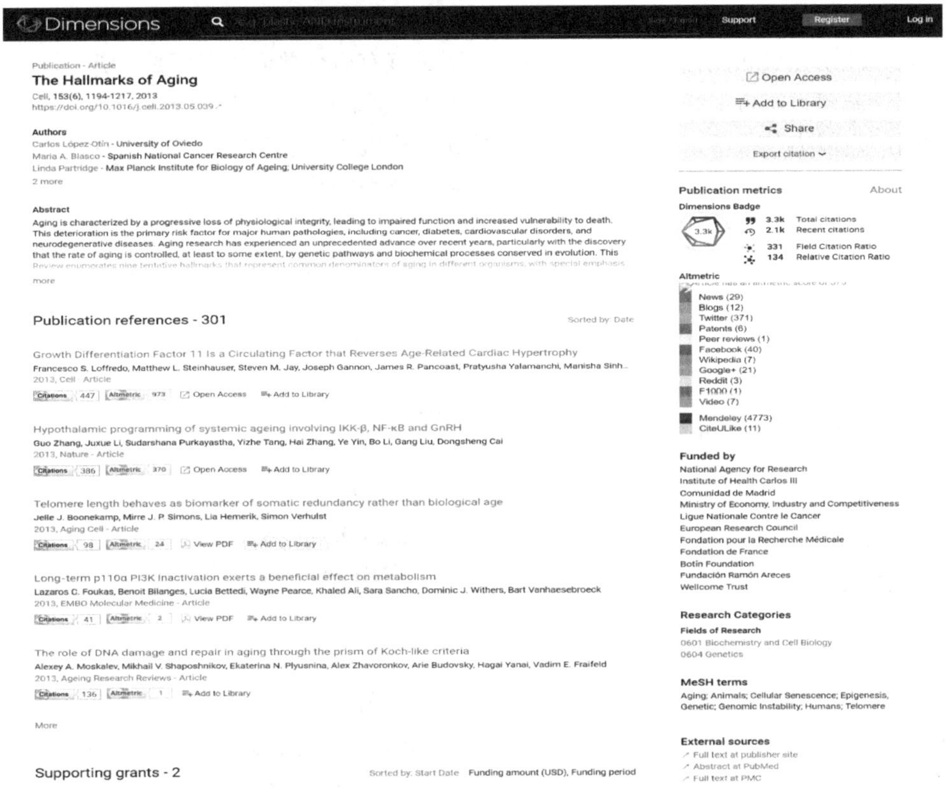

图 5-8 Dimensions 提供的单篇论文层次计量指标

图片来源：https://app.dimensions.ai/details/publication/pub.1041626640（2019-06-26）

在具体的数据获取方面，Altmetrics、PlumX Metrics、Dimensions 都提供了专门的 API 应用数据接口，可供用户根据自身的具体需求来较为轻松地在系统内获取相关数据。

5.2.3 交叉科学社会影响的计量指标

1. 宏观社会影响计量指标

由于科学研究社会影响力评价的复杂性与困难性，国内外学者对此进行了大量研究，开发出多种评价指标体系，根据评价指标体系的侧重点，可以将相关指标大致概括为以下两个维度。

1）产生条件维度指标

社会影响力产生条件维度评价理论认为，产生与传播高质量的研究成果是研究机构社会影响力形成的重要前提[379, 397]。该维度下的评价指标具体细分为研究成果的产生条件类、具体载体类和传播类三种。其中，科研成果产生条件类指标重点关注研究单元的创新能力与素质，主要维度有研究单元人员组成、资金投入、基础设施建设等方面[398]；科研成果的具体载体类指标重点关注研究单元知识和技术的产出能力和效率，主要维度有研究单元的出版物、知识产品和服务及技术等；科研成果的传播主要关注其在人际、组织及大众中的传播状况[399]。将研究对象限定为具体的科研产出时，其社会影响力评价则主要关注在传播层面，常见的评价指标及其优缺点具体如表 5-1 所示。

表 5-1 科研成果社会影响力评价指标及其优缺点

指标	可行性	不足
与利益相关者的亲密度	衡量科研成果的人际传播能力	存在偏性问题；精确性缺乏
举行/参加会议、学术交流与培训等情况	衡量科研成果的组织传播能力	存在偏性问题；指标与影响力的相关性仍需验证
网络资源丰富程度/社交媒体利用情况	衡量研究成果的大众传播程度	各种补充计量指标内涵不清晰，补充计量指标使用的科学性有待进一步验证

2）结果呈现维度指标

科学研究社会影响力结果呈现层面的评价指标主要从具体结果的角度来考查与评价科学研究带来的经济、政策、文化等社会影响。经济影响是指科学研究对经济资本的贡献，关注的方面为节约成本、税收、建立公司、效率提升、市场拓展等，常见指标有成本降低程度/收入及盈利水平、人力资本贡献/企业家活动[375, 400]、研究单元的专利授权量等[401]；政策影响是指科学研究对社会政策的贡献，关注方面为科学研究对政策制定过程及内容的影响等，常见指标有研究成果的政策引用量[402]、研究机构获得政府基金资助额度等[403]；文化影响力是指科学研究对文化资本的贡献，关注方面为加深人们关于其他社会和文化的了解、保护并丰富文化，常见指标有研究机构出版科普书籍/网络出版物/演讲或培训的数量、公共研发投资[372]、获得的社会奖项等[404]。结果呈现层面的评价指标虽然能够评估科学研究更为广泛的社会影响力，但却存在时滞性、学科归属不明、数据收集不易等方面的问题。

2. 网络社会影响计量指标

以补充计量学为主的网络指标为交叉科学研究成果的社会影响力评价提供了一定程度的数据支撑，常用来测度研究成果的社会影响力情况。与引文数据不同，网络数据等社会影响内容没有统一的计量标准，但总体而言，不同的数据源主要将数据划分为以下三种类型。

1）使用影响力

使用影响力指的是某时期内特定研究单元发表的论文，在网络上被在线阅读或者下载产生的一类数据。目前不少刊物都有网络版，开放获取刊物还提供其论文的在线阅读次数和下载次数的统计数据。与被引频次相比，使用次数作为计量指标更具有时效性。Wang 等学者通过对 Springer 平台使用数据的全天候记录研究发现，科研成果的下载次数一般在其网络预印本发表之后就会即时产生，在论文发表两年后达到顶峰，且前两年的累计下载量可以达到总累计下载量的一半[405]。

2）推介影响力

推介影响力指的是研究成果在网络中被博客、新闻媒体等广泛提及和转载产生的一类数据，可有效扩宽研究成果的影响范围。Shuai 等学者通过对论文在 Twitter 和 arXiv 上被转发次数与被引频次的相关性分析发现，社交媒体中的提及与转载次数有效提升了研究成果在社会媒体中的可见度[406]。

3）讨论影响力

讨论影响力指的是研究成果在网络上接受大众的评价，达到学术交流目的而产生的一类数据，主要通过同行和社交网络中的相关讨论来展示研究成果的影响力。由于社交媒体在论文发表后反应迅速，相关的网络评论会引起更多学者的兴趣，进而产生较高的下载量[406]。

5.2.4 交叉科学社会影响研究的局限

总体而言，国内外对于科研成果社会影响力的内涵、形成机理、理论模型、评价维度等定性化建构已经日趋完善，但可操作化的评价指标体系和定量化的测度研究仍需加强。在科研成果社会影响力的评估操作层面最常采用的方法是案例分析法和主观评价法，但这两种方法均面临较大的瓶颈：案例研究的结论具有特殊性，一般难以推广；同行主观评价法需要耗费大量的人力、时间和精力，并且评价结果具有相对较强的主观性。虽然一些学者和机构也进行了科学研究社会影响力定量化评价方法的尝试，但多数研究都是基于简单的数量比较，如专利转化率、科学论文专利引用率等，缺乏多维度的综合方法探索。而对于新兴的补充计量评价指标而言，其在实践应用层面仍面临着覆盖率低、有偏、异质等问题[407]。

科学研究社会影响力的产生模式及种类非常之多，而对其全面的研究仍处于起步阶段，已经形成或储存的可以使用的现有数据十分有限，获取全面的高质量数据是当下科学研究社会影响力评价面临的一项重要挑战。当前用于科学研究社会影响力评价的数据主要包括调研数据、专利数据、文献数据、网络数据等。就调研数据而言，虽然对利益相关者的调研能够获得科学研究社会影响力评价的一手数据，但存在主观性强、成本高、实施困难等问题；专利数据和文献数据相对比较丰富，但各国存在较为明显的学科分布差异问题，不容易进行广泛的国际比较；互联网数据包含丰富的信息资源，能够为评价提供时效性较强的信息，但在以博客、社交网络、基于位置的服务、云计算、物联网等为特征的大数据时代，网络数据具有来源多样性、增长剧烈性、规模庞大性、价值时效性与关联性等特征，相关理论和方法尚未形成体系，发展速度远不及社交媒体。此外，网络数据在可信度、规范性、重复检验、把握用户的行为动机方面存在诸多问题，数据也相对缺乏规范的分析标准和可解释性。如何快速、有效、科学地获取与处理网络数据，进行规范的分析并提炼有价值的信息将成为今后的研究重点之一。

5.3 交叉科学影响力的实证研究：以 *PLoS ONE* 为例

交叉科学研究在科学发展的过程中发挥着重要的作用，并产生了许多突破性的科学成果，交叉科学与引文影响的关系也受到了国内外学者的广泛关注。然而，由于交叉科学研究的复杂性，现有的相关研究中，关于学科交叉程度对研究成果的影响力作用并未得出一致的结论[94, 106]。本节在传统引文分析的基础上，尝试以 PLoS 官方平台上的动态使用数据（html 浏览、xml 下载及 pdf 下载）作为补充，从而更加综合、动态地测度交叉科学研究成果的影响力。

5.3.1 数据检索与获取

结合第 4 章的交叉科学成果测度案例，本节继续以 *PLoS ONE* 为例，尝试从引用数据和 PLoS 平台的网络使用数据双重视角下来测度交叉科学研究成果的影响力情况。虽然 PLoS 官方平台上提供了诸多相关的网络影响指标，但从数据的可获取情况来看，只有 html 格式网页浏览量、pdf 格式下载量和 xml 格式下载量三种数据格式可以获取到论文自发表以来的动态变化情况，适合本节关于影响力的动态评价研究，最终选择上述三者数据之和来作为使用数据。详细的影响力数据获取和处理流程如图 5-9 所示。

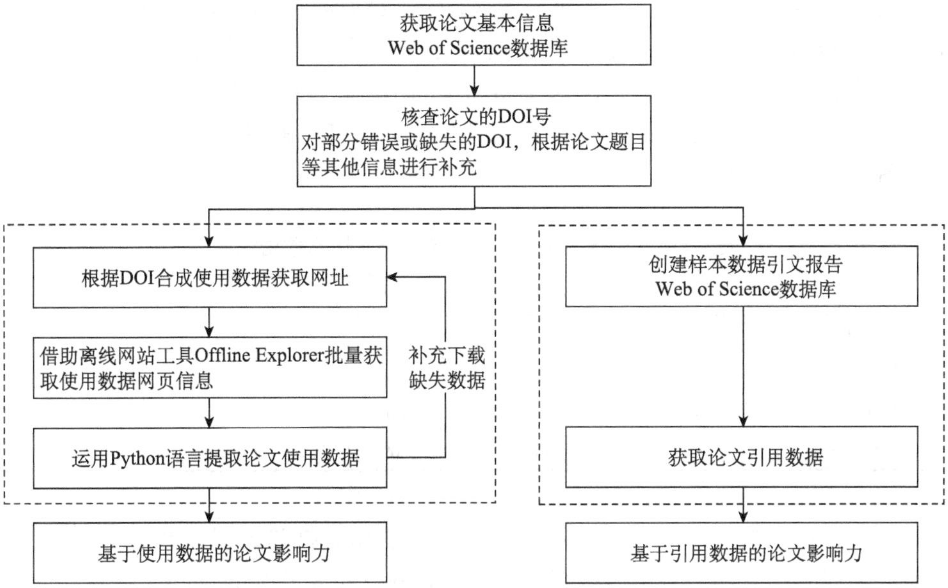

图 5-9　使用数据和引用数据获取流程

在使用数据获取方面，首先根据 WoS 数据平台下载的论文 DOI 数据，构建使用数据的下载链接（以 DOI=10.1371/journal.pone.0014546 为例，其对应的下载数据获取网址为：http://alm.plos.org/api/v3/articles?ids=10.1371/journal.pone. 0014546&source=pmc,counter,relativemetric,figshare&info=event）；进而运用离线下载工具 Offline Explorer 获取每篇文章的使用数据情况；最后通过 Python 机器语言提取了最终的使用数据信息。

考虑到不同年份发表的论文，其学科交叉水平与使用数据、引用数据的产生环境均有所差异，因此本节选取 2011 年发表在 *PLoS ONE* 上文献类型为 article 的期刊论文数据，对应的使用数据与引用数据的时间窗口截止到 2018 年，具体的数据获取时间为 2019 年 1 月 20 日。经过数据的清洗和预处理，最终共计获取有效分析数据 13 535 条。

在具体的学科测度指标选取方面，结合第 4 章的主要内容，本节主要采用了三个单一维度（丰富度（variety）、均匀度（balance）和差异度（disparity））的测度指标及综合学科交叉测度指标 TD（true diversity），具体计算公式参考表 4-1。

5.3.2　影响力数据分析

利用 Stata 15.1 软件对样本数据的学科交叉度指标测度结果进行基本特征的

统计，具体结果如表 5-2 所示。样本数据的篇均参考文献学科数目为 13.64，最大参考文献学科数目为 39。进一步研究发现，该论文“*Identification of novel functional inhibitors of acid sphingomyelinase*”由来自 5 个机构的 13 位作者共同合作完成，首次发现并验证了酸性鞘磷脂酶医学用药中的抑制功能[408]，其引用的 132 篇参考文献涉及生物化学与分子生物学、计算机跨学科应用、概率与统计、环境与职业健康等多个学科领域。

表 5-2　基于单篇学术论文的学科交叉指标数据统计

维度	平均值	中位数	最大值	最小值	标准差
丰富度	13.640	13.000	39.000	1.000	4.766
均匀度	0.486	0.478	1.000	0.000	0.113
差异度	0.974	0.976	1.000	0.000	0.029
综合学科交叉度	5.360	5.130	17.092	1.000	1.944

样本数据在发表之后的 8 年时间中对应的引用数据与使用数据情况如表 5-3 所示。可以看出，随着论文发表时间的增加，论文的引用数据整体上呈现出先上升后下降的趋势，而使用数据则随着论文发表时间的累积逐年下降。其中，第 7 年的使用数据较第 6 年有明显的上升，通过对数据的深入分析发现，这主要是由于少部分极值导致的；从最大值可以看出，该年份使用数据的最大值是其他年份的 2 倍多。此外，引用数据的标准差逐年增大，表明了引用数据之间的离散程度逐渐增加。

表 5-3　样本数据动态影响力数据情况

数据类型	时序	平均值	中位数	最小值	最大值	标准差
引用数据	第 1 年	0.47	0	0	25	1.11
	第 2 年	3.23	2	0	98	3.83
	第 3 年	4.49	3	0	156	5.07
	第 4 年	4.60	3	0	203	5.61
	第 5 年	4.43	3	0	263	6.34
	第 6 年	4.21	3	0	344	6.88
	第 7 年	4.01	2	0	376	7.12
	第 8 年	3.64	2	0	398	7.29
使用数据	第 1 年	823.60	632	89	43770	1072.69
	第 2 年	812.12	618	75	46096	943.38
	第 3 年	727.24	530	115	31495	843.50
	第 4 年	726.53	512	87	42686	1011.48

续表

数据类型	时序	平均值	中位数	最小值	最大值	标准差
使用数据	第 5 年	532.63	385	75	60875	944.95
	第 6 年	524.73	366	106	92339	1136.11
	第 7 年	611.40	357	91	191482	2136.71
	第 8 年	301.87	168	24	84895	1127.13

按照总引文数据的高低，可以将不同年份发表的论文划分为高引用（Top 1/2）与低引用（Bottom 1/2）两组，并对高、低两组数据分别从参考文献学科数目和综合学科交叉程度两个方面对相应的论文分布情况进行展示，结果如图 5-10（a）和图 5-10（c）所示。同理，高、低使用数据中对应的不同学科交叉度论文分布情况如图 5-10（b）和图 5-10（d）所示。从图 5-10 中可以看出，以横坐标参考文献的学科数目为 12 或综合学科交叉程度为 5 为分界线，图 5-10（a）和图 5-10（c）中高引用和高使用组对应的论文（圆形图标）占比要明显低于低引用和低使用组（三角形图标）组对应的论文占比；图 5-10（b）和图 5-10（d）中，具有较高影响力数据的一组论文（圆形图标）对应的学科交叉程度要相对高于影响力较低的一组论文（三角形图标）。

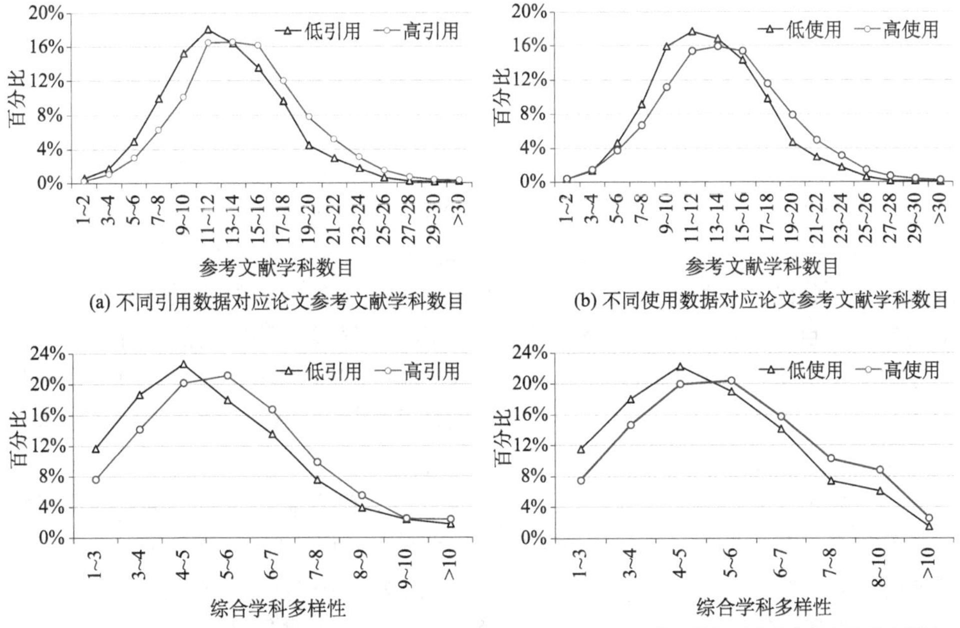

(a) 不同引用数据对应论文参考文献学科数目
(b) 不同使用数据对应论文参考文献学科数目
(c) 不同引用数据对应论文综合学科多样性
(d) 不同使用数据对应论文综合学科多样性

图 5-10 不同影响力论文对应的学科交叉度分布情况

5.3.3 学科交叉程度对影响力作用的实证研究

为了进一步了解科研成果的学科交叉程度对其引文数据与使用数据的具体影响，本节尝试构建影响力与学科交叉程度之间的回归模型。

1. 变量分析与选取

1）被解释变量——影响力数据

综合采用论文的引用数据（TC_8）和使用数据（TU_8）来全面地衡量交叉科学研究成果的影响力，对应的时间窗口为 8 年（2011～2018 年）。

2）解释变量——学科交叉度指标

能够引起论文获得更大引用或下载等影响力的因素有很多，鉴于本节主要研究学科交叉程度对交叉科学研究成果的影响力作用，基于第 4 章的介绍，本节主要选取以下指标作为解释变量：学科数目丰富度（variety）、学科分布均匀度（balance）、学科距离差异度（disparity）、综合学科交叉度（TD）。

3）控制变量

为了更好地测度参考文献的学科交叉程度对交叉科学研究成果影响力的作用，消除其他变量的干扰，在参考相关文献的基础上，选取以下指标作为解释变量。

（1）作者数目（N_Authors）："论文的作者数目越多，被引频次越高"已经成为学者们的一种直觉印象或研究假设[409]。Gazni 和 Didegah 分析发现，哈佛大学 2000～2009 年发表的 SCIE 收录论文的作者数目和被引频次之间呈现显著的正相关关系[410]。

（2）国家数目（N_Countries）：Narin 等学者通过对欧盟的成果研究发现，作者来自两个或以上的欧洲国家合作发表的论文，其引用率通常是作者来自单一国家的论文的两倍[411]。我国学者杜建通过对 1990～2010 年中国在医学领域的 SCIE/SSCI 收录期刊发表论文的作者合作模式与论文影响力的关系研究得出，论文的作者数目、机构数目和国家数目的增多均会导致论文影响力的提升[412]。

（3）论文页数（N_Pages）：在有关论文影响力的研究中，研究成果的篇幅长度通常会作为控制变量出现在相关的模型分析中[331, 413]，Wang 等学者的研究进一步证实了论文页数对引文影响的正向促进作用[331]。

（4）参考文献数目（N_References）：Wang 等学者研究表明，论文的参考文献数目越多，其短期与长期的引文影响也越高[331]。对此可能的解释是：一方面参考文献越多说明融合的知识内容也相对越多，论文的研究基础相对更为扎实；另一方面在引用其他作者的研究成果作为参考文献时，也更加容易引起被引作者的关注，从而提升了论文的可见程度，例如谷歌学术和 ResearchGate 上的注册作者，一旦他们的论文被引用时，平台会发送邮件提醒作者并提供施引文献的基本信息和链接。

2. 回归模型的选择

在进行具体分析之前，先对变量的数据分布情况进行简单的判读。自变量的描述统计已在表 5-2 中呈现，因变量及控制变量的分布特征如表 5-4 所示。从表 5-4 中可以看出，样本数据的作者数目、国家数目、论文页数、参考文献数目等变量的偏度值均不等于 0，存在一定程度的偏斜分布，因此需要对数据进行取自然对数的处理，新生成的变量分别以 ln（N_Authors），ln（N_Countries），ln（N_Pages），ln（N_References）表示。

表 5-4 样本数据控制变量描述性分析

变量	均值	最大值	最小值	中位数	标准差	偏度	峰度
N_Authors	6.82	192	1	6	4.47	7.76	241.7
N_Countries	1.50	15	1	1	0.92	3.94	32.93
N_Pages	9.95	55	3	10	3.03	1.13	9.30
N_References	47.29	289	4	45	19.44	1.48	10.02

此外，在选取回归模型时，由于被解释变量为论文的引文数据与使用数据，均为整数出现，符合计数数据的特征，因而可供选择回归模型为泊松回归或负二项回归。而在泊松回归的分析中，通常要求被解释变量符合泊松分布，即变量数据的期望值与方差相等，满足数据的“均等分散”，如果被解释变量的方差明显大于期望值，则数据存在“过度分散”，此时便不适合采用泊松回归。对被解释变量的统计特征进行进一步的考量后发现，两个被解释变量的方差均要远高于样本均值，样本数据不适合泊松回归。综上所述，最终确定回归模型为负二项回归。

此外，在进行正式的实证分析前，需要对解释变量进行相关性分析，检验变量之间是否存在多重多样性，以避免由于解释变量之间存在精确相关关系或高度相关关系而使模型估计失真或估计不准确。借助 Stata 15.1 通过方差膨胀因子（variance inflation factor, VIF）对各解释变量进行多重共线性的检验。结果显示，所有解释变量与控制变量的方差膨胀因子均小于 5，变量之间不存在多重共线性。具体的相关性矩阵如表 5-5 所示。

表 5-5 自变量相关性矩阵

	X_1	X_2	X_3	X	C_1	C_2	C_3	C_4
X_1	1							
X_2	0.003 （−0.752）	1						

续表

	X_1	X_2	X_3	X	C_1	C_2	C_3	C_4
X_3	0.002	0.144*	1					
	(–0.815)	0.000						
X	0.001	0.569*	0.210*	1				
	(–0.889)	0.000	0.000					
C_1	0.002	0.003	0.012	0.074*	1			
	(–0.778)	–0.689	–0.167	0.000				
C_2	0.0031	–0.007	0.005	0.006	–0.007	1		
	(–0.719)	–0.419	–0.531	–0.479	–0.419			
C_3	–0.005	–0.312*	0.053*	0.055*	0.077*	–0.006	1	
	(–0.554)	0.000	0.000	0.000	0.000	–0.481		
C_4	–0.011	–0.523*	0.138*	0.096*	0.003	0.014	0.560*	1
	(–0.186)	0.000	0.000	0.000	–0.761	-0.099	0.000	

注：*表示通过显著性水平 α= 0.05 的 t 检验。X_1～X_3 依次表示丰富度，均匀度和差异度，X 表示 TD；C_1～C_4 依次表示 ln（N_Authors），ln（N_Countries），ln（N_Pages），ln（N_References）。

3. 实证分析与结果

1）学科交叉程度对总引文数据的影响

首先，以论文的总被引频次为被解释变量，学科交叉测度指标为解释变量的负二项回归结果如表 5-6 所示。对于每一个解释变量，在线性拟合的基础上，通过添加解释变量的平方项来检验二者之间的潜在非线性关系。以综合学科多样性测度指标 TD 为例（第 8 列），对应的结果可以解释为发表在同一期刊，作者数目、页数和参考文献数目相同，具有同样国际合作程度的论文，随着参考文献综合学科交叉程度的增加，预期的引文数目将增加 2.80%。以学科丰富度指标为例，论文的总被引频次与其二次项结果相关性不显著，而线性回归结果则呈现显著的负相关关系。此外，所有的控制变量在回归模型中的结果均显示出了统计意义上的显著正相关。

表 5-6　学科交叉程度与引文数据的负二项回归结果

	八年期总被引频次							
	(1)	(2)	(3)	(4)	(5)	(6)	(7)	(8)
ln（N_Authors）	0.240***	0.239***	0.241***	0.244***	0.239***	0.236***	0.234***	0.233***
	(–0.012)	(–0.012)	(–0.012)	(–0.012)	(–0.012)	(–0.012)	(–0.012)	(–0.012)
ln（N_Countries）	0.187***	0.204***	0.202***	0.201***	0.203***	0.203***	0.204***	0.205***
	(–0.016)	(–0.016)	(–0.016)	(–0.016)	(–0.016)	(–0.016)	(–0.016)	(–0.016)
ln（N_Pages）	0.131***	0.129***	0.130***	0.126***	0.132***	0.145***	0.130***	0.128***
	(–0.028)	(–0.028)	(–0.028)	(–0.028)	(–0.028)	(–0.028)	(–0.028)	(–0.028)

续表

	八年期总被引频次							
	（1）	（2）	（3）	（4）	（5）	（6）	（7）	（8）
ln（N_References）	0.201***	0.191***	0.287***	0.295***	0.184***	0.141***	0.179***	0.177***
	（–0.021）	（–0.020）	（–0.023）	（–0.023）	（–0.021）	（–0.021）	（–0.020）	（–0.020）
ln（Variety）	–0.083***	0.005						
	（–0.001）	（–0.005）						
ln（Variety）^{2}		–0.073						
		（–0.058）						
Balance			0.662***	–0.135				
			（–0.072）	（–0.341）				
Balance^2				0.785*				
				（–0.328）				
Disparity					0.690***	–8.234***		
					（–0.201）	（–0.990）		
Disparity^2						8.629***		
						（–0.912）		
TD							0.028***	0.071***
							（–0.004）	（–0.015）
TD^2								–0.004**
								（–0.001）
Constant	0.494***	2.082***	1.266***	1.432***	1.305***	1.943***	1.859***	1.756***
	（–0.073）	（–0.113）	（–0.102）	（–0.124）	（–0.201）	（–0.255）	（–0.071）	（–0.079）
Log Likelihood	–58288.7	–58085.9	–58044.9	–58042	–58082	–58037.8	–58057.3	–58053.2
χ^2	3698.5	768.7	850.6	856.5	776.4	865	825.9	834.1

注：*、**、***分别代表通过 0.05、0.01、0.001 的显著水平检验。

整体来看，交叉科学的三个维度指标均对其总被引频次有显著影响，其中学科丰富度对引文影响呈现显著的负向相关，而均匀度、差异度及综合学科交叉程度均对引文影响具有显著的正向促进作用。为了更加全面地探索学科交叉程度对引文数据的影响，进一步加入了相关学科交叉指标的非线性关系（平方项）分析。在平方项的回归结果中发现，参考文献的学科丰富度及均匀度指标与总引文数据之间的非线性关系不显著，而差异度和综合学科交叉度指标则显著相关。其中，学科差异度指标的平方项与引文影响之间的非线性关系显著正相关，表明学科差异度与引文影响存在 U 形相关关系；而综合测度指标与引文影响则存在倒 U 形关系，即虽然综合学科交叉程度对科研成果的引文影响具有初始的正向促进作用，但在达到一定的阈值后，更高水平的学科交叉可能会对科研成果的引文影响产生消极作用。

2）学科交叉程度对总使用数据的影响

同样地，以论文的总使用数据为被解释变量，学科交叉测度指标为解释变量的负二项回归结果如表 5-7 所示。对于每一个解释变量，在线性拟合的基础上，同样引入了解释变量的平方项来检验二者之间的潜在非线性关系。

表 5-7 学科交叉程度与使用数据的负二项回归结果

	八年期总使用数据							
	（1）	（2）	（3）	（4）	（5）	（6）	（7）	（8）
ln（N_Authors）	0.019*	0.018*	0.023**	0.029**	0.018*	0.015	0.013	0.014
	（–0.009）	（–0.009）	（–0.009）	（–0.009）	（–0.009）	（–0.009）	（–0.009）	（–0.009）
ln（N_Countries）	0.029*	0.047***	0.052***	0.051***	0.047***	0.049***	0.051***	0.050***
	（–0.012）	（–0.012）	（–0.012）	（–0.012）	（–0.012）	（–0.012）	（–0.012）	（–0.012）
ln（N_Pages）	0.099***	0.094***	0.096***	0.089***	0.096***	0.114***	0.097***	0.098***
	（–0.02）	（–0.02）	（–0.02）	（–0.02）	（–0.02）	（–0.02）	（–0.02）	（–0.02）
ln（N_References）	0.056***	0.056***	0.202***	0.219***	0.049***	–0.005	0.038**	0.039**
	（–0.015）	（–0.015）	（–0.016）	（–0.016）	（–0.015）	（–0.015）	（–0.015）	（–0.015）
ln（Variety）	–0.082***	–0.001						
	（–0.001）	（–0.004）						
ln（Variety）^{2}		0.001						
		（–0.043）						
Balance			1.051***	–0.699**				
			（–0.051）	（–0.245）				
Balance^2				1.727***				
				（–0.236）				
Disparity					0.613***	–10.01***		
					（–0.134）	（–0.691）		
Disparity^2						10.27***		
						（–0.628）		
TD							0.031***	0.013
							（–0.003）	（–0.011）
TD^2								0.002
								（–0.001）
Constant	6.598***	8.059***	6.968***	7.332***	7.474***	8.239***	7.952***	7.995***
	（–0.052）	（–0.082）	（–0.07）	（–0.087）	（–0.134）	（–0.186）	（–0.049）	（–0.055）
Log Likelihood	–125562.1	–25235.6	–25025.5	–24997.1	–25227.2	–25096.8	–25166.9	–25165.4
χ^2	5255.7	108.1	528.4	585.2	125	385.9	245.6	248.5

注：*、**、***分别代表通过 0.05、0.01、0.001 的显著水平检验。

使用数据的分析结果显示，所有学科交叉测度指标均对研究成果的使用数据有显著影响。其中学科数量对使用数据同样呈现为负向的消极作用；而学科之间的差异度同样阻碍了使用数据的增加，差异度的平方项回归结果同样表现为显著相关，即研究成果的学科差异度与总使用数据之间存在U形相关关系。此外，论文参考文献学科分布的均匀度与使用数据之间的非线性关系同样显著，而丰富度和综合学科交叉测度指标的平方项回归结果则不显著。

5.3.4 学科交叉程度对影响力数据的动态影响分析

有关学科交叉度与论文学术影响力的研究表明，论文的学科交叉程度对短期的引文影响有一定的消极作用，只有在长期引文窗口下，交叉科学研究的引文优势才会得以显现[331]。那么，在动态的影响力窗口下，学科交叉程度对研究成果的影响力作用究竟如何呢？本节将探索不同的学科交叉水平对论文引文数据和使用数据的动态影响与作用。

围绕学科交叉程度与论文影响力这一问题，对样本数据按照参考文献的学科交叉程度指标进行了高低分组，以学科丰富度为例，将样本数据分为以下几种。

（1）高学科丰富度：按照参考文献的学科丰富度指标（variety）对样本数据进行降序排列，指标值排序在前1/2。

（2）低学科丰富度：按照参考文献的学科丰富度指标（variety）对样本数据进行降序排列，指标值排序在后1/2。

类似地，同样按照参考文献的学科均匀度、差异度和综合学科交叉度将样本数据进行高、低分组，并通过两组数据影响力指标的对比来进一步探究学科交叉程度对研究成果影响力的具体作用。

1. 学科交叉程度对引文数据的动态影响

首先分析不同的学科交叉程度对引用数据的影响，具体结果如图5-11所示。可以看出，随着论文被引时间窗口的增加，论文的被引频次整体呈现出上升的趋势。不同的学科交叉程度在论文发表初期对论文的引用数据并没有显著的影响。一般要到第二年之后，参考文献的学科丰富度（图5-11（a））、学科差异度（图5-11（c））、综合学科交叉度（图5-11（d））对引用数据的影响才得以显现。并且随着时间窗口的继续增加，交叉科学研究成果的引文影响力优势更加明显。van Noorden发表在*Nature*上的一项研究也曾指出，交叉科学研究成果的引文影响力通常需要更长的时间窗口才可以显现[393]。

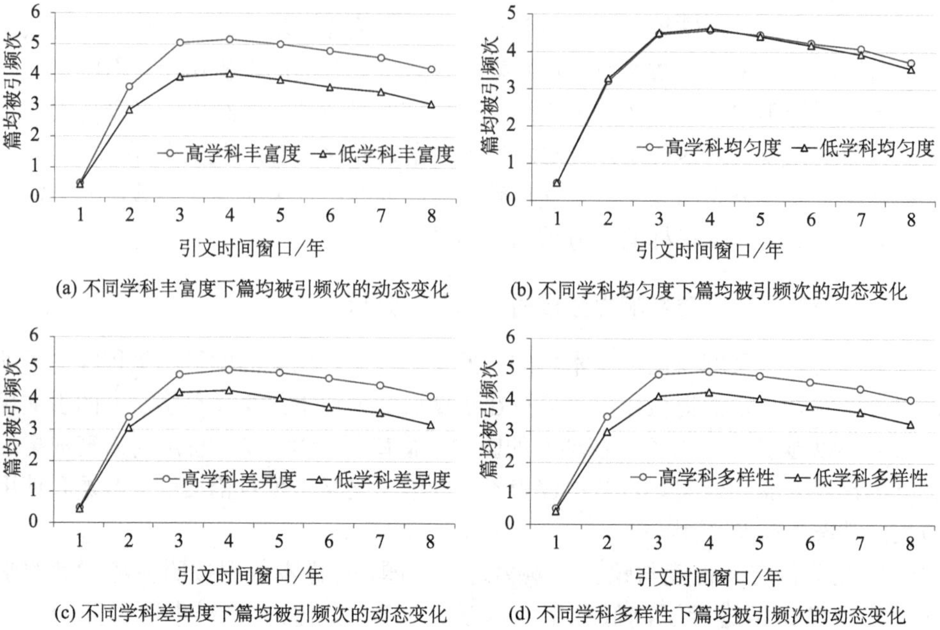

图 5-11 不同学科交叉水平下论文引用数据的动态变化

2. 学科交叉程度对使用数据的动态影响

不同的学科交叉程度对使用数据的动态影响如图 5-12 所示。可以看出，论文的使用数据同样会受到学科交叉程度的影响。在不同的学科交叉测度指标下，论文的使用数据呈现出比较明显的差异。首先，随着论文发表时间窗口的累积，使用数据整体呈现下降趋势，且论文发表当年（第一年）的使用数据要远高于之后的年份（学科丰富度除外）。参考文献的学科丰富度（图 5-12（a））、学科均匀度（图 5-12（b））、学科差异度（图 5-12（c））、综合学科交叉度（图 5-12（d））高的一组论文，对应的使用数据均要高于较低的一组，表明融合不同学科的参考文献对研究成果的使用数据有正向的作用。此外，随着时间窗口的增加，不同学科交叉测度指标下两组使用数据的差异不断缩小。

在综合图 5-11 和图 5-12 分析的过程中发现了有一个有趣的现象：论文使用数据的动态变化趋势中，使用数据随着时间的增加逐渐下降，在此过程中，第四年的使用数据较第三年出现了较为明显的回升趋势，而引用数据在第三年或第四年基本达到高峰。据此推测，在论文发表初期，使用数据的产生较为迅速，但相关影响“来得快去得快”。而引文数据产生有一定的时间滞后性，随着时间的推移，引文积累到高峰值时（第三或第四年），相关引文影响的扩散使原始论文再次吸引了学者们的关注，激发了原始论文的“新一轮使用”，因此出现了图 5-12 中使用数据的阶段性回升。

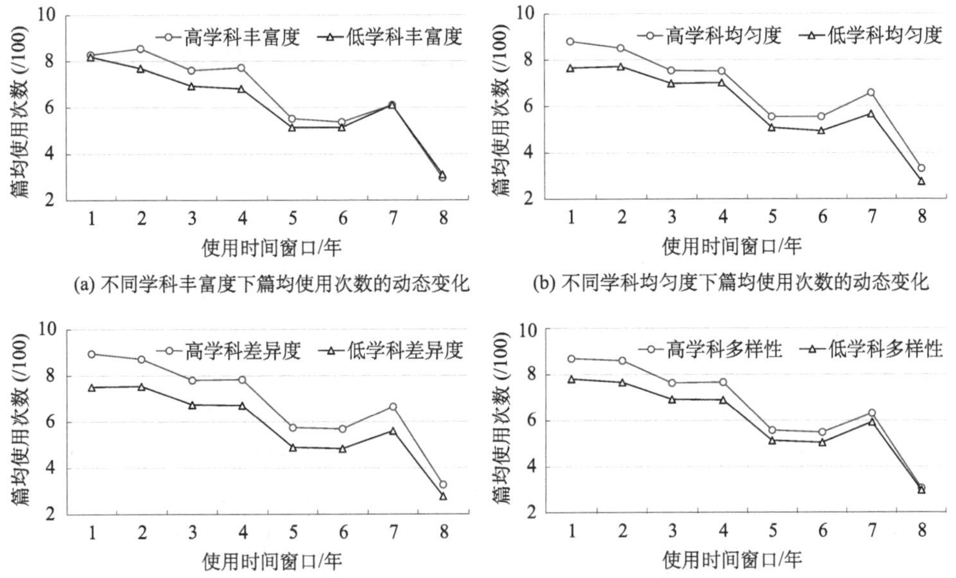

(a) 不同学科丰富度下篇均使用次数的动态变化

(b) 不同学科均匀度下篇均使用次数的动态变化

(c) 不同学科差异度下篇均使用次数的动态变化

(d) 不同学科多样性下篇均使用次数的动态变化

图 5-12 不同学科交叉水平下论文使用数据的动态变化

5.4 本 章 小 结

长期以来，基于引文数据的科研成果影响力评价被广泛用于针对学术论文、期刊、科研机构和个人的评价体系中，然而传统引文评价指标（被引频次、期刊影响因子、H 指数等）固有的时滞性、片面性、地域差异性等局限也让单纯依靠引文数据来进行科研成果评价的行为广受诟病。补充计量学的兴起和发展，为科研成果的社会影响力评价提供了可能性方案，但数据的可信度、规范性、可检验性、可解释性、用户的行为动机甄别等方面尚存在诸多挑战。

本章尝试在传统引文数据的基础上，引入新兴的使用数据（html 浏览量、xml 下载量及 pdf 下载量），力求更加全面、动态地探索不同学科交叉水平下的研究成果的引文影响和社会影响的差异，以期为当前交叉科学研究成果影响力的测度提供借鉴与参考。此外，本章关于交叉科学研究的影响力讨论均局限于相关科研成果这一微观视角，如何将其应用于实际的个人、团队、项目等科研评价体系将在接下来的章节进行更加具体的介绍。

6 交叉科学的评价

科学研究的核心任务是生产和传播科学知识，合理有效的科研评价机制是优化科研环境、保障科学研究良性发展、促进科研绩效提升的重要前提。随着学科高度分化与整体融合趋势的不断加强，传统单学科的科研评价体制正受到越来越多的挑战。交叉科学研究具有复杂性、综合性、创新性等鲜明特征，如何更加合理有效地针对交叉科学的成果、人员、团队和项目开展科学评价，已经成为科技管理人员和相关政策制定人员亟须面对的问题。本章在对比分析传统科研评价和交叉科学评价方法的异同点的基础上，梳理交叉科学的人员、团队和项目评价的主要进展与评价方法，并进一步结合具体案例对交叉科学的评价问题展开探讨。

6.1 传统科研评价与交叉科学评价

6.1.1 科研评价研究

评价是一种特殊的认识活动，以价值判断为核心。科研评价随学术活动而存在，指的是存在于科学研究活动中的有关评价的活动，是人们把握有关科学研究所取得成果的意义或价值的一种认识性活动[414, 415]。科研评价既是科学共同体运行的内在机制，也是科技管理的工具。作为衡量科研人员、科研团队、科研项目水平的重要尺度，科研评价事关科研资源的优化配置、科研人员的潜能发挥、科技创新的环境营造以及国家科技体系的发展完善。

科研评价方法有定性评价方法、定量评价方法和定性定量相结合的方法。定性方法主要包括同行评议、案例评价法等。定量评价方法主要包括文献计量学、经济计量学等新兴学科所提供的理论和方法，同时还包括这些学科的一些理论、方法与相关数学模型相结合的定量分析评价方法，如成本效益分析法、层次分析法、多指标综合评价法、模糊综合评价法等。此外，科研评价方法还包括调查法[416]、社会网络分析[417]、访谈和焦点小组[418]等。目前，比较常用的科研评价方法主要是同行评议和文献计量学方法，这两种方法优点鲜明，但也各自存在局限性。

1. 科研评价中的同行评议

同行评议（peer review）是指由同领域的专家学者对科学研究成果的研究目标、研究过程、研究方法、研究意义等进行主观、全面的判断和评价，广泛应用于科研管理。同行评议最早源于1416年威尼斯共和国对新发明、新技艺的审查，这一审查过程是邀请同一行业或相近行业的有一定影响的从业者帮助判断是否授予发明者对其发明的垄断权[419]。1665年英国皇家学会的《哲学会刊》只发表经皇家学会审查的论文，这可看作是同行评议制度的雏形[420]。20世纪30年代，美国资助机构开始采用同行评议的方法资助大学的科学研究，随后这一做法被欧美国家广泛采用[421]。1950年，美国国家科学基金会（National Science Foundation, NSF）成立，NSF在规范化已有的同行评议方法的基础上，形成了一套较为完整的同行评议评估体系[422]。

我国于1982年设立中国科学院科学基金，1986年2月成立国家自然科学基金委员会，这标志着一个在学术共同体内，由专家民主决策科学基金分配的同行评议机制正式引入我国[423]。经过几十年的不断发展和完善，同行评议已逐步发展成为我国科学界科研成果评价的主流方法之一。

同行评议的主体一般是某一领域内具有一定专业度和丰富经验的评审专家，能够对科研成果提供较为准确的判定。英国出版业研究联盟（Publishing Research Consortium）调研了全球3040位科研人员，发现“大部分调查者（85%）都认为同行评议方法能够显著提升整个科学共同体的学术研究水平；83%认为如果没有同行评议，研究人员的科学研究活动将无法控制”[424]。

尽管同行评议在科研评价中被广泛认可和应用，该方法仍然具有不可忽视的缺陷。首先，公正性和透明性一直是同行评议广受争议的焦点。我国《科技评估规范》《国家科研计划课题评估评审暂行办法》等均对评审专家的回避原则作了专门规定，这些回避原则对评审专家的至亲关系有明确的规定，但评审专家的朋友、派系、师承等关系相对较难识别和规范。此外，“小同行”评议的公平性与客观性也饱受非议。一般来说，“小同行”对于同一领域内科研成果的学术水平和研究价值更能做出准确判断，但相同研究领域内学者间的利害冲突也更为明显，评审专家可能会低估相同研究领域的成果，也可能提供无条件支持，从而影响评议的公平性。由于同行评议存在上述的潜在风险，“开放同行评议”（open peer review）开始得到越来越多的认可，并逐渐被应用和推广到学术论文评审过程中。

在学术论文评审过程中，“开放同行评议”是指在不同出版阶段，将评审涉及的对象（包括稿件作者、稿件内容、审稿专家、审稿结果）及相关信息进行不同程度的公开，以便使审稿过程更加透明、公正和高效[425]。开放评审过程中，评审专家和评价对象地位平等，可以在线交流和讨论，同时评审信息实行网络公开，这样既能保证评审的公正性和透明性，又能提高评审的效率，缩短研究成果的出版周期。

随着科学技术与社会关系联系程度的不断加强，科研成果不仅要得到学术界的认可，还要以满足社会实践需求为导向。因此，由同行专家组成的科学共同体不仅要评价科研成果的学术价值，还要考虑科研成果的社会影响。然而，在实际评审过程中，科研成果的社会影响往往会被评审专家忽略，进而产生具有争议的评审结果。例如，2011 年，烟草专家谢剑平因研究香烟“降焦减害”技术而当选中国工程院院士，一时成为舆论焦点，在工程院评审尚未结束时，学术界和社会公众就展开了关于“卷烟降焦减害”是否是伪科学、降焦是否能真正减轻对健康的危害等问题的激烈争辩[423]。事实上，院士遴选经过了严格的同行评审程序，其研究成果也得到了同领域专家的认可，然而同行评议的结果仍然颇受争议。深入分析可以发现，在涉及对人的生理与心理干预的科研成果中（如转基因技术、核技术），仅由科学共同体评价其学术价值有一定的局限性。因此，有必要扩大评议参与者的范围，吸收公众参与，广泛了解大众对科研成果的意见。只有将科学技术的社会可接受性纳入科技评价的体系，才能在实践中检验研究结果的社会意义，从而更为有效地提高同行评议的效力。

2. *科研评价中的文献计量学方法*

继同行评议后，以文献计量学为基础的评价方法在科学界引起广泛讨论并被逐渐应用到科技评价的具体实践中。文献计量学是以文献或文献相关媒介为研究对象，采用数学、统计学等计量方法，研究文献和文献工作系统的规律和科学管理，以及探讨科学技术动态特征的一门学科[426]。文献计量学方法在一定程度上能够弥补同行评议的主观性、公正性不足等弊端，满足人们对客观、科学评价方法的诉求。

文献计量学研究起源于 1917 年 Cole 和 Eales 对 1543～1860 年的解剖学文献的统计和国别分析[427]。1922 年，英国伦敦专利局的图书馆员 Hulme，对科技文献的数量增长情况进行分析，并将这一研究冠以“统计书目学”（statistical bibliography）之名[428]。1969 年英国情报学家 Pritchard 提出使用术语“bibliometrics”取代“统计书目学”一词，这一术语的出现标志着文献计量学的正式诞生[429]。引文索引的研究和编制也随之开展，并涌现出各具特色的引文索引数据库。1964 年，美国科学信息研究所（ISI）正式发布科学引文报告（Science Citation Index, SCI），随后于 1973 年和 1978 年分别推出社会科学引文索引（Social Sciences Citation Index，SSCI）和艺术和人文学科引文索引（Arts & Humanities Citation Index，A&HCI），为定量化的科研评价提供了重要的数据依据。

20 世纪 80 年代，赵红州等学者将文献计量学方法引入国内，开创了我国关于文献计量方法的研究。随着科技论文统计工作的逐步开展和大量数据的不断积累，一些科研成果数据平台也相继创建。1989 年，中国科技信息研究所信息分析研究中心与万方数据股份有限公司开发了兼具文献检索和引文统计功能的“中国科技论文与引文数据库”（CSTPCD）。同年，中国科学院文献情报中心建立“中国科学引文数据库”（CSCD），这一集多种功能为一体的综合型数据库在我国科研领域产生重要的影响[430]。2000 年，南京大学中国社会科学研究评价中心研发的“中文社会科学引文索引”（CSSCI）投入使用，逐步发展成为我国人文社会科学文献计量统计的重要依据。这些数据库为科研成果的量化评价提供了必要的数据支持，进一步推动了文献计量学方法在科研评价中的应用。

早期用于科研评价的文献计量分析主要从发文和引文两个方面展开，相关的文献计量指标有“论文数量”“总被引频次”“篇均被引频次”等。发文数量及被引数量由于具有简洁、便于统计的特征，经常作为主要计量指标被用于科研评价中。但上述传统的文献计量指标在科研评价中存在一定的缺陷，比如会出现重论文数量而轻论文内容的情况，在测度论文的重要性和影响力方面具有局限性。

1972 年，SCI 的创始人尤金· 加菲尔德（Eugene Garfield）提出影响因子（impact factor, IF）[431]，虽然其初衷仅仅是为了筛选核心期刊，但该指标在科研评价领域影响深远，被许多高校和科研院所用作科研评估的重要指标，也因此在世界范围内饱受争议[432,435]。2005 年美国物理学家乔治・爱德华多・赫希（Jorge Eduardo Hirsch）提出用 H 指数（H-index）评价科学家的终生成就[86]，该指标的最大优势在于把论文数与引证数有机地联系起来，在一定程度上实现了对论文成果的双重评价。但由于该指标存在理论上的缺陷，近年来受到的关注和应用日益减少[436]。

诸多学者为促进科研评价的公正性和科学性不断改进相关评价指标，目前科研评价的指标多为基于平均数计算的指标。Leydesdorff 与 Bornmann 认为科研评价应是对学术成果数量和被引频次进行整体评价，而非“平均”的指标。因此，他们提出基于百分位数排序的“整合影响因子”（integrated impact indicators）。该指标不仅可以从学术成果的质与量两方面进行科研评价，而且可以基于百分位数进行统计，从而使得不同被引频次的论文有不同的权重，值得说明的是该指标允许高被引论文的权重大于低被引论文的权重[437]。此外，还有针对某一领域文献的引文设计的“引文优势”（citation merit）指标[438]，也有反映文献自身被引频次与其参考文献被引频次排序的 CR（citation of references）指标等一系列相关评价指标[439,441]。事实上，在具体的科研评价中，仅关注数量与影响力仍在存在一定的局限。Prathap 认为，对科研评价而言，在数量与影响力的维度之上，还应加入“一致性”（consistency）的考量，构成三维评价体系（3D evaluation）以综合评价科研成果[441]。文献计量学方法的发展，推动科研评价向着更加客观和科学化的方向迈进，但文献计量学方法存在的局限也需要引起足够的重视。

首先，引文作为文献计量分析的重要数据基础，是引用行为产生的直接结果。而引用行为往往与作者的偏好有关，作者在选择引用文献时会依据自身偏好，具有一定的随意性。MacRoberts 等曾指出以引用为基础的科研评价在一定程度上缺乏可靠性，研究表明并不是所有有影响力的论文都会被引用，即便是具有相同研究主题的论文，其参考文献也各不相同[442]。Ioannidis 等对生物医学领域科学家内部的问卷抽样调查的统计结果也显示以引用为基础的评价量度的可靠性值得商榷[443]。

其次，由于被评价对象（科研人员、科研团队、科研项目）的复杂性和多样性，统一的定量测度指标在评价结果的可比性方面较为欠缺，因此，有必要在充分考虑不同研究领域特点的基础上，根据不同的评价对象选择合适的评价标准和指标，以确定合理的评价方法，从而提高评价结果的效力。此外，单一的文献计量指标只能评价科研成果的某一方面，综合评价指标兼顾了科研评价中的不同维度，与单一指标相比更能反映科研成果的价值。因此，在具体评价过程中，要综合考虑多维度的指标以保证评价的全面性。

同行评议和文献计量作为两种被广泛应用的科研评价方法，在不同层级的评价实践中有着不同的相对适用性。Glänzel 和 Hinze 基于两种方法的不同特性，总结了科研评价中同行评议和文献计量在宏观、中观和微观三个层面应该赋予的权重的变化情况[444]，如图 6-1 所示。同行评议和文献计量方法在宏观层面（如国家和学科领域），中观层面（如大学、期刊、机构），微观层面（如研究团队和个人）的有效性各有侧重。在宏观层面的评价实践中，文献计量方法的优势更为明显，这是因为基于文献计量的评价主要依托数据展开，国家、机构等层面一般能够提供规模化数据，在大规模数据层面的数据偏差较小，分析结果更为可靠。而在微观层面，如科研人员个人评价中，由于个人数据相对较难获取，数据清洗、消歧也通常较为困难，并且个人评价需要考虑职业生涯、个人简历等背景信息[445]，因而文献计量学方法在个人微观评价中存在一定的局限，而运用同行评议可以更加合理地进行个人评价。

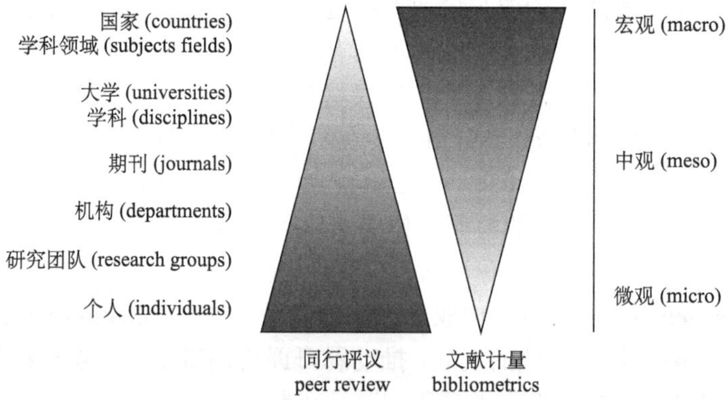

图 6-1 不同层级评价中定性方法（同行评议）和定量方法（文献计量）的权重比较[444]

同行评议和文献计量学方法是科研评价的主要方式，这两种方法既各有所长，也各有不足。同行评议的主观性相对较强，难以较为客观地判断评议对象的真正价值。而文献计量学方法过于看重量化结果，在一定程度上会忽视数字背后的复杂因素。因此，普赖斯奖得主蒂博尔·布劳温（Tibor Braun）指出，未来的科研评价有赖于专家评议与计量评价的智能组合[446]，的确，同行评议与文献计量学方法的结合是未来科研评价不可阻挡的发展趋势。但在具体评价过程中，同行评议和文献计量学方法的使用要根据实际情况合理配置。例如，自然科学领域的研究成果通常是以论文的形式发表，因而在对该领域的科研成果进行评价时，可侧重文献计量学方法的引文分析；在人文社会科学领域，除了论文，专著也是重要的研究成果，并且研究成果的社会影响力不容忽视，因此在评价该领域学术成果时，可适当侧重同行评议，并关注社会影响。

综上，在具体的评价实践中，同行评议和文献计量学方法这两种方法并不是对立和矛盾的，而是互为补充，相互支撑。具体的评价活动需要考虑不同的评价对象的特征，采用与之特性相适应的评价方法，方能更好地实现科研评价的客观与公正。

6.1.2 交叉科学评价

现代科学研究已经进入研究目标复杂化、科研投资规模化、知识体系交叉化等特征鲜明的“大科学”时代。交叉科学融合了多学科知识和研究方法，在一定程度上能够有效解决复杂性综合难题，在学术界广受青睐。科学且合理有效地评价交叉科学，能够激发交叉科学研究人员的创新潜力，促进交叉科学研究水平的提高，进而推进国家科技创新体系的建立和发展。

20 世纪 80 年代开始，就有国外学者开始关注交叉科学的评价问题。Birnbaum 通过对 84 个交叉科学项目的问卷调查和比较分析，总结出交叉科学研究的性能、有效活动条件、成员配备以及领导和管理方法等评判交叉科学研究的 8 个基本特征[447]。明确评价对象的特征是制定恰当的评价方法的前提，对于不同的交叉科学研究，评价的重点不尽相同。针对资助金额较小的交叉科学研究成果，英国资助机构将评价重点放在了研究成果的影响力方面。加拿大研究理事会则提出了不同的看法，认为交叉科学研究应重视过程评价[448]。在交叉科学评价的有效性方面，Porter 和 Rossini 的研究指出现行的同行评议制度在交叉科学研究评价中并不适用[449]。在交叉科学评价的具体实践方面，英国和加拿大增设交叉科学委员会，不仅聚集了多位专业评审人员，而且还能够避免交叉科学和传统学科之间的直接竞争[450]。中国国家自然科学基金委员会也曾于 1996 年就“交叉科学资助问题”立项展开研究[451]。然而虽然近年来交叉科学的研究逐渐升温，但是关于如何对交叉科学进行评价尚未达成明确的共识，在评价方法上更是莫衷一是。

交叉科学是在多种学科基础上发展起来的，学科标准通常是评估交叉科学研究的基本参数，同时满足多学科的标准提高了交叉科学研究成果的可靠度。哈佛大学研究小组评价交叉学科研究的第一条标准就是交叉学科研究与多个先前学科知识（概念、方法、认知价值等）的一致性程度[19]。

事实上，不同学科的标准往往存在一定的差异甚至相互冲突，这给交叉科学研究的评价带来诸多困难。Belcher 等认为，高质量交叉科学研究成果被低估，其原因是缺少能够评价交叉科学研究成果质量的统一标准和普遍适用的框架[452]。鉴于此，Mansilla 提出交叉科学研究评价的标准不仅取决于不同学科的标准，而且取决于学科之间标准的协调与整合[453]。因此，构建与交叉科学评价需求相适用的评价标准，需要不同学科评价标准的整合。

1. 交叉科学评价中的同行评议

同行评议的关键在于找到与评价对象研究领域相同或相似的同行专家，通常在单一学科内进行，因而对于多学科融合的交叉科学而言，同行评议并非易事。交叉科学要求不同学科之间的交叉与融合，而具备多学科知识背景的评审专家相对较少，找到与交叉科学研究成果涉及领域相近的评审专家则更加困难。即使按照交叉科学研究成果涉及的学科，寻找相应学科的评审专家，交叉科学的同行评议也会因为各学科评审专家因领域限制而按照原有的学科范式思考问题，进而难以对交叉科学研究成果做出较为全面的判断，甚至有可能对交叉科学研究的创新内容抱有偏见。

为克服同行评议方法在交叉科学领域的局限，可以考虑让交叉科学研究的申请人员参与到评价过程中来，帮助评审人员理解复杂和高度创新的交叉科学研究，从而使得相关研究成果能够获得更为准确、客观的评价。另外，评审专家不仅应是具备多学科知识的专家，还应是能够理解交叉科学相关知识，并具备交叉科学研究经验的评审专家，从而有利于从细节和整体两个层面把握交叉科学研究成果。

2. 交叉科学评价中的文献计量学方法

采用文献计量学方法分析交叉科学科研人员、团队或项目时，单一的文献计量指标并不能全面衡量交叉科学研究成果，综合性的交叉科学测度指标又较为少见。《促进交叉科学研究》（*Facilitating Interdisciplinary Research*）报告中提出“不主张建立单一的评价标准，同时也不会对任何一个交叉学科研究进行具体的评价测度，这些工作本应由各研究机构结合自身目标、文化等去自主地完成”[19]。另外，交叉科学评价不能采用各学科标准简单叠加的方式来展开，标准的简单叠加与交叉科学的跨学科性相悖。不同学科交叉融合后，原本的学科特征会随之改变，相应的评价标准也应随之进行相应的调整。

针对文献计量学方法在交叉科学评价的实际运用中存在的问题，许多学者提出了不同的改进意见。贺颖等认为科学知识图谱方法是改进同行评议和文献计量的有效方法，科学知识图谱不仅能够从交叉科学研究热点问题中，判断评价项目的新颖性和创新性，还可以找到某个研究主题所涉及的不同学科领域，进而挑选出最合适的同行评议专家[454]。魏巍从宏观和微观两个角度，即学科和文章的层面提出了一些改进交叉科学成果定量评价的思路和建议[451]。Porter 等提出引入集成度（integration）指标和专业度（specialization）指标来定量评价交叉科学研究成果或研究人员[61, 89]。

交叉科学的评价是一项复杂且重要的工作，仅凭某一种评价方法难以展开全面、准确、客观的评价，综合同行评议和文献计量的方法不仅是科研评价的发展趋势，也是交叉科学评价的必由之路。然而这两种评价方法在交叉科学评价的具体实践中面临着许多困难和挑战，探索和改进交叉科学研究的评价方法已成为亟待解决的重要问题。

本节主要聚焦于科研评价到交叉科学评价的转变，下文将分别以交叉科学科研人员、团队和项目为评价对象，梳理目前的相关研究进展，并进一步介绍相关评价方法与案例。

6.2 交叉科学科研人员评价

科研人员是科学研究与科技创新的主体，加强科技人才队伍建设，做好科技人才培养、选拔和评价工作，是促进科技高水平发展的关键，也是我国当前科技人才管理工作的重要环节之一。交叉科学研究是当代科学发展的时代特征和提高科技创新能力的重要途径，科研人员是促进不同学科知识相互转移、探究交叉科学新知识和新技术的主体，开展交叉科学研究需要具备多学科领域知识的研究人员协同合作。科学合理的交叉科学科研人员评价体系是建设完备的创新型科研人员队伍、培养和选拔具有多学科背景科研人员的重要保障。本节将在总结有关交叉科学科研人员评价相关研究的基础上，进一步梳理现有的评价与测度方法。

6.2.1 主要研究进展

科研人员是促进科技发展、推动社会进步的主力军，科研人员的评价研究对于创新型科研人才的培养与国家科研队伍的建设意义非凡。同行评议与文献计量学方法是目前学术界与科技管理机构常用的科研人员评价方法。同行评议是以维持或提高科研工作质量为目的、由相同或相关领域的评审专家按照一定的评议准则对科研人员学术工作涉及的多方面的表现予以评价的方法。同行评议作为学术评价的重要方式，已成为科研管理过程中不可缺少的关键环节，在科学研究和科技管理工作中发挥了不可忽视的作用。然而，由于同行评议受制于专家所属的学科领域、学识能力和品质等因素的影响，评议结果的客观性、公正性和科学性仍然是长期以来学术界探讨的热点和争议的焦点[455]。同时，难以找到合适的具有多学科领域研究经验的评审专家则进一步加大了利用同行评议方法对交叉科学科研人员进行评价的难度。

文献计量学方法作为一种相对客观的定量分析方法，在科研评价方面发挥了重要且独特的作用。学术成果与学术影响力是科研人员学术水平的重要反映，是利用文献计量学方法对科研人员进行评价的主要内容。随着科研评价实践的发展以及文献计量学研究的不断深入，在有关科研人员学术成果传统评价指标（如论文量、论文总被引频次、论文篇均被引频次、期刊影响因子等）的基础之上，许多学者从微观层面设计文献计量指标，对科研人员学术产出及影响力的评价进行研究。其中较为有代表性的是美国物理学家乔治·爱德华多·赫希（Jorge Eduardo Hirsch）在 2005 年提出的评价科研人员个人绩效的 H 指数[86]。该指标以其同时兼顾科研成果的数量和影响力的优势而被迅速应用于科研人员评价。随后，基于引证分析的学术影响力评价指标（如 g 指数、A 指数、AR 指数、R 与 R^2 指数、f 指数、“引文优势”（citation merit）指标、CR 指标等）也在不断地调整和改进[438, 439, 456-458]。文献计量学方法及相关指标多以科研人员学术成果为评价客体，关注成果产出与影响力，虽然此类方法能够为科研人员评价提供相对客观、定量的科研评价，但是在一定程度上也忽视了科研人员作为“社会人”的多维属性与科学活动的复杂性的影响。

由于科研人员评价的复杂特性，任何依靠单一定量或定性方法的评价机制均难以全面、客观地评价科研人员。同行评议作为科研评价的重要方式，得到了学术界的广泛应用与政府科研管理部门的普遍认可。文献计量学评价方法及相关指标的不断发展和完善，也逐渐受到各方面的重视和应用。这两种方法各有所长，不是相互替代，而是互为补充。考虑到微观层面科研人员自身的多维属性，评价科研人员时应以具体评价目标为依据，采用同行评议为主、文献计量学方法为辅的评价机制，综合使用多种评价指标，以期实现对交叉科学科研人员的多维评价。

各类评价方法为科研人员评价提供了多样化的视角，在具体实践中，评价方法的使用应当遵循一定的原则，方能使评价结果有效、可信。

首先，注重分类评价，充分考虑不同学科差异。由于不同学科在学科性质、研究范式、研究内容、发文及引文方式等方面存在不同程度的差异，例如某些学科（如精神病学、生物化学等）由于自身的学科属性，其论文成果相比于其他学科（如农学、材料科学等）更容易获得较高的被引频次[459]，因此对不同学科科研人员采用统一的评价并不合适，需要在明确科研人员所属学科的基础上，遵循“同类相比”的原则，对各个学科内的科研人员展开分类评价。

其次，注重周期性、动态性评价特征。由于科研人员的学术研究活动具有持续性的特点，因此仅对科研人员职业生涯中的某一节点的学术表现进行静态评价缺乏一定的合理性，应从科研人员职业生涯发展的动态视角进行评价。2006 年梁立明教授在国际上首次提出 H 序列这一动态的文献计量指标，从动态的视角反映了不同科研人员的职业生涯发展轨迹[460]。其后，国际上关于 H 序列的理论研究蓬勃发展，涉及 H 序列的论文多达 60 余篇。

再次，注重外生指标与内生指标相结合。当前有关科研人员的评价多采用学术论文因他文引用而产生的引文指标和科学传播的相关指标，即外生性指标（exogenous index），此类指标虽然关注学术论文的传播与使用，但难以从实质内容的角度评价学术论文的质量和原创性，因此，刘则渊教授指出应发展基于论文内容与结构生成的内生性指标（endogenous index），从学术成果的本质内容展开科研评价[461]。对此，部分学者开始从学术成果的“语境”（contextualized）视角关注科研人员评价，即在计量指标与文献内容的基础上，将该科研成果的产生背景，如科研人员的研究领域、职业生涯阶段、性别等维度纳入评价考量的范围。

最后，注重多源与多维评价。虽然学术论文是科研人员成果产出的核心组成部分，但并非是科研人员学术成果的唯一类型。不同类型科研人员的成果产出形式各有不同，评价科研人员需要综合利用论文、专利、专著、项目等多源数据信息，在充分考虑成果产出类型多样性的基础上对科研人员进行立体、多维的评价。相应地，学术成果产出是科研人员职业生涯的核心组成部分，但并非是其科研活动的唯一类型。因此评价科研人员的影响力，除了考虑学术影响力之外，还要考虑将教学、社会服务和政策咨询等方面的影响力纳入评价体系。

与传统科研人员评价相比，交叉科学科研人员的评价更具复杂性与多样性。不仅同行评议专家难以寻找，并且上述文献计量指标在评价交叉科学科研人员时均存在不同程度的局限性，这都是学术界与科研管理机构在交叉科学人员评价中面临的重大挑战。目前针对交叉科学科研人员的评价方法以及相关研究较少，定量层面的评价研究多以论文被引频次、期刊影响因子等学术影响力指标的归一化、均一化以及标准化等处理方法为主，旨在减少学科差异、引文时间窗口等因素的影响[462]。Vieira 和 Gomes 针对现有的 H 类指数及其衍生指数无法直接评价交叉科学科研人员的情况，采用将发文量按作者人数均一化、文献被引频次标准化的方法，提出新的科研人员评价指数 h_{nf}[463]。该指标降低了不同学科引文环境的差异性，为评价不同学科以及交叉科学的学术成果，进而评价交叉科学科研人员提供了新思路。此外，赵丽梅等提出的 Q^2SRC—指数从多个维度综合评价科学家的科研生产力，不仅关注成果的数量和影响力（Q^2）、研究的主题领域（S），科学家在其合作成果中的排序（R），而且强调不同科研人员所处学术情境（context）的特征。该指标将科研人员的科研生产力置身于各自的学科主题领域情境进行比较，对交叉科学科研人员评价具有一定的借鉴意义[464]。

上述有关交叉科学科研人员的评价方法均以学术成果为评价主体，针对交叉科学科研人员的评价则以“学科标准化”的学术成果指标为评价依据。然而，如果仅以“学科标准化”的成果指标作为评价交叉科学科研人员学术水平的依据，则会忽略交叉科学科研人员及其学术成果本身的“交叉科学属性”，而这正是交叉科学科研人员区别于一般科研人员的主要特征。因此，有学者利用交叉科学科研人员学术成果的引文信息、文本信息（摘要、全文）等[61]，借鉴其他学科方法，对科研人员学术成果的多维信息进行交叉科学测度。例如 Johnson 等借鉴生态学中的物种丰富度（species richness）、物种多样性（species diversity）以及均匀度指标（evenness），利用文献及引文数据对科研人员学术成果的交叉科学程度进行测度，从而开展交叉科学科研人员的评价[465]。Gowanlock 和 Gazan 结合机器学习与文献计量学方法，利用美国夏威夷大学宇航局天体生物学研究所（University of Hawaii NASA Astrobiology Institute, UHNAI）学术成果的文本信息，对该研究所的科研人员进行交叉科学测度与评价[466]。上述针对交叉科学科研人员评价的尝试，不仅考虑到了学术成果自身的数量与影响力，还进一步将交叉科学科研人员成果的核心特征——交叉科学属性纳入评价范围，为探索更加客观、全面的评价方法提供了有益借鉴。

需要特别注意的是，虽然科研人员的学术成果是其科研水平的集中表现，但仅以学术成果为主要评价对象一定程度上会忽略科研人员本身的“多维属性”。尤其是对于交叉科学科研人员而言，其发表的每一篇学术出版物可能仅局限于某单一学科，然而该科研人员有可能在不同学科领域均有学术成果。梁立明教授的研究提供了一个有趣的例子[467]。国际期刊 *Scientometrics* 的创建者、普赖斯奖获得者蒂博尔·布劳温（Tibor Braun）是一位卓越的科学计量学家，同时又是一位颇具名望的化学家。他如何在两个截然不同领域的研究上同时保持必要的张力？如何使研究活动张弛有度？运用文献计量学方法和模型，作者得到了布劳温学术生涯的曲线，如图 6-2 所示，一条令人惊讶的漂亮曲线。布劳温的学术研究节律曲线的波动非常有规律，鲜明地展现出 5 个研究周期，每个周期大约 9 年。Braun 在孕育和爆发之间找到了恰当的平衡方法，周而复始地运行，以其张弛有道的学术研究节律演绎了“必要的张力”。可见，评价交叉科学科研人员需要结合学术成果与其他多元信息，具体如科研人员的教育背景信息、职位信息、所在机构信息以及其参与的科研项目信息等[61]，此类信息能够为更加准确、客观地测度与评价交叉科学科研人员提供有益补充。

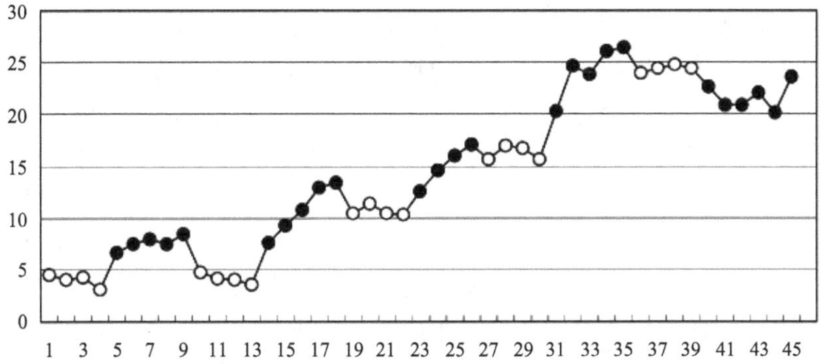

图 6-2 蒂博尔·布劳温（Tibor Braun）的学术研究节律[467]

本节从科研人员评价的方法、原则以及目前多位学者针对交叉科学科研人员评价的探索这三个视角，梳理科研人员评价的主要研究进展。在明确评价目标与原则的基础上，应结合定性与定量两种方法与多维指标，对科研人员进行综合、多维的评价。与传统科研人员评价相比，针对交叉科学科研人员的评价相对更具复杂性，需要在方法与原则结合的基础之上，利用多源数据与多元信息，在对其学术成果、影响力及其他多维指标评价的同时，也应注重利用多种方法对其自身交叉科学属性的评估。

6.2.2 主要方法及案例

科学研究本身是复杂且多样的，科研人员的科研活动更是内容丰富，千差万别。明显的学科差异、模糊的学科界限以及逐渐显现的交叉科学领域使得科研人员评价工作更加具有挑战性。科研人员的评价包括以学术成果为评价主体的绩效评价与以其他多元信息为补充的多维评价。其中，利用多维信息对科研人员的学科交叉属性进行测度是评价交叉科学科研人员的重要内容。本节聚焦于基于学术成果的多维信息对科研人员进行交叉科学测度及评价的方法梳理，同时关注利用科研人员申请项目信息对科研人员自身的交叉科学属性进行测度与评价的方法，并结合具体的研究案例进行阐述。

1. 基于学术成果引文信息

在利用文献计量学方法对科研人员进行评价的理论研究与实践当中，多数采用的是对各个学科的科研人员进行分别评价的方法。不同学科的界定虽然能够使此类评价方法可以依据各学科科研人员的特点进行分类评价，但对于交叉科学科研人员，尤其是研究领域跨度较大的科研人员而言，此类评价方法存在一定的局限性。本节以王炼与武夷山提出的学科扩散因子评价指标为例，介绍利用科研人员的学术成果引文信息评价交叉科学科研人员的方法。

王炼与武夷山是以我国当代杰出的科学家钱学森为典型案例，参考期刊影响因子的定义，提出了一个适用于评价交叉科学研究人员学术影响力的新指标——学科扩散因子，并以此为指标反映钱学森对各学科的学术影响[468]。通过文献搜索，将得到的 329 篇引用过钱学森的文献作为研究对象，并将此 329 篇文献按照《中国图书资料分类法》进行学科分类，从引用广度（引用钱学森文章的学科领域）、引用频次以及与该领域最高被引科研人员的引用频次比较这三个维度进行分析。引用钱学森文章的学科类目与领域分布如图 6-3 所示，而钱学森与学科被引频次最高的作者在两个学科领域的被引频次对比如图 6-4 所示。从引用广度来看，八大学科类别中有七个学科引用过钱学森的论文，只有哲学政法一个学科没有引用过钱学森的论文。从引用频次来看，最多的是自然科学总论（65 次），其次是自

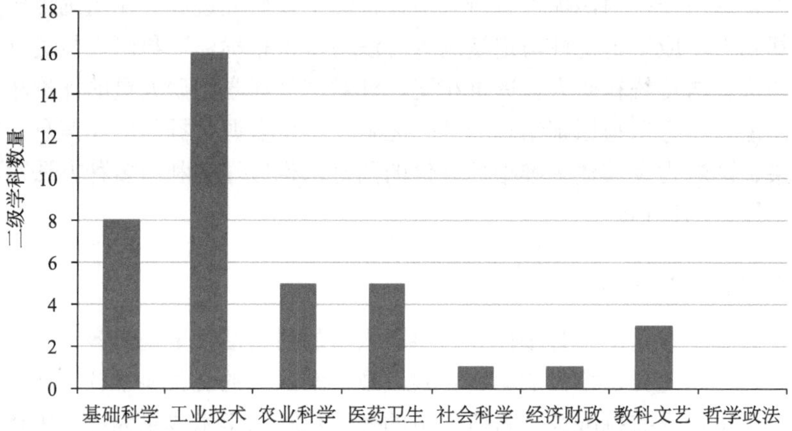

图 6-3 引用钱学森文章的学科类目与领域数[468]

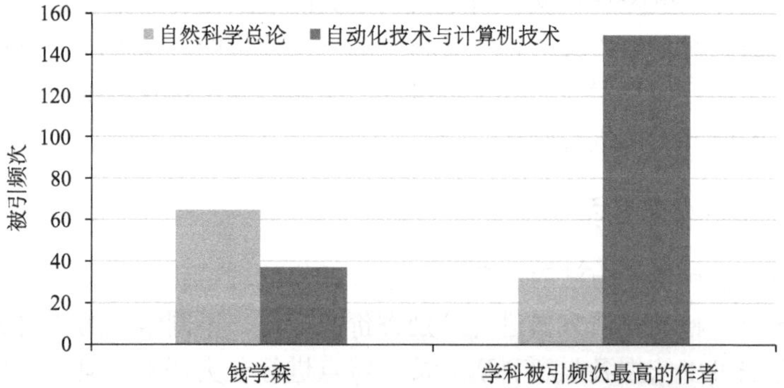

图 6-4 钱学森与学科被引频次最高的作者在两个学科领域的被引频次[468]

动化技术与计算机技术（37 次），由此可见，钱学森在这两个学科领域的突出学术影响。从与专业领域作者被引情况的对比结果来看，自然科学总论被引频次最高的作者共有 32 次被引，低于钱学森的 65 次，而自动化技术与计算机技术领域被引频次最高的作者共有 149 次被引，远高于钱学森在该领域的被引频次。

一般说来，论文数主要反映的是科研人员的学术成果“数量”，引用频次反映的是“影响”，但仅以这两个指标难以反映出交叉科学科研人员真正的学术影响力。学科扩散因子指标将科研人员研究成果在不同学科中的被引情况体现出来，可以更加全面地反映交叉科学科研人员影响的“广度”，但有关学科扩散因子的实际应用仍需进一步检验。

同样以学科成果的引文信息为评价主体，Carley 和 Porter 从施引视角下对学术成果展开了交叉科学测度，研究交叉科学学术成果在不同学科领域的扩散程度[469]，具体的计算公式如下：

$$I = 1 - \sum_{i,j} S_{ij} P_i P_j \tag{6-1}$$

式中，P_i 为目标文献中施引文献属于学科 i 的数量占所有施引文献比例；S_{ij} 为施引文献中学科 i 与学科 j 之间的相似性。该方法从交叉科学科研人员的学术成果入手，利用引文指标分析科研人员学术成果在不同学科领域的融合与扩散，这在一定程度上能够为交叉科学研究人员或多学科对象的评价方法提供有益补充。

2. 基于学术成果学科信息

交叉科学研究是建立在学科结构基础之上的，是对多学科理论与方法的掌握与应用，从而进行交叉融合并发展新理论与新方法的研究。因此，评价与测度科研人员的交叉科学属性往往需要以既定的学科分类为基础，进而分析科研人员的多元信息在不同学科领域的交叉与融合现象。本节将以 Abramo 等的研究为例[470]，介绍该研究关注的科研人员学术成果在 WoS 学科分类体系中的类别信息，并从不同维度测度科研人员交叉科学属性的指标与评价方法。

学术成果是科研人员研究水平的重要表现，学术成果所属的不同学科领域一定程度上可以反映科研人员的交叉科学属性。Abramo 等利用意大利科研人员 2004～2008 年的学术成果信息，从多样性广度、多样性深度和多样性研究主题的关联程度三个维度对科研人员研究主题的交叉科学属性进行测度[470]。其中，多样性广度为科研人员学术成果所属的不同学科领域的数量，多样性深度为科研人员学术成果所属的学科领域在其核心研究领域之外的学术成果的比例，研究主题的关联度则是科研人员发表的核心研究领域文献与其发表总文献数量的比值。

计算这三个指标不仅需要科研人员学术成果所属的学科领域信息，同时也需要明确科研人员本身的核心研究领域。目前已知的仅有意大利学术体系（Italian Academic System）与挪威的北欧创新、研究和教育评价中心（Nordic Institute for Studies in Innovation Research and Education, NIFU）包含科研人员自身属性的相关信息。意大利学术体系中共包括 370 个“科学学科领域”（scientific disciplinary sector, SDS），这 370 个学科领域又再次被划分为 14 个“大学学科领域”（university disciplinary area, UDA）。该体系包含全意大利科研人员的学术信息，并且将每位意大利科研人员划分至唯一的 SDS 与 UDA。Abramo 等基于意大利科研人员本身的核心研究领域与 2004～2008 年学术成果的学科领域，对以上三个指标进行测度计算[470]。在意大利学术体系下，多样性广度与多样性深度是基于 SDS 进行计算的而研究主题的关联度是基于 UDA 进行计算的。

物理学是意大利学术体系下 UDA 的学科领域之一，凝聚态物理是物理学下属的 SDS 之一。本小节以物理学中核心研究领域属于凝聚态物理的某科研人员为例，计算其学术成果的多样性广度、多样性深度以及研究主题之间的关联度。表 6-1 是该科研人员所发表学术论文的信息，依据其学术论文在 WoS 学科体系分类中的类别，可以看出该科研人员发表的 8 篇文献分别属于 4 个主题，则该科研人员学术成果的多样性广度为 4。该科研人员发表的文献中，有 4 篇文献不属于凝聚态物理领域，因此其多样性深度为 4/8=0.5。由于该科研人员所发表的 8 篇文献中，有 7 篇文献的主要研究学科属于物理学，因此研究主题的关联度为 7/8。

表 6-1　某物理学领域的科研人员发表文献主题及所属学科[470]

所属学科	研究主题	文献数量	文献名称
物理学	凝聚态物理学（physics, condensed matter）	4	（1）Ground state properties of the one-dimensional Coulomb gas using the lattice regularized diffusion Monte Carlo method. （2）Exchange and correlation effects on plasmon dispersions and Coulomb drag in low-density electron bilayers. （3）Correlation effects in quasi-one-dimensional quantum wires. （4）Spin susceptibility of interacting two-dimensional electrons with anisotropic effective mass.
物理学	流体和等离子体物理学（physics, fluids and plasmas），数学物理（physics mathematical）	2	（1）Dielectric matrix and plasmon dispersion in strongly coupled electronic bilayer liquids. （2）Transverse dielectric matrix and shear mode dispersion in strongly coupled electronic bilayer liquids.

续表

所属学科	研究主题	文献数量	文献名称
化学物理学	化学物理学（chemistry, physical），原子，分子和化学物理学（physics, atomic, molecular and chemical）	1	Charge and spin correlations of a one-dimensional electron gas on the Continuum.
物理学	物理学多学科（physics, multi-disciplinary）	1	Effects of thickness on the spin susceptibility of the two-dimensional electron gas.

多数交叉科学研究人员最初是在某一专业领域有所成就，形成个人的核心研究领域，在建立起专业影响力之后才开始将研究触角扩展到其他学科。Abramo等基于科研人员核心研究领域与其学术成果所属学科领域进行对比的方法，不仅为评价交叉科学科研人员提供了新的思路，也对建立国家层面的科研人员数据库有所启示[470]。国家层面对科研人员的学科属性划分、学术成果收录等不仅对于评价各学科以及交叉科学科研人员具有重要意义，同时对于从宏观层面把握科研人员研究领域变化与融合的趋势、预测未来科学研究发展方向等也具有一定的启示意义。

3. 基于科研人员项目信息

上述两种评价交叉科学科研人员的方法均以学术成果为载体，分别从学术成果的引文信息和学术成果的学科信息对交叉科学科研人员进行评价。科研人员的研究活动形式多样，除发表学术出版物之外，申请科研基金项目也是研究人员开展科研活动的重要形式之一。科研人员承担与参与不同层级的科研项目是科研管理机构与高等院校评价该科研人员的重要内容，项目申请书中所包含的多种信息也可以为评价科研人员进行有益补充。实际上，科研人员所承担的不同科研项目的所属学科也可以在一定程度反映该科研人员的主要研究领域。Wu 等的研究表明在中国国家自然科学基金委员会（National Natural Science Foundation of China, NSFC）的科研项目承担人中，超过 59%的科研人员曾更改其学科代码，以申请不同学科领域的研究项目[471]。本小节将以此研究为例，介绍通过科研人员的项目信息来测度科研人员交叉科学属性的方法。

NSFC 是我国支持基础研究的主要渠道之一，面向全国重点资助具有良好研究条件、研究实力的高等院校和科研机构中的科研人员。自 1986 年建立以来，投入上万亿资金，共资助超过 30 万个科研项目，支持超过 100 万名科研人员。为方便项目申请以及评审专家的选择，NSFC 建立了多层次、综合性的学科分类代码（disciplinary application code, DAC），并且每年会进行部分调整。申请项目学科代码的选择不仅是科研人员自身研究领域的重要表现，也是为该项目遴选评审专家的重要依据[472]。NSFC 的 DAC 由英文字符和阿拉伯数字组成，英文字符是科学部代码，阿拉伯数字的三个层次分别代表研究范围（research area）、研究领域（research field）和研究方向（research direction），如表 6-2 所示。

表 6-2 NSFC 各科学部代码及下属各层次代码数量[471]

科学部代码	科学部门名称	第一级 DAC	第二级 DAC	第三级 DAC	总数
A	数理科学部	5	45	254	304
B	化学科学部	7	76	283	366
C	生命科学部	20	153	389	562
D	地球科学部	6	75	52	133
E	工程与材料科学部	9	113	295	417
F	信息科学部	5	45	354	404
G	管理科学部	3	48	52	103
H	医学科学部	31	426	0	457

Wu 等以 2000～2013 年超过 22 万个 NSFC 基金项目中清洗的 37330 名科研人员为研究对象，基于每位科研人员所承担或参与的不同项目所涉及的学科代码，提出科研人员研究内容的学科多样性指标（diversity of individual research disciplines, DIRD）对科研人员自身的交叉科学属性进行测度[471]，具体计算公式如下：

$$\mathrm{DIRD}_p = \sum_{i=1}^{n} D_i\,,\quad i \in N_p \tag{6-2}$$

式中，DIRD_p 为科研人员 p 自身的交叉科学程度；D_i 为项目 i 的交叉科学度；N_p 为科研人员 p 所承担或参与的所有项目集；n 是该科研人员所承担或参与的项目总数。

计算项目 i 的交叉科学度 D_i 需要利用项目 i 的学科代码与科研人员 p 的其他所有项目的学科代码进行比较计算，具体计算公式如下：

$$D_i = \frac{\sum_{j=1}^{n-1} W_{ij}}{n-1}\,,\quad i \neq j\,,\quad i,j \in N_p \tag{6-3}$$

$$W_{ij} = \begin{cases} \dfrac{1}{\left|C_i \cap C_j\right| + 1}, & C_i \neq C_j \\ 0, & C_i = C_j \end{cases} \tag{6-4}$$

式中，W_{ij} 为项目 i 与项目 j 相比的交叉科学得分。在计算 W_{ij} 时，需要将项目 i 与项目 j 的学科代码（DAC）分为科学部代码、研究范围代码、研究领域代码与

研究方向代码四部分。C_i与C_j分别代表项目i与项目j代码集(DAC set)，$\left|C_i \cap C_j\right|$代表该代码集合的大小。不同交叉类型对应的交叉科学得分W_{ij}如表6-3所示。

表6-3 不同交叉类型对应的交叉科学得分 W_{ij}[471]

层级	交叉类型	交叉科学得分
CL1	跨学部	1
CL2	跨研究范围	1/2
CL3	跨研究领域	1/3
CL4	跨研究方向	1/4
CL5	无交叉	0

结合式（6-2）～式（6-4），可得出科研人员个人交叉科学程度的计算公式如下：

$$\mathrm{DIRD}_p=\sum_{i=1}^{n}\sum_{j=1}^{n-1}\frac{\sum_{j=1}^{n-1}W_{ij}}{n-1},\quad i\neq j,\quad i,j\in N_p \tag{6-5}$$

假设一个科研人员共有4个NSFC基金项目，其中3个来自以H为代码的医学科学部，另外一个是以C为代码的生命科学部。通过将项目代码DAC进行分解，转换为代码集（DAC set），如表6-4所示。

表6-4 某科研人员DIRD值计算案例[471]

编号	项目代码（DAC）	代码名称	代码集（DAC set）
1	H0109	肺循环及肺血管疾病	{H, H01, H0109, H010900}
2	H0233	循环系统疾病其他科学问题	{H, H02, H0233, H023300}
3	C110301	生物的调节与适应	{C, C11, C1103, C110301}
4	H0109	肺循环及肺血管疾病	{H, H01, H0109, H010900}

如W_{12}是指项目1与项目2相比计算的交叉科学得分，项目1与项目2均属于以H为代码的医学科学部，其代码集内第二项不同，因此认定为跨研究范围项目，W_{12}值为1/2。项目1与项目3隶属于不同的科学部，因此W_{13}值为1。项目1与项目4代码完全相同，没有任何跨学部、跨领域的现象，因此W_{14}值为0。进一步可以计算D_1为（1/2+1+0）/（4–1）=1/2，同理可以计算D_2为2/3，D_3为1，D_4为0，进一步可以计算出该科研人员的DIRD值为1/2+2/3+1+1/2=8/3，DIRD均值为2/3。该研究后续通过进一步比较不同层级高校的科研人员交叉科学程度，得出中国一流大学的科研人员相较于普通高校有更高的交叉科学研究实力。在此

研究基础上，Shao 等基于不同层级 DAC 所代表交叉科学程度的不同，在 2018 年提出了 DIRD 的加权平均算法（weighted-mean DIRD），为进一步利用科研项目信息对交叉科学科研人员进行评价提供了借鉴①。

该种计算科研人员交叉科学程度的方法主要是以科研人员承担或参与的多个科研项目为研究单位，以科研项目的学科代码为研究主体，通过对两两项目之间的跨学科类型进行划分与交叉科学得分设置，进而对科研人员的交叉科学程度进行计算。此类评价方法简洁明了，能够为科技管理与科学基金机构评审交叉科学科研人员提供有益参考。同时由于未能对科研人员所参与项目及项目成果的文本内容进行研究，因此该测度方法在评价科研人员对不同学科领域知识的实质交叉程度上存在局限。

6.3 交叉科学团队评价

著名科学家霍金曾言“21 世纪将是复杂性科学的世纪”，具有多重复杂属性的科学问题反映了科学研究的不断深入和发展，学科之间逐渐形成相互渗透、相互交融的网状结构。这一背景下，联合攻关、协同创新的科研合作成为科研活动顺利开展、推动科研创新的内在要求，多学科交叉研究与人员组合也成为科研活动的重要发展趋势。具有不同学科背景的研究人员组成的交叉科学团队可以推动学科之间的交叉融合、科研资源的合理配置、科研信息的充分利用、团队成员的优势互补以及科研成果的集成创新。交叉科学团队固然有着广阔的发展前景，然而目前交叉科学团队的建设水平却参差不齐、质量良莠掺杂，需要在把握交叉科学团队特点的基础上制订合理的评价方法，以推动交叉科学团队的良性发展。

6.3.1 主要研究进展

1. 团队、科研团队与交叉科学团队

团队是组织实现最优绩效的普遍形式，国内外学者从多重视角对团队给出不同的定义：有学者从基本特征的视角指出团队是“由一群个体组成，这些个体因任务相互依存、相互作用，并在完成任务的过程中相互影响”[473]；有学者在此基础上从成员特征的角度指出团队成员之间的互补特性[474]；Robbins 给出了较为完整的团队定义，即“在特定的环境中，为了实现某一目标而由相互协作的人组成的正式群体”[475]。从上述定义可以看出，“团队”这一概念具有 3 个关键点：2

① Shao Z Y，Li Y M，Hui F，et al. Interdisciplinarity research based on NSFC-sponsored projects: A case study of mathematics in Chinese universities. PLoS ONE，2018，13(7): e0201577.

人以上、成员之间彼此协调、共同的目标。团队是一个有机、和谐的人际互动系统，一方面借助扁平化的组织结构，实现成员之间的信息沟通，推动团队目标的实现；另一方面通过成员之间的能力互补，提高团队的整体效率。

团队广泛存在于社会各个领域之中，在科研领域即体现为科研团队。由于个体专业方向和知识积累的差异，使得"单兵作战"的科研形式难以适应开放性、复杂性凸显的科学研究活动，科研团队便应现实需要而生。科研团队顾名思义，是为了进行科技创新与研发而组建的团队，"科研"是团队的主要任务，"团队"是科研的组织形式。国内已有诸多学者对科研团队的内涵做了详细论述[476, 477]，主要有以下三方面的要点。

（1）导向性。科研团队通常建立在明确的学术研究目标基础上，根据团队成员的能力和特质，将目标分配给每一位团队成员，成员之间通力合作、紧密联系，共同完成整个团队的学术研究目标。

（2）互动性。科研团队中每位成员都有明确的任务分工，但目标的实现并非是独立完成，而是通过紧密的学术研究与相互配合，完成预期的研究目标。

（3）互补性。团队成员之间的研究经验优势互补，此种方式有利于形成团队效应，帮助团队攻克科学问题。

大科学时代，科学研究向着纵深化、多样化、迭代化的方向发展，科研团队契合了当下科研任务知识密集性、复杂性的特点。纵观历史，近一百年来科研领域的突出性成果多是不同学科交叉、融合的结晶，学科之间的综合与交叉形成当前科学发展新的时代特征[478]。交叉科学团队正是发展于这一大科学时代背景之下，通过团队协同创新，不同学科、不同优势的科研人员形成合力，优势互补、联合攻关，成为科技创新的重要组织形式。

评价交叉科学团队，首先要明确评价对象及其特征，这样才能有针对性地制定相应的评价方法。交叉科学团队是以科学研究与技术开发为研究内容，为了统一的科研目的，由不同学科人员组成的科研团队，成员之间相互交流与合作，以知识、技能、方法的共享与交叉为手段，将团队成员各自拥有的知识资源、方法技能进行重构、整合，共同推动科学问题的解决，并使研究成果具有交叉科学特征。交叉科学团队类型各异，有不同学科依托科研项目、实验室、负责人科研课题而组建的交叉科学团队，也有不同学校合作组建的科研团队，参与者通过优势互补，共同解决科学发展的重大问题。

交叉科学团队除了具有科研团队的基本特征外，还具有自身的特质。相对于传统科研团队，交叉科学团队有着更广泛的学科范畴和学术包容。有学者认为交叉科学团队在数量、领域和认识论 3 个方面区别于其他类型的团队[479]。事实上，交叉科学团队还具有差异性、兼容性和创新性的鲜明特征。

所谓差异性，即交叉科学团队成员的学科背景、信息资源、智力储备、认识方式各有不同，具有差异化特征的成员之间形成交互网络，提升了团队的学习能力，进而能够改进科研团队的学术表现。有学者认为，同质化团队的效率会由于资源重复、观念相近而受到限制，进而影响团队效率[480]。而差异性则有利于从不同角度看问题，同时也有助于研究问题的解决和创造力的产生。

所谓兼容性，即交叉科学团队的研究方向和研究成果，打破学科、专业间的封闭性和局限性，融合了不同学科领域的专业知识和研究方法。

所谓创新性，即不同领域的知识融合和方法借鉴有助于创新性成果的产生，正如有学者所指出的具有相互依存性和异质性的团队成员推动了创新性成果的产生和效率的提升[481]。

2. 科研团队评价与交叉科学团队评价

科研团队评价是科研评价的重要组成部分，科研成果是科研团队评价的主要评价内容。目前已有一些学者尝试综合多重维度考察科研团队成果，创新性是科研团队评价的重要内容，有学者提出了科研团队创新性评价的双重视角：其一是考察团队层面的创新产出，包括学术论文、学术著作、发明专利等；其二是通过创新成果的重要性和突破性指标来定性评价创新绩效[482]。根据指标特征将评价指标分为两类：一类是从科研团队已有成果角度进行判定的成果性评价标准；另一类是从科研团队所在平台及知识储备角度进行判定的状态性评价标准，进而提出综合考察科研团队创新性的评价方法[483]。此外，也有学者从合作网络入手展开对科研团队的评价，例如刘璇和齐娜分别使用论文数据和项目数据，构建科研团队的合作网络，使用网络指标展开科研团队评价研究[484, 485]。

交叉科学团队评价是一种特殊的科研团队评价，是交叉科学团队建设的重要内容，也是衡量一个科研团队能否够完成预期研究成果的标准。由于交叉科学团队成员的多元属性、成果的交叉特性使得交叉科学团队的科学、公平、准确评价尤为复杂，交叉科学团队评价要充分考虑评价原则的合理性、评价方法的可行性、评价指标的科学性和评价内容的全面性。

习近平总书记在中国科学院第十九次院士大会、中国工程院第十四次院士大会上的讲话曾强调“要注重个人评价和团队评价相结合，尊重和认可团队所有参与者的实际贡献”，可见科研团队评价需要一定的原则指导[486]。有学者通过文献梳理，总结了交叉科学研究的 7 个一般性原则，为交叉科学团队评价提供了有力依据[103]。

6.3.2 主要方法及案例

1. 主要评价方法概述

正如上文所述，科研团队评价包括定性评价和定量评价等多种方式，由于两者各有优劣，在具体实践中通常采用两者结合的综合方法。交叉科学团队的评价同样可以遵循上述方式，但是需要根据交叉科学团队的特征而有所调整。关于交叉科学团队的评价方法，主要有以下 3 种：

（1）定性评价方法。定性评价法多依赖于评价者的主观判断，评价者凭借自身多学科研究的丰富经验以及跨学科的知识积累，定性地对交叉科学团队进行评价。

（2）定量评价方法。定量评价是利用多源数据，根据制订的指标，从科研队伍、科研影响力、研究平台等方面来反映交叉科学团队的建设水平和成果特征。根据构建评价指标对团队成员的个人信息、成果信息（如成果所形成的理论、提出的方法、得到的结果等）、成果的相关学科领域、成果可应用的学科领域、组织信息等展开评价，判断团队的交叉学科属性、学术影响力与团队建设情况。

（3）综合评价方法。所谓综合评价法有两层含义：一方面是方法层面的综合，由于定性评价和定量评价各有优劣，因此需要两者互为补充，综合使用，共同用以评价交叉科学团队的学术表现；另一方面，交叉科学团队给科学研究带来新的活力，针对团队内部各学科互相交叉的情况，不仅需要设计各项指标，综合使用多源数据进行客观评价，还要考虑交叉科学团队研究成果的应用价值、社会价值以及经济价值，因而需要一种综合性的评价方法来对交叉科学团队进行判定和评价。

目前，已有一些学者致力于交叉科学团队评价体系研究，交叉科学团队评价体系应包含评价指标和相应指标的权重两部分，其中德尔菲法可用于选择有效的可用指标，层次分析法可用于确定各个指标的权重系数[487, 488]。

在具体的评价维度方面，根据交叉科学团队评价的系统性、真实性、可行性等原则，构建科研队伍、科研机构、科研成果 3 个方面的交叉科学团队评价的内容体系，如图 6-5 所示。

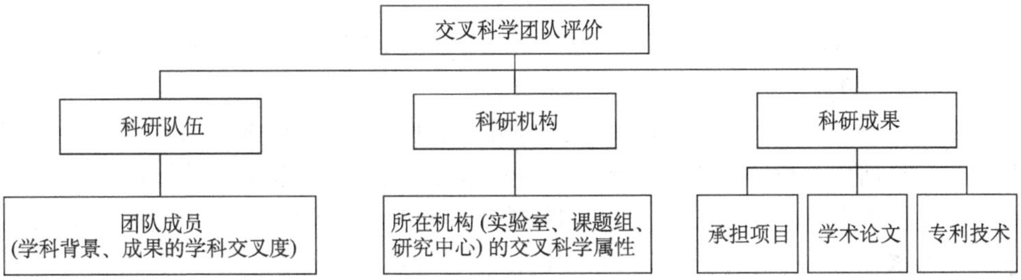

图 6-5 交叉科学团队评价内容

科研队伍指标主要关注团队成员的学科背景。交叉科学团队强调团队成员的多学科属性和跨学科背景，可以从个人简历信息的教育背景、社会兼职情况和论文成果的学科交叉度等方面获知。有学者研究发现，具有 T 形知识结构的跨学科人才将在多学科多人员参与的科研活动中起核心作用[489]。所谓 T 形知识结构指的是科研人员既拥有横向较为广泛的一般知识，也具备在纵向专业领域达到一定深度的知识储备。

科研机构指标主要关注团队所属平台的交叉科学属性。国内外主要的科研平台有课题组、实验室、研究中心等，通过分析科研团队组织载体的学科结构，可以从外部环境角度研究交叉科学团队的交叉科学性。Rafols 和 Leydesdorff 曾分析了英国 3 所大学的 3 个经济学系和 3 个创新研究单位的学术论文的交叉科学度[110]；也有学者在 Stirling 指数的基础上探索分析科研机构的跨学科程度的方法[104]。

科研成果指标主要关注团队科研产出成果的交叉科学属性。科研项目、学术论文以及专利技术是主要的学术成果形式，可以从不同成果类型入手分别分析其交叉科学程度。科研成果是科研团队研究的重要维度，相关研究方兴未艾。目前基于学术论文的交叉科学度研究已颇具规模，如 van Raan 等指出交叉科学度可以测度每一个学科领域下论文成果的交叉度和该论文的引文的交叉度[490]。科研团队论文成果的交叉科学度的研究不仅能够在方法上为科研团队评价提供思路借鉴，而且可以在实践中成为科研团队评价的重要维度。

以上 3 个方面的评价内容是交叉科学团队评价的重要方向，已有学者在细分方向下进行相关探索，也有学者提出要融合多种方法评价交叉科学团队。Börner，Klein 等指出需要使用混合式方法评价科研团队的复杂性[491, 492]。混合方法包括综合性的研究设计、特定的抽样策略和复杂的数据分析，通过多种方法之间的互补形成优势组合。在混合评价方法的研究方面，Wooten 等针对临床医学领域的多学科转化团队（multidisciplinary translational teams, MTTs）提出一套较为完备的评价体系以及相对应的评价方法，该种混合式评价方法共包含 3 个方面，分别是基于结果的评价（outcome-based evaluation）、基于过程的评价（process evaluation）和基于发展的评价（developmental evaluation）[493]。也有学者提出了交叉科学团队的系统评估框架，允许多个决策者参与，并使用不同的方法探索四个分析维度（个人能力、协作、内容和产出/结果）。

公正、合理和科学的评价体系是引领团队创新能力、全面提升科技竞争力的基础，但目前交叉科学团队评价还有许多外部条件阻碍和自身发展的不足。

首先，交叉科学团队评价会受到行政组织机制的制约。由于科研团队多隶属于某一高校或研究机构，受学科专业设置、管理条块分割的影响，学科壁垒难以打破，资源和创新要素分散在各个单一学科，多学科交叉融合难以集中资源共建共享，交叉科学团队评价在不同学科和专业之间面临行政体制的重重阻碍。

其次，交叉科学团队评价受到现有评价方式的制约。现行的科研评价主要采用传统的学科评价体系，以本学科领域的同行评议为主，评价标准多注重项目、论文、专利等量化标准，重阶段性成果轻过程性进展。

最后，交叉科学团队评价会受到成果归属认定方式的制约。目前科研评价多以个人为计量单元，强调“第一作者”和“第一负责人”，在交叉科学团队涉及的多学科、跨单位甚至跨机制的背景下，如果不能形成科学、可行的成果归属认定方式和激励措施，那么有可能挫伤团队的凝聚力和向心力，进而影响团队成员参与交叉科学研究的积极性。

目前交叉科学发展中面临的阻碍已受到政府、高校、学界的各方关注。北京航空航天大学成立的“国际交叉科学研究院”是专门从事交叉科学和前沿科学研究的学术实体，其行政组织形式和科研评价方式提供了有益借鉴。在行政组织形式方面，该研究院实行扁平化管理方式，减少管理层级，享受“学术特区”政策。在科研评价方面，不仅成立专门的学术委员会进行权威的同行评价，并且实行团队化的考核方式，对交叉科学团队实行中期评估和建设目标的整体考核，不再展开研究人员个体的年度考核。国务院颁发的《关于深化项目评审、人才评价、机构评估改革的意见》也明确指出“改进科技人才评价方式，注重个人评价与团队评价相结合，尊重和认可团队所有参与者的实际贡献”，在这一方针指导下，交叉科学团队评价将由注重个人评价朝着注重团队评价的方向转变，以促进交叉科学团队的健康发展，推动科研创新和科技进步[494]。

2. 量子科学交叉科学团队案例研究

量子科学具有物理科学、信息科学等多领域的学科特征，可应用于传感、计量、通信、仿真、高性能计算等多个方面，其学科交叉特征明显。本小节选择量子科学领域具有代表性的两个交叉科学团队为案例，主要从科研队伍和科研成果两方面展开分析。

极端量子信息理论中心（Center for Extreme Quantum Information Theory, MIT-xQIT）是一个由机械工程、物理学、数学、计算机科学等跨学科人员组成的交叉科学团队，隶属于美国麻省理工学院（Massachusetts Institute of Technology, MIT）。该团队主要关注绝热量子计算（adiabatic quantum computing）、量子信道容量（quantum channel capacity）和量子传感控制（quantum sensing and control）三方面的研究，致力于推动量子信息相关理论在计算机、通信网络、全球定位系统等实践中的应用[495]。

量子科学技术研究所（Institute for Quantum Science and Technology，IQST；原名为 Institute for Quantum Information Science，IQIS）成立于 2005 年 10 月，是一个由计算机科学、数学、化学和物理多学科研究人员组成的科研团队，隶属于加拿大卡尔加里大学（University of Calgary, UC）。该团队以量子科学技术的关键理论和实验研究为科研目标，通过跨学科研究、教学等活动促进量子科学技术的发展，力图为量子科学技术以及相关领域提供优质的教育资源，并促进与其他量子科学技术研究所、工业伙伴之间的联系。该团队的研究方向主要有量子光学

（quantum optics）、分子建模（molecular modeling）、纳米技术（nanotechnology）、量子信息和计算（quantum information and computing）[496]。

选择 MIT-xQIT 和 UC-IQST 这两个团队，一方面是由于其团队人员学科背景多样，具有交叉科学团队的基本特征，另一方面是这两个团队历经发展，成果也较为丰硕，能够为定量研究提供充足的数据支持。

本节的分析内容重点关注论文成果，数据来自 WoS 平台上的 SCIE/SSCI 数据库，检索 MIT-xQIT 团队 9 位主要成员的论文，检索 UC-IQST 团队 4 个研究方向上 13 位主要成员的论文，辅以团队官网公布的能够被 WoS 检索到的论文数据。由于 MIT-xQIT 团队成立于 2007 年，因此本节部分内容选择 2007～2018 年的数据展开分析。最后获得 MIT-xQIT 团队的文献数据 391 条，UC-IQST 团队的文献数据 810 条。

在团队成员的学科背景方面，MIT-xQIT 的团队有领导人、高级研究员、博士后研究员、访问学者、学生等成员类别。该团队主要由 9 名领导人和高级研究员构成，其学科背景如表 6-5 所示。

表 6-5　MIT-xQIT 团队主要成员的学科背景信息

团队主要成员	学科背景
Seth Lloyd	数学、科技哲学、物理学（mathematics, philosophy of science, physics）
Jeffrey H. Shapiro	电气工程（electrical engineering）
Edward H. Farhi	物理学（physics）
Jeffrey Goldstone	物理学（physics）
Leonid S. Levitov	物理学（physics）
Sanjoy K. Mitter	电气工程（electrical engineering）
Peter W. Shor	应用数学（applied mathematics）
Jean-Jacques E. Slotine	航空航天（aeronautics and astronautics）
Scott Aaronson	计算机科学（computer science）

UC-IQST 的团队有董事会、职员、附属职员、访问学者、博士后研究员、研究员、技术人员、学生等成员类别。该团队 4 个研究方向 13 名主要成员的学科背景如表 6-6 所示。

表 6-6　UC-IQST 团队主要成员的学科背景信息

团队主要成员	学科背景
Barry C. Sanders	物理学（physics）
Christoph Simon	物理学（physics）
Daniel Oblak	数学和物理学（mathematics and physics）
David Feder	物理学（physics）

续表

团队主要成员	学科背景
Dennis Salahub	化学（chemistry）
Gilad Gour	数学和物理学（mathematics and physics）
Nasser Moazzen-Ahmadi	物理学（physics）
Paul Barclay	物理学（physics）
Peter Høyer	计算机科学（computer science）
Peter Kusalik	化学工程（chemistry）
Robert Thompson	物理学（physics）
Simon Trudel	物理学（physics）
Yujun Shi	化学（chemistry）

观察两个团队成员的学科背景可以发现，MIT-xQIT 团队主要成员的学科属性较为多样，团队成员之间的学科重叠现象较少，并且有复合型人才，如 Seth Lloyd。而 UC-IQST 团队主要成员的学科则集中于物理学，部分成员兼有数学背景，成员之间有较为普遍的学科重叠现象。

在论文成果量方面，所选时间段中，UC-IQST 团队的论文发文量远高于 MIT-xQIT。图 6-6 清晰地反映出了两个团队发文的不同趋势，MIT-xQIT 团队的发文量在经历波动增长期后（2007～2011 年）渐趋平稳，而 UC-IQST 团队的发文量在 2007～2011 年期间增长较为迅速，在经历平稳发展后近年有明显的下降趋势。

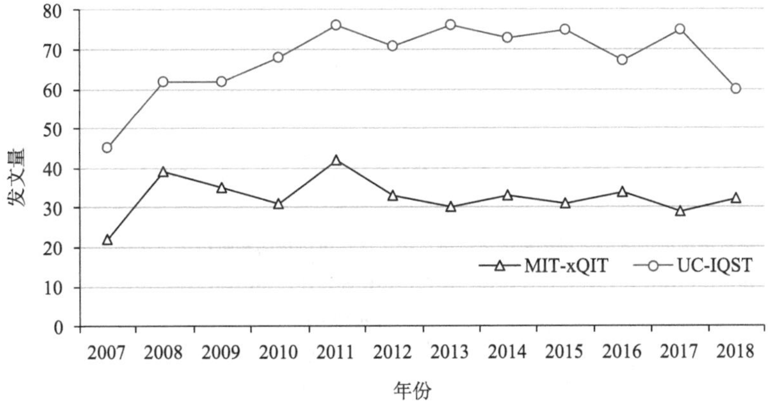

图 6-6 MIT-xQIT 和 UC-IQST 团队发文量变化趋势图（2007～2018 年）

在论文成果的学科分布方面，MIT-xQIT 和 UC-IQST 团队论文成果的主要 WoS 学科分布如表 6-7 所示。对比分析可以发现，MIT-xQIT 和 UC-IQST 论文成果均集中在光学（optics），物理学、跨学科（physics, multidisciplinary），物理学、原子能、分子能和化学（physics, atomic, molecular & chemical）三大领域，说明这三大领域是这两个团队的主攻方向。但是两个团队各有侧重，其中，UC-IQST

的论文成果中物理学、原子能、分子能和化学（physics, atomic, molecular & chemical）是分布最为集中的学科，这与 UC-IQST 团队中有较多的物理学和化学学科背景的成员有一定联系。

表 6-7 MIT-xQIT 和 UC-IQST 团队论文成果的主要 WoS 学科分布

团队	排名	WoS 学科分类	论文数量
MIT-xQIT	1	光学（optics）	195
	2	物理学、跨学科（physics, multidisciplinary）	182
	3	物理学、原子能、分子能和化学（physics, atomic, molecular & chemical）	131
	4	工程、电气和电子（engineering, electrical & electronic）	81
	5	物理学、应用（physics, applied）	67
	6	多学科科学（multidisciplinary sciences）	56
	7	物理学、粒子和场（physics, particles & fields）	56
	8	自动化和控制系统（automation & control systems）	55
	9	物理学、凝聚态物质（physics, condensed matter）	53
	10	物理学、数学（physics, mathematical）	52
	11	材料科学、跨学科（materials science, multidisciplinary）	48
	12	计算机科学、理论和方法（computer science, theory & methods）	35
	13	量子科学和技术（quantum science & technology）	35
	14	计算机科学、信息系统（computer science, information systems）	30
	15	天文学和天体物理学（astronomy & astrophysics）	27
	16	计算机科学、人工智能（computer science, artificial intelligence）	22
	17	数学、应用（mathematics, applied）	20
	18	数学（mathematics）	18
	19	神经科学（neurosciences）	17
	20	化学、物理（chemistry, physical）	13
UC-IQST	1	物理学、原子能、分子能和化学（physics, atomic, molecular & chemical）	346
	2	光学（optics）	237
	3	物理学、跨学科（physics, multidisciplinary）	192
	4	化学、物理（chemistry, physical）	183
	5	物理学、应用（physics, applied）	60
	6	物理学、数学（physics, mathematical）	60
	7	材料科学、跨学科（materials science, multidisciplinary）	51
	8	化学、跨学科（chemistry, multidisciplinary）	47
	9	光谱学（spectroscopy）	47
	10	多学科科学（multidisciplinary sciences）	36
	11	物理学、凝聚态物质（physics, condensed matter）	24
	12	计算机科学、理论和方法（computer science, theory & methods）	23
	13	纳米科学和纳米技术（nanoscience & nanotechnology）	22
	14	物理学、粒子和场（physics, particles & fields）	19

续表

团队	排名	WoS 学科分类	论文数量
UC-IQST	15	量子科学和技术（quantum science & technology）	19
	16	生物化学与分子生物学（biochemistry & molecular biology）	15
	17	工程、电气和电子（engineering, electrical & electronic）	14
	18	物理学、核能（physics, nuclear）	13
	19	设备和仪器（instruments & instrumentation）	12
	20	寄生物学（parasitology）	12

图 6-7 和图 6-8 分别反映了 MIT-xQIT 和 UC-IQST 团队论文成果的学科分布情况，总体来看，两个致力于量子科学研究的团队在主要研究方向和关注点上较为相似。具体到各个团队的研究侧重点方面，从可视化结果中可以发现，MIT-xQIT 的研究更集中于光学（optics）及相关学科，UC-IQST 更集中于物理学、原子能、分子能和化学（physics, atomic, molecular & chemical）及相关学科。进一步结合各团队成员的学科背景，MIT-xQIT 的核心成员 Jean-Jacques E. Slotine 的学科背景为航空航天，在论文成果的学科聚类结果中天文学和天体物理学（astronomy & astrophysics）是该团队较为独特的研究方向。同样地，UC-IQST 有多位核心成员拥有化学领域的学科背景，该团队论文成果的学科聚类排名前 20 的学科中出现的与化学相关的学科明显多于 MIT-xQIT。

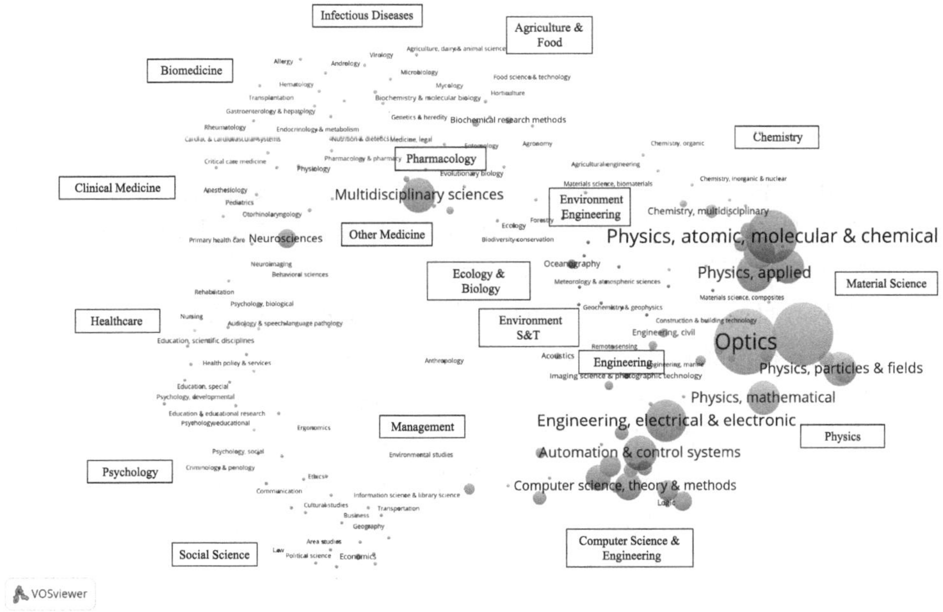

图 6-7 MIT-xQIT 团队论文成果的学科分布图

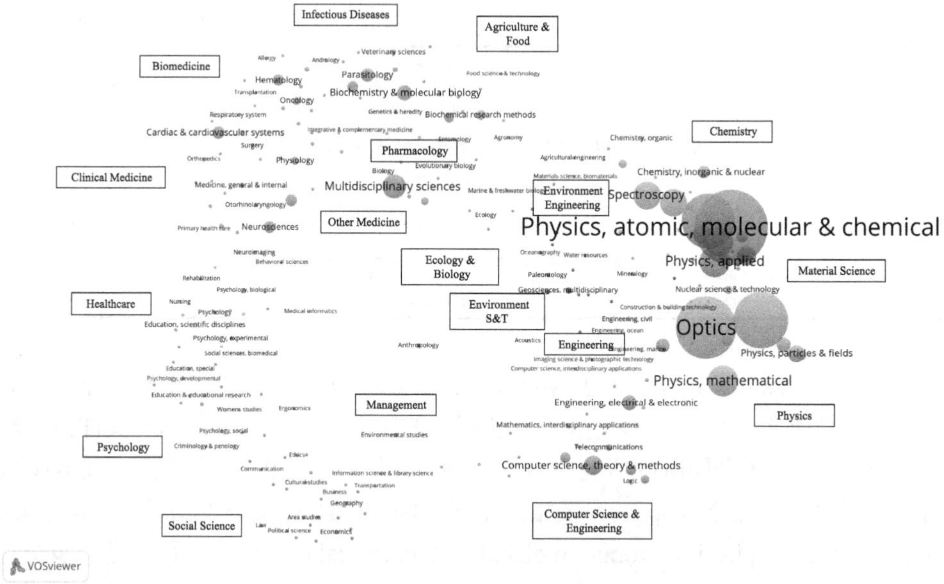

图 6-8 UC-IQST 团队论文成果的学科分布图

在对交叉科学团队成果基本分析的基础上，利用相关指标可以对团队的学科交叉属性有进一步的认识。本书第 4 章已对交叉科学的测度指标做了详细介绍，本小节使用 Num 和 TD 指标来反映 MIT-xQIT 和 UC-IQST 两个交叉科学团队的学科丰富度和多样性，其中 Num 反映的是论文所对应的学科类别数目，用来反映丰富度；TD 指标是测度学科交叉的多样性指标，综合反映参考文献涉及的学科数目、学科之间分布的均匀程度、学科之间的差异和距离，一般 TD 值越大，说明学科交叉度越高。

MIT-xQIT 和 UC-IQST 团队论文成果涉及的学科数量变化趋势如图 6-9 所示。UC-IQST 团队论文涉及的学科平均数目整体有明显的稳步上升趋势，MIT-xQIT 团队论文涉及的学科平均数目却波动较大。并且相较而言，UC-IQST 团队的论文成果的学科数目明显高于 MIT-xQIT，说明在论文成果涉及的学科数目方面，UC-IQST 的多样性明显优于 MIT-xQIT 团队。

MIT-xQIT 和 UC-IQST 团队论文成果的 TD 指标变化趋势如图 6-10 所示。从 MIT-xQIT 和 UC-IQST 两个交叉科学团队论文成果 TD 年平均值的变化情况，可以发现两个团队的学科交叉度均呈增大趋势，UC-IQST 团队的 TD 值呈稳步增长的趋势，而 MIT-xQIT 团队的 TD 值增长波动幅度较大。整体而言，MIT-xQIT 团队的学科交叉度略高于 UC-IQST。

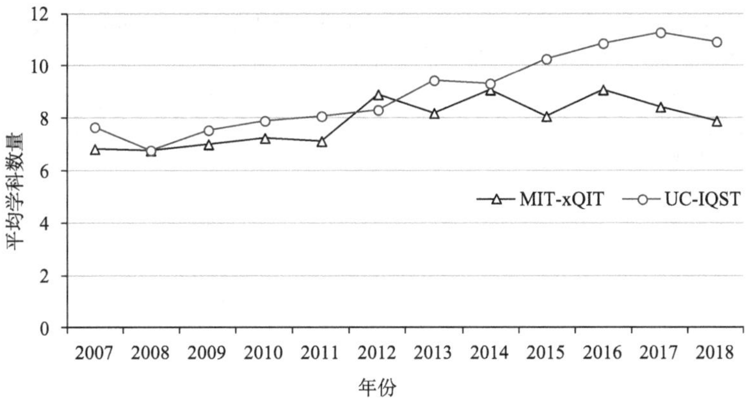

图 6-9 MIT-xQIT 和 UC-IQST 团队论文成果涉及的学科数量变化趋势图

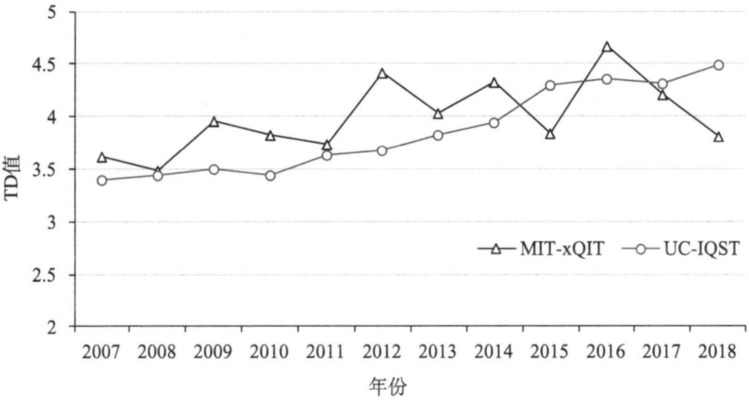

图 6-10 MIT-xQIT 和 UC-IQST 团队论文成果的 TD 指标变化趋势图

综合两个交叉科学团队的 Num 值和 TD 值，可以发现论文成果涉及学科数目多不一定学科交叉度就高，学科数目多，但分布不均匀或者学科差异性小等因素都会使综合的交叉科学测度结果降低。结合团队成员的学科背景可以发现，MIT-xQIT 团队成员的学科背景更为多元，成员之间的学科背景也较少重叠，能够在一定程度上实现知识层面的互相补充和方法层面的相互借鉴。相较于学科背景重叠较多的 UC-IQST 团队而言，MIT-xQIT 团队论文成果的学科交叉度（TD 指标）也相对略高。因而今后在分析交叉科学团队的交叉科学属性时，不仅要关注论文本身涉及的学科数目，更要深入分析学科分布的均匀程度和学科的差异，综合多维视角，全面反映交叉科学团队的学科交叉度。

在对团队交叉科学属性进行分析的基础上，通过探析两个团队的合作情况，可以在一定程度上反映交叉科学属性对团队开展科学合作的影响。表 6-8 反映的是 MIT-xQIT 和 UC-IQST 两个团队科研合作的国家或地区的发文量排名。

表 6-8　MIT-xQIT 和 UC-IQST 团队科研合作国家/地区分布排名表

排名	MIT-xQIT			排名	UC-IQST		
	国家/地区	发文量	占比		国家/地区	发文量	占比
1	美国	392	67.01%	1	加拿大	944	41.84%
2	意大利	39	6.67%	2	美国	233	10.33%
3	英国	30	5.13%	3	中国	106	4.70%
4	加拿大	29	4.96%	4	澳大利亚	87	3.86%
5	德国	22	3.76%	5	英国	72	3.19%
6	中国	10	1.71%	6	法国	67	2.97%
7	以色列	9	1.54%	7	德国	57	2.53%
8	西班牙	6	1.03%	8	瑞士	55	2.44%
9	荷兰	6	1.03%	9	丹麦	48	2.13%
10	澳大利亚	5	0.85%	10	日本	47	2.08%

整体来看，MIT-xQIT 团队共涉及 24 个合作国家或地区，UC-IQST 团队共涉及 96 个合作国家或地区，直观地反映 UC-IQST 团队的合作范围明显大于 MIT-xQIT 团队。从合作强度来看，MIT-xQIT 团队来自美国，其科研合作大部分属于本土合作，也有一部分与意大利、英国等欧洲国家以及其他区域的国家的合作，但与其他国家的合作强度远不及本土合作；UC-IQST 团队来自加拿大，但其科研合作不局限于本土，而是与美国、中国、澳大利亚以及英国等国家均有着较为紧密的合作关系。

前文分析显示 MIT-xQIT 团队有着相对较高的学科交叉度（TD），然而在合作范围以及与合作伙伴的合作强度方面却不如学科交叉度稍低的 UC-IQST 团队。这说明学科交叉度高的团队不一定有更为广泛和密切的合作，当然这也有可能是因为受到 MIT-xQIT 团队的所在国家——美国，有着更为先进的科学技术和科研基础的影响，因而在合作选择时更倾向于本土合作。

本小节通过对量子科学领域两个具有代表性的交叉科学团队的科研队伍和论文成果的对比分析，展示了两个交叉科学团队的交叉科学特征。从科研人员的学科背景，论文成果的学科分布、发文量、涉及的学科数目、学科交叉度，科研团队的合作情况多方面综合反映交叉科学团队的科研表现，以期为今后相关的交叉科学团队评价工作提供一定的思路启示。

6.4　交叉科学项目评价

交叉科学研究融合了多学科理念与方法，不断显示出其在解决重大、复杂问题中的积极作用，逐渐受到各界的关注与重视。交叉科学研究多依托项目形式展开，通常需要来自不同学科科研人员的协同合作，并在两个或两个以上学科知识的基础上进行关联整合，创造出新的理解或方法。协调多学科合作、管理跨学科团队与评估交叉科学成果均对交叉科学项目的成功开展具有重要意义。因此，交叉科学项目评价需要在知悉多学科知识方法的基础上，明晰该项目各阶段的主要投入与产出成果，综合利用多种方法进行评价。本节将在介绍目前有关交叉科学项目评价研究进展的基础上，进一步梳理现有项目评价方法与指标，并结合具体案例展开分析。

6.4.1 主要研究进展

科研评价（或质量评估）是指系统地评审一项科学研究的意义与价值的活动，包含对科学研究的质量判断、结果评价以及相关的评价程序[497]。依据评价对象与目标的不同，评价内容及主体存在不同程度的差异。交叉科学研究多以解决复杂科学问题为导向，通常包括多个研究目标与计划，因此往往以大型科研项目为依托展开研究。相较于普通的科研评价，交叉科学评价本身更具复杂性[498]。因此，较早便有学者指出在评价交叉科学研究项目时，首先需要明确交叉科学项目是什么，应该包含哪些特征等。杨永福等发表在《科学学研究》上的文章中将交叉科学项目定义为：将不同学科领域的科研人员或研究群体集结成一体，综合利用多个学科的知识、方法和设备，进行统一管理的，以解决问题或实现共同目标为导向的研究项目[499]。这其中，存在一个符合社会实际发展需求且具有创新性的研究问题或目标是构建交叉科学项目的前提。然而，一个合适的问题或目标并不足以构建完整的交叉科学研究项目，因此该文进一步提出交叉科学项目需要具有的五大特征，如表 6-9 所示。

表 6-9 交叉科学项目五大特征[499]

特征	说明
互补关系	项目内的多学科研究人员需要在知识、方法与技术手段上能够相互补充
相容关系	交叉科学项目实行过程中，从申请书撰写到后期共同开展研究，都需要创建多学科均可以理解的语境平台（context platform），实现多学科的真正交叉融合
队伍组成均衡	团队人员学科背景配比合理，组成均衡
边界划分清楚	各学科的任务划分清晰，有相应的管理措施
规范明确、协议清楚	各学科研究目标明确，管理机制完善

科研项目种类各异，从小型项目到国家层级的研究项目，从科研人员个人关系组合的项目到学术组织层面的项目，从纯学术项目到学术界与工业界合作的项

目等，不同种类的科研项目评价标准各有差别。另外，项目开展的不同阶段也有不同的评价类型，如事前评价与事后评价。同时，交叉科学项目评价还需要依据项目涉及的学科内容、学科知识融合程度、机构属性、团队配置以及项目目标等项目属性进行具体设置，具有一定的多样性和复杂性[103]。因此，虽然交叉科学的研究项目拥有巨大的发展潜能，但由于管理、协调和评估交叉科学项目中需要考虑多学科融合的复杂性[500]，因而相关研究多聚焦于项目开展过程中的不同学科的认识论差异、各学科之间的交流障碍以及如何更好地融合多学科内容以促进交叉科学项目进展等问题[55, 500, 501]。同时，目前多数科研项目以科学基金资助的形式展开，各国主要基金机构在设立交叉科学基金项目的同时，也依照其机构设置特点以及项目资助形式等，逐渐构建起各自的交叉科学申请项目与项目成果评价标准。国际研究理事会（Global Research Council, GRC）在其有关交叉科学基金项目的报告中称，多数基金机构表示目前他们并未找到合适且有效的针对交叉科学申请项目的评审办法，而且也暂未出现针对成功获得基金资助的交叉科学项目的事后评价指标[502]。Huutoniemi 也曾指出有关交叉科学项目评价的研究还较为缺乏[503]。

目前学界虽然还未建立针对交叉科学项目的统一评价标准与体系，但已有不少学者以具体交叉科学项目为案例，开展相应的项目评价方法研究。如 Raymond 等以美国国立卫生研究院（National Institutes of Health, NIH）资助的“女性健康领域的交叉科学职业生涯研究”（The Building Interdisciplinary Research Careers in Women’s Health, BIRCWH）项目为例，分析如何系统、可持续地评价交叉科学项目[504]。该研究认为传统科研评价仅关注学术成果，缺乏对科研项目实施过程中的多种信息源的收集与评估。因此，Raymond 等提出“过程评价”（process evaluation），即通过系统地收集交叉科学项目开展过程中的相关信息，具体如项目申请书、项目年度报告，以及项目过程中开展的工作坊信息等，将此类信息进一步整理形成文件，从而对交叉科学项目的实施过程进行整体把握与评价。Baerwald 等以 NSF 资助的长达 15 年的交叉科学基金项目——“自然界与人类系统的动态影响”（The Dynamics of Coupled Natural and Human Systems Program）为例进行分析，强调交叉科学基金项目的事前评价，该研究认为交叉科学基金项目申请书的评审对于项目的成功开展具有重要意义。其中有针对性地选择项目评审组成员是合理评价该交叉科学项目申请书的关键，合格的评审人员应具备相应的多学科研究基础，并且能够正确地理解该交叉科学项目的研究目标[505]。此外，学者 Avila-Robinson 等指出利用同行评议的方法评价交叉科学项目存在较大的局限，主要是由于选择具有多学科专业背景的评审专家较为困难，同时某一领域的权威专家也会存在缺乏新兴学科的背景知识等情况，因此 Avila-Robinson 等在以日本的“世界顶级国家研究中心计划”（The World Premier International Research Center Initiative, WPI）为案例进行分析的基础上，进一步提出应利用文献计量学方法，对交叉科学项目进行更加客观、高效的定量评价，而非仅仅依赖评审专家的意见[506]。

除了以具体交叉科学项目为案例开展的评价方法研究，也有学者尝试提出具有一定普适性的评价交叉科学研究的基本原则与方法。杨永福等指出交叉科学项目评审的专家应该涵盖项目所涉及的所有学科，如单一学科项目由 5 个专家进行评审，则交叉科学项目应由所涉及的每个学科至少 3 位专家参加评审，并且要求每位评审专家标明其所在学科的代码，同时需要基于该项目所涉及多个学科的不同权重，设计专家投票的权重[499]。再如本章提及，Klein 通过文献回溯，总结了评价交叉科学项目的七大原则及具体内涵，如表 6-10 所示[103]。

表 6-10　交叉科学项目评价七大原则[103]

名称	具体内容
研究目标多样性（variability of goals）	评价交叉科学研究需要明确该研究包含的多个研究目标
评价指标多样性（variability of criteria and indicators）	交叉科学研究涉及多学科理论与方法，需综合利用多种评价方法与指标
交叉融合性（leveraging of integration）	交叉科学评价应重视对学科内容的交叉融合程度
合作中的社会性互动（interaction of social and cognitive factors in collaboration）	交叉科学评价应从认识论层面考量项目成员间的互动与沟通
项目管理与领导（management and coaching）	有力的领导与高效的管理是保证交叉科学项目顺利开展的关键手段。评价交叉科学项目需要纳入项目的领导力水平与监管机制等因素
研究体系完整性与透明性（iteration and transparency in a comprehensive system）	评价交叉科学研究需要考量其横向管理机制与纵向项目实施过程中的透明公开性，以及研究体系的完整性
有效性与影响力（effectiveness and impact）	交叉科学项目评价需要关注项目各种不同类型成果的有效性与影响力

在 Klein 提出的七大原则的基础上，Bark 等以涵盖超过 10 个学科领域内容的大型交叉科学项目为例进行分析，阐述该大型交叉科学项目评价的方法流程，如图 6-11 所示[500]。步骤 1 即通过对项目成员的匿名调查，获取各成员对项目的真实反馈意见，包括项目的重要挑战、外部环境、项目管理等内容。步骤 2 即在步骤 1 中收集项目反馈信息的基础上，组织工作坊并进行集中讨论，以解决在步骤 1 中提出的影响项目开展的关键问题。步骤 3 即利用文献计量学方法与指标对交叉科学项目不同阶段的内容进行定量测度，并在测度结果上进一步评价，如利用交叉科学项目的学术成果对该项目的学科融合度进行计算与测度等。步骤 4 与步骤 5 即利用上述七大评价原则，对该交叉科学项目进行定性分析与评价，并提出相关建议。

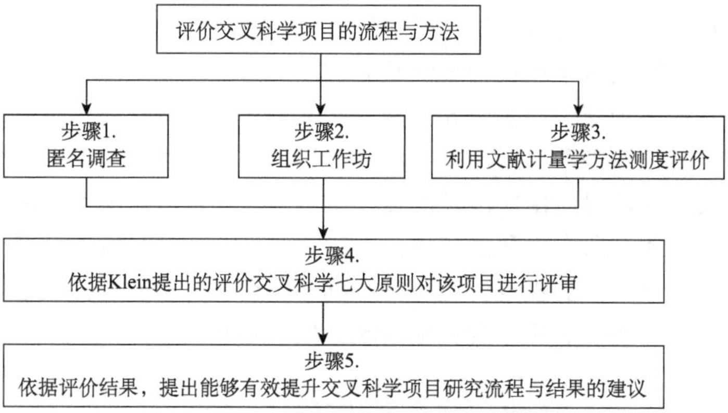

图 6-11 交叉科学项目评价流程[500]

科研项目是目前科学研究的主要依托形式，交叉科学项目是解决不断复杂化的社会与科技问题的关键方法，科学合理的交叉科学项目评价体系是保证交叉科学项目有效性的核心手段。目前学术界尚未有针对交叉科学项目的统一评价方法与指标，多数学者通过以具体的科学基金项目或者大型交叉科学项目为例，设计评价交叉科学项目的主要方法以及基本原则，为科研管理机构与科学基金机构提供评价方法的借鉴。

6.4.2 主要方法及案例

由于科研项目的长期性、复杂性以及多维性等特征，多数科研项目管理基金与基金机构以同行评议方法为主，同时辅以文献计量学方法对交叉科学项目进行评价。交叉科学项目评价涉及项目申请阶段的评审（事前评估）与项目结束的成果评价（事后评估），交叉科学项目的成果评价是多数科研管理与基金机构关注的重点，主要以该项目产出学术出版物为评价主体，综合多种指标对其进行交叉科学测度，从而进一步分析交叉科学项目成果的学术与社会影响力。目前针对交叉科学项目的事前评估，主要以各科研管理机构和基金机构组织专家评审团进行同行评议为主，此部分将会在本书第 8 章进行讨论，本节不再赘述。利用定量方法对交叉科学项目进行事前评估的研究较少，本节将重点梳理此类评估方法。

多学科交叉属性是评价交叉科学项目的核心内容，交叉科学的测度通常依赖文本引用，如检测“跨学科”“交叉学科”以及“多学科”等词的引用，或者采用文献计量分析作者所属学科关系以及出版物中的引用信息等。然而交叉科学申请项目中既不可能存在该项目已发表的出版物信息，也不能仅仅以“跨学科”“交叉学科”以及“多学科”等词判断该申请项目的交叉科学属性。因此，此类测度方法在评估交叉科学申请项目时具有较强的局限性。项目申请书是交叉科学项目的重要文本分析材料，是对项目进行事前评估的重要信息来源，包括了该项目所涉及的学科信息以及项目本身的文本内容，具体如项目研究思路、方法、技术手段、预期成果等。因此，本节主要关注利用项目申请书涵盖的学科信息以及文本主题信息对交叉科学项目进行测度与评价的方法，并将每种方法结合案例进行阐述。

6.4.2.1　申请书归属学科视角

科研项目的申请首先需要明确该项目所属的学科领域，多数基金机构的项目申请书均包含项目所涉及学科代码信息，Bromham 等发表在 *Nature* 杂志上的研究即利用交叉科学申请书中所包含的学科代码信息，对 2010～2014 年提交到澳大利亚研究理事会（Australian Research Council, ARC）“探索项目”（discovery program）的 18467 个申请项目进行交叉科学程度测度，并最终得出跨学科程度与资助概率呈负相关的结论[507]。“探索项目”的提交系统设置了 1238 个学科类别，项目申请者需要在提交项目申请书的同时，至少选择其中一个类别并标注在其申请书内，选择多个学科代码时需要指定每个学科代码在申请项目中的所占比重。每个项目申请书中填写的学科代码比重之和应为 1.0。

ARC 的学科代码中包含一定的层级信息，例如“06 生物科学”包含 9 个下位学科，如“0603 进化生物学”（evolutionary biology）；“0603 进化生物学”又包含了 12 个下位学科，如“060309 系统发生与比较分析”（phylogeny and comparative analysis）等。其中，代码为两位数的被定义为“学部”（domain），4 位数的为“部”（division），6 位数的为“组”（group），8 位数的为“领域”（field）。该文章试图通过所有申请经费支持的研究计划中包含的学科信息来计算各研究计划的“跨学科距离指标”（interdisciplinary distance metric, IDD）。

该研究借鉴进化生物学中解释物种亲缘关系的物种均匀度指标（phylogenetic species evenness, PSE）对申请项目进行跨学科测度，亲缘关系越近的物种，PSE 值越小。对项目申请书中的学科代码而言，研究领域越接近的学科，跨学科程度越低。具体地，所有仅标注了一个学科代码的研究计划，其跨学科距离指标（IDD）被定义为 0；如果一篇研究计划中所有被标注的代码均来自不同的“部”，其 IDD 值被定义为 1。例如，如果一篇研究计划中包含有 040604（自然灾害研究，50%）和 091307（数值模拟和机械表征，50%）2 个不同的学科代码，它的 IDD 值将为 1。数据集内 IDD 值非零且最小的研究计划则使用以下学科代码：010102（代数与微分几何，95%）和 010110（偏微分方程，5%），其 IDD 值为 0.0633。

该方法借鉴生物学中的物种均匀度，利用基金项目学科代码对其进行交叉科学测度，能够应用至多个以学科代码划分项目申请的基金机构，从而为评价交叉科学申请项目提供更加定量、客观的方法借鉴。

6.4.2.2 申请书文本内容视角

相比于学术出版物，项目申请书能够提供更加宏观的研究框架与思路，同时包括详细的多学科理论与方法的融合等内容，因此申请书的文本信息是对项目进行交叉科学测度与评价的核心内容。NSF 率先利用计算机文本挖掘以及内容分析等方法，对其 2000～2011 年资助项目的申请书进行文本分析，构建资助项目的主题模型。该主题模型为科研人员后续测度基金项目的交叉科学属性提供了新的思路与方法。Nichols 利用 NSF 的主题模型，选择社会、行为与经济科学部（Directorate for Social, Behavioral, and Economic Sciences, SBE）的 14255 个基金项目进行交叉科学测度[508]。

NSF 基金项目的主题模型是由加利福尼亚大学的 David Newman 基于 LDA 主题算法进行创建的[509]。通过机器学习 NSF 2000～2011 年近 17 万个项目申请书的文本内容，共得到 1000 个“潜在主题词库”（latent topic bins），其中 77 个词库仅包含不具实质意义的主题词，如“the”“and”等。基于 923 个具有实质意义的主题词库，所有资助项目均被贴上最多 4 个“主题标签”（topic tag），按照与申请书的关联程度进行排序，并进一步依据该顺序将主题词进行权重分配。为进一步利用每个项目的主题标签对其交叉科学属性进行测度，Nichols 在其研究中将 923 个主题词库按照 NSF 的学部分类系统进行分类，所有隶属于社会、行为与经济科学部的主题词库（SBE-specific）按照该学部的学科领域类别进行二次细分。对于在该学部项目核心项目中出现多次或者出现在该学部资助的交叉科学项目中的主题词，需要进行逐一甄别，以确定该主题词是否可以真正划分至该学部下的不同学科领域，无法准确划分至社会、行为与经济科学部下属学科领域的主题词标记为 SBE—Non-Specific。这类词语通常是社会科学研究方法类词汇、较宏观的社会问题词汇以及地域词汇等，具体如定性分析（qualitative analysis）、移民（immigration and migration）、中东地区（Middle East Region）等。

NSF 社会、行为与经济科学部各学科项目数量与 SBE-specific 主题词数量分布如表 6-11 所示。

表 6-11 社会、行为与经济科学部各学科项目数量与 SBE-specific 主题词数量分布[508]

SBE 核心学科	项目数量	主题词数量
人类学（anthropology）	1543	7
考古学（archaeology）	1106	6
认知科学（cognitive science）	570	5
决策科学（decision science）	514	3
经济学（economics）	1598	10

续表

SBE 核心学科	项目数量	主题词数量
地理学（geography）	1077	3
法学（law）	573	3
学习科学（learning science）	290	4
语言学（linguistics）	830	7
研究方法、测量与统计（methodology, measurement, & statistics）	251	3
政治学（political science）	806	3
社会心理学（social psychology）	383	3
社会学（sociology）	1049	2
科学、技术与社会（science, technology, and society）	1102	5
其他（非 SBE 特定学科）（other（SBE-nod disciplinary specific））	2533	21
共计	14225	85

基金项目的交叉科学程度是利用每个基金项目的主题标签所属的学部与学科领域进行计算的。若某一基金项目的主题标签属于多个该学部内的不同学科领域，则该项目具有“内部交叉科学属性”（internal interdisciplinarity）；若某项目的主题标签中至少有一个属于非本学部的主题词，则该项目具有“外部交叉科学属性”（external interdisciplinarity）。每一个基金项目内的学科分布是基于主题标签排序的权重分配进行计算的。NSF 项目主题标签权重与交叉类型示例如表 6-12 所示。以第一个基金项目为例，该项目共有 4 个主题词，则依据主题词排序，从高到低的权重为分别 0.4，0.3，0.2 和 0.1。4 个主题词中，排序第一、第二和第四的主题词均属于生物学领域，则生物学领域在此项目中的权重为 0.4+0.3+0.1=0.8，地理学的权重为 0.2。此外，由于生物学与地理学均不属于社会、行为与经济科学部，且两者各自也属于不同的学部，因此将这种交叉类型定义为“外部交叉”。对于第二个项目来说，其涉及的法学、经济学与社会学领域均属于社会、行为与经济科学部，因此将其交叉方式定义为“内部交叉”。

表 6-12 NSF 项目主题标签权重与交叉类型示例[508]

基金项目主题词数量	主题词权重	样本项目主题词学科分布	样本项目学科权重	交叉科学类型
4	0.4, 0.3, 0.2, 0.1	生物学、生物学、地理学、生物学	80% 生物学 20% 地理学	外部交叉
3	0.44, 0.33, 0.23	法学、经济学、社会学	44% 法学 33% 经济学 23% 社会学	内部交叉
2	0.55, 0.45	语言学、语言学	100% 语言学	无交叉
1	1	考古学	100% 考古学	无交叉

这种较为简单的“三元”（外部交叉、内部交叉、无交叉）权重分配方式虽然能够清晰简洁地显示给定基金项目的交叉类型，但是无法更加精准地提供各基金项目的交叉程度。如某两个基金项目均仅包含 2 个主题词，但是 2 个主题词来自相近学科（如人类学和社会学）的项目的交叉程度往往比 2 个主题词来自差别较大的学科（如经济学与生物学）的交叉程度低。因此，可以在上述方法的基础上，进一步借鉴 Stirling 多样性指数，计算各基金项目的交叉科学程度，具体公式参见本书第 4 章。

NSF 基金项目主题模型的构建是该研究利用申请书文本信息进行交叉科学测度的基础，通过申请书文本信息提取各项目主题词，并根据主题词所属学科领域进一步进行交叉类型划分以及交叉程度测度，从而为各基金机构评价交叉科学项目提供新思路。

6.5 本章小结

随着越来越多交叉科学研究的出现及其在认识世界和改造世界中发挥作用的不断增大，交叉科学研究在科研领域中的生命力得到充分的证明。合理有效的科研评价机制是交叉科学良性发展的保障，也是培养交叉科学科研人员、构建交叉科学科研团队、扶植交叉科学科研项目以及制定相关科技政策的重要基础。本章节从传统科研评价延伸至对交叉科学研究评价的基本内容与方法的介绍，以交叉科学科研人员、团队以及项目为评价对象，梳理相关研究进展，并在总结不同的评价及测度方法的基础上，进一步结合案例进行分析。

交叉科学研究的评价方法主要为同行评议与文献计量学方法，评价内容依据评价对象和目标的不同而有所差异。交叉科学科研人员、团队以及项目三者的评价有所交叉，同时也各有侧重。科研人员是开展交叉科学研究的主体，对科研人员的评价通常会涉及该人员的学术成果、所在团队/机构背景、参与项目等。科研团队是实现交叉科学研究的普遍形式，对科研团队的评价通常会涉及该团队的学术成果、团队成员构成及学科背景、团队承担的项目等。科研项目是开展交叉科学的主要依托形式，交叉科学项目事前评价涉及项目成员背景、项目团队构成以及项目申请书所包含的内容等，事后评价则主要以项目产出成果为评价主体。交叉科学研究的评价对象之间相互关联、相互包含，同时也各有不同。因此，评价交叉科学研究需要在明晰评价对象与评价目标的基础上，明确评价内容，综合定性与定量评价方法，合理选择评价指标，对交叉科学研究进行多维、全面的评价。

7 交叉科学研究的延伸：从学科交叉到技术会聚

在现代科学技术的发展过程中，学科之间的交叉与渗透、技术之间的会聚与融合逐渐成为推动现代科学技术发展的重要力量。随着技术之间的边界模糊化演变，许多重大的技术发现与创造已经无法仅仅依赖于单一的技术领域，技术会聚在推动新兴技术产业发展中的作用越来越突出[510]。探究技术会聚的内涵、融合模式以及测度指标，对于洞察未来机会、规划研发活动、推动技术创新、引导新兴产业的形成与发展等具有重要的理论价值与实践意义。本章在明确了技术会聚的概念与内涵的基础上，梳理了主要国家推动技术会聚的相关政策，探索了技术会聚的测度方法及其与学科交叉的异同点，最后以大数据为案例分析了当前大数据研究的学科交叉程度与技术会聚程度。

7.1 技术会聚概述

7.1.1 技术会聚的兴起与发展

交叉科学研究通常需要聚集具有不同学科背景的科研人员，在构建跨学科研究团队的基础上，综合运用多学科知识与方法技术，解决科学研究与社会生活中的复杂问题。自 20 世纪 20 年代开始，交叉科学被广泛应用于工业研究实验室与科学研究实验室[511]。随着时代的进步与科技的发展，科学研究在各学科知识理论不断交叉融合的基础上，逐渐出现技术会聚与交融的新趋势，进而演变出“会聚”这一全新的理念。1963 年，内森·罗森伯格（Nathan Rosenberg）首次发现会聚现象，提出“技术会聚”（technology convergence）这一概念，即“两个迄今不同的工业部门共享同一知识和技术基础的过程”，并进一步研究机械制造业中机械仪器技术的会聚现象[512]。

自此，技术会聚研究逐渐进入大众视野。20 世纪 70 年代起，光学、机械、电子三种技术之间的会聚研究不断推动着多种新兴技术的产生及应用；70 年代，机械与电子技术的会聚推动机电一体化复合技术的诞生；80 年代，光学与电子技术的会聚，促成光电一体化复合技术的诞生，柯达公司于 1991 年推出的第一台消费型数码相机 Kodak No.1，正是该项会聚技术的产物；90 年代，光学、机械、电子技术三者的会聚，促成光机电一体化复合技术的产生。与此同时，生物技术产业、通信与信息技术产业、纳米技术产业等也相继出现并蓬勃发展。进入 21 世纪以来，众多新兴技术更是如雨后春笋般不断涌现，其特点是均由两门或多门技术会聚而成，如虚拟现实技术、人工智能技术、物联网技术、生物制造技术等。技术会聚的不断发展不仅催生出一大批具有交叉融合特质的前沿技术，还推动着一系列科技公司的成长。如专注于生物技术的 Genetech 公司，致力于纳米技术应用的美国 ANT 公司（Applied Nanotechnologies, Inc., 美国应用纳米技术集团），深耕于信息与通信技术领域的美国 Cisco 公司、Qualcomm 公司等，无一不是在技术会聚中不断吸取创新的养分，逐渐发展壮大的典型代表。

2001 年 12 月，美国商务部（United States Department of Commerce, DoC）、国家科学基金会（NSF）和国家科技委员会（National Science and Technology Council, NSTC）下设的纳米科学工程与技术分委会（The National Science, Engineering, and Technology Subcommittee, NSET）在华盛顿联合发起圆桌会议。该会议首次提出“NBIC 会聚技术”的概念，即纳米技术（nanotechnology）、生物技术（biotechnology）、信息技术（information technology）、认知科学（cognitive science）四大前沿科技的整合发展，并就“会聚四大技术，提升人类能力”这一议题展开深度研讨[513]。2004 年 1 月，艾尔弗雷德·诺德曼（Alfred Nordmann）等学者向欧盟提交了一份题为《会聚技术：塑造欧洲社会的未来》（*Converging Technologies: Shaping the Future of European Societies*）的报告，该报告就会聚技术与欧洲社会发展之间的关系进行研讨，并提出应将会聚技术作为欧盟优先研究主题，同时应将发展“欧洲知识社会的会聚技术”（Converging Technologies for the European Knowledge Society, CTEKS）作为未来发展的重要战略举措[514]。2004 年 10 月，在中国“国家杰出青年科学基金实施十周年学术报告会”上，路甬祥、陈宜瑜、白春礼、郭雷、裴钢等知名科学家都提到“NBIC 会聚技术”将会为中国的发展带来新的机遇[515]。

“会聚技术”虽然只是 21 世纪提出的新概念，但整合不同学科领域的技术手段时发现，这一理念较早便已出现在多国的研究与战略布局中，如美国国家研究理事会（National Research Council, NRC）在《促进计算机科学和生物学交叉领域的研究》（*Catalyzing Inquiry at the Interface of Computing and Biology*）[516]、《数学和二十一世纪生物学》（*Mathematics and 21st century biology*）[516]、《生物学启示：从分子到材料到机器》（*Inspired by Biology: From Molecules to Materials to Machines*）[517]和《物理学和生命科学交叉领域的研究》（*Research at the Intersection of the Physical and Life Sciences*）[518]等多个报告中，均对各个学科领域交叉研究带来的重大挑战和机遇进行深度探讨，并列举出一系列整合众多学科领域技术以解决复杂科学问题的鲜明例子。至今，技术会聚研究仍是全世界关注的前沿话题。

7.1.2 技术会聚的内涵

随着对会聚研究的深入推进，学术界对"会聚"这一理念的定义和整体分类基本达成共识。会聚（convergence）是指离散项或异质项转换成统一体，或不同技术、设备、行业整合成一个统一整体的过程[519, 520]。作为交叉科学研究的一种扩展形式，会聚研究是人类对社会与科技发展的最新思考，能够揭示当前正在发生的生命科学、物理学、化学、材料科学、数学以及工程学等领域技术会聚的重要趋势。会聚研究需要在跨越多范围、多维度和多数据模式的不同领域的基础上，使得多种不同的技术综合成为一个整体，从而在超越个体技术研究模式的同时，创新技术发展模式，促进社会与科技的整体进步。该研究范式不仅能够为解决愈加复杂的科学问题提供新的思路，也可以为社会经济发展带来新的增长模式[511]。

会聚分为科学或知识方面的会聚（学科交叉）、技术方面的会聚（技术交叉）、产业方面的会聚（产业交叉）以及市场方面的会聚（市场交叉）[521]。技术会聚是对现有不同领域技术的组合或重组[522-524]，产生于现有技术的交叉点，通过整合与重组现有技术领域的潜在知识，获得先前技术所不具备的新功能，实现技术变革。需要注意的是，该技术变革并非是产生全新的技术，而是在整合现有技术的基础上实现创新[519, 520, 525]。当前许多新兴技术领域均为技术会聚的产物，如生物纳米系统、纳米机器人、分子医学、人机交互等。根据技术会聚层面的不同，Choi等将技术会聚划分为跨领域技术会聚（inter-field technology convergence）和跨部类的技术会聚（inter-sector technology convergence），跨领域技术会聚通常发生在同一部类下，跨部类技术会聚则是发生在不同部类之间[526]。

技术会聚研究的结果是产生会聚技术（converging technologies）[527, 528]，会聚技术具有先前技术所不具有的新功能，在提高生产效率的同时，也能够改革经济增长模式[529, 530]。当今世界不断涌现出不同类型的会聚技术，其中NBIC会聚技术吸引了众多学者的目光。如上文所述，NBIC会聚技术的概念由美国多个科研管理机构于2001年举办的圆桌会议首次提出，与会专家认为：这4个领域的技术当前都在迅速发展，每一个领域都潜力巨大，其中任何技术的两两或交叉融合、或会聚集成，都将产生难以估量的影响。此外，Roco等学者研究NBIC会聚技术的升级版——CKTS（convergence of knowledge, technology, and society，知识、技术和社会的会聚）。Roco等认为在看似不相关的知识、技术、社会和人类活动领域之间存在着动态的相互作用，它们之间相互兼容、协同和融合，并在此基础上创造出新的技术或知识甚至产生新兴研究领域。在这个过程中，不同领域向着一个共同的目标向外扩展，许多不能从单一方面（知识、技术或社会）解决的问题都可以迎刃而解，并促使多种附加产品或行业的产生[531]。除此之外，遗传学、人工智能（artificial intelligence）等技术领域也逐渐显现出与其他技术的会聚趋势。不同领域之间的协同和融合将有助于创造新的技术与学科，推动经济发展和社会进步。

7.1.3 技术会聚与技术融合的辨析

自 1963 年内森·罗森伯格首次发现会聚现象，许多其他相关术语，如技术融合（technological fusion）[532-534]和多学科技术（multidisciplinary technology）[535]等被用于描述不同级别的类似现象。其中，技术会聚与技术融合是被学者使用最多的两个概念，并且由于两者均可以应用于诸如电子通信、信息技术和电子产业等新兴产业技术中，所以一些学者将技术会聚与技术融合一并而论[529, 536]。本节将从技术会聚与技术融合的概念内涵出发，通过探讨其融合模式的差异以及梳理当前相关研究内容，对两者进行辨析与探讨。

1. 概念内涵

众多学者认为，多数情况下技术融合与技术会聚是可以交互使用的，两者均可以表示基于对现有技术的会聚或融合，在同一个点衍生出新的技术分支[519, 536]。同时，也有学者指出两者之间的细微差异：技术融合实质是现有技术的替代与互补，代表的是基于现有技术的创新性突破；而技术会聚则被相对广义地界定为将两种以上的核心技术进行创新整合，发展成为不同于现有技术地新方向[529, 537-539]。与上述观点类似，Curran 和 Leker 也曾提及，技术融合是指在原有的技术上融合产生新的技术分支，而技术会聚则是突出强调不同技术的创新整合，并向着不同于现有的新方向发展[522]。技术会聚与技术融合概念的详细辨析梳理如表 7-1 所示，不同学者针对技术会聚与技术融合的概念，有着殊途同归的诠释。

表 7-1 技术会聚与技术融合概念辨析

概念	说明
技术会聚	两个迄今不同的工业部门共享同一知识和技术基础的过程[512]
	某产业领域新出现的技术范式对全部产业施加影响力的过程[540]
	将不同技术深度整合以形成全新技术和产品的过程[537]
	知识融合向技术创新潜力的转化，从而允许产业间的知识溢出，以实现新的技术整合[541]
	不同科学技术领域中各要素的融合，并向着新方向发展的过程[522]
	两个或多个应用领域的技术组合或重组[523, 524]
技术融合	多种现存技术整合成混合技术的技术发展方式[539]
	一个行业的进步或创新开始显著影响或改变其他行业的产品开发、竞争和价值创造过程的性质时，就会出现技术融合[537]

续表

概念	说明
技术融合	不同技术的水平整合，所谓水平整合即基于创建新功能或者新产品的目的，不同领域技术相互吸收、相互借鉴，以求在扩展各自专业技术的同时，强化企业间的合作关系[534] 两种以上技术在同一个位置合并成一项或多项新的技术[522]

2. 融合模式

在梳理不同学者针对技术会聚与技术融合的多种诠释的基础上，为了更清晰地描述多领域技术是如何进行会聚或融合的，本小节将以两个相差甚远的领域 A、B 为例，进一步呈现进行技术会聚与技术融合时的演化方向，如图 7-1 所示。

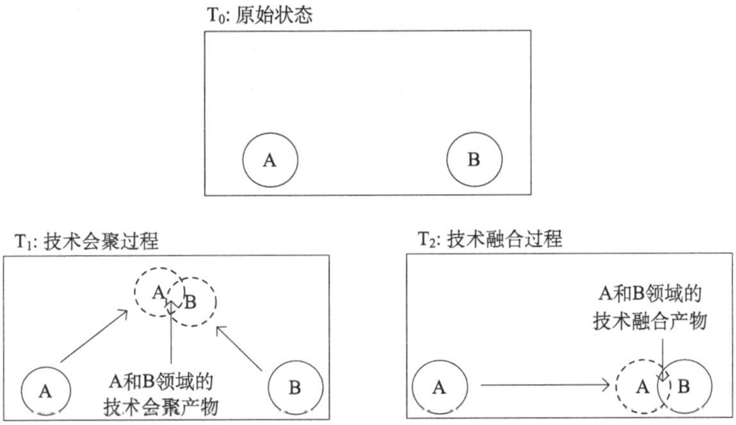

图 7-1 技术会聚与技术融合的融合模式差异[521]

对于两个完全不同的研究领域 A、B 而言，两者进行技术会聚的过程即为其不断探索的过程，通过将来自两个领域的技术进行创新整合，使其向着不同于现有的新方向发展。而当研究领域 A、B 进行技术融合时，意味着将其中一个领域的某种技术用另一个领域内的技术替代，新生成的技术可以部分取代原有技术的作用。如机电一体化技术属于机械和电子技术的会聚技术，合成生物学领域是纳米生物学与工程技术领域技术会聚的产物，而智慧物流技术则为典型的技术融合产物。

3. 研究内容

对于技术会聚与技术融合的融合模式辨析有利于从内涵上对两者进行区分，

而研究内容辨析则是对两者差异的直观呈现。本节通过对研究主题词的计量与分析，利用可视化技术直观地展示技术会聚与技术融合领域的主要研究内容，从而为更好地辨析与理解两者的共性与差异提供更加生动的描述。具体而言，本节通过检索并搜集以技术会聚或技术融合为研究主题的文献信息，基于可视化软件对每个主题下的文献构建主题词网络，并在此基础上进行后续分析。

设定合理准确的检索式以尽可能获取较为全面且符合题意的文献是进行文献检索的第一步。本节设计检索式的思路如下：首先，为了精确地获取相关文献，在设定检索式时需要特别注意，必须要让“技术会聚”或“技术融合”以一个词组的形式出现。其次，精准地选用“技术会聚”与“技术融合”的英文表达形式是获取文献的基础。由于单词存在不同词性的表达形式，本节选择利用单词词根来进行检索。最后，考虑到技术会聚与会聚技术的相关性，允许单词次序颠倒存在。但需要注意的是，对于技术融合来说，为避免“nuclease-free genomic fusion technology”或“energy technology. Fusion”等此类特有名词或有标点符号间隔的名词存在，需要严格限定其单词次序并排除标点符号。

基于上述条件，以 WoS 核心合集的 SCIE/SSCI 数据库作为检索来源，以“TS=（technolog* NEAR/0 converg*）”和“TS=（"technolog* fusion*"）”为检索式分别检索技术会聚和技术融合，文献类型限定为“Article”和“Review”，文献发表年份为 1900～2018 年，最终分别得到 485 条技术会聚的相关文献和 36 条技术融合的相关文献。通过提取文献中的作者关键词，构建技术会聚或技术融合的关键词共现网络（排除了 technology convergence，technology fusion 等与检索词高度一致的高频词），如图 7-2 和图 7-3 所示。图中每个节点代表一个主题词，节点的大小代表主题词的出现频率，节点越大，则表明围绕该主题词的研究越多；节点与节点之间的连线表示共现频次的高低，连接越粗，代表两个主题词之间的关系越密切。

从图 7-2 可以看出，在排除技术会聚相关英文表达“Convergence”一词后，技术会聚相关研究的核心研究主题词包括“Interdisciplinary”（跨学科）、“Nanotechnology”（纳米技术）、“Biotechnology”（生物技术）、“Cognitive science”（认知科学）、“Information technology”（信息技术）、“NBIC”（纳米、生物、信息、认知）、“Ethics”（伦理学）等。围绕其核心研究主题，技术会聚的研究内容在向外发散时，主题词包括“IT convergence”（信息技术会聚）、“Data mining”（数据挖掘）、“Patents”（专利）、“Patent citation analysis”（专利引用分析）、“Patent citation”（专利引用）、“Network analysis”（社会网络）、“Patent analysis”（专利分析）、“Telecommunications”（电信）、“Technology forecasting”（技术预测）、“Industry convergence”（产业融合）等方面的研究。

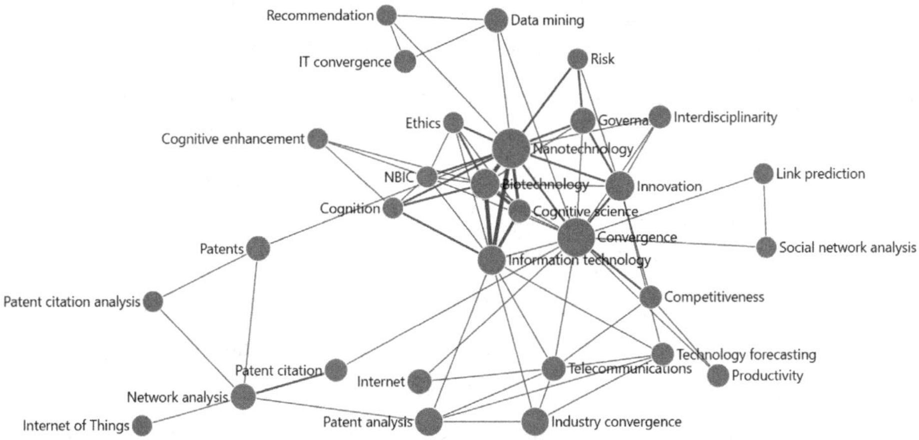

图 7-2　技术会聚相关研究的主题词网络

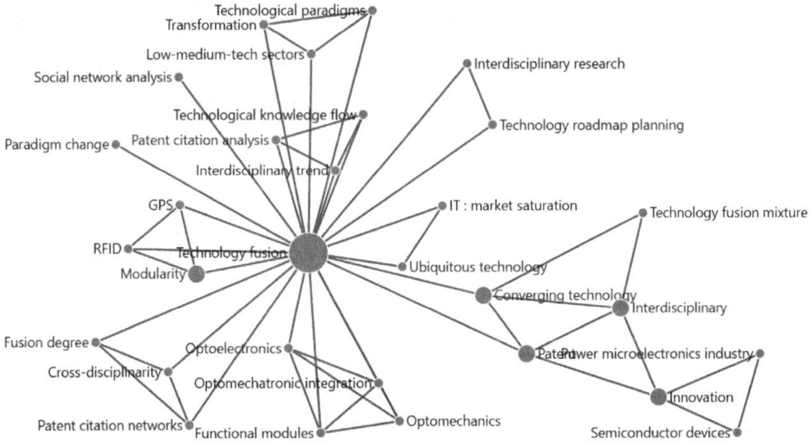

图 7-3　技术融合相关研究的主题词网络

综合来看，该领域的研究主要围绕相关技术（包括但不限于 NBIC 技术）展开，并使用多种研究方法（具体方法包括但不限于专利计量分析、社会网络分析、数据挖掘分析）来进行有侧重的多方面技术会聚研究。值得注意的是，在技术会聚研究的相关主题词中，“Interdisciplinary”（交叉学科）一词对应的节点大小反映出技术会聚研究与交叉科学研究之间密不可分的关系。

在排除技术融合相关英文表达“Fusion”一词后，图 7-3 反映出技术融合研究核心首先是围绕在通信技术与信息产业上，相关研究主题词例如“Modularity”

（模块化）、“GPS”（全球定位系统）、“RFID”（无线射频识别）、“Microelectronics industy”（微电子产业）、“Semiconductor devices”（半导体设备）、“Optoelectronics”（光电）、“Optomechatronic integration”（光电一体化）、“Functional modules”（功能模块）、“Optomechanics”（光力学）等。同时，与技术会聚研究类似，主题词“Interdisciplinary research”（交叉科学研究）、“Interdisciplinary trend”（交叉科学趋势）、“Cross-disciplinary”（跨学科）等对应的节点大小也反映出了技术融合与学科交叉研究之间不可忽视的关联。

除此之外，其研究方法与技术会聚的研究方法也有着共通之处，从主题词“Social network analysis”（社会网络分析）、“Patent citation analysis”（专利引用分析）、“Patent citation network”（专利引文网络）中可以看出，与技术会聚相比，技术融合特有的研究主题包括“Fusion degree”（融合度）、“Technology roadmap planning”（技术路线图规划）、“Technological paradigms”（技术范例）、“Paradigm change”（范例变更）、“Technological knowledge flow”（技术知识流动）等。

综上，目前技术会聚相关研究与技术融合相关研究拥有共通的研究方法，且均与交叉科学研究有较多交集。但两者在具体研究内容上存在一定的区别，技术会聚相关文献研究涵盖的技术领域更加广阔；但技术融合相关文献研究主要聚焦在微电子技术、光电子技术、半导体集成技术等技术领域上。

7.1.4 技术会聚研究的趋势及热点

本小节运用可视化方法，通过对技术会聚的主要研究机构分布、主要学科领域分布以及主要研究内容进行分析，着重关注目前以技术会聚为主题的研究发展趋势及研究热点。本小节的数据沿用上一小节针对技术会聚相关文献的检索结果，数据获取过程详见 7.1.3 节。

1. 机构特征分布

科研机构是开展科学研究的重要组织形式，也是学科建设的重要平台和人才培养的主要基地。按照技术会聚领域发文数量由高到低的顺序取排名前 10 的机构，如表 7-2 所示。从发文量来看，韩国尚志大学以 13 篇的发文量位居榜首，占文献总量的 3%。各机构的发文量差距较小，且排名前 5 的机构（尚志大学、韩国科学技术院、韩国电子通信研究所、汉阳大学以及韩国科学技术信息研究院）平均发文量仅 11 篇且均来自韩国。事实上，排名前六位的科研机构均来自韩国，并且在发文量排名前 10 的机构中，来自韩国的学术机构占到将近 70%。

表 7-2 技术会聚领域发文量 Top10 机构

排名	机构名称	国别	发文量
1	Sangji University（尚志大学）	韩国	13
2	Korea Advanced Institute of Science And Technology（韩国科学技术院）	韩国	12
3	Electronics Telecommunications Research Institute（韩国电子通信研究所）	韩国	11
4	Hanyang University（汉阳大学）	韩国	10
4	Korea Institute of Science And Technology Information（韩国科学技术信息研究院）	韩国	10
4	Sungkyunkwan University（成均馆大学）	韩国	10
7	University System of Georgia（佐治亚州大学系统）	美国	9
7	Yonsei University（延世大学）	韩国	9
9	Georgia Institute of Technology（佐治亚理工学院）	美国	8
10	Korea University（高丽大学）	韩国	7
10	National Science Foundation（美国国家科学基金会）	美国	7
10	Seoul National University（首尔大学）	韩国	7
10	University of Oxford（牛津大学）	英国	7

2. 学科分布特征

为了探究技术会聚的学科分布特征和学科融合态势，本节通过使用 VOSviewer 可视化软件，构建技术会聚相关研究的学科类别分布知识图谱，并在此基础上展开相关探讨。参考艾伦 • L.波特（Alan L. Porter）团队 2017 年发表的利用学科覆盖图对学科分布进行可视化的研究，基于 WoS 学科分类体系构建技术会聚相关主题文献的科学覆盖图，如图 7-4 所示。

图中每个节点代表一个 WoS 学科分类，具有相似属性的节点聚集在一起，形成一个大学科（以方框列出大学科名称）。节点之间的距离代表学科之间的关联程度，节点大小反映该学科下的研究数量多少。从图中呈现的学科分布类别可以看出，技术会聚研究在所有 18 个大学科中均有涉猎，但主要集中在“Computer science & engineering”（计算机科学与工程）、“Management”（管理学）、“Social science”（社会科学）这 3 个学科领域。具体至子学科而言，“Multidisciplinary sciences”（多学科科学）内的研究占比最大，这也直接说明了技术会聚研究与交叉科学研究之间密不可分的联系。技术会聚涉及的其他主要领域还包括“Economics”（经济学）、“Management”（管理学）、“Engineering electrical & electronic”（工程电气与电子）、“Telecommunications”（通信技术）、“Nanoscience & nanotechnology”（纳米科学与纳米技术）等。

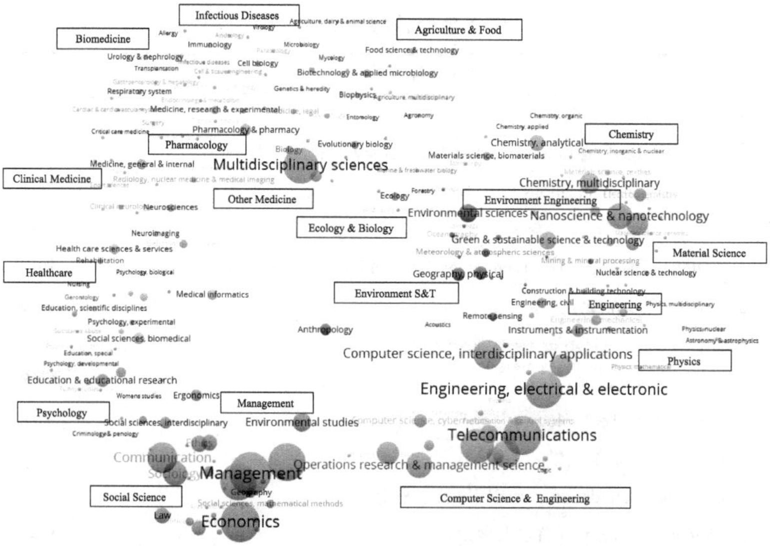

图 7-4 1900～2018 年技术会聚研究相关文献的科学覆盖图

3. 主要研究内容

基于技术会聚相关文献主题词之间的共现网络，运用 VOSviewer 的内置聚类算法进行聚类，可以探析当前技术会聚研究的研究热点，如图 7-5 所示。图中每个节点代表一个主题词，节点的大小代表主题词的出现频率，节点与节点之间的连线表示共现频次的高低。

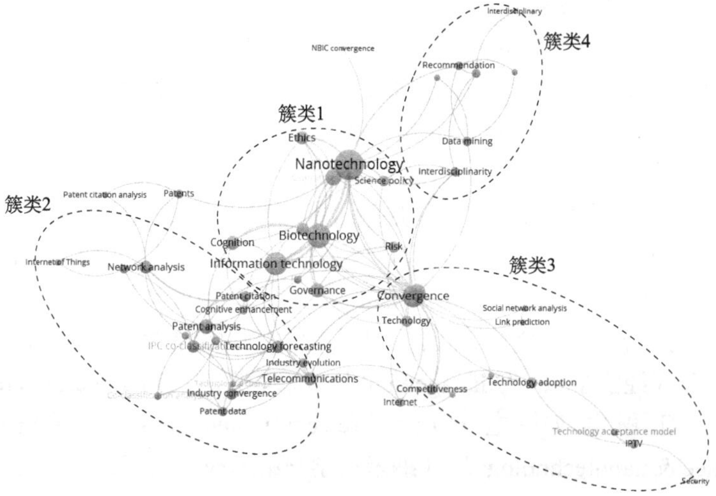

图 7-5 1900～2018 年基于 SCIE 和 SSCI 的技术会聚研究的主题词知识图谱

当前技术会聚的研究主要围绕以下 4 个方面展开，其中簇类 1 中的主题词包括“Nanotechnology”（纳米技术）、“Biotechnology”（生物技术）、“Cognition”（认知）、“Information technology”（信息技术）、“Science policy”（科学政策）、“Ethics”（伦理学）等，相关主题均与 NBIC 四大会聚技术联系密切。簇类 2 中的主题词包括“Patents”（专利）、“Patent citation analysis”（专利引文分析）、“Patent citation”（专利引用）、“Network analysis”（网络分析）、“Patent analysis”（专利分析）、“Technology forecasting”（技术预测）等，均属于开展技术会聚研究的分析方法。簇类 3 包括的主题词有“Convergence”（会聚）、“Technology adoption”（技术采用）、“Link prediction”（链路预测）等，为技术会聚手段。簇类 4 代表的研究内容占比最小，其主题词包括“Interdisciplinary”（交叉科学）、“Data mining”（数据挖掘）等，揭示出技术会聚与交叉科学的紧密联系，并说明针对技术会聚的研究也会借助数据挖掘的方法手段。

本节在分析技术会聚主要研究机构与学科分布领域的基础上，进一步利用聚类与可视化展示，探究技术会聚研究关注的核心技术领域、相关分析方法和主要会聚手段。综上，技术会聚作为交叉科学研究的一种扩展形式，其研究内容在与“Interdisciplinary”（交叉科学）紧密相连的同时，也拓展至多个技术与学科领域。与此相关的研究成果诸如：基于专利分析的技术融合与预测[536, 542]、特定技术领域会聚的测度[543, 544]、会聚技术的产业研究[545]、会聚技术下的创新领域发展[524]、会聚技术的风险与治理[546, 547]、哲学视野下的会聚技术探析[548]、会聚技术引发的伦理道德问题[549]等。

7.2 主要国家促进技术会聚的政策措施

技术会聚的发展对于国家创新力的提升与科学技术的进步具有重大战略意义，鼓励和支持技术会聚已成为各国追求科技创新和经济增长的重要途径[519]。技术会聚并非多种技术与学科知识的叠加，而是基于现有技术的融合，创造出具有发展潜力的新兴技术的过程。为了促进跨学科融合和技术会聚的发展，诸多国家纷纷出台一系列具有导向性的科技政策。

自 2001 年，美国商务部、国家科学基金会和国家科技委员会纳米科学工程与技术分委会在圆桌会议中首次提出“NBIC 会聚技术”的概念以来，美国相继出台《提高人类性能的会聚技术：纳米技术、生物技术、信息技术和认知科学》（*Converging Technologies for Improving Human Performance*：*Nanotechnology, Biotechnology, Information Technology and Cognitive Science*）[550]、《会聚：推动生命科学、物质科学及工程学等的跨学科整合》（*Convergence*：*Facilitating Transdisciplinary Integration of Life Sciences*, *Physical Science*, *Engineering and*

Beyond）[511]以及《会聚：医学的未来》（*Convergence*：*The Future of Health*）等一系列报告[551]。同时为了促进多领域的技术会聚，美国联邦政府针对一些特定的研究领域，推出了一系列技术会聚研究计划。如“推动创新型神经技术开展大脑研究”（Brain Research through Advancing Innovative Neurotechnologies, BRAIN）①计划，该计划由美国国立卫生研究院（National Institute of Health, NIH）、美国国防高级研究计划局（Defense Advanced Research Projects Agency, DARPA）和美国国家科学基金会（NSF）主导，旨在推进解开人类大脑之谜所需的科学和技术。在这其中对神经科学、纳米科学、合成生物学、遗传学、光学、计算机科学和信息科学等领域进行技术整合。

随着 21 世纪会聚技术的日益发展，欧洲也逐渐意识到会聚技术未来发展的巨大潜力以及对其自身经济与社会发展的极大推动作用。2004 年欧盟执行机构欧洲委员会发布了一份题为《会聚技术——塑造欧洲社会的未来》（*Converging Technologies—Shaping the Future of European Societies*）的报告。报告提供的解决方案为：“建设欧洲知识型社会的会聚技术”（Converging Technologies for the European Knowledge Society, CTEKS）。CTEKS 从欧洲社会发展的现状、目标和前景入手，分析经济发展的多种可能性以及科研发展所面临的各种挑战，并进一步指出会聚技术对于促进科学技术研究、增强经济竞争力以及推动欧洲社会进步的重要意义。

2002 年，日本综合科学技术会议（Japan’s Integrated Science and Technology Conference）就已将纳米技术与生物技术的融合作为未来 3～5 年的科研重点[552]。随后，日本立足其具有市场优势的电子产品、通信技术和纳米设备，不断加强会聚技术的开发应用。2003 年韩国科学技术部（Ministry of Science and Technology, MOST）已开始实施由“高新技术融合发展促进企划委员会”制定的“会聚技术”开发规划。

中国方面，2006 年，中国科学院撰写的《2006 科学发展报告》对“NBIC 会聚技术”进行全面解读[553]；在中国的香山科学会议上，曾两次以“NBIC 会聚技术”为主题进行研讨。2012 年 10 月 18 日～19 日，香山科学会议第 438 次学术讨论会“纳米、生物、信息和认知新兴会聚技术（NBIC）”在北京召开，会议由白春礼、张先恩和美国国际基金会米哈伊尔·洛克（Mihail Roco）博士共同主持。会上，中、美、澳三国学者围绕“NBIC 会聚技术”的方法、平台、应用及影响展开讨论，会议建议成立专门的 NBIC 国际学会，每两年组织一次会议，为政府部门和学术机构提供咨询和参考。2015 年 5 月 12 日～5 月 13 日香山科学会议第 527 次学术讨论会“会聚技术（NBIC）的伦理问题及其治理”在北京举行，中国科学

① http://www.kavlifoundation.org/brain-initiative BRAIN 计划官网, 2019-04-07.

院方新研究员、清华大学薛其坤教授、中国科学院上海生命科学院杨胜利教授、中国科学院生物物理研究所张先恩研究员、大连理工大学王国豫教授担任会议执行主席，讨论的中心议题主要包括：纳米技术的科学背景、安全与伦理问题及其治理，会聚技术的伦理与法律治理，等等。不得不承认的是，在推动“NBIC 会聚技术”发展的政策支持方面，中国虽然对其中涉及的纳米、生物、信息和认知技术均有不同程度的政策支持，但在宏观层面上，与欧美国家相比，中国的重视程度仍显不足。世界上各国均将目光投向会聚技术并大力支持其发展，中国要想在这一技术发展浪潮中迎头赶上，需要将会聚技术放在更加重要的位置上，加大支持力度，给予更多的关注与支持。

7.3　技术会聚的测度

不同技术领域之间的会聚能够促进技术的快速创新，对技术会聚进行全方位测度有利于把握技术会聚的发展态势，加快创新领域、前沿学科的交叉融合速度，同时为技术会聚发展制定方向明确的战略部署提供建议指导[525]。

本节仍将专利分析作为探究技术会聚过程的切入点，原因有以下 3 点：首先，专利数据仍是迄今为止公认的测度技术会聚的最好单元[536, 542]。其次，专利信息能够较好地反映目前科学与技术会聚的发展趋势。最后，专利信息的公开透明化，使得依据专利获取时间对技术会聚进行时间序列研究变得相对简易[554]。此外，由于部分学者在进行技术会聚或技术融合相关研究时，并没有很好地将两者的概念辨析清楚，再加上技术会聚与技术融合有着诸多共通之处，故目前并无权威文献专门针对技术会聚或技术融合的测度指标进行区分。基于此，本节在对技术会聚相关测度指标进行梳理时，仍会涉及相关融合度指标，以期为读者尽可能全面地呈现测度体系。

早期关于衡量技术会聚或融合程度的研究一般借助于专利引文展开，专利与专利之间或专利与非专利之间的相互引用是知识流动的重要体现。通过对不同技术领域之间的专利引文进行分析，可以对技术会聚程度进行较为清晰的呈现。相关方法诸如非专利文献引用、前向引用/后向引用、间接引用、技术生命周期等[555]。会聚作为交叉学科研究的一种扩展形式，对技术会聚的会聚程度的测度，与学科交叉的交叉程度测度之间存在相通之处。为了更清晰地对相关测度指标进行划分，本节参考学科交叉的测度视角和维度对现有的技术会聚相关指标进行梳理并加以解释，以期为准确把握技术会聚测度指标的概念和适用范围提供有益借鉴。

如本书前文所指，交叉科学研究是将两个或两个以上的学科内容进行交叉融合的过程，而技术会聚研究则是将两个或两个以上的技术进行会聚融合的过程，两者除了融合或会聚主体的不同（一个是学科，一个是技术）之外，对其融合过程进行测度并无较大差异，故沿袭学科交叉研究的范式（详见第 4 章），从多样性和凝聚性两个视角对技术会聚的测度进行梳理与总结。

7.3.1 技术会聚测度：多样性视角

1. 单维度指标

栾春娟等利用世界专利数据库《德温特创新索引》（Derwent Innovation Index，DII），基于德温特分类（Derwent classification，DC）体系的 20 个技术部类分类设计了一系列会聚指数[539]。

1）技术会聚指数

$$\mathrm{TCI_{AB}} = \frac{N_{\mathrm{AB}}}{N_{\mathrm{A}}} \tag{7-1}$$

式中，TCI 即技术会聚指数（technology convergence index），$\mathrm{TCI_{AB}}$ 即 A 技术会聚 B 技术的会聚指数；N_{A} 表示 A 技术领域中包含的专利数量；N_{AB} 为同时属于技术领域 A 与技术领域 B 的专利数量。该指标用于度量某一技术会聚另外一个特定技术的程度。

2）平均技术会聚指数

$$\mathrm{ATCI_{A}} = \frac{(\mathrm{TCI_{AB}})+\cdots+(\mathrm{TCI_{AX}})}{N} \tag{7-2}$$

式中，ATCI 表示平均技术会聚指数（average technology convergence index），$\mathrm{ATCI_{A}}$ 表示 A 技术的平均技术会聚指数；$\mathrm{TCI_{AB}}$ 表示 A 技术会聚 B 技术的程度；N 表示除 A 技术外，A 技术下的专利包含的其余技术的数量。平均技术会聚指数数值越低，则表明该技术的技术原创性越强。

3）平均被会聚指数

$$\mathrm{BATCI_{A}} = \frac{(\mathrm{TCI_{BA}})+\cdots+(\mathrm{TCI_{XA}})}{N} \tag{7-3}$$

式中，在 ATCI 前面加上 B 则表示是平均被技术会聚指数，$\mathrm{BATCI_{A}}$ 即 A 技术的平均被会聚指数；$\mathrm{TCI_{BA}}$ 代表 A 技术被 B 技术会聚的指数；以此类推，$\mathrm{TCI_{XA}}$ 代表 A 技术被 X 技术会聚的指数；N 表示除了被计算的 A 技术之外，其他会聚 A 技术的所有技术的数量。平均被会聚指数数值越高，则表明该技术的技术通用性越强。

4）会聚强度

李姝影与方曙在其梳理的测度指标中，列举出会聚强度（convergence intensity）指标，该指标对研究主体中涉及技术领域的会聚强度进行测度，遗憾的是，并未查询到有关会聚强度公式的最初的研究文献[521]。具体计算公式如下：

$$\mathrm{CI}_{\mathrm{AB}}=\frac{N_{\mathrm{AB}}}{\mathrm{Min}\left(N_{\mathrm{A}},N_{\mathrm{B}}\right)} \tag{7-4}$$

式中，$\mathrm{CI}_{\mathrm{AB}}$为技术 A 与 B 之间的会聚强度；$N_{\mathrm{AB}}$为由技术 A 和技术 B 会聚得到的新领域中包含的专利数量；N_{A}为在N_{AB}包含的专利中，属于 A 技术领域的专利数量；N_{B}为在N_{AB}包含的专利中，属于 B 技术领域的专利数量。

2. 二维指标

1）香农熵指标

在技术会聚研究中，香农熵可以用来表示技术分布的均匀程度或多样性程度[525]，具体计算公式如下：

$$\mathrm{SH}_{\mathrm{A}}=-\sum\nolimits_{k}P_{\mathrm{A}k}\ln P_{\mathrm{A}k} \tag{7-5}$$

式中，SH_{A}为技术领域 A 的香农熵；$P_{\mathrm{A}k}$为同时属于技术领域k的专利在领域 A 中的占比。该公式用于度量不同技术或产业领域之间的技术融合广度。SH_{A}取值越大，表示技术领域 A 的会聚广度越大。

2）辛普森多样性指数

生态学中的辛普森指数（Simpson index）经常被用来测度研究主体的学科交叉程度[272]。在技术会聚研究中，该指标能够综合技术丰富度和均匀度两个维度对研究主体的技术会聚程度进行测度[528]，具体计算公式如下：

$$\mathrm{SI}_{\mathrm{A}}=1-\sum_{i\in F}P_i^2 \tag{7-6}$$

式中，SI_{A}为技术领域 A 的辛普森指数；P_i为同时属于技术领域i的专利在技术领域 A 中所有专利的占比；F代表技术领域 A 中专利的其他来源技术领域集合。

此外，2001 年，美国经济发展局（National Bureau of Economic Research, NBER）发布了题为 *The NBER patent citation data file: Lessons, insights and methodological tools*（美国经济发展局的专利引文数据档案：教程、洞见和方法工具）的研究报告[556]。其中辛普森指数在不同情景中被引入测度扩散指数（generality index）和吸收指数（originality index）。其中，扩散指数的计算公式如下：

$$\mathrm{GI}_{\mathrm{A}}=1-\sum_{i\in F}P_i^2 \tag{7-7}$$

式中，GI_{A}为 A 技术的扩散指数；F代表技术 A 引用的所有技术的集合（引用主体为专利，若归属于技术 A 内的专利引用归属于技术 B 的某项专利，则视为技术 A 引用了技术 B）；P_i为属于技术i的被引专利数量占所有被引专利数量的比例。

扩散指数通过一项专利引用的除所在技术分类之外的专利情况来测度专利的原创性。

相应地，对于技术会聚领域的通用性，则用吸收指数来测度，其具体计算公式如下：

$$\mathrm{OI_A} = 1 - \sum_{i \in F} P_i^2 \tag{7-8}$$

式中，$\mathrm{OI_A}$ 为 A 技术的吸收指数；F 代表所有引用 A 技术领域的技术领域集合；P_i 为属于技术领域 i 的引用专利数量占所有引用 A 技术专利数量的比例。吸收指数基于被引量和被引专利的分类分布情况测度技术的通用性。

综上，在二维层面测度技术会聚多样性的指标，多脱胎于交叉科学相关的二维测度指标。相关研究例如 Cho 和 Kim 利用香农熵度量了不同技术或产业领域之间的技术会聚和跨学科性[525]；刘娜等使用香农熵辨识会聚过程中的核心技术元和潜在重要技术元[557]。

3. 三维指标

1）Rao-Stirling 指标

Stirling 在研究经济领域多样性的同时，提出了多样性属性的三维测度论述[98]。将其引入技术会聚的测度时，则可以表述为技术多样性，目前有关技术会聚测度的研究中，Shim 等用其表述技术 A 在 t 时段内的多样性指数[558]。公式如下：

$$\begin{aligned}\mathrm{Diversity}(D)_{\mathrm{A}t} &= \sum\nolimits_i^n \sum\nolimits_i^n P_{i\mathrm{A}t} P_{j\mathrm{A}t} d_{ij} \\ &= \sum\nolimits_i^n \sum\nolimits_i^n \left(\frac{M_{i\mathrm{A}t}}{\sum_{i=1}^n M_{i\mathrm{A}t}} \cdot \frac{M_{j\mathrm{A}t}}{\sum_{j=1}^n M_{j\mathrm{A}t}} \right) \cdot d_{ij} \quad (i \neq j)\end{aligned} \tag{7-9}$$

式中，等式左边的下标中，A 为施引技术（引用技术 i 或 j 的技术）；t 是时间周期；等式右边 n 是 A 引用的技术数量；$P_{i\mathrm{A}t}$ 是在 t 时段内技术 A 引用技术 i 的数量占技术 A 所有引用量的比例；$M_{i\mathrm{A}t}$ 是 A 在 t 时段内引用技术 i 的次数；d_{ij} 是技术 i 和 j 之间的距离。

2）技术专业化指数

Porter 等学者在交叉科学测度研究中提出了基于学科分类（subject categories，SCs）的专业化指数（specialization, S 指标）[37, 61]。钱良春等将该指数应用于专利研究中，并称该指数为技术专业化指数[559]，并依此建立了企业技术竞争力评价模型。2016 年，Kwon 等也应用技术专业化指数衡量了两个基于纳米技术领域的技术多样性程度[560]，具体公式如下：

$$S=\left[\frac{\sum\left(f_i\times f_j\times\cos\left(\mathrm{IPC}_i-\mathrm{IPC}_j\right)\right)}{\sum\left(f_i\times f_j\right)}\right] \tag{7-10}$$

式中，f_i和f_j分别表示技术类别i或j在研究主体中出现的频率；$\cos\left(\mathrm{IPC}_i-\mathrm{IPC}_j\right)$表示专利分类$\mathrm{IPC}_i$和$\mathrm{IPC}_j$之间的关联程度，该关联程度可以通过不同技术领域分类间的引用和被引数据来计算获得。专业化指数越高，说明其会聚的技术领域相对越少，技术领域之间的相关度越高；专业化程度越低，说明其会聚的技术领域相对越多，技术领域之间的相关度越低。

7.3.2 技术会聚测度：凝聚性视角

技术会聚测度研究中，技术多样性描述的是会聚在一起的技术的丰富性、分布均匀性和差异性，而凝聚性则表示这些技术之间的关系强度。

从凝聚性视角出发测度技术会聚的关键研究问题是如何理解每种技术在整体网络中的不同作用，以及如何明确技术会聚进程中的主导技术。基于此，Kim等提出了用于反映技术节点之间相互作用的约束力指标（binding force，BF）[525]。该指标结合了引力的相关概念，并指出引力的概念可用来了解每个节点是如何与其他节点紧密相连的，即每个技术与其他技术之间的紧密关系如何。从概念上讲，当中心节点和连接到中心节点的n个节点的大小变大时，它们之间相应的交互和连接也随之变大。在此过程中，中心节点的约束力值增大，吸引其他节点。这也意味着n个节点之间的交互和交换是活跃的。结合重力公式，约束力指标具体计算公式如下：

$$\mathrm{BF_A}=\frac{\sum_{i=1}^{n}M_{\mathrm{A}}M_iC_{\mathrm{A}}^2}{n} \tag{7-11}$$

式中，C_{A}是技术A的接近中心性（closeness centrality）；M是网络中节点（每个节点即一项技术）包含的专利数量，表示节点的大小。在技术网络分析中，约束力可以用来解释技术A在n个技术间的约束力。

除此之外，交叉科学研究中常用的凝聚性指标，如中介中心性、网络密度、平均路径长度等在技术会聚研究中也应用甚广，并常与专利引文网络结合进行分析[526, 536, 554, 561]。如Kim等基于技术网络分析了各技术领域之间的相互作用以及领域之间的会聚态势[524, 525]；Karvonen和Kässi利用专利引文数据和非专利文献引用数据探讨了早期技术会聚的不同阶段[555]。特别地，结合专利引文网络，不同学者对技术会聚的未来趋势进行测度研究。翟东升等构建IPC引用网络，训练基于支持向量机（support vector machine, SVM）的链接预测模型用于预测可能首次出现的技术流动，并使用线性回归的链接边权预测模型用于预测未来会有更深程度融合的技术[562]。Jeong 和 Lee 使用关联规则和链接预测来预测技术的收敛性，并使用主题模型来预测发现技术会聚的新兴领域[519]。Kim 和 Lee 提出一种基于专利引文分析、依赖结构矩阵和神经网络分析的多技术会聚预测方法，在利用 1995～2005 年的专利数据对该方法进行验证的基础上，进一步预测出直到 2020 年的技术会聚趋势[563]。李丫丫和赵玉林利用香农熵与辛普森指标对生物芯片产业的技术会聚进行研究，发现生物芯片技术要素之间的融合紧密度较强[564]。

7.4 技术会聚与学科交叉的对比

技术会聚是基于现有不同领域技术的整合和重组，与现有技术的交叉点实现技术变革的跨领域产物，获得的技术具有先前技术所不能实现的新功能。交叉科学研究在整合已有学科的同时，又产生新学科，细化学科分类，提出新理论、新方法、新概念和新的研究领域，它是在不同学科之间的相互作用和渗透下逐渐形成与发展的综合性跨学科的产物，也是未来科学发展的方向。技术会聚与学科交叉研究都是当今时代科技发展的重要产物，它们之间既存在复杂的联系，又有许多差异。如何对两者进行正确的认识与区分是深入研究并推动其发展的重要前提。本节将以介绍技术会聚和学科交叉的基本内涵为出发点，然后分别从形成路径、研究对象和测度方法等三个方面探究技术会聚与学科交叉研究的联系与差异。

7.4.1 形成路径

形成路径意指研究的源起与形成机理，基于形成路径视角对比技术会聚与学科交叉是探析两者差异的重要途径。技术会聚的本质是有机整合不同领域或不同来源的技术知识，实现技术上的创新，提供新的技术解决方案，产生会聚技术[520, 555]。从形成路径上看，技术会聚是一种技术演化形式。学科交叉的本质是“知识的整合”，其涵盖的范围非常广，从简单的观点交流到在一个相当大的领域内组织概念、方法论、术语、数据等之间的相互融合。从形成路径上看，学科交叉是学科发展过程中的演变结果。

技术会聚的形成路径即技术发展过程中的演化轨迹。Rosenberg 基于机械制造业中技术的演变发展过程，首次发现并提出技术的会聚现象[512, 557]。Schnaars 等从技术会聚产生的视角分析，指出当两个或两个以上的技术出现共现关系时，技术会聚便会产生[565]。从技术会聚发展过程的视角分析，Borés 等认为技术会聚是将两个或两个以上具有不同功能的技术元素进行组合，从而形成具有全新功能技术的过程[529, 557]。Roco 和 Bainbridge 则将会聚过程定义为看似不相关的学科、技术、群体间交互作用的升级和转变，以实现相互的兼容、协同及整合，从而创造附加值并满足共同的目标[527]。也有学者从宏观形成路径的视角出发，指出会聚并非简单、单向的过程，而是具有一定的周期性，并进一步将技术会聚划分为了4个阶段：创造阶段、整合/融合阶段、创新阶段和产出阶段。在创造阶段，先前不同的学科知识实现显著的协同但彼此仍然保留一定的独立性；在整合/融合阶段，多学科知识与技术融合为一，形成新的系统；在创新阶段，多种协同技术相互整合，创新知识、技术和产品；产出阶段则包括新应用和新输入，同时对创新阶段进行反馈，从而形成会聚和发散的连续循环[520, 527]。此外，从形成路径的特点分析，Kim 等基于研究印刷技术和电子技术间的会聚创新，发现两种类型的会聚技术即参考技术（reference technology）和匹配技术（matching technology）间存在持续的不均衡现象，并进一步表示两种技术常常以不同的速度演变，当一种技术演变产生不均衡时，另一种技术必须创新以达到两种技术功能的匹配或调整到最优均衡[520, 523]。

如第2章提及，交叉学科的形成是不同学科之间相互交叉、相互融合的过程。跨学科性是形成过程中最为突出的特征之一。在该过程中，它在多个学科的理论、概念、方法和工具等的相互作用、渗透和融合的基础上，逐渐形成与发展。由于各学科之间的知识不会是绝对平均的，产生的作用与影响也不同，因此很难判定新学科的具体属性。同时学科的发展呈现聚散性，学科交叉过程中产生的新学科将会在发展过程中继续形成新的协同效应，在分化的基础上聚合，在聚合的前提下继续分化，从而形成聚合和分化的连续循环。此外，也有学者从整体形成路径的视角出发，探究学科交叉发展的不同阶段，认为学科交叉的发展过程可以分为会聚期、交叉期、融合期3个阶段[566]。会聚期是学科交叉的萌芽，是其发展的最低层次；交叉期是中间阶段，是学科交叉能够逐步成熟的条件；融合期是学科交叉发展的最终阶段，理论和技术体系的完善和成熟是融合期的重要标志，也是学科交叉发展程度最高的层次。

综合来看，技术会聚研究或学科交叉研究在其逐渐形成过程中均经历了若干个阶段，技术会聚在经过创造、整合/融合、创新和产出4个阶段后，最终产生新的技术，并且产生的新技术也可以继续经历上述阶段，与其他技术进行整合，向不同方向发展新技术；学科交叉研究经过会聚期、交叉期、融合期3个阶段，产生新的交叉学科。

7.4.2 研究对象

明确研究对象是开展任何科研活动的必要前提，研究对象的不同会导致研究方法、研究内容、研究结果等均存在不同程度的差异。结合本书前文对交叉科学研究内容的介绍，本节将在梳理技术会聚研究对象与内容的基础上，进一步对两者的区别展开对比分析。

研究内容上，技术会聚与学科交叉研究存在本质区别。学科交叉主要研究的是学科领域的交叉融合现象，对于不同层面（例如文献、期刊、领域等）的研究主体进行其多学科特征研究，并通过研究主体反映出的学科交叉融合现象对主体本身进行跨学科性的测度。而技术会聚通过整合与重组现有技术领域的潜在知识，实现技术变革，这其中主要是针对不同技术领域的会聚融合现象进行探析，并进行技术会聚程度测度。研究对象上，两者存在较大区别。学科交叉的主要研究对象是文献—期刊—领域，对这三个不同层次研究对象的跨学科性进行测度与分析。而在技术会聚研究中，专利作为该领域目前技术发展的实际状况的主要表征，成为技术会聚的主要研究对象。

7.4.3 测度指标

技术会聚与学科交叉虽然在形成路径与研究对象上有所差别，但在测度指标方面具有较强的共通之处。在 7.3 节对技术会聚相关测度指标的梳理基础上，结合第 4 章相关测度指标的内容，对技术会聚与学科交叉研究在测度指标上的差异进行梳理，如表 7-3 所示。

表 7-3 技术会聚与学科交叉相关测度指标梳理

项目	多样性之单维指标	多样性之二维指标	多样性之三维指标	凝聚性指标
学科交叉研究	Num 指标；COC 指标；WCOC 指标；GE 指标；Dis 指标	Shannon 指标；Simpson 指标；Herfindahl 指标；Brillouin 指标	Rao-Stirling 指标；Integration 指标；True Diversity 指标	BC 指标等
技术会聚研究	技术会聚指数；平均技术会聚指数；平均被会聚指数；会聚强度	Shannon 指标；Simpson 指标	Rao-Stirling 指标；Specialization Score	BF 指标；BC 指标等

可以发现，部分技术会聚相关测度指标与学科交叉相关测度指标完全相同，表明两者在探究的维度和视角上有相通之处。技术会聚与学科交叉测度指标之间的相似性，为后续拓展技术会聚相关测度指标的研究提供了更多可能的方向。其中，值得参考的是，本书作者及其合作者在论证国际常用交叉科学测度指标的问题与局限性的基础上，进一步提出测度研究成果“学科交叉度”的新指标“True Diversity（TD）”[99]。该指标实质上是对技术会聚测度中常用的 Rao-Stirling 指标的改进，因此，本小节同样运用 TD 指标对后续案例部分的技术会聚进行测度研究。

7.4.4 技术会聚与学科交叉的关系

技术会聚于现有技术的交叉点，发掘重组不同技术领域的潜在知识，实现技术创新，这其中涉及科学知识层面的会聚，即对应不同学科领域知识的交叉。学科交叉通过多学科的整合来攻克复杂的综合性问题，激发颠覆性创新成果，是解决复杂问题的重要途径和创新的重要源泉，也是技术会聚形成过程中的关键环节[137]。因此交叉科学在一定程度上可以成为技术会聚发展的基础，而技术会聚作为交叉科学研究的一种扩展形式，是交叉科学的延伸，反过来也可以促进学科交叉的发展。例如，NBIC 会聚技术涉及纳米科技、生物技术、信息技术、认知科学 4 个方面，其实这 4 门技术本身已经是交叉学科，而它们还是发展会聚技术的基础[566]。

相较于学科交叉研究，技术会聚突出强调不同技术领域的融合创新，即在技术融合过程中诞生的新技术新领域。无论是技术会聚研究还是学科交叉研究，它们的发展都以不同学科领域的科学技术知识为基础，并且离不开不同学科领域学者的合作。因此，在跨学科知识背景下，技术会聚也是一种寻求创新领域发展的融合理念。

技术会聚与学科交叉各有优势，对当今社会的发展与科技的进步均具有重要的意义。学科交叉在扩大了传统学科外延的基础上，不断推进科学系统的整体化进程，而会聚技术代表了大统一、大科学，以人为本的整体科学发展观。该发展观以学科的融合为基础，通过技术会聚，以人类和社会可持续发展为目的，实现人类自身和社会的进步[513, 552]。

7.5 技术会聚与学科交叉的实证研究：以大数据为例

大数据是以容量大、类型多、存取速度快、应用价值高为主要特征的数据集合，正快速发展为通过对数量巨大、来源分散、格式多样的数据进行采集、存储和关联分析，从中发现新知识、创造新价值、提升新能力的新一代信息技术和服务业态[567]。《中国大数据产业发展水平评估报告（2018 年）》中提到："大数据已经成为这个时代创新与发展的重要主题，从不同视角下看，大数据均有其独特的价值和地位。大数据是互联网快速发展引发的时代现象，海量数据正在加速集聚；大数据是信息技术创新发展的前沿方向，技术创新日趋活跃；大数据是创新驱动的产业发展新兴领域，新业态新模式不断涌现；大数据是推动经济社会持续进步的应用工具，新经济社会形态正在形成；大数据更是抢占未来全球竞争高地的战略主题。"

本节以大数据这一典型学科交叉与技术会聚的研究领域为例，通过获取大数据领域的论文信息与专利信息，探索大数据相关研究涉及的主要学科和技术领域，进而对大数据领域研究的学科交叉与技术会聚程度进行比较分析。

7.5.1 数据的检索与获取

本案例以 WoS 核心合集的 SCIE/SSCI 数据库作为大数据领域的论文信息来

源，以德温特专利数据库（Derwent Innovation Index, DII）作为专利信息来源。在检索策略部分，参考本书作者及其合作者于 2015 年发表在 *Scientometrics* 上题为 "*A systematic method to create search strategies for emerging technologies based on the Web of Science: illustrated for 'Big Data'*" 一文中的检索词，最终分别制定了大数据论文文献与专利文献的检索策略，如表 7-4 所示。最终获得 2000～2018 年发表的大数据论文文献 16771 篇，大数据专利文献 8607 篇。

表 7-4 大数据论文与专利的检索策略

检索类型	检索结果	检索字段
论文	16771	TS=("Big Data" or Bigdata or "Map Reduce" or MapReduce or Hadoop or Hbase or Nosql or Newsql)OR(TS=((Big Near/1 Data or Huge Near/1 Data)or "Massive Data" or "Data Lake" or "Massive Information" or "Huge Information" or "Big Information" or "Large-scale Data" or Petabyte or Exabyte or Zettabyte or "Semi-Structured Data" or "Semistructured Data" or "Unstructured Data")AND TS=("Cloud Comput*" or "Data Min*" or "Analytic*" or "Privacy" or "Data Manag*" or "Social Media*" or "Machine Learning" or "Social Network*" or "Security" or "Twitter*" or "Predict*" or "Stream*" or "Architect*" or "Distributed Comput*" or "Business Intelligence" or "GPU" or "Innovat*" or "GIS" or "Real-Time" or "Sensor Network*" or "Smart Grid*" or "Complex Network*" or "Genomics" or "Parallel Comput*" or "Support Vector Machine" or "SVM" or "Distributed" or "Scalab*" or "Time Serie*" or "Data Science" or "Informatics*" or "OLAP"))OR SO=(Big Data)
专利	8607	ALLD=((("Cloud Comput*" or "Data Min*" or "Analytic*" or "Privacy" or "Data Manag*" or "Social Media*" or "Machine Learning" or "Social Network*" or "Security" or "Twitter*" or "Predict*" or "Stream*" or "Architect*" or "Distributed Comput*" or "Business Intelligence" or "GPU" or "Innovat*" or "GIS" or "Real-Time" or "Sensor Network*" or "Smart Grid*" or "Complex Network*" or "Genomics" or "Parallel Comput*" or "Support Vector Machine" or "SVM" or "Distributed" or "Scalab*" or "Time Serie*" or "Data Science" or "Informatics*" or "OLAP")AND((Big ADJ1 Data or Huge ADJ1 Data)or "Massive Data" or "Data Lake" or "Massive Information" or "Huge Information" or "Big Information" or "Large-scale Data" or Petabyte or Exabyte or Zettabyte or "Semi-Structured Data" or "Semistructured Data" or "Unstructured Data"))OR("Big Data" or Bigdata or "Map Reduce" or MapReduce or Hadoop or Hbase or Nosql or Newsql))

依据检索到的数据情况，2000～2018 年间世界范围内大数据领域论文与专利历年发表数量如图 7-6 所示。

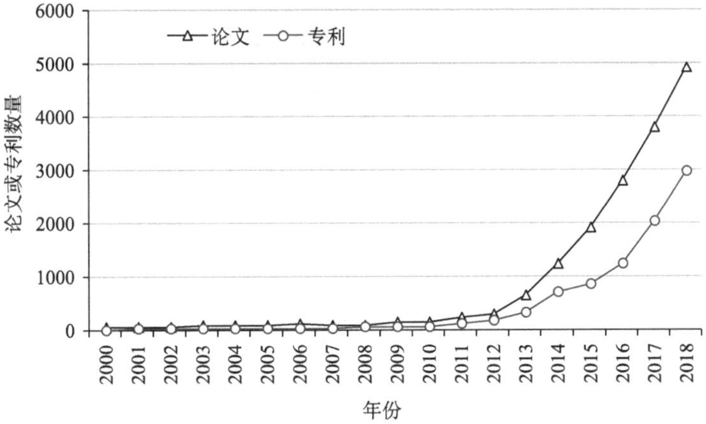

图 7-6 2000～2018 年间世界范围内大数据领域论文与专利发表数量

2000～2011 年，大数据领域所发表的论文和专利数量都十分有限，整体呈现出较低的发展水平。2012 年，美国奥巴马政府白宫科技政策办公室（Office of Science and Technology Policy, OSTP）发布《大数据研究和发展倡议》（*Big Data Research and Development Initiative*），倡议中提到“通过提升从海量数据中获取知识、挖掘价值的能力，进而推动科学技术的创新发展[568]”。同年 7 月，我国国务院发布的《“十二五”国家战略性新兴产业发展规划》中明确提出支持海量数据存储、处理技术的研发和产业化发展[569]。受政策影响，2012 年后大数据领域的论文与专利数量飞速增长，整个领域呈现出高速发展的态势，2013 年也随之被称为大数据元年。此后，大数据领域的发展日新月异，论文数量与专利数量一直呈现较高的增长水平。

7.5.2 主要学科和技术领域分布

基于大数据领域的文献与专利信息，本节采用与 7.1.4 节相同的分析方法，利用 VOSviewer 可视化软件呈现相关研究的主要学科和技术领域分布，如图 7-7 和图 7-8 所示。图中节点大小即代表该学科或技术领域的论文或专利数量的多少。为了便于具体观察，本案例将涵盖论文数量或专利数量前 20 的学科以表格形式呈现，详见表 7-5 和表 7-6。此外，需要说明的是，若一篇论文来自两个学科，则这两个学科涵盖的论文数量均加 1，因此所有学科的论文数量加起来大于检索得出的论文数量；对于同时属于两个技术领域的专利采用同样的处理方式。

从图 7-7 可以看出，大数据领域的文献成果在 18 个大学科中均有不同比例的分布，但主要集中于计算机科学与工程。结合表 7-5，从子学科分布来看，主要来源学科包括计算机科学、信息系统（19.18%），工程、电气和电子（14.58%）、计算机科学、理论和方法（13.74%），计算机科学、人工智能（9.7%）以及电信

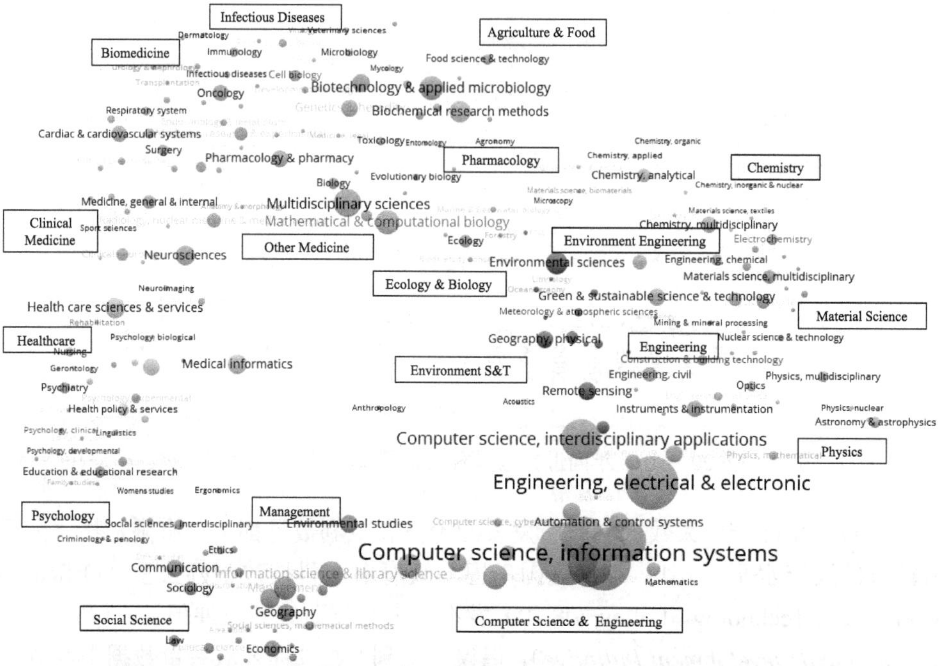

图 7-7　2000～2018 年大数据领域论文的科学覆盖图

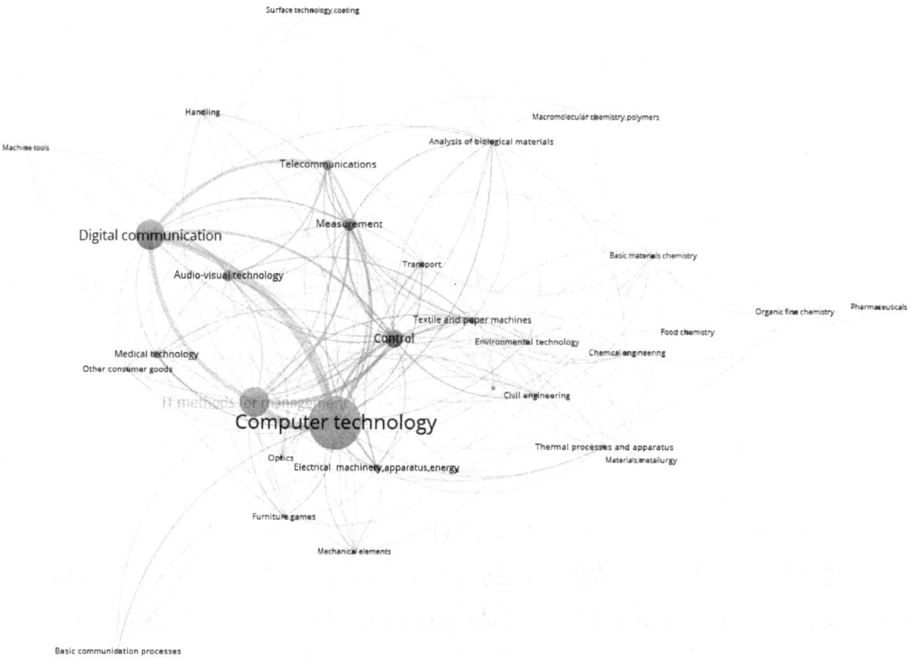

图 7-8　2000～2018 年大数据领域论文的技术领域分布图

表 7-5 大数据领域内涵盖论文数量前 20 的学科

排名	Web of Science 学科分类	论文数量	论文数量占比
1	计算机科学、信息系统（Computer Science, Information Systems）	3217	19.18%
2	工程、电气和电子（Engineering, Electrical & Electronic）	2445	14.58%
3	计算机科学、理论和方法（Computer Science, Theory & Methods）	2305	13.74%
4	计算机科学、人工智能（Computer Science, Artificial Intelligence）	1627	9.70%
5	电信（Telecommunications）	1503	8.96%
6	计算机科学、软件工程（Computer Science, Software Engineering）	1489	8.88%
7	计算机科学、跨学科应用（Computer Science, Interdisciplinary Applications）	1292	7.70%
8	计算机科学、硬件和体系结构（Computer Science, Hardware & Architecture）	934	5.57%
9	多学科科学（Multidisciplinary Sciences）	587	3.50%
10	运筹学和管理科学（Operations Research & Management Science）	522	3.11%
11	数学和计算生物学（Mathematical & Computational Biology）	492	2.93%
12	信息科学与图书馆科学（Information Science & Library Science）	484	2.89%
13	统计学和概率（Statistics & Probability）	473	2.82%
14	生物工程学和应用微生物学（Biotechnology & Applied Microbiology）	458	2.73%
15	环境科学（Environmental Sciences）	420	2.50%
16	管理学（Management）	416	2.48%
17	生物化学研究方法（Biochemical Research Methods）	392	2.34%
18	自动化和控制系统（Automation & Control Systems）	321	1.91%
19	商业（Business）	305	1.82%
20	医学信息学（Medical Informatics）	304	1.81%

（8.96%）等，上述子学科均隶属于计算机科学与工程。此外，运筹学和管理科学（3.11%）、数学和计算生物学（2.93%）、信息科学与图书馆科学（2.89%）、生物工程学和应用微生物学（2.73%）、环境科学（2.5%）等学科也均在其中。大数据领域研究中涉及心理学、化学、材料科学等领域的文献成果所占比例相对较小。

针对大数据领域专利涉及的技术领域，采用 WIPO（World Intellectual Property Organization, 世界知识产权组织）专利分类与技术领域对照表，将专利 IPC 分类转换为 WIPO 的 35 个技术类别。从图 7-8 和表 7-6 可以看出，大数据领域的专利研发主要集中在计算机技术（64.32%）、信息技术管理方法（20.32%）与数字通信（19.47%）3 个技术领域。同时，表 7-6 也展示出大数据领域的技术与其他多个技术领域的交叉融合现象，具体如控制（7.12%）、测量（3.54%）、声像技术（2.73%）等。此外，也有少部分专利涉及医学、材料学等领域。

表 7-6 大数据领域内涵盖专利数量前 20 的技术领域

排名	WIPO 技术领域	专利数量	专利数量占比
1	Computer technology（计算机技术）	5536	64.32%
2	IT methods for management（信息技术管理方法）	1749	20.32%
3	Digital communication（数字通信）	1676	19.47%
4	Control（控制）	613	7.12%
5	Measurement（测量）	305	3.54%
6	Audio-visual technology（声像技术）	235	2.73%
7	Telecommunications（电信）	220	2.56%
8	Medical technology（医疗技术）	135	1.57%
9	Electrical machinery,apparatus,energy（电气机械、设备、能源）	127	1.48%
10	Textile and paper machines（纺织和造纸机械）	100	1.16%
11	Transport（运输）	68	0.79%
12	Analysis of biological materials（生物材料分析）	51	0.59%
13	Civil engineering（土木工程）	48	0.56%
14	Furniture,games（家具、娱乐）	40	0.46%
15	Thermal processes and apparatus（热处理和设备）	33	0.38%
16	Basic communication processes（基础通信工序）	32	0.37%
17	Handling（手工）	28	0.33%
18	Other consumer goods（其他消费品）	28	0.33%
19	Optics（光学）	27	0.31%
20	Environmental technology（环境技术）	26	0.30%

从大数据领域文献的学科分布图与专利的隶属领域分布图来看，计算机科学均为两者的主导学科或技术领域。作为大数据的载体，计算机技术的飞速发展对于提升大数据存储与计算功能意义非凡，两者紧密相连。同时，大数据与其他学科或技术领域也存在广泛的交叉研究，并衍生出一系列交叉科学主题，如“医学大数据”“物流大数据”等。

7.5.3 学科交叉与技术会聚程度分析

如 7.4 节所述，交叉科学与会聚技术的测度存在较大的共性，交叉科学的多种测度指标能够为测量技术会聚程度提供新的思路。本小节借鉴交叉科学研究方法，对大数据领域文献的学科交叉程度与专利技术会聚程度进行测度研究。

学科交叉程度分析以大数据领域文献数据为依托，基于每篇论文的参考文献来源学科，利用“学科交叉度”的 TD（true diversity）指标（式（4-17））对其进行测度，得到每篇论文的学科交叉程度，并以所有论文的 TD 值均值来表达整个领域的学科交叉程度。技术会聚程度则是基于专利数据进行测算，利用 TD 指标对专利进行测度，从而得到每条专利的技术会聚程度，最后以所有专利的 TD 值均值来反映整个领域的技术会聚程度。

需要说明的是，2012 年之前，针对大数据领域的科学研究与技术研发过于稀少，因此本案例将 2000～2011 年划分为一个时间段作为大数据启蒙期进行分析。

1. 历时分析视角

为呈现大数据领域学科交叉与技术会聚的特性以及历年变化趋势，本小节选择 3 个单维测度指标，结合多维综合指标 TD（true diversity）对大数据领域的交叉和会聚程度进行细节特性测度。3 个单维测度指标：丰富度 Num 指标（论文所属学科和专利 IPC 分类的数量）、分布均匀度 GE 指标（学科交叉与技术融合的平衡性）与差异度 Dis 指标（论文所属学科和专利 IPC 分类之间的差异度）。

具体来说，以 TD 指标为例，对目标样本数据历年的交叉与会聚程度指标进行基本特征的统计，深入分析大数据领域历年学科交叉与技术会聚的特性，如表 7-7 与表 7-8 所示。由于 2012 年之前，大数据领域处于启蒙期，发展较缓，故仅选择呈现 2013～2018 年 TD 指标的描述统计结果。

表 7-7　大数据领域学术论文的 TD 指标数据历年统计

年份	平均值	中位数	最大值	最小值	标准差
2013 年	4.198	3.712	14.749	1	2.496
2014 年	4.461	3.952	15.821	1	2.621
2015 年	4.580	4.038	16.574	1	2.668
2016 年	4.968	4.516	20.210	1	2.826
2017 年	4.979	4.492	22.935	1	2.761
2018 年	5.179	4.734	25.817	1	2.824

表 7-8　大数据领域专利的 TD 指标数据历年统计

年份	平均值	中位数	最大值	最小值	标准差
2013 年	1.113	1	3.785	1	0.327
2014 年	1.096	1	2.970	1	0.275
2015 年	1.122	1	3.235	1	0.319
2016 年	1.206	1	4.268	1	0.428
2017 年	1.389	1	6.691	1	0.669
2018 年	1.372	1	6.484	1	0.598

从表 7-7 中可以看出，大数据领域学术论文 TD 指标数据的平均值正在逐年

增大，相应的中位数与最大值也是在逐年增长，这说明大数据领域学术论文的学科交叉程度在近 6 年内整体上都有一定程度的增加。从表 7-8 中可以看出，历年专利 TD 指标数据的中位数都是 1，即这说明近 6 年内，大数据领域仍有超过半数的专利仅属于一种技术类别，并无发生技术会聚。2014 年，其各方面统计量均有下降，但之后的 3 年（2015～2017 年），大数据领域专利的 TD 值整体有着明显的提升，首先是均值方面有所提高，其次是最大值方面也有着明显的增长。在经历连续三年的稳步增长后，2018 年大数据领域专利 TD 指标数据有微弱的下降。

利用 TD 指标与 3 个单维测度指标对大数据领域论文和专利进行测度，结果如图 7-9 所示。

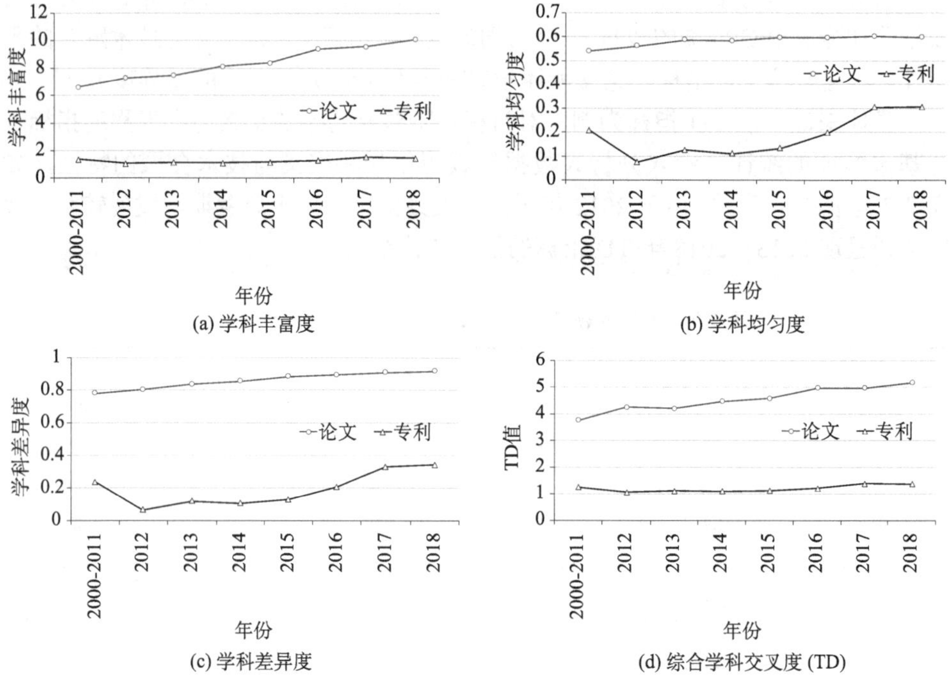

(a) 学科丰富度 (b) 学科均匀度

(c) 学科差异度 (d) 综合学科交叉度 (TD)

图 7-9 2000～2018 年大数据领域交叉与会聚程度测度结果

研究结果显示，在大数据领域中，4 个指标基于论文测算的结果均高于基于专利的测算结果。综合来看，针对文献的学科交叉程度进行测度时，无论是综合性 TD 指标还是 3 个单维测度指标，其结果均呈现出持续增长的趋势，这说明以文献为测度主体的大数据领域科学研究中，其学科交叉的丰富度、均匀度以及差异度都有所增长，也就意味着学科交叉的深度和广度均处于持续拓展的态势。但以专利为测度主题的大数据领域技术研发中，技术会聚程度的发展趋势较为不同。总体来说，会聚的技术类别丰富度基本持平，会聚的技术类别差异度和均匀度随时间的推移整体呈增长趋势。

2. 国家分析视角

为了全面促进大数据领域的发展，提升国家科研实力与核心竞争力，各主要国家相继出台了一系列推动大数据领域发展的重要战略。如中国国务院发布的《关于运用大数据加强对市场主体服务和监管的若干意见》《促进大数据发展行动纲要》，美国发布的《大数据研究与发展倡议》《联邦大数据研究与开发战略计划》，欧盟委员会发布的《数据驱动经济战略》《打造欧洲数据经济》报告。此外英国、法国、日本、印度、澳大利亚等国家也相应出台多种战略措施[570]。

随着多种政策的不断出台，目前各国在大数据领域学科交叉研究与技术会聚程度如何，是本案例关注的主要问题。本案例选取大数据领域发文量与专利拥有量上处于领先地位的五个国家，即中国、美国、韩国、日本和印度展开分析。具体结果如图 7-10 所示。

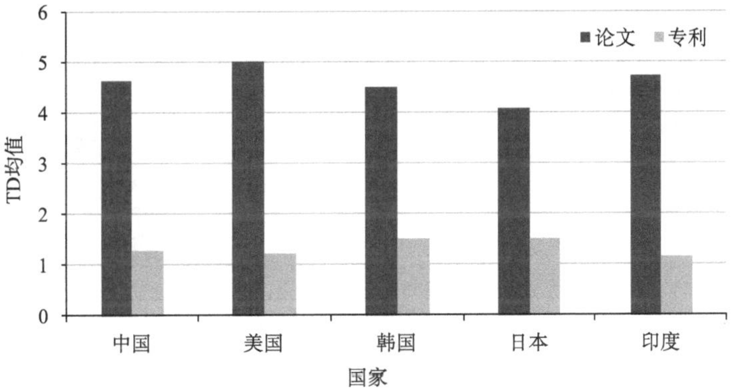

图 7-10　5 个国家的大数据领域的交叉与会聚程度

从 TD 值测算结果来看，5 个国家的学科交叉程度均高于技术会聚程度。美国的论文 TD 值在 5 个国家中最高，但专利 TD 值在五国中相对较低。与美国类似，印度的论文 TD 值排名第二，但专利 TD 值则是最末位。日本的结果与美国相反，其论文的 TD 值最低，但其专利的 TD 在五国中相对较高，韩国的情况也与日本类似。中国无论是在论文方面还是专利方面，TD 值大小均居于中间位置。

为了详细分析各国大数据领域的学科交叉程度的分布情况，基于 5 个国家所有论文的 TD 值的频率分布情况如图 7-11 所示。

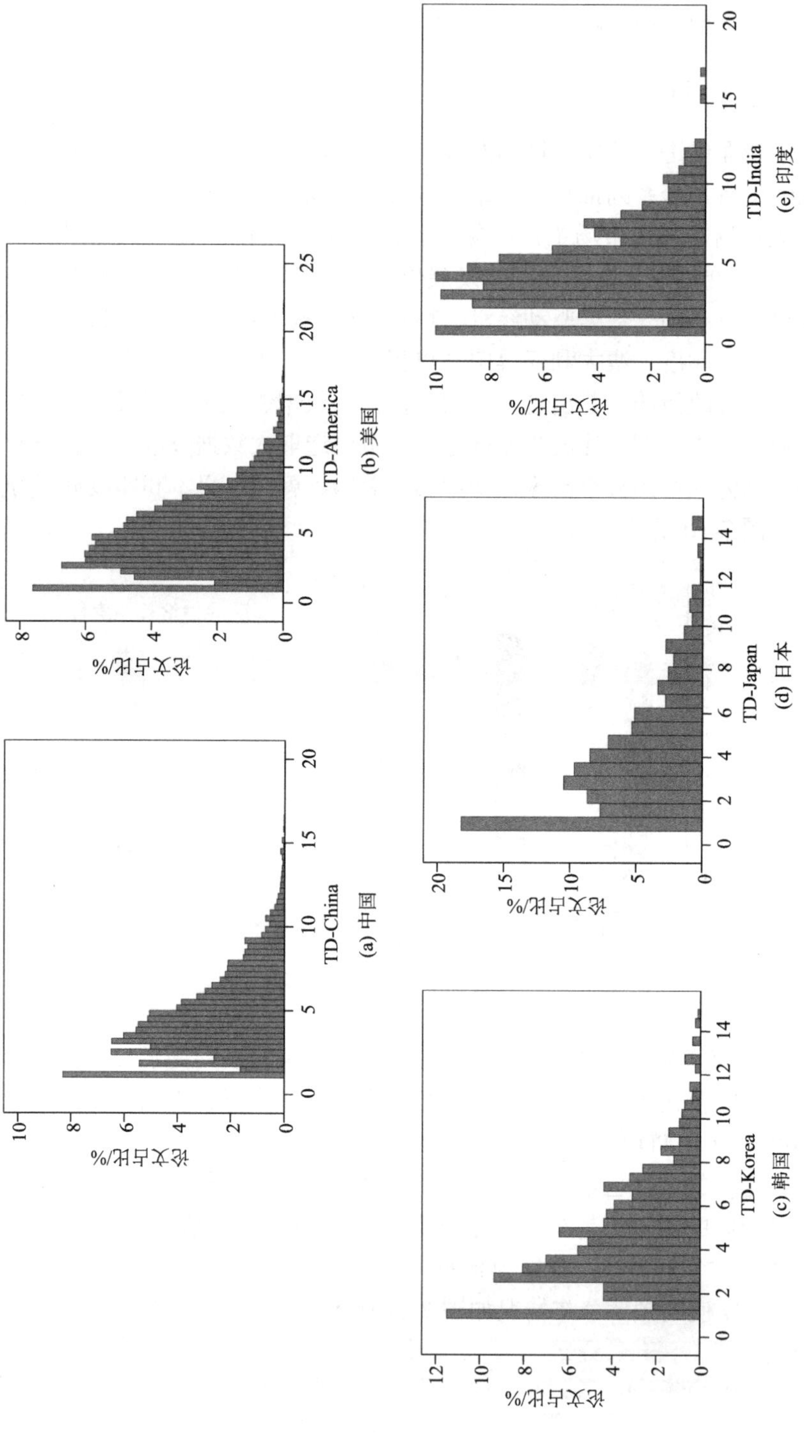

图 7-11　5 个国家的大数据领域论文 TD 值分布情况

5 个国家论文 TD 值分布情况均呈现为右长尾分布，在最大值方面相差无几，但来源于印度（图 7-11（e））的论文 TD 值超过 14 后仍有零星分布。此外，5 个国家的正态拟合曲线均以 TD 值为 5 作为中轴，并偏左分布。具体来看，美国（图 7-11（b））TD 值大于 5 的论文占比最高，相比之下，中国（图 7-11（a））论文的 TD 值倾向于在 0～5 之间，而韩国（图 7-11（c））论文的 TD 值则更倾向于 0～4 之间，并且其中 TD 值为 1 的论文占比高达近 12%。印度是论文 TD 值右尾最长的国家，说明该国论文 TD 值的极值更大，但其论文 TD 值在 0～5 之间的占比更大，甚至超越中国。

综上，2012 年起，大数据领域进入飞速发展阶段。中国与美国作为大数据发展的佼佼者，囊括了 95%大数据领域全球论文发文量排名前 20 的机构与 80%全球专利持有量排名前 20 的机构（数据基于本案例检索的论文与专利信息得出）。然而，从本案例的学科交叉度与技术会聚测度结果来看，中、美、印三国的学科交叉程度较高，韩日两国的技术会聚程度最高。而中美两国尤其是中国，虽然在专利拥有量方面处于领先地位，但其技术会聚程度较低。说明中美两国在融合多学科领域知识与技术方面均存在较大发展空间，需要不断增加研究深度、广度及宽度。

7.6 本章小结

在现代科学技术的发展过程中，单一技术已经无法满足社会的需求，多种技术开始寻求联合发展，并基于现有技术不断开拓技术领域，创造新兴技术。技术会聚给我们带来了新的科技发展观，一种大一统、大科学，以人为本的整体发展观，这种发展观将以学科的融合为基础，通过技术会聚，以人类和社会可持续发展为目的，实现人类自身和社会的进步。技术之间的会聚将不断缔造新的研究思路与经济模式，其发展能显著提升和扩展人类潜能，改善人类生命质量，大大提高整个社会的创新能力和国家的生产力水平，从而增强国家的竞争力，为国家安全提供更强有力的保障。

本章从技术会聚的兴起谈起，对技术会聚的内涵、融合模式以及测度指标进行介绍，进而从形成路径、研究对象、测度指标 3 个维度探讨会聚研究和交叉科学之间的区别与联系。以大数据领域为例，基于该领域论文与专利信息，在可视化大数据的学科类别与技术领域分布的基础上，基于多种测度指标对学科交叉和会聚程度进行测度分析，对大数据领域目前的技术会聚与学科交叉现状进行深入分析。新兴会聚技术已经在国内外许多领域初步显现出其影响，在不远的将来，技术会聚可以在全球性的重大问题、基础科学的重大突破以及人类福祉健康等方面做出贡献，为社会可持续发展提供新动力。

8 交叉科学与科学基金

本书前文对交叉科学的发展历程、测度、影响、评价等方面展开论述，力图全方位、多维度地反映交叉科学研究的理论与应用。交叉科学取得一系列显著进步的背后，离不开政策支持与基金资助。科学基金在优化知识生产要素的配置、提高知识生产的效率方面作用显著，对于指导、协调和支持交叉科学研究，发现和培养交叉科学人才具有重要意义。本章在梳理各主要科学基金机构针对交叉科学项目资助机制与评审方法的基础上，总结目前交叉科学基金项目评审中的存在问题及其改进思路。在明晰了不同交叉科学基金项目的差异化特征后，以 NSF 近 60 年资助的交叉科学基金项目数据为分析对象，探析 NSF 交叉科学基金项目的基本走势与相关研究领域的发展概况。最后，通过介绍 NIH 资助的“肿瘤生育联盟”交叉科学研究中心，阐述科学基金资助对于推动交叉科学研究与促进社会进步的重要作用。

8.1 主要科学基金机构对交叉科学的资助机制

美国著名科技评估与科技管理专家艾伦·L.波特（Alan L. Porter）曾指出，科学基金是促进交叉科学研究的重要动力，交叉科学研究需要来自不同学科背景的科研人员协同合作[43]。目前国际多个科学基金机构均将交叉科学研究放在重要的战略位置，通过设立多种不同的机制与政策支持其发展壮大。

8.1.1 中国主要科学基金机构对交叉科学的资助机制

1. 中国国家自然科学基金委员会（NSFC）

我国于 1986 年正式实施科学基金制，并在同年成立国家自然科学基金委员会（National Natural Science Foundation of China，NSFC），其基本任务是资助自然科学基础研究和部分应用研究，发现和培养科技人才，发挥其导向协调作用，促进科学技术的进步，推动社会与经济的发展。过去的 30 余年里，NSFC 通过对资助格局、资助战略等多方面的调整，逐步构建了“探索、人才、工具、融合”

四位一体的资助格局。其中，探索项目系列以获得基础研究创新成果为主要目的，着眼于统筹学科布局，突出重点领域，推动学科交叉，激励原始创新；人才项目系列立足于提高未来科技竞争力，着力支持青年学者独立主持科研项目，培育优秀人才团队；工具项目系列主要着眼于加强科研条件支撑，特别是加强对原创性科研仪器研制工作的支持，开拓研究领域，催生源头创新；融合项目系列面向科学前沿和国家需求，聚焦重大基础科学问题，促进学科交叉融合，推动领域、行业或区域的自主创新能力提升。

支持交叉科学研究是 NSFC 近年来的战略性方向之一，科学创新性与科学交叉融合的重要性在四位一体的资助格局中被多次强调。“十一五”和“十二五”发展规划中，NSFC 资助了大批涉及前沿科学的研究项目，例如整合系统与定量研究生命过程、新效应和凝聚态物质、资源和地球系统过程、灾害与环境效应等不同研究方向[571]。“十三五”发展规划的第三篇第八章明确提出：“NSFC 要面向科学前沿和国家需求，推动学科交叉，汇集和培养高水平人才，攻克科学难题，促进产学研合作，服务创新驱动”[572]。2018 年召开的第八届国家自然科学基金委员会第一次全体委员会议上，基金委李静海主任在以《构建新时代科学基金体系夯实世界科技强国根基》为题的工作报告中指出，科学基金将坚持“鼓励探索，突出原创；聚焦前沿，独辟蹊径；需求牵引，突破瓶颈；共性导向，交叉融通”的新时代资助导向。其中“共性导向，交叉融通”旨在以共性科学问题为导向，促进不同学科的交叉融合，使科学基金成为人类知识的倍增器。NSFC 发布的《2019 年度国家自然科学基金项目指南》（以下简称《指南》）中确立了基于上述四类科学问题属性分类的资助导向，并首次在本年度项目申请中试点开展基于四类科学问题属性的分类申请与评审[573]。与上述资助导向相近，科学问题的第四类导向“共性导向，交叉融通”主要指源于多学科领域交叉的共性难题，具有鲜明的学科交叉特征，能够通过交叉研究产出重大科学突破，促进分科知识融通发展成为知识体系。《指南》同时提出了深化改革要点（图 8-1），重点指出在学科交叉融合背景下，优化科学布局与促进交叉融合的科学任务对于建立知识与应用融通的新时代科学基金体系与卓越科学发展规划的重要意义。

NSFC 对交叉科学研究的扶植以项目资助为主，基于纵向资助的基础格局设置学科，同时通过横向实施重大研究计划与开展联合资助项目，将不同领域与不同学科结合起来，利用综合交叉优先领域的导向作用，逐步形成“纵横交错”的交叉科学研究资助体系，如图 8-2 所示[574]。该体系中，NSFC 通过面上项目对各学科领域的基金项目进行资助，同时设置重点项目与重大项目扶持“跨学科”和“跨学部”两种不同层级的交叉科学研究。在此基本方式资助的体系之外，NSFC 战略性部署以重大科学问题为导向的重大研究计划，鼓励多学科的交叉融合。同时，通过设立联合基金和联合资助项目（如“国际（地区）合作研究项目”），对开展跨领域、跨地域的交叉科学研究提供有利条件。NSFC 设立的 18 种项目类型中，重大研究计划、重大项目与重点项目为明确支持交叉科学研究的主体项目。

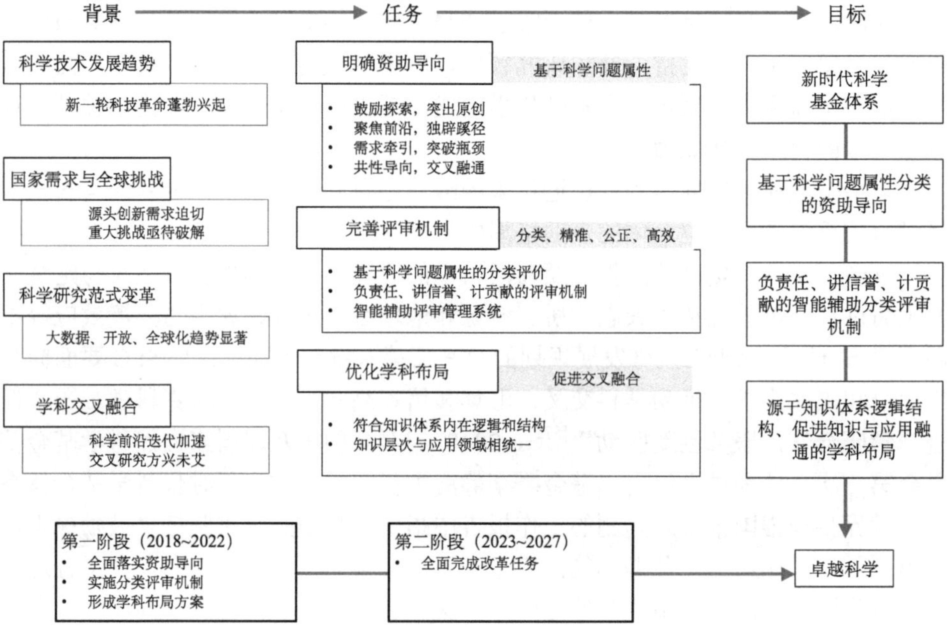

图 8-1　国家自然科学基金委深化改革要点

图片来源：http://www.nsfc.gov.cn/nsfc/cen/xmzn/2019xmzn/ggyd.html.（2019-03-25）

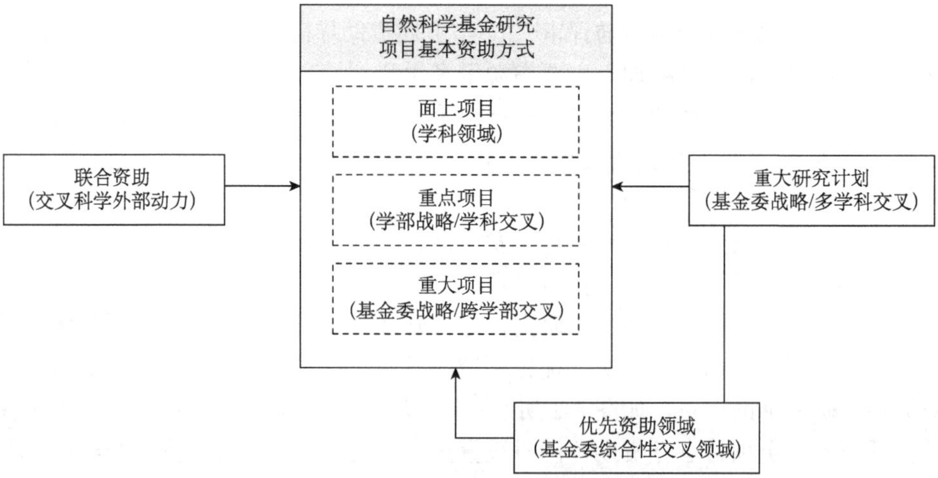

图 8-2　NSFC 交叉科学研究资助体系示意图[574]

1）重大项目和重点项目

NSFC 在成立伊始就提出要有计划、有步骤地组织面向经济建设和社会生活需要的重大项目，而这些重大项目的特点不仅是资助金额高于面上项目，而且研究所涉及的单位通常是“跨学科”和“跨部门”的。1986 年重大项目的建立是首次从国家层面正式提出支持交叉科学研究的战略性计划，主要面向科学前沿和国家经济、社会、科技发展及国家安全的重大需求中的重大科学问题，超前部署，开展多学科交叉研究和综合性研究，充分发挥支撑和引领作用，提升我国基础研究的源头创新能力[575]。重大项目采取统一规划、分批立项的方式，根据科学基金发展规划、优先发展领域等确立重大项目研究领域，并制定年度重大项目指南。2009～2018 年，NSFC 实施与组织的重大发展项目共有 222 项，投入了超过 36 亿元的项目支持经费。在 NSFC 出台的项目政策资助指引下，先后调整了项目资助结构，资助强度逐年加大。NSFC 在 2009～2018 年资助的重大项目数量与金额如图 8-3 所示。

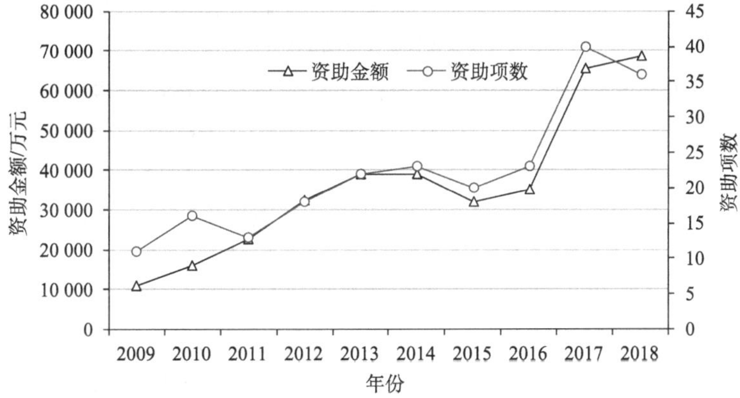

图 8-3　2009～2018 年 NSFC 资助的重大项目数量与金额

图片来源：http://www.nsfc.gov.cn/publish/portal0/tab535/ NSFC 历年年度报告（2019-03-30）

重点项目主要支持从事基础研究的科学技术人员针对已有较好基础的研究方向或学科生长点开展深入、系统的创新性研究，促进学科发展，推动若干重要领域或科学前沿取得突破。重点项目的资助侧重与重大项目有所差异，重大项目主要涉及的是两个或两个以上的科学部之间的交叉科学研究，以此来推动较大幅度的交叉科学研究，而重点项目研究的范围是不同学部内各学科领域之间的交叉，例如地球科学部内的地理学和地质学之间的交叉研究。重点项目执行期一般为 5 年。NSFC 对交叉科学研究的支持力度与资助强度逐年增加，近 10 年投入近 160 亿元共资助重点项目 5635 项[576]。NSFC 在 2009～2018 年间资助的重点项目数量与金额如图 8-4 所示。

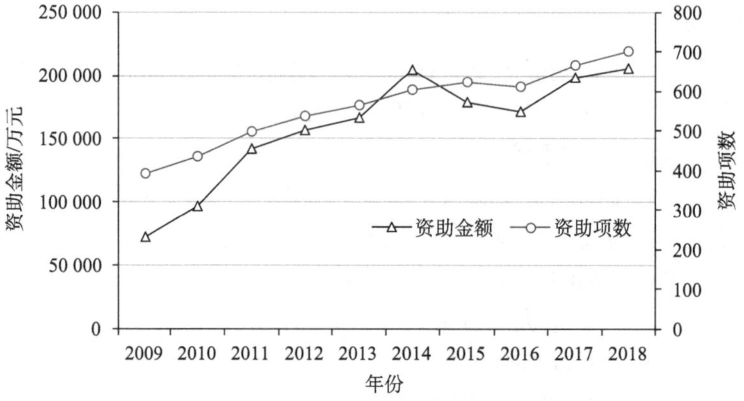

图 8-4 2009～2018 年 NSFC 资助的重点项目数量与金额

图片来源：http://www.nsfc.gov.cn/publish/portal0/tab535/ NSFC 历年年度报告（2019-03-30）

2）重大研究计划

2000 年，NSFC 开始尝试建立“重大研究计划”试点，这是中国创新科学技术能力的全新实践方法，也是创新制度的重要措施。重大研究计划围绕国家重大战略需求和重大科学前沿，加强顶层设计，凝练科学目标，凝聚优势力量，形成具有相对统一目标或方向的项目集群，促进学科交叉与融合，培养创新人才和团队，提升我国基础研究的原始创新能力，为国民经济、社会发展和国家安全提供科学支撑。重大研究计划的导向是科学问题，实施重大研究计划的做法是：对于优先资助领域中涉及的重点科学内容，将不同学科学术思路、项目层次、研究背景进行集成或整合，形成目标统一的项目群体，实施 6～8 年长效的项目支持，推动学术交叉与碰撞，鼓励项目创新。重大研究计划包括培育项目、重点支持项目和集成项目等亚类。重大研究计划执行期一般为 8 年，其间 NSFC 会实施定期检查，每 2～3 年对其总体发展情况组织一次专家评估，涉及的内容包括交叉学科研究的实质性与广泛性。NSFC 在 2009～2018 年资助的重大研究计划数量与金额如图 8-5 所示。

除了重大项目、重点项目和重大研究计划之外，NSFC 于 2014 年开设了数学天元基金“促进学科交叉融合平台建设项目”。该项目希望通过 3～5 年的基金资助，能够有效推动多学科、多领域的交叉与融合，为数学界乃至科技界提供跨学科、跨领域的研究题材，激发并形成新的学科方向和研究群体[577]。具体来说，该项目以构建交流平台、合作平台与研究平台为主旨，针对若干数学交叉领域或专题，通过学术活动凝聚国内相关研究队伍，深化国内外多领域科学家紧密合作，促进数学与其他学科、数学各分支间的交叉融合，造就在国际上有影响的学科方向。此外，NSFC 尝试性地在纵向学科设置中加入交叉科学申请代码，进一步明确不同学部内的小范围交叉科学研究，如信息科学部（代码为F07）设置的F0702代码即为信息与数学交叉问题[578]。

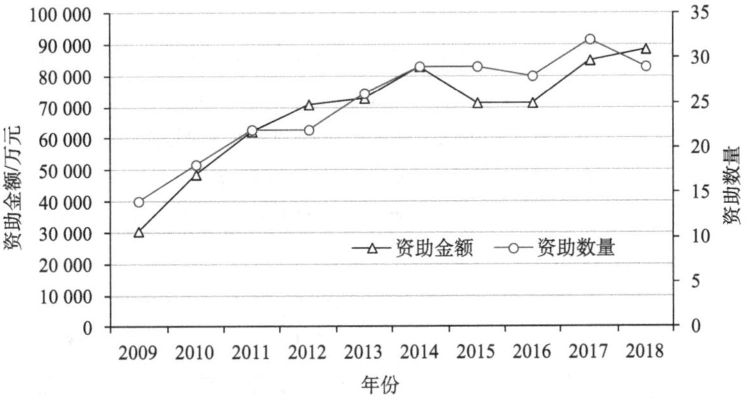

图8-5 2009～2018年NSFC资助的重大研究计划数量与金额

图片来源：http://www.nsfc.gov.cn/publish/portal0/tab535/ NSFC历年年度报告（2019-03-30）

2. 其他交叉科学研究资助机构与项目

除了NSFC，我国还有许多机构对交叉科学与科技创新进行有侧重的支持和资助。教育部社科司是我国管理和资助人文社会科学研究的重要部门，其人文社会科学资助项目主要包括一般项目（规划基金、青年基金、自筹经费项目）、西部和边疆地区项目等。自2009年起，教育部社科司在项目申报学科范围中加入了交叉学科/综合研究，并将其作为一个大类项目，专门用来资助以人文社会科学领域为主的交叉科学研究（以自然科学为主的项目不予受理）[579]。此外，科技部于1998年开始实施的国家重点基础研究发展计划（973计划）是具有明确国家目标、对国家的发展和科学技术的进步具有全局性和带动性的基础研究发展计划。“综合交叉”领域是973计划的资助重点领域之一，鼓励和加强不同领域之间的交叉与融合，对具有战略性的、跨学科领域的重大问题进行重点部署，通过学科领域间的交叉、融合、集成，孕育更多的创新性研究成果，对于增强我国自主创新能力和解决重大问题的综合能力具有重要意义。“综合交叉”领域的重点研究方向包括数学与其他领域的交叉、极端环境条件下制造的科学基础、复杂系统、灾变形成及其预测控制等。

8.1.2 国外主要科学基金机构对交叉科学的资助机制

1. 美国国家科学基金会（NSF）

美国国家科学基金会（National Science Foundation, NSF）是目前世界上最有代表性和影响力的基础研究管理和科学基金机构。对于NSF建立的提议最早可追溯至1945年，范内瓦·布什（Vannevar Bush）向哈里·S.杜鲁门（Harry S. Truman）提交的《科学——没有止境的前沿》（*Science*: *The Endless Frontier*）报告，该报告指出了基础研究对国家科学发展的重要性，并提出政府应该就科学的发展制定国家政策，即国家科学政策[580]。1950年，NSF正式成立，成为世界上第一个支持基础研究工作的组织机构，其使命是推动科学的进步，促进国家的健康发展、繁荣和福利以及保证国家安全。经过多年的摸索与调整，NSF已形成了比较合理的组织管理结构和科学规范的资助体系，以及许多相应配套的资助政策和措施，为确立美国今日的科技强国地位奠定了基础。

自成立以来，NSF主要基于学科分类体系进行基金项目的设置与资助。然而，二战期间美国及盟国科学家以问题为导向开展多学科合作而取得的巨大成就，使得NSF对交叉科学研究在促进科学发现与推动社会发展的重要价值方面有了深刻的认识。NSF的主任瑞塔·康维尔（Rita Colwell）对交叉科学研究的意义给予高度评价：“学科交叉的联系对学术的发展是绝对根本的，科学各部分之间的交界是最令人兴奋的”[9]。NSF资助交叉科学研究有着明确的目的：第一，解决国家和社会面临的复杂问题；第二，激励知识在研究机构、公共部门和私营部门之间的流动；第三，促进不同领域的联系。1970年，NSF设立了“以解决社会问题为导向的交叉科学研究”（Interdisciplinary Research Relating to the Problems of Society, IRRPOS）计划，并在运行两年后扩展为著名的RANN计划（即“国家需求研究”，Research Applied to National Needs）[581]。这一系列政策，不仅在政治层面上积极响应了国家需求，而且在科学层面上有力地推动了对科学创新具有关键意义的交叉科学研究。70年代初期，NSF开始积极探索和发展支持学科交叉活动的各种资助政策和机制，通过培养与建立交叉科学人才队伍、扶植与资助交叉科学研究项目、鼓励科研人员自主开展创新性的交叉科学研究等手段推进交叉科学的发展。

具体而言，NSF主要通过设置交叉科学管理部门、资助交叉科学项目、设立以国家重大任务为驱动的交叉科学领域与扶植多学科研究中心来支持交叉科学研究的进展。

1）设置交叉科学管理部门

NSF通过调整与新增相关部门来更好地管理交叉科学研究计划，并负责学科内与学科之间交叉研究的组织与协调，涉及的交叉科学管理部门主要包括：综合活动办公室（office of integrative activities, OIA）、多学科办公室（office of multidisciplinary, OMA）、前沿科学办公室（emerging frontiers office, EF）、前沿研究与多学科活动办公室（office of emerging frontiers and multidisciplinary activities, EFMA）和社会、行为及经济科学多学科活动办公室（SBE office of multidisciplinary activities, SMA）。

（1）OIA 隶属于 NSF 主任办公室（office of the director），主要通过组织和协调交叉科学研究项目，提升 NSF 战略规划中对新研究方向的布局和资助，促进美国科研人才队伍与基础设施的建设。

（2）OMA 隶属于数学与物理科学部（Mathematical and Physical Sciences, MPS），与 MPS 内五个科学处（天文科学、化学、材料研究、数学科学和物理）合作，对不适合目前 MPS 内各科学处资助计划框架的申请项目给予有效支持，如研究主题、范围属于多学科性质，或者存在多个来自不同学科背景的项目申请人的项目等。OMA 同时还关注科学部与其他机构的合作研究，如与工业界、联邦和地方政府、国际合作组织等的合作。

（3）EF 隶属于生物科学部（Biological Sciences, BIO），支持学部内各学科前沿领域的交叉研究与合作网络的发展，通过鼓励各学科间的协作，培育交叉科学的新项目并逐渐将其整合成为核心研究项目。同时，BIO 负责的多个针对创新性研究的资助计划也由 EF 进行管理，如生物研究融合的前沿计划（Frontiers in Integrative Biological Research Program，FIBR）和研究协作网络计划（Research Coordination Network Program, RCN）等，其中 RCN 与多数基金资助计划的不同之处在于，RCN 并不直接资助研究项目，而是对尚未开展协同研究的科研人员的合作网络进行支持[582]。

（4）EFMA 隶属丁工程科学部（Engineering, ENG），建立于 2015 年，主要负责为工程领域的新兴项目提供及时的战略支持。EFMA 具有适应长期挑战的灵活性，同时拥有随时面对新挑战的能力，前沿研究与创新项目计划（Emerging Frontiers in Research and Innovation Program, EFRI）是 EFMA 的代表性资助计划，主要针对尖端的、有可能对国家发展产生革命性影响的交叉科学项目。

（5）SMA 属于社会、行为与经济科学部（social, behavioral and economic sciences, SBE），在协助探索创新性交叉科学领域与建设交叉科学研究的基础设施中发挥关键的作用。SMA 管理多个相关资助计划，如科学与创新政策资助计划（Science of Science and Innovation Policy, SciSIP），STEM 领域伦理道德培养资助计划（Cultivating Cultures for Ethical STEM, CCE STEM）等。

2）布局国家重大任务为驱动的交叉科学优先领域

对以复杂问题为导向和国家重大任务为驱动的优先领域进行资助是推动交叉科学研究发展的有效方式，也是 NSF 支持高风险、创新性研究的重要途径。国家、社会所面临的问题与挑战是复杂多变的，需要不同学科研究人员进行综合协作研究，为解决此类问题提供思路与方法。此类研究领域通常是跨越不同学科的交叉领域，集中于知识的前沿领域和涉及重要国家利益的领域。具体如科学、工程与教育的可持续发展（science, engineering, and education for sustainability, SEES）、网络信息技术的研究与开发（networking and information technology research and development）、国家纳米技术研发（national nanotechnology initiative, NNI）等。

3）设立交叉科学基金项目

NSF通过资助一系列面向科学前沿和国家发展需求的交叉科学研究项目来推动学科交叉融合发展。主要包括已知研究问题，鼓励学者进行申请的“命题型”项目（solicited interdisciplinary programs）与申请人自主提交选题的项目（unsolicited interdisciplinary programs）。可直接申请的项目为NSF设立的跨越多个科学部的交叉科学项目，通常通过项目征集（program solicitations）的方式发布在NSF的网站上。其中有针对不同交叉科学领域的项目，如智能与互联社区项目（S&CC）、大数据项目（BIGDATA）等。此外，也有面向全学科的交叉科学研究项目，如设立于 2012 年的交叉科学研究与教育项目（Integrated NSF Support Promoting Interdisciplinary Research and Education, INSPIRE）以重大科学复杂问题为导向，旨在鼓励科研人员综合利用多学科理论与方法进行创新性研究[583]。申请人自主提交选题的项目，即为超出NSF所设置的项目范围，通常由一个单独的项目评审组织进行评审。此项目评审组织的组成人员多来自若干个独立的项目或者学科，共同评审交叉学科的研究项目。

4）设立交叉科学研究中心

学科交叉研究的“中心”化，是 20 世纪七八十年代以来由美国以及其他发达国家科学基金机构推动的一种学科交叉研究发展趋势，也是NSF支持交叉科学研究的组织管理方式之一[584]。NSF 通过设立研究中心，汇集来自不同学科背景的科研人员，进行解决复杂问题的基础研究，促进和鼓励学术界内各机构与工业界之间的跨部门协作。研究中心的设立，对于解决科学与工程中的重要问题、促进不同机构之间的合作、激励学科交叉研究的新思路与新方法的产生具有重要的意义。目前主要有材料研究与工程中心（Material Research Science and Engineering Centers, MRSECs）、科学技术中心（Science and Technology Centers, STCs）与学习科学中心（Science of Learning Centers, SLC）等。

除上述主要资助机制外，为更好地促进和支持创新性研究，NSF还采取其他相关政策和措施。如注重对青年科研人员的培养和支持，针对本科生、研究生以及博士后开展科学研究的项目资助，具体项目有综合研究生教育和研究培训计划（Integrative Graduate Education and Research Traineeship Program, IGERT）、生物与数学学科的本科生交叉科学培训项目（Interdisciplinary Training for Undergraduates in Biological and Mathematical Sciences, UBM）等。另外，NSF 对于促进交叉科学研究的相关研讨会、论坛以及工作坊等也提供基金支持。

2. 美国国立卫生研究院（NIH）

美国国立卫生研究院（National Institutes of Health, NIH）是美国卫生和公共服务部（U.S. Department of Health and Human Services）下设的医学与行为学（medical and behavioral research）研究机构，旨在探索生命本质和行为学方面的基础知识。作为美国最高水平的医学与行为学研究机构与规模最大、获财政拨款最多的公立研究机构之一，NIH 依据自身发展规律与生物医学研究的特点和需求，不断壮大。目前共拥有 21 个以特定的疾病或者身体系统为区分的研究所、6 个以研究类别为区分的研究中心与 1 个院长办公室（office of the director, OD）。

NIH 在战略层面上十分重视交叉科学研究，认为“传统生物医学研究模式类似家庭手工业，研究者根据研究兴趣和特点分成很多独立的部门；但生命科学的发展使揭示生命的分子奥秘成为可能，人类生物学和行为研究是一个动态的过程，而将生物医学研究传统的人为分割方式一定程度上阻碍了科学发现的步伐”[585]。21 世纪初，NIH 发布的路线图（NIH roadmap）作为通向生命科学未来的中长期规划，提出了探索新途径、建设未来研究团队与重组临床研究体系三大主题[586]。路线图的发布将扶植与支持交叉科学研究提升到战略层面的高度，其中大力发展生命科学与其他相关交叉科学的领域，向“大”生物学进军是路线图的重要举措。路线图表明，交叉科学研究使得人类可以在更高的层次上研究与理解生命系统的复杂性。同时，建设未来研究团队这一主题中明确提出要建立“学科交叉研究队伍”，为交叉科学的发展培养人才。NIH 采取了一系列政策和措施来鼓励科研人员从事交叉科学研究，如提供多种交叉科学研究中心基金与培养交叉科学研究人才队伍等。

“共同基金”（Common Fund）是 NIH 科研基金的重要组成部分，旨在应对新兴科学领域与生物医学领域的紧迫挑战，研究主要指向单一 NIH 研究中心无法独自解决、但具有高度战略意义的复杂科学问题。共同基金致力于支持高风险但极具创新性的研究项目，以促进多个医学生物学科的交叉与融合。共同基金下设有专门的交叉科学研究项目（Common Fund’s Interdisciplinary Research Program），主要目标是通过打破学术机构内部的学术部门界限，加强机构间合作，培养具有交叉科学背景的科研人员；通过搭建生物与行为、社会科学之间的桥梁等机制改善学术研究文化，推动交叉科学的发展。

交叉科学研究项目共包括四大组成部分：交叉科学研究协会（Interdisciplinary Research Consortia）、交叉科学培训项目（Interdisciplinary Training Programs）、交叉科学技术与方法创新（Innovation in Interdisciplinary Technology and Methods）与多名首席研究员政策（Multiple Principal Investigator Policy）。交叉科学研究协

会共资助 9 个交叉科学研究联盟，每个联盟内部的研究人员负责开发综合研究项目、核心服务、培训计划以及设立管理结构等，以确保联盟成员可以在共同目标的指引下顺利开展合作。联盟所在的科研机构为项目目标的实现提供行政支持，科研机构学科院系之间的界限对于联盟的共同研究目标不存在干扰。该研究协会的创立旨在鼓励研究团队自行组织与合作，促进多学科的交流与融合。交叉科学培训项目致力于向所有职业生涯阶段的科研人员提供交叉科学培训，目前主要有两项培训计划：一个是“交叉科学健康研究培训项目”（Interdisciplinary Health Research Training Program），科学基金机构为在不同学科领域拥有高级学位的个人提供跨学科的课程与培训；另一个是名为“培养交叉科学新成员”（Training for a New Interdisciplinary Workforce）的项目，对本科生、研究生以及博士后开展交叉科学培训。交叉科学技术与方法创新通过支持生物医学与社会和行为科学等其他学科的交叉研究，开发新的研究方法、技术手段、实验设计等促进对公共健康与医疗的了解。

为响应 NIH 路线图的要求，鼓励和促进学科交叉，NIH 还设立了多种支持学科交叉研究中心的基金，如 P20 探索基金（Exploratory Grant）、P30 研究中心基金（Center Core Grant）、P50 特殊研究中心（Specialized Center）基金等。通过建立多种研究中心，减少阻碍交叉科学研究发展的传统障碍，促进各学科的相互合作与交互渗透，推动生命科学领域交叉科学研究的发展。同时对于融合多学科方法与理论的研究，要求进行多学科的全面评价，鼓励与资助交叉科学团队的发展。此外，NIH 设立的 T90&R90 交叉科学培训与教育计划（Research Training Award and Combined Research Education Grant）对于支持青年科研人员开展交叉科学研究具有十分重要的意义，有助于青年科研人员快速掌握交叉科学知识技能与经验，提升其科研素质，推动青年科研人员与专家学者的合作交流。

3. 澳大利亚研究理事会（ARC）

澳大利亚研究理事会（Australian Research Council，ARC）是国际知名的科研组织和科学基金机构，其前身是成立于 1965 年的澳大利亚研究资助委员会。2001 年，澳大利亚研究理事会法案（Australian Research Council Act 2001）将 ARC 定性为一个独立的实体，承认该理事会在全澳研究中的领导作用，并希望其深入发展成为一个“与广大科研界有效合作、声誉良好、面向全国的机构”。

ARC 致力于支持所有学科中高质量的基础和应用研究，包括扶植跨越或超越学科边界、综合或整合来自多个学科领域的方法和知识的研究，旨在为政府提供研究资助和政策建议，促进澳大利亚最高水平的科学研究和研究培训。ARC 主要通过设立交叉科学基金项目与研究中心来扶植交叉科学研究。

在交叉科学基金项目方面，ARC 于 2018 年发布《交叉科学研究资助说明》

（*ARC Statement of Support for Interdisciplinary Research*），阐述了其对交叉科学研究的资助方针、相关项目申请流程、评审过程以及项目监管等信息[587]。ARC 对于交叉科学研究的资助不局限于单一学科，任何学科的研究领域中的交叉科学研究都可通过申请国家竞争基金项目（National Competitive Grants Program, NCGP）获得资助。ARC 在交叉科学项目申请中的质量控制比其他单一研究领域的申请更加严格，要求科研人员在其申请书中明确表示该项目是否属于交叉科学研究，并要详细阐述该项目如何进行“学科交叉”。只有当项目申请被评审为对一个或多个学科领域的知识具有创新性贡献时，才会被认为是“真正的交叉科学”项目。此外，ARC 还会对 NCGP 的资助项目进行不定期评审与成果评价，以确认该交叉科学项目对学术、经济以及社会发展的重要意义。

在研究中心方面，交叉科学研究往往需要比单一学科研究更多的时间与资源，因此设立研究中心、支持更加长期的研究计划对于交叉科学的发展至关重要。ARC 卓越中心（ARC Centres of Excellence）的设立对于支持和鼓励高校、研究机构与政府和工业界开展合作研究有重要意义。ARC 首席执行官艾登•伯恩（Aidan Byrne）表示：“ARC 卓越中心是一项重要的资助计划，为交叉科学研究、推动科技边界的世界高层次科研人员提供长期支持。”具体交叉科学中心如莫纳什大学的综合脑功能研究卓越中心（ARC Centre of Excellence for Integrative Brain Function）、昆士兰科技大学的机器视觉研究卓越中心（ARC Centre of Excellence for Robotic Vision）等。

4. 英国研究与创新组织（UKRI）

英国研究与创新组织（UK Research and Innovation, UKRI）成立于 2018 年 4 月，是在原英国研究理事会（Research Councils UK, RCUK）七个不同领域研究理事会的基础上，加入 Innovate UK 与 Research England 两个理事会形成的合并组织。Innovate UK 旨在帮助企业进行创新性研发；Research England 则主要针对高校知识交流提供相关资助支持。原英国研究理事会中，依据学科领域的不同，共有以下 7 个研究理事会：艺术与人文科学研究理事会（Arts and Humanities Research Council, AHRC）、生物科技研究理事会（Biotechnology and Biological Sciences Research Council , BBSRC）、工程与物理科学研究理事会（Engineering and Physical Science Research Council, EPSRC）、经济与社会科学研究理事会（Economic and Social Research Council, ESRC）、医学研究理事会（Medical Research Council, MRC）、自然环境研究理事会（Natural Environment Research Council, NERC）、科学与技术设施理事会（Science and Technology Facilities Council, STFC）。各研究理事会的重点在于促进各领域科学技术的发展和应用、培养科学研究人才以及促进各领域科学和技术的传播等。

UKRI 及其前身 RCUK 对交叉科学研究保持长期持续的关注，并将发展交叉科学研究视为机构宗旨之一[588]。UKRI 对于鼓励和支持多机构组织合作研究，促进研究创新性以及推动交叉科学研究成果的应用给予高度重视，近年来主要通过设立交叉科学资助项目，并依据不同的项目类型进一步确立优先研究领域或建立交叉科学研究中心等方法对交叉科学研究进行资助。

设立交叉科学基金项目是 UKRI 扶持交叉科学研究发展的基本手段之一，URKI 设立了一批具有影响力的大规模基金项目。如战略重点基金（Strategic Priorities Fund, SPF）的设立旨在通过资助特定的交叉科学优先研究领域来面对复杂科学问题的挑战，并进一步推动英国科技基础设施建设与创新能力的提升。其主要资助领域有：数字经济（digital economy）、能源（energy）、全球食品安全（global food security）、抗生素耐药性研究（tackling antimicrobial resistance）、科技与生活（technology touching life）与城市友好生活（urban life partnership）。另外，还有实现交叉科学与知识应用的项目，如农村经济与土地利用研究项目（Rural Economy and Land Use Programme, RELU）。此外，欧盟 2020 地平线计划（the EU Horizon 2020 Programme）也与 RCUK 联合启动多个资助交叉科学研究的项目，如人畜疾病、树木健康、农业与土地利用等领域[589]。

全球挑战研究基金（Global Challenge Research Fund, GCRF）是一种新近设立的交叉科学基金项目[590]。该基金设立于 2015 年，是一个以应对全球挑战为导向的交叉科学研究项目。该项目旨在解决全球发展中国家面临的挑战，通过英国与各国科研人员的合作，加强英国与发展中国家的研究、创新与知识交流的能力。GCRF 下设多种资助类型，从不同角度为解决全球科学复杂问题的交叉科学研究提供支持。如 GCRF 集体项目（GCRF Collective Programme）从教育、食品体系、全球公共卫生等 6 个视角对相关交叉科学研究进行资助。GCRF 下设的研究能力提升资助项目（GCRF Growing Research Capability）在 4 年内成功资助 37 个交叉科学研究项目，与 69 个国家的科研机构建立合作关系。此外，GCRF 下设交叉科学研究中心（Interdisciplinary Research Hubs），主要以发展中国家面临的挑战为导向进行相关交叉科学领域研究的长期资助与扶植，旨在进一步提升英国与各合作国家的研究能力与应对紧急研究需求的反应能力。

然而，上述交叉科学研究的基金项目多集中于一个单独理事会的资助范围，即此类交叉科学研究都只能从 UKRI 下设 9 个理事会中的一个得到基金。但许多研究本质上横跨两个或更多的理事会的职权范围，包括神经科学、生物化学等研究。为此，UKRI 设立了跨理事会资助协议（Cross-Council Funding Agreement），并且创新性地设置“响应模式”（responsive-mode）申请项目，通过一个主导理事会与其他理事会的合作，对“响应模式”类型的申请项目进行合作评估与资助，以便能够利用不同的学科方法来应对共同的复杂科学问题。

5. 其他交叉科学研究基金机构与项目

除以上介绍的主要国家科学基金机构外，仍有许多国家的科研管理机构通过制定多种政策来支持交叉科学研究的发展。

美国国家科学院的“国家科学院协会凯克未来创新计划”（The National Academies Keck Futures Initiative, NAKFI）启动于2003年，是专门致力于交叉科学研究与创新性科研的项目。该项目历时15年，耗资4000万美元，旨在加强科研人员、科学基金机构、研究机构与社会公众之间的知识交流与传播。值得一提的是，该项目设立的初衷是打破传统制度体系中学科之间的交流障碍，为交叉科学研究的发展营造良好的氛围[43]。NAKFI通过举办不同主题的交叉科学学术会议（如2017年NAKFI在美国加州举办的“超越边界”（Beyond Boundaries）会议）与设立多种不同资助领域的基金（如复杂系统基金（Complex Systems Grantees）、大自然的灵感——合成生物学基金（Synthetic Biology: Building on Nature’s Inspiration Grantees））来鼓励和支持交叉科学研究。此外，美国国家科学院于2018年10月召集了来自学术界、产业界和政府等的60位人士，在华盛顿市就如何创造与培育支撑融合型科研发展的文化等问题展开讨论。基于讨论内容，2019年6月美国国家科学院推出报告《培育促进科研融合的文化》（*Fostering the Culture of Convergence in Research*），旨在于推动学术界、产业界、政府和基金会的领导分享其对融合文化的认识，进一步促进多学科的交叉与融合[591]。

日本学术振兴会（Japan Society for the Promotion of Science, JSPS）作为日本具有代表性的科学基金机构，旨在基于公平公正的审查、评价体系，为以高等院校为主体的学术研究以及国际交流活动提供资助。其主要职能为：培养青年科研人员、促进国际科学合作、提供科学研究资助、支持学术界和工业界的科学合作、搜集和发布有关科研活动的信息。JSPS的各类项目根据资助目的的不同可分为研究项目（Support for Research Initiatives）、国际交流与合作项目（International Collaborations）、青年科研人员培养项目（Fostering Next Generation of Researchers）、高校教育与研究项目（Enhancing the Education and Research Functions of Universities）、学术界与社会各界合作项目（Strengthening Linkage with Society）、科研诚信项目（Research Integrity）和奖励项目（Awards of Recognition）七类[592]。其中研究项目类别中的人文社科前沿研究-主题项目（Topic-Setting Program to Advance Cutting-Edge Humanities and Social Sciences Research）是JSPS扶植人文社科领域交叉科学研究的主要项目，旨在通过与其他科学领域的融合和交叉，推动人文社科领域的创新性进展，并进一步为社会发展做出贡献。

德意志研究联合会（德文：Deutsche Forschungsgemeinschaft, DFG）是德国最大的独立性研究资助组织，主要负责资助德国大学及其他公立科研机构的研究，资助的四大学科领域为：人文学科、生命科学、自然科学、工程科学。DFG 的主要宗旨是为科学研究提供经费支持与政策建议、培养青年科研人员、促进国际交流与合作以及扶植交叉科学研究。近年来，DFG 将扶植交叉科学研究提升到战略高度，设立了多项支持科研人员开展跨学科与国际合作的基金项目[593]。其七大资助类别中，有两大类别以国际合作（international programmes）与科学协作（coordinated programmes）为导向，旨在推动知识传播与交流，提升德国在国家科学界的知名度，提高国家创新能力。

8.2 交叉科学基金项目的评审

正如前文所述，多国科学基金机构通过多种途径对交叉科学研究进行扶植与支持对于推动交叉科学的发展有积极影响，然而交叉科学评审的偏差也可能会降低科研人员申请交叉科学项目的积极性，进而对交叉科学研究造成消极影响[588]。客观、公平、公正的交叉科学研究项目评审体系是科学研究支撑体系中的关键一环。原本应用于单一学科基金项目的评审方法并不完全适用于交叉科学研究项目，这是因为单一学科研究仅受单一的研究目标驱动，但交叉学科的研究需要融合来自两个或更多学科的不同概念、理论和研究方法[503]。交叉科学研究的评审往往需要考虑到其所包含的不同学科的研究理念和方法。交叉科学申请项目评审的第一个关键问题是如何确定一个申请项目是否属于交叉科学研究范畴，并在此基础上进一步开展项目评审以及考虑资助方式。

8.2.1 交叉科学申请项目的界定

客观、适用的交叉科学评审方法对于交叉科学研究的开展具有重要意义。确认申请项目是否属于交叉科学的研究范畴以及明晰不同基金申请项目的交叉程度是对该申请项目进行评审与后续资助的基础。目前，不仅是我国，多数国家的科学基金机构在判断某一申请项目是否属于交叉科学研究范畴方面都存在难度，针对交叉科学申请项目属性的判断方式与测度方法也尚未出现统一标准，主要的交叉科学申请项目界定依据与方法如图 8-6 所示。

在界定依据方面，主要参考申请书内容和判断申请人学术背景。申请书内容具体指的是申请项目的研究内容与方法，即项目研究的科学问题是否属于交叉科学范围，是否综合运用多学科的理论与方法进行研究，研究成果是否对两个或两个以上学科的发展有促进作用等。申请人背景则主要指项目申请人的教育经历、研究背景以及合作网络等，此类信息对于判断该项目的属性也具有重要借鉴意义。丰富的教育经历、多学科的研究背景以及具有知识互补性的项目团队会更加有利于交叉科学项目的申请。例如，美国国家科学基金会（NSF）通过对项目申请书

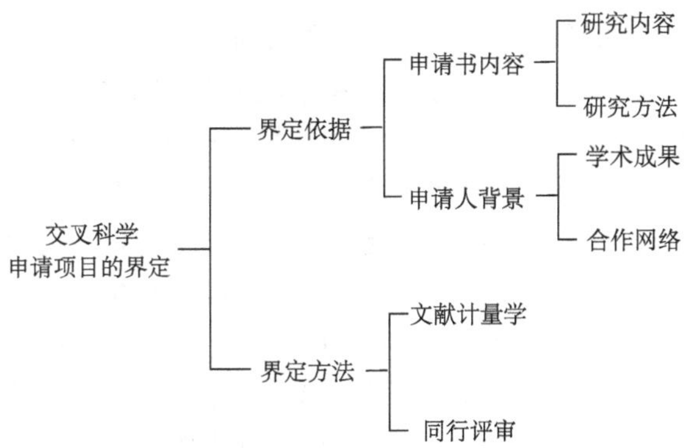

图 8-6 交叉科学申请项目界定依据与方法

中科研活动的描述、预期成果的影响以及项目申请人的资历对申请项目是否属于交叉科学研究进行判断。具体包括该项目的研究内容与教育活动、预期科研成果对多学科发展的影响以及学生培养计划等信息，同时还包括项目申请人在学术机构的职位信息及其学术背景等。澳大利亚研究理事会（ARC）在对交叉科学申请项目的界定和受理问题上则主要以项目研究内容的创新性为评定依据。ARC 认为只有当申请项目的研究内容超过了一个学科评审组覆盖的范围并且具有较强的创新性时，研究资助委员会才将之界定为交叉科学申请项目[594]。ARC 对交叉科学研究项目的质量严格把关，宁缺毋滥，不仅在研究内容方面要求对涉及的多个学科研究领域要具有创新性，同时强调研究成果要对其他学科有交叉促进作用[595]。

虽然部分科学基金机构给出相应的参考，但当前还未有统一的针对交叉科学申请项目界定的标准，不同科学基金机构大多依据其项目设置以及研究目标等采取不同的策略与方法对交叉科学申请项目进行界定。

8.2.2 交叉科学申请项目的评审方法

同行评审与文献计量学方法是学术界评价与评判交叉科学研究的两大主要方法，其中同行评审是多数科学基金机构采用的针对交叉科学申请项目的评审方法。不同国家的科学基金机构依据其交叉科学项目的设置与组织结构，采取不同的同行评审机制对申请项目的质量与资助策略等进行评审。此外，借鉴交叉科学研究评价中的文献计量学方法，可以从数据与文本分析的视角对申请项目进行更加客观的评审与测度。

1. 同行评审机制

同行评审是目前世界主要国家科学基金机构在项目评审中使用最为广泛的方法，主要指由某一或若干相似领域内的专家共同对涉及相同或相关领域的某一事项进行评论和估价的活动。其本质是科学共同体内部的民主机制，即充分依靠科学家群体进行自我管理、公平竞争、择优支持从而优化科研生产要素与资源配置的一种方法[451]。学术界普遍认为同行评审是选择合适的资助项目、促进科学知识创新的有效手段[596]。同行评审已广泛应用于科研活动的各个领域，对科研管理单位相关政策的制定产生了重要的影响。对于科学基金机构而言，同行评审对科研项目的立项审批、中期检查以及结题验收等流程具有举足轻重的调控能力。

中国国家自然科学基金委员会（NSFC）的项目评审严格实行“依靠专家，发扬民主，择优支持，公正合理”的评审原则，采用同行专家通讯评审和会议评审两级评审制度，集中审批的项目申请受理和评审的流程如图 8-7 所示。

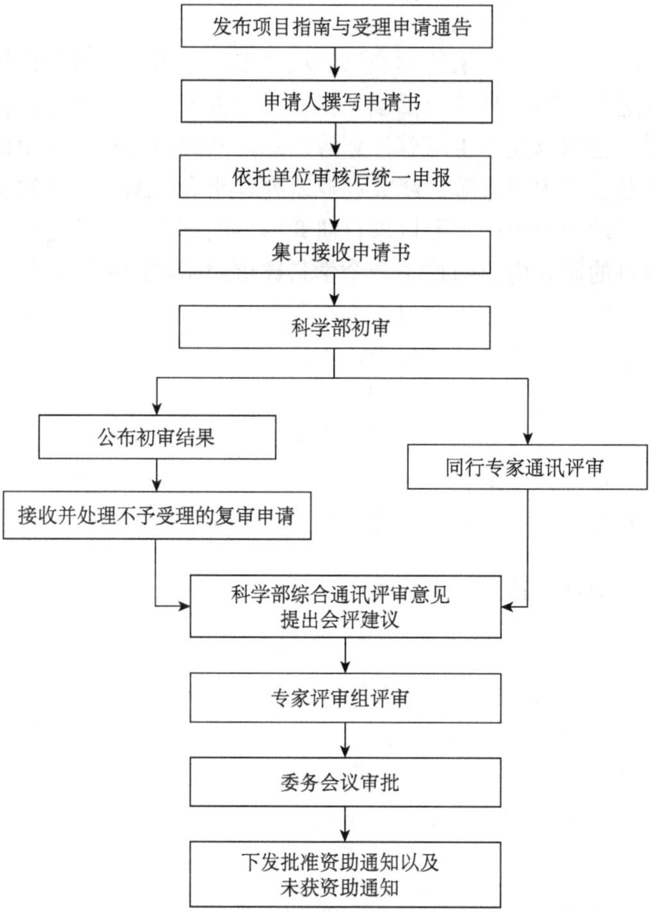

图 8-7 NSFC 同行评审流程

图片来源：http://www.nsfc.gov.cn/publish/portal0/xxgk/044/info72253.htm（2019-04-03）

目前NSFC并没有针对交叉科学申请项目单独设计的评审流程，因此理论上交叉科学项目和普通的单一学科申请项目是一样的同行评审流程。在“鼓励探索，突出原创；聚焦前沿，独辟蹊径；需求牵引，突破瓶颈；共性导向，交叉融通”的资助导向指引下，2019年自然科学基金项目的申请过程中，首次尝试要求申请者在上述四大导向中选择一类符合该申请项目的类别，并集中阐述原因，该尝试性举措能够为评审交叉科学申请项目提供更为丰富的信息。同时，重大研究计划作为支持交叉科学研究的主要资助类型，NSFC专门设立指导专家组，以实现对重大研究计划的顶层设计和学术指导。指导专家组由7～9名来自不同单位、不同领域的专家组成，设组长1人，副组长1人。会议评审专家应当主要来自指导专家组，同时还可以邀请相关领域专家。会议评审由指导专家组组长或副组长主持，到会评审专家应当至少有13人。对于重大项目评审，NSFC指出应根据申请书内容和有关评审要求，随机选取5名以上同行专家进行通讯评审，对交叉领域项目应当注意专家的学科覆盖面。与重大项目相似，重点项目同样是依据申请书内容和有关评审要求从同行专家库中随机选择5名以上专家进行通讯评审，对同一研究领域或者研究方向的项目申请应当选择同一组专家评审。

作为目前世界上最有代表性和影响力的基础研究管理和资助机构之一，美国国家科学基金会（NSF）对于交叉科学申请项目的评审十分重视，并设立有专门针对交叉科学研究的评审政策。首先对于交叉科学申请项目，项目管理人员有责任确定符合该类项目评审资格的相关专家。此外，项目申请人也可依据NSF项目列表，查看是否有与其申请项目近似的类型，并直接将申请项目提交至该评审组，或者自行联系NSF项目管理人员，确定其项目适合受审的评审组，进而有针对性地提交。确定评审专家组后，NSF一般有两种评审交叉科学申请项目的方式：一种是将申请项目送审至多个评审专家，然后收集评审结果。每个专家依据其评审意见提交一份等级评定结果与详细评审意见。项目管理人员分析来自不同学科领域各评审专家的结果与意见，并给出具体建议。另一种评审方式是通过召集来自各个领域的专家进行会议评审，在一段时间内集中评审交叉科学申请项目。会议评审相对更为谨慎，专家集中讨论的方式可以使得对申请项目的评审结果更加全面、客观与公正。但是，需要同一时间段内聚集多位不同领域的专家在时间和成本上都存在一定困难。此外，当申请项目的评审组认为难以对该项目进行全面的评议时，可以申请进行联合评审（co-review），这在NSF交叉科学申请项目评审时非常常见。在内部评审（internal merit review）的基础上，NSF的顾问委员会（advisory committees）会进一步对项目进行评定以及开展外部评审（external review）[502]。

澳大利亚研究理事会（ARC）基于其对于交叉科学申请项目的交叉属性与对多学科创新性贡献的要求，通常联合评审组以及外部专家对申请项目进行综合评审。项目申请依据分类代码与学科领域分别被送往各个学科评审组。当项目申请书标记代码超过一个时，将会依据第一个代码送往合适的评审组。2016 年发布的《交叉科学研究资助说明》（*ARC Statement of Support for Interdisciplinary Research*）中指出，ARC 在项目提交时，申请者可选择该项目是否为交叉科学研究。若申请者将该项目标记为交叉科学研究，则将由具有相关交叉科学知识的研究人员组成的多学科评审组对此项目进行初始评审，并依据上述界定标准判断该申请项目是否属于交叉科学研究的范畴[587]。当多学科评审组认为该项目难以判断时，可以要求其他学科评审组进行联合评审，主要是评议项目的创新性。初始评审结束后，每一个项目将至少被送往至一位具有该领域交叉科学研究经验的专家进行外部评审。最后，多学科评审组将综合所有评审意见，连同本轮其他所有申请项目，给出最终评审结果[502]。

英国研究与创新组织（UKRI）同样采取专家同行评审制度，并基于竞争机制进行研究资助。UKRI 的评审人员是来自英国以及海外的相关研究领域的资深学者，其评审结果为 UKRI 的基金分配提供决策依据。UKRI 下设 9 个理事会，除去 Innovate UK 和 Research England，另外 7 个学科领域划分的研究理事会有其各自的同行评审制度，对于各理事会研究范围内的“小范围”交叉科学项目进行评审[597]。对于涉及多个学科理事会研究范畴的“大范围”交叉科学的“响应模式”（responsive-mode）申请项目，则由多个理事会的评审专家以及具备交叉科学研究相关专业知识的评审人员共同评审，以保证评审结果的公平性与严谨性[595]。首先，项目申请者将涉及多个学科研究领域的申请项目提交至最相关的研究理事会，由其作为首席理事会对此项目进行评审。若首席理事会的项目官员认为该项目需要扩充至其他理事会进行共同评审与资助，则联系其他理事会的评审人员进行共同评审，最后由该项目涉及的不同理事会依据跨理事会资助协议（Cross-Council Funding Agreement）的规章制度联合做出资助决定。由首席理事会进行评审的申请项目，除非做出重大修改需要更改首席理事会，一般情况下不得重新提交至另一个理事会。若必须更换首席理事会，则需要向原首席理事会提交报告声明，并附上在项目申请书中所做的修改，否则理事会可以拒绝此重新提交的项目申请[598]。若项目申请成功，由首席理事会进行管理，同时由其他合作理事会进行共同资助与后续成果评议。

2. 文献计量学方法

文献计量学方法是评价交叉科学研究的主要方法之一，国内外学者已开发并应用了多种基于不同层次（单篇文献、期刊等）的学科交叉测度指标（详见本书第 4 章）。然而利用文献计量学方法对交叉科学基金申请项目进行评审目前还比较少见，对于基金申请项目的交叉程度测度也属于相对新兴的研究领域，针对该问题的文献也并不多见。NSF 利用文本挖掘与内容分析方法对 2000～2012 年资助的项目进行主题分类，对每个基金项目都设置了对应的“主题标签”（topic tag）。Nichols 基于项目主题标签，对社会、行为与经济科学部的基金项目进行交叉科学测度，结果表明 89%的基金项目具有交叉科学性[508]。Bromham 等 2016 年发表在 *Nature* 杂志上的研究则利用交叉科学测度的距离指标（interdisciplinary distance metric, IDD）对 2010～2014 年 ARC 资助的探索项目进行交叉科学测度，并发现交叉科学项目更难获得基金资助[507]。

实际上，相比于学术出版物，基金项目申请书能够提供更加宏观的研究框架、多种学科研究方法的使用以及科研人员构成等信息，此类信息可以为交叉科学基金项目的评审与测度提供思路。具体如：项目研究内容层面上，可以基于文本挖掘等方法对项目申请书的题目、摘要甚至内容进行聚类与分析，并进一步借鉴已有的交叉科学测度指标，明确项目的研究内容是否属于交叉科学范畴以及如何交叉使用多学科的研究方法等。项目人员信息层面上，可以利用社会网络分析等方法明晰申请人背景信息、合作网络以及团队成员知识构成等。基于文献计量学方法，综合利用项目申请书的多维度信息（申请书文本内容、项目组成员信息、项目学科代码等），构建针对基金项目的交叉科学测度指标是定量客观地判别申请项目交叉科学属性的关键方法，对于提升交叉科学申请项目的评审质量与可信度、促进交叉科学基金资助的合理化与精准化具有重要意义。

8.2.3 交叉科学申请项目评审的现存问题及改进思路

科学基金机构基于不同的组织架构与社会需求设立多种支持交叉科学研究的机制，并在此基础上构建有不同侧重的评审体系，为交叉科学研究的发展提供保障。然而目前多数学者认为科学基金机构并没有一套完整的应对交叉科学项目的评审与管理机制[599-602]。其中 Woelert 和 Millar 在基于澳大利亚研究管理体制相关数据的研究中提出“交叉科学研究的悖论”（paradox of interdisciplinary），并指出澳大利亚政府的相关政策文件中高频率出现的“交叉科学研究”常常与“创新”和“适用性”等同时出现，然而对于交叉科学研究的评审与资助却又几乎完全依赖于严格的单一学科分类系统，从而形成了“交叉科学研究的悖论”[602]。交叉科学研究项目并非简单地将多个学科研究内容合并成为一个研究项目，而是需要科研人员与项目管理者付出更多的努力组建具有凝聚力的交叉科学研究与管理团队，促进学科知识进行真正的交叉融合[601]。然而，许多机构习惯于将交叉科学项目分配给某一个科学部，要求其与其他科学部进行合作研究，从而可能导致对交叉科学申请项目评审的混乱[600]。在交叉科学研究日益受到关注与重视的趋势下，对于交叉科学申请项目的评审还存在一定的问题与改进空间。

交叉科学评审机制本质上是为交叉科学研究服务的，评审结果为资助决策的制定提供重要参考，因此交叉科学申请项目的评审机制应根据决策对象的特点来进行。同行评审是目前科学基金机构普遍采用的评审办法。Metzger 和 Zare 指出，同行评审在定义上是指那些来自某一个学科专家的评价，并且往往是基于某一个学科之内的共同研究领域的专家们的评价。研究资助的评审对于学术职业的影响非常关键，但也越来越专业化，更多地限于学科边界之内[603]。然而，多学科交互融合是交叉科学申请项目的基本原则，其研究内容与方法均超出单一学科的范围。依据不同学科单元单独进行同行评审的资助体制对于交叉科学申请项目的评审存在一定的局限性，同行评审人很可能缺少某一学科的专业知识，只能从其自身某一学科的专业背景出发提出相对片面的意见，从而无法保障评审的质量，甚至进一步影响资助决策[451]。

常规同行评审对于交叉科学项目不完全适用，Langfeldt 基于大量的实证研究表明，同行评审通常更倾向于风险较小的“保守”项目，具有较高风险的创新性计划一般较难获得评审者的认同，甚至可能对于创新性较强的交叉科学发展有负面作用[604]。国际研究理事会（Global Research Council, GRC）调查称，多数科学基金机构表示目前他们并未找到合适且有效的针对交叉科学研究项目的评审办法，合适的交叉科学项目评审人难以寻找[502]。管理人员通常依靠个人经验或是与学者的私人关系来选择同行评审人，但是依靠管理者的经验很容易出现随机性，同时也会降低评审结果的可信度。此外，Huutoniemi 进一步指出两种同行评审专家的认知倾向有可能对交叉科学项目产生负面影响。首先是“认识同质性”（cognitive homophily），即评审专家对于与其正在进行的研究有共通之处的申请项目通常容易给出较好的评审意见。再者是“守门人”（gate keeping）倾向，即当评审专家面临极具创新性的、对其所在领域具有一定挑战性的项目时，更倾向于保守的评估。这两种倾向均意味着交叉科学研究更易被当成学科研究的非正统案例，因此在同行评审过程中容易取得较低的得分[605]。

科学合理的评审机制对于推动交叉科学研究的发展、实现科学资助的精准性与提高科学基金的资助效率具有重要意义。国内外学者从不同的视角对于改进现有交叉科学申请项目的评审机制提出建议。首先，针对我国 NSFC 的交叉科学研究管理模式，有学者指出可设置独立的交叉科学管理与评审部门，加强横向、减少纵向的“扁平化”的科研管理模式，全面统筹重大项目中多学科合作和交叉以及化解相关矛盾问题[606]。也有学者指出可利用答辩交流的形式开展交叉科学申请项目的评审，使得候选的交叉科学项目在接受同行质疑的同时，也可以使评委与申请人开展充分的交流，最终遴选出真正有潜力的项目进行资助。此外，与不同学科背景的评审专家进行交流对启发交叉科学新想法、新思路也有积极作用[571]。其次，也有许多学者针对交叉科学项目评审提出具有一定普适性的宏观原则与评审要素。Bark 等基于交叉科学研究项目的“过程”与“产出”设计评审流程，并指出科学基金机构应在大力鼓励支持交叉科学项目的基础上，进一步细化其评审机制。例如，交叉科学项目申请书是否包括融合不同学科方法与内容的理论模型？是否能显示出对其科学问题涉及不同学科内容的广泛认知与文献积累？是否考虑到与不同学科科研人员交流沟通所需的额外时间、通信与差旅等成本开销[500]？Bammer 则是系统性地提出评审交叉科学申请项目的四大要素，即研究主题的重要性、研究问题的可操作性、研究方法的合理性与申请者的综合学术能力[607]。研究主题的重要性不是数理衡量指标，而是指社会需求的迫切程度与该项研究对社会发展的意义。交叉科学研究常常会涉及许多未知的方法与课题，因此选择具有可操作性的科学问题，并合理融合多种学科的研究方法对于整个项目的可行性具有关键作用。最后，由于评审专家的选择是交叉科学申请项目评审的关键一环，也是多数科学基金机构面临的评审难题[502]，因此有学者指出可利用文献计量学方法，依据评审专家的学术成果主题词、文献发表期刊以及合作网络等信息辨识该评审专家所涉及的研究领域，为更有针对性地选择交叉科学项目评审专家提供借鉴[608]。此外，Nichols 也提出可以在利用文献计量学方法的基础上，进一步结合文本挖掘技术手段，对项目申请书内容进行定量分析，该研究为更加客观、精准且全面地评审交叉科学项目提供了新的思路[508]。

各主要科学基金机构对于交叉科学研究日益增长的关注与重视是促进交叉科学研究发展的关键动力，合理科学的评审制度与管理机制是推动交叉科学研究良性发展的重要保障。各国科学基金机构基于组织框架与资助侧重的不同，发展出相应的评审机制。NSFC 正在尝试充分运用在线科学文献数据库和科学家个人网页，利用自然语言处理来收集潜在评审人的出版物或研究项目的详细信息，进而通过文本语义分析来比较基金申请书和这些信息，并确定最匹配的评审人[609]。结合文献计量学和同行评审的视角对交叉科学基金项目评审提出的综合性建议与改进措施，能够对基金机构有效扶持交叉科学研究与合理评审相关申请项目提供有益借鉴。

8.3 交叉科学基金项目的差异化特征

交叉科学项目对不同学科理论与方法的融合程度各异，项目组科研人员的不同学科背景的各种组合、研究主题涉及的不同学科范围、研究问题的不同类型等均可能存在差异。科学基金机构在交叉科学项目框架的构建与内容的评审中扮演着重要的导向作用，交叉科学项目成果的有效性也可能会受到科学基金机构的资助动因与侧重点、项目依托机构的组织构架与管理制度以及对交叉科学研究的支持力度等影响，具体包括项目的多学科融合程度、研究成果创新程度、研究成果类型及其学术影响等[588]。因此，明晰交叉科学基金项目的特点与差异化特征，不仅对于有针对性地设立推动交叉科学实质性发展的管理机制十分重要，而且对于建立更加完善的交叉科学资助体系、有效地管理交叉科学项目以及设立科学合理的交叉科学项目评审机制等也具有关键作用。

8.3.1 交叉科学基金项目的获资助差异

作为当代科学发展的重要特征，交叉科学在解决复杂社会问题与推动科学可持续发展方面发挥着关键的作用，各国政府与科研管理机构对交叉科学研究的关注与日俱增，各主要科学基金机构纷纷设立相关基金项目与资助计划，对交叉科学的发展进行扶植与支持。学术界普遍认可的交叉科学研究发展的障碍之一即为交叉科学研究更难获得基金资助。如英国政府商业、创新与技术部门（Department for Business, Innovation & Skills, BIS）基于对其 7 个研究理事会的审查表示，目前的科研管理构架没有很好地服务于交叉科学的研究，而且交叉科学申请项目与专注度较高的单一学科研究项目相比更难获得基金资助[610]。Woelert 和 Millar 提出的“交叉科学研究悖论”的主要含义之一即为政府对交叉科学的重视与科学基金机构对交叉科学资助力度不足的矛盾，另一层含义是上文所提及政府的重视与交叉科学申请项目的评审机制不合理的矛盾[602]。Bromham 等发表在 *Nature* 杂志上的研究再次印证了交叉科学申请项目更难获得基金资助这一观点，该研究基于澳大利亚研究理事会（ARC）2010～2014 年近 2 万个申请项目的数据，利用交叉科学的距离测度指标（interdisciplinary distance metric，IDD）定量测算项目申请书的学科交叉程度，并结合项目申请成功率展开分析[507]，不同学科领域基金申请项目与成功率关系如图 8-8 所示。图中每个圆点代表一个学科领域，x 轴为各学科领域成功获得基金资助的项目比例，y 轴为交叉程度最高（IDD=1）与最低（IDD=0）的申请项目的预测成功率的对数值的差值。例如，$y=-0.5$ 即为交叉程度最高的项目比交叉程度最低的项目的成功率对数值低 0.5。图中大部分学科领域均聚集在 $y=0.0$ 以下，申请项目的学科交叉程度与该项目被成功资助的概率呈负相关，即学科交叉程度越高的申请项目，受资助的可能性越小。

导致交叉科学申请项目难以获得基金资助的原因可能有以下 3 种：一是缺乏科学完备的针对交叉科学的评审过程，如难以寻找到具备多学科交叉领域研究经验的评审专家组，另外不同学科视角组合的交叉科学研究的创新性也增加了评审的难度[582]；二是交叉科学研究相较单一学科研究需要更多的经费支持，如需要与不同学科与研究机构的科研人员建立合作网络，需要综合利用不同学科的研究方法与手段等，这些均增加了交叉科学研究对经费的需求[611]；三是与单一学科相比，交叉科学项目的研究成果可能会有不同类型的产出，基于相对狭义的评价标准（如基金项目产出的出版物数量等），交叉科学项目的科研产出可能更低，因此难以获得科学基金的资助[612]。

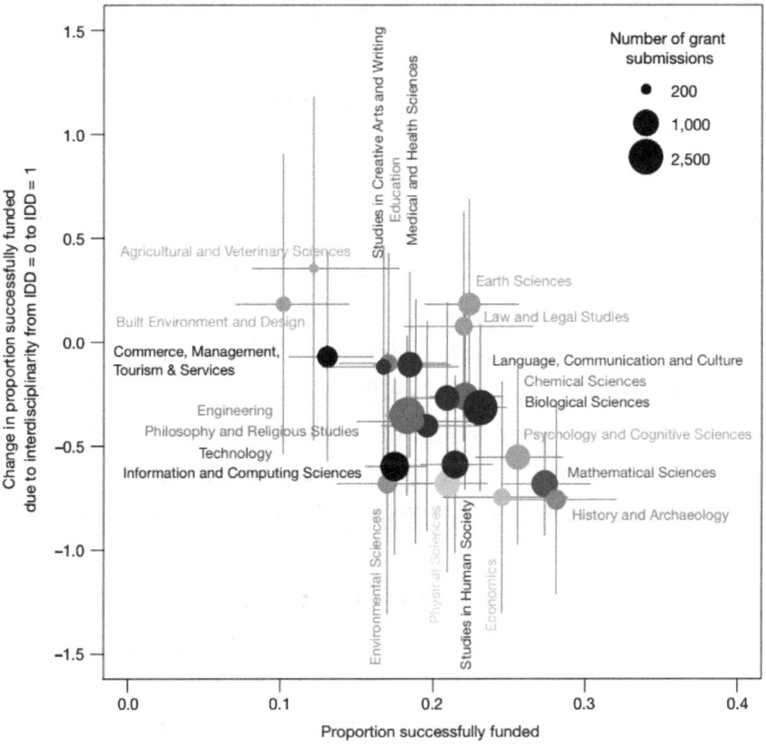

图 8-8 不同学科领域基金申请项目的交叉程度与成功率[507]

对于交叉科学申请项目是否更难获得基金资助这一问题，Rylance 发表在 *Nature* 上的评论指出，基于数据样本集的研究结果并不能证明交叉科学基金项目的申请成功率与单一学科项目相比存在显著差异[599]。各科学基金机构设置的交叉科学项目种类多样、各有不同，同时很多看似单一学科领域的项目实则包含交叉科学研究。因此，对此问题的研究需要在明确交叉科学研究项目界定的基础上，基于统一的标准来划分项目的学科类型，并进一步展开研究。

8.3.2 交叉科学基金项目的国家（机构）差异

虽然不同国家所处发展阶段、面临的社会问题与亟须解决的科技难题各异，但是发展新兴科技对推动不同国家的社会进步均具有重要意义。如纳米科技（nanotechnology）作为一个集前沿性、交叉性和多学科特征于一体的新兴研究领域，其理论基础、研究对象涉及物理学、化学、材料学、机械学等多个不同的学科，其应用广泛涉及材料和制备、微电子和计算机技术、医学与健康、航天和航空等不同领域。目前，该技术作为高端制造业的关键要素，已被许多国家列为优先研究领域，可见交叉科学研究在新一轮产业革命中的重要意义。

近年来，大数据的发展广受政府与社会各界关注。大数据主要指应用数据技术从各种类型的超大数据集获取有价值的信息并加以利用，数据集可以来自社交网络、图像、传感器以及其他非结构化数据源等[613]。大数据既可作为一种信息技术，也可看作是数据基础，还可以理解为一种研究视域，其特点是能够与不同学科领域的研究问题与研究方法相结合，具有广泛的应用范围，呈现出明显的交叉属性。基于大数据的一系列研究已被实践证明能够对社会发展产生重要影响，如基于海量数据的获取与分析能够帮助政府制定更加合理的政策；再如，经济部门利用大数据可以对未来的经济发展走势进行一定程度的预判等。主打“智慧”主题的交通管理、物流运输、卫生健康等领域的蓬勃发展无一不是在大数据基础上的优化与创新。作为一项融合多学科知识与技术的前沿领域，大数据及相关技术研发对国家科技发展意义重大，因此受到科学基金机构的高度关注和大力支持。不同国家科学基金机构针对大数据研究的相关资助力度、侧重领域等有何异同，是本小节主要关注的问题。

本书作者及其合作者以 NSF 和 NSFC 的大数据基金项目为研究对象，利用基金项目与文献两部分数据，对中美科学基金机构资助大数据研究的差异进行分析[614]。项目数据通过在 NSF 与 NSFC 官网进行主题词检索（项目名称、摘要或者关键词中包含“Big Data”（大数据）），获取到 2008～2015 年 NSF 资助的 921 个相关项目信息与 NSFC 资助的 434 个相关项目信息。文献数据则通过在 WoS 核心合集的 SCIE/SSCI 数据库上进行主题检索（TS=“Big Data”），获取到 2008～2015 年的 2815 条相关文献记录。同时，进一步通过检索文献的“致谢”（Acknowledge）部分，识别出 198 条 NSF 资助的文献记录和 272 条 NSFC 资助的文献记录。通过数据处理与文本分析，发现 2012 年之前 NSF 与 NSFC 的资助项目中只有少量与大数据相关的项目，自 2012 年白宫宣布“大数据研究与发展计划”（Big Data Research and Development Initiative）之后，NSF 对于大数据资助的项目数量与金额有显著上升。NSFC 则是在 2013 年开始组织与大数据发展相关的“双清论坛”，同时加大对大数据相关项目的支持力度。

在资助学科领域上，NSF 与 NSFC 资助的超过 50%的大数据项目隶属于信息科学研究领域，如表 8-1 所示。不同的是，NSF 资助的大数据项目所属的第二大学科领域为工程科学，而 NSFC 的第二大资助学科领域则为管理科学，这一定程度上反映了大数据在中美科学研究中侧重点的不同。

通过抽取基金项目题目主题词，根据主题词出现频次遴选了频次最高的前 30 个主题词，进而构建这些主题的共现网络并进行主题聚类，可以得到 NSF 与 NSFC 基金项目中频次最高的 30 个主题词及其聚类结果，如图 8-9 和图 8-10 所示。

表 8-1 NSF 和 NSFC "大数据"基金项目的主要学科分布[614]

基金机构	学科名称	各学科项目所占比例
NSF	计算机与信息工程科学（Computer & Information Science & Engineering, CISE）	55.48%
	工程科学（Engineering, ENG）	14.55%
	数学物理科学（Mathematical & Physical Sciences, MPS）	13.79%
	社会、行为与经济科学（Social, Behavioral and Economic Sciences, SBE）	6.62%
	教育与人力资源（Education & Human Resources, HER）	4.13%
	生物科学（Biological Sciences, BIO）	3.69%
	地理科学（Geosciences, GEO）	1.30%
	其他（other）	0.43%
NSFC	信息科学（Information Sciences, IS）	54.38%
	管理科学（Management Sciences, MaS）	25.58%
	工程与材料科学（Engineering & Materials Sciences, EMS）	6.91%
	地球科学（Earth Sciences, ES）	4.15%
	数学物理科学（Mathematical & Physical Sciences, MPS）	3.92%
	医学科学（Medical Sciences, MeS）	2.30%
	化学科学（Chemistry Sciences, CS）	0.46%
	生命科学（Life Science, LS）	0.23%
	其他（other）	2.07%

从图中可以看出，NSF 的资助主题主要集中于以下 4 个方面：大数据领域的社交媒体分析、生物信息学相关问题与潜在解决方法、大数据背景下的公共管理与大数据相关技术。而 NSFC 的资助主题则主要集中于：复杂环境下大数据的作用、大数据相关理论与技术、大数据在管理实践中的应用、大数据分析技术。进一步对聚类中的主题词进行分析发现，"算法"（algorithm）、"数据分析"（data analysis）、"数据挖掘"（data mining）、"网络"（Internet）、"机器学习"（machine learning）等是 NSF 与 NSFC 的共同资助重点。但同时，两者也有较为明显的区别。NSF 资助侧重工程科学领域以及相关专业应用的研究，而 NSFC 则侧重关注大数据相关的理论概念及其在管理科学中的应用研究。总体而言，两国科学基金机构对于大数据研究有较为类似的资助方向，同时也依据各国战略目标与科学发展模式的不同，在大数据概念、技术以及应用等方面的资助各有侧重。

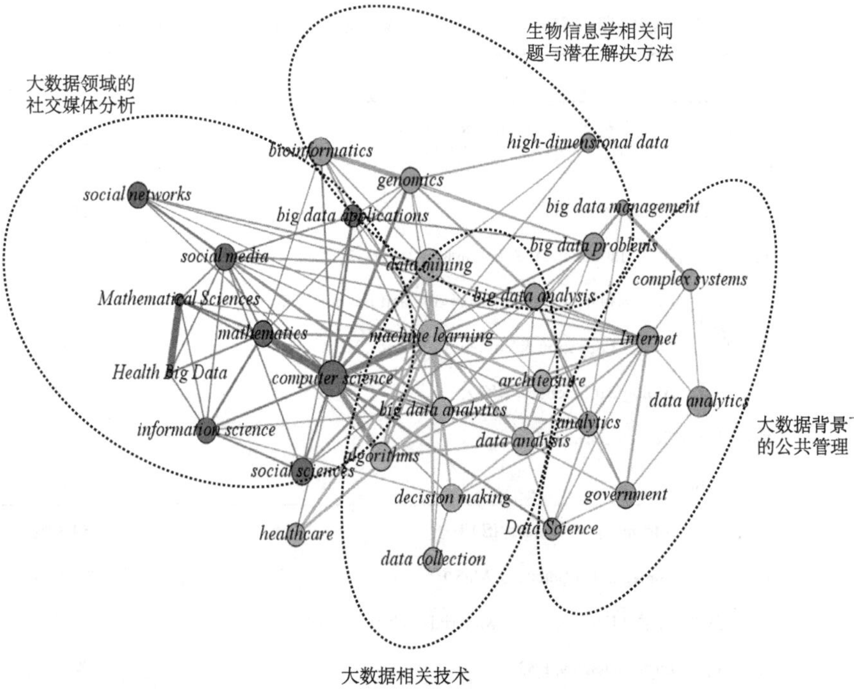

图 8-9 NSF“大数据”相关基金项目频次最高的 30 个主题词

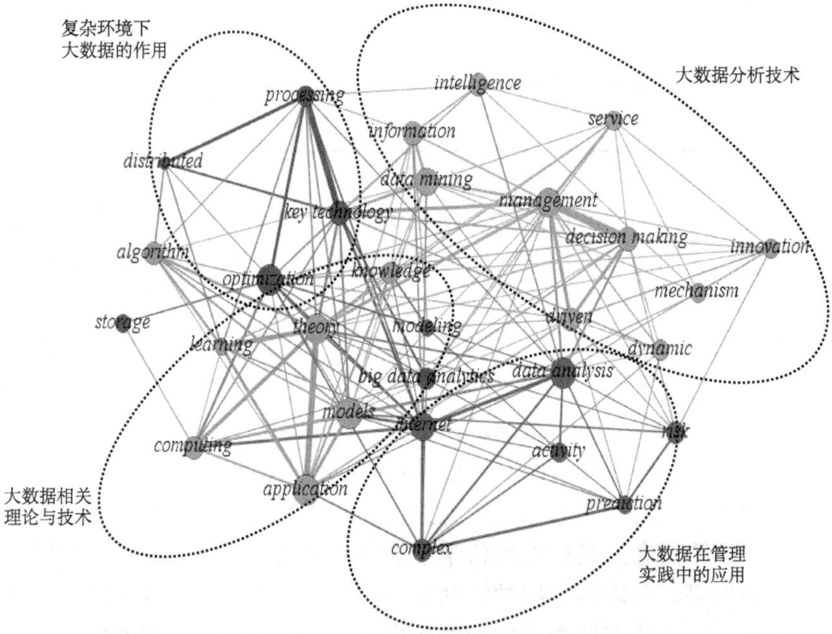

图 8-10 NSFC“大数据”相关基金项目频次最高的 30 个主题词

新兴交叉科学技术的发展对推动经济与社会发展有着重要意义，不同国家机构与基金组织对交叉科学研究项目资助的侧重点与方法依据各自具体的社会发展需求而各不相同，进而影响各个国家的经济和社会发展。

8.3.3 交叉科学基金项目的学科差异

交叉科学项目团队成员的学科背景构成是项目评审的主要内容之一，项目团队人员学科背景的多样性对交叉科学研究的顺利开展与实质性交叉科学成果的产出具有关键意义。尽管交叉科学研究是涉及两个及以上学科领域的研究，但交叉科学项目通常在融合多学科方法与理论的基础上，以某一个学科领域为主导展开，多数科学基金机构也依据该交叉科学研究的主导领域将其划分至不同的“主导科学部”进行管理。交叉科学研究是否存在学科差异？以不同学科为主要研究领域的交叉科学项目的团队成员构成是否存在学科差异？该学科差异是否会进一步影响交叉科学项目的科研产出的交叉程度？对于上述问题的研究与探析有助于科学基金机构各科学部对各自主导的交叉科学项目的管理与指导工作提供借鉴。

重大研究计划项目是中国自然科学基金委（NSFC）推进学科交叉与融合研究的重要尝试，汪雪锋等学者利用2007～2016年NSFC资助的20个重大研究计划及其主导科学部信息，对不同科学部主导的重大研究计划团队与成果进行交叉科学测度[615]。根据不同科学部所涉及研究团队的跨学科指数、研究成果的集成化指数以及平均链接强度指数绘制的气泡图如图8-11所示。图中气泡大小即表示该科学部研究团队跨学科指数的相对大小。

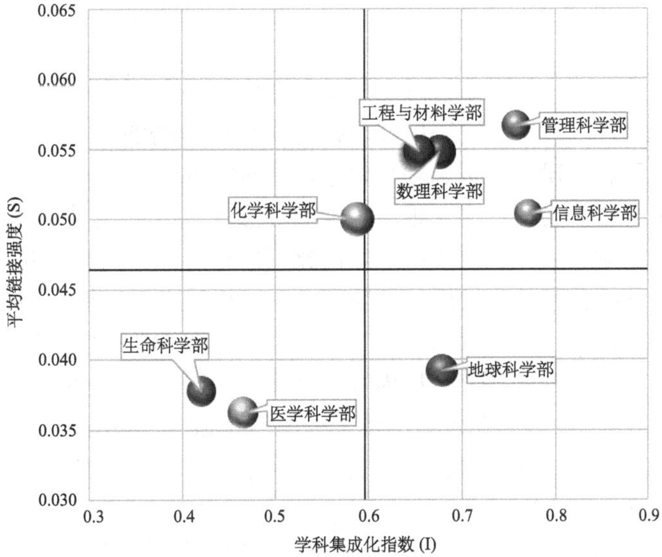

图8-11 学部平均链接强度指数与集成化指数分布图[615]

从图 8-11 中可以看出，信息科学部的团队跨学科指数最小，表明该科学部涉及项目的学科类别相对较少，化学科学部的团队跨学科指数最大。但总体而言，各气泡的大小差异较小，表明各科学部研究团队的跨学科性的差异较小。研究成果产出方面，地球科学部研究成果跨学科性最高。整体研究结果表示，同一科学部主导的不同重大研究计划的团队与产出论文的学科交叉程度基本相当；不同科学部主导的重大研究计划团队的学科交叉程度差异较小，但产出论文成果的学科交叉程度差异较大。此外，该研究进一步表明研究团队成员跨学科性与成果跨学科性之间并未呈现明显的相关关系。

此外，来自悉尼大学与南佛罗里达大学的 Khan 等学者基于澳大利亚研究理事会（ARC）的交叉科学项目数据的研究表明，基金资助对于交叉科学申请项目的资助存在明显的学科差异，小部分学科领域受到更多的资助与关注，如生物、工程、健康医疗等领域被资助的交叉科学项目相对更多[616]。

交叉科学项目虽以融合多学科的理论与方法为基础，但往往由某一学科领域主导，同时结合其他学科的理论和方法展开研究。目前有关交叉科学的学科差异研究相对较少，从宏观视角看，对此类问题展开研究有助于科学基金机构在理解学科差异的基础上进一步制定具有针对性的发展方针，促进交叉科学研究在不同学科领域的发展。从微观视角看，则有利于交叉科学研究在面对不同复杂问题时，更加有效地融合与交叉不同学科领域的理论与方法，从而为解决科学问题提供切实可行的方法。

8.4 交叉科学的基金项目分析：基于 NSF 数据

正如前文所述，许多科研管理与科学基金机构均将交叉科学研究置于重要的战略地位，纷纷设立多种类型的基金项目以扶植交叉科学的发展。本小节基于 NSF 资助的有关交叉科学研究的基金项目数据，从研究机构、研究领域和科研人员等方面展开案例分析，力图从多个维度呈现 NSF 交叉科学研究的资助概况。

NSF 资助的学科领域主要集中在对国家利益有突出贡献的领域以及前沿科技研究，每年会依据科学技术发展的不同要求而进行相应的调整。NSF 资助的交叉科学领域多样，既有自然科学内部的交叉，也有社会科学与自然科学之间的交叉等。为了提高所检索到的基金数据内容与交叉科学研究的关联度，本案例以“交叉科学、跨学科研究”等相关术语的英文单词（crossdisciplinary、interdisciplinary、multidisciplinary 和 transdisciplinary）及其变形单词为检索关键词，在项目标题字段进行检索，截止到 2018 年的项目记录，最终获得 2651 条有关交叉科学研究的基金项目数据。其中，NSF 资助的交叉科学研究项目的数量变化趋势如图 8-12 所示。

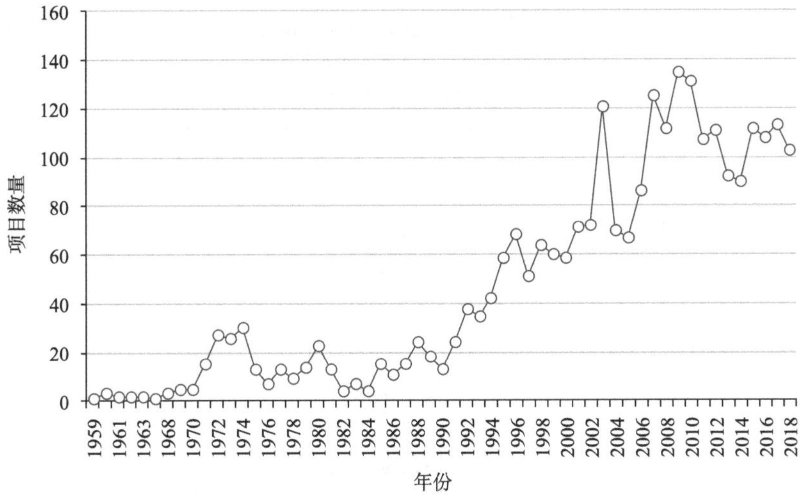

图 8-12 1959～2018 年 NSF 资助的交叉科学项目数量

从图 8-12 中可以看出，NSF 在 20 世纪 60 年代已经开始资助交叉科学基金项目，但总体资助项目数量较少；1970～1975 年期间有明显的增长趋势，但随后交叉科学资助进入较为缓慢的发展期；直到 20 世纪 90 年代，交叉科学基金项目数量急速上升，进入快速发展阶段；进入 21 世纪后，尤其是 2004 年以后，获得资助的交叉科学项目数量虽波动幅度较大，但整体呈不断增加的态势，并于 2009 年到达顶峰，该年 NSF 共资助 135 个有关交叉科学研究的基金项目。其间，美国国家科学院还于 2003 年启动“国家科学院协会凯克未来创新计划”（The National Academies Keck Futures Initiative, NAKFI），专门致力于扶持交叉科学研究与创新性科研项目，在一定程度上推动了 NSF 对交叉科学研究项目的关注与资助。2009 年之后，资助项目数量进入相对平缓的阶段，资助项目数量稳定在每年 90～110 个。

8.4.1 主要研究机构

通过提取 1959～2018 年间 NSF 资助的 2651 个交叉科学研究基金项目的申请机构，可以得到近 60 年间主要受资助的有关交叉科学研究的机构信息，如表 8-2 所示。有 5 所高校承担超过 30 个交叉科学基金项目，其中威斯康星大学麦迪逊分校（University of Wisconsin-Madison）以 36 个基金项目位列榜首。该校是美国顶级的公立研究型大学，位居“公立常春藤”之列，在世界范围内享有盛誉，是世界高等教育史上具有划时代意义的“威斯康星思想”的发源地[617]。紧随其后的是同位于“公立常春藤”之列的宾夕法尼亚州立大学（Pennsylvania State University），它承担了 34 个交叉科学基金项目。另外 3 个拥有超过 30 个交叉科学基金项目的高校为康奈尔大学（Cornell University）、亚利桑那州立大学（Arizona State

University）和伊利诺伊大学香槟分校（University of Illinois at Urbana Champaign）。

表 8-2 NSF 交叉科学基金项目主要资助高等院校

排名	高等院校	交叉科学项目数量
1	威斯康星大学麦迪逊分校（University of Wisconsin–Madison）	36
2	宾夕法尼亚州立大学（Pennsylvania State University）	34
3	康奈尔大学（Cornell University）	33
4	亚利桑那州立大学（Arizona State University）	32
5	伊利诺伊大学香槟分校（University of Illinois at Urbana Champaign）	32
6	弗吉尼亚理工学院（Virginia Tech）	28
7	密歇根大学（University of Michigan）	27
8	普渡大学（Purdue University）	25
9	科罗拉多大学波德分校（University of Colorado Boulder）	25
10	麻省理工学院（Massachusetts Institute of Technology）	24
11	亚利桑那大学（University of Arizona）	23
12	波士顿大学（Boston University）	22
13	斯坦福大学（Stanford University）	22
14	伍兹霍尔海洋研究所（Woods Hole Oceanographic Institution）	22
15	德州农工大学（Texas A&M University）	21
16	俄亥俄州立大学（The Ohio State University）	21
17	卡耐基梅隆大学（Carnegie Mellon University）	20
18	哥伦比亚大学（Columbia University）	20
19	西北大学（Northwestern University）	19
20	杜克大学（Duke University）	18
21	哈佛大学（Harvard University）	18
22	得克萨斯大学奥斯汀分校（The University of Texas at Austin）	18
23	纽约州立大学布法罗分校（University at Buffalo, State University of New York）	18
24	乔治亚理工学院（Georgia Institute of Technology）	17
25	密歇根州立大学（Michigan State University）	17
26	马里兰大学帕克分校（University of Maryland, College Park）	17
27	加州大学洛杉矶分校（University of California Los Angeles）	16
28	加州大学戴维斯分校（University of California, Davis）	15
29	南加利福尼亚大学（University of Southern California）	15
30	华盛顿大学（University of Washington）	15

8.4.2 主要研究领域

本案例通过匹配所有获取的交叉科学基金项目信息与澳大利亚和新西兰研究标准分类（The Australian and New Zealand Standard Research Classification, ANZSRC）下的研究领域分类体系（Fields of Research classification, FoR），得到每个项目的研究领域。ANZSRC 是 3 个相关分类的集合名称，主要应用于对不同种类的研究活动和科学实验进行测量与分析[618]。其中 FoR 分类体系主要是依据各类科研活动的研究领域进行分类。该分类体系的第一层级将所有科研活动划分为 22 个领域，第一层级下面包含 157 个二级研究领域。如表 8-3 所示，即为 NSF 交叉科学基金项目涉及最多的 20 个二级研究领域。每个领域代码的前两位为其一级领域代码，后两位是其在一级代码下分类的序号。可以看出，1959～2018 年间受资助最多的交叉科学基金项目主要集中在教育学（1302,1303），可见美国科技管理机构对教育以及人才培养的重视。物理学领域的物理化学（0306），信息与计算科学领域的人工智能和图像处理（0801）、信息系统（0806），地球科学中的地质学（0403）等经典交叉科学领域也受到 NSF 较多的关注。教育学作为社会科学的传统学科，虽然出现次数最多，但整体而言，前 20 个研究领域以自然科学领域为主。

表 8-3　NSF 交叉科学项目主要研究领域

排名	FoR 二级分类号	二级领域名称	数量
1	1303	教育专业研究（Specialist Studies In Education）	404
2	1302	课程设置和教学方法（Curriculum and Pedagogy）	320
3	0306	物理化学（包括结构）（Physical Chemistry（incl. Structural））	207
4	0801	人工智能和图像处理（Artificial Intelligence and Image Processing）	182
5	0403	地质学（Geology）	179
6	0299	其他物理科学（Other Physical Sciences）	153
7	1608	社会学（Sociology）	145
8	0912	材料工程（Materials Engineering）	125
9	0806	信息系统（Information Systems）	107
10	0502	环境科学与管理（Environmental Science and Management）	106
11	1701	心理学（Psychology）	102
12	0303	高分子材料化学（Macromolecular and Materials Chemistry）	95
13	0602	生态学（Ecology）	91
14	0601	生物化学与细胞生物学（Biochemistry and Cell Biology）	90
15	0102	应用数学（Applied Mathematics）	86
16	0604	遗传学（Genetics）	84
17	0406	自然地理和环境地球科学（Physical Geography and Environmental Geoscience）	59

续表

排名	FoR 二级分类号	二级领域名称	数量
18	0405	海洋学（Oceanography）	57
19	0301	分析化学（Analytical Chemistry）	54
20	0101	纯粹数学（Pure Mathematics）	50

NSF 资助的交叉科学基金项目研究领域的整体数量以及更迭变化趋势如图 8-13 所示。1985 年前后，由于交叉科学基金项目整体数量较少，项目覆盖领域也相对较少，所以“新增领域”较容易出现。20 世纪 80 年代以来，随着科学研究领域的日益扩展和规模的不断增大，交叉科学基金项目数量也日渐增多，交叉科学项目涉足的领域也越来越广，基本覆盖大多数学科领域，因此“新增领域”逐渐减少。进入 21 世纪以来，交叉科学基金项目主要是已有研究领域的项目，偶尔会出现“新增领域”的研究。这可能是由于之前的“新增领域”随着时间的推移，逐渐演变成相对稳定的受资助的学科领域，因此不再显示为“新增领域”。整体而言，交叉科学基金项目数量持续增加的同时，项目涉及的学科领域范围逐渐扩大，越来越多的学科领域涉及交叉科学研究，学科之间的交叉融合趋势逐渐加强。

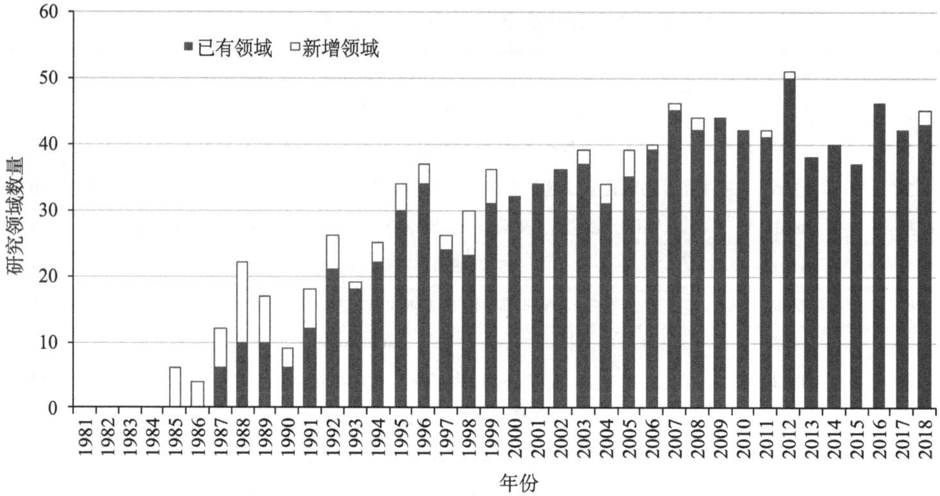

图 8-13 NSF 交叉科学项目研究领域数量及新增变化趋势

8.4.3 主要科研人员

基于所获取到的基金项目信息，通过提取“项目负责人（principal investigator）（包括共同负责人（co-principal investigator））”与“研究机构”的字段，获取基金项目的负责人全名与所属机构名称，并进一步通过人工核查确认每位负责人的所有项目信息、所属机构信息以及主要研究领域信息。其中累计获批 5 项及其以上的项目负责人及其所属机构与研究领域的信息如表 8-4 所示。

获得 NSF 交叉科学基金项目数量最多的是来自工业和应用数学学会（Society for Industrial and Applied Mathematics）的 James Crowley 与马里兰大学（University of Maryland, Baltimore County）的 Matthias Gobbert，两人均获得 7 次项目资助，且数学均为两人的主要研究领域。不同的是，James Crowley 的所有基金项目均集中于数学学部（01），而 Matthias Gobbert 的项目则同时包含数学学部（01）与信息与计算科学部（08）。12 位累计获批 5 项及以上的科研人员中有 10 位更换过一级领域代码，说明绝大部分科研人员存在较大幅度的跨领域研究。其中第七位来自南伊利诺伊卡本代尔大学（Southern Illinois University Carbondale）的 Boyd Goodson 的项目跨度十分明显，该科研人员的 5 个基金项目共涉及 3 个一级领域，同时横跨自然科学与社会科学两大领域，分别为化学科学（03）、工程科学（09）以及人类社会科学（16）。目前 Boyd Goodson 就职于该校的化学与生物化学系（Department of Chemistry and Biochemistry），主要研究方向为综合利用物理与化学的研究方法与技术手段，提升磁共振成像（magnetic resonance imaging, MRI）的检测灵敏度，以更好地探测各种疾病治疗的反应[619]。磁共振本身是一种物理现象，如今作为一种分析手段被广泛应用于物理、化学生物与医学临床检测等领域。Boyd Goodson 的研究内容融合了物理、化学的研究方法与手段，同时结合材料科学和社会学知识，综合利用多学科知识以解决复杂科学问题。

通过进一步追踪项目负责人的信息，可以得到历年交叉科学项目科研人员数量以及变化趋势如图 8-14 所示。图中，“首次获得资助的科研人员”是指在本数据集所有交叉科学基金项目中，该年是第一次获得资助的科研人员。“曾获得资助的科研人员”为在该年之前已经获得过交叉科学基金项目的科研人员。整体而言，随着交叉科学基金项目数量的不断增加，获得交叉科学基金项目资助的科研人员数量也不断增多。1990 年之前，交叉科学基金项目累计数量较少，相应地，绝大多数科研人员在此阶段均为首次获得交叉科学基金项目。1990 年之后交叉科学基金项目数量急速上升，“首次获得资助的科研人员”和“曾获得资助的科研人员”的数量都随之呈现整体增加趋势。但从全部时段来看，虽然获得过基金资助的科研人员数量在近 20 年整体呈上升趋势，“首次获得资助的科研人员”仍占较大比重。可以看出随着学科不断发展与融合，越来越多的“新”科研人员也开始投入交叉科学研究，为交叉科学发展增添活力。

表 8-4　NSF 交叉科学基金项目主要资助人员

排名	研究人员	所属机构	基金项目数量	主要研究领域（FoR 分类体系-二级领域名称）
1	James Crowley	工业和应用数学学会（Society for Industrial and Applied Mathematics）	7	0102 应用数学（Applied Mathematics）； 0101 纯粹数学（Pure Mathematics）； 0104 统计学（Statistics）
2	Matthias Gobbert	马里兰大学（University of Maryland, Baltimore County）	7	0803 计算机软件（Computer Software）； 0101 纯粹数学（Pure Mathematics）； 0801 人工智能和图像处理（Artificial Intelligence and Image Processing）
3	John Kutzbach	威斯康星大学麦迪逊分校（University of Wisconsin–Madison）	6	0403 地质学（Geology）； 0406 自然地理和环境地球科学(Physical Geography and Environmental Geoscience); 0405 海洋学（Oceanography）
4	Michael Hagerman	联合学院（Union College）	6	0306 物理化学（包括结构）（Physical Chemistry（incl. Structural））； 1007 纳米技术（Nanotechnology）； 0912 材料工程（Materials Engineering）
5	Vinod Lohani	弗吉尼亚理工学院（Virginia Tech）	6	1303 教育专业研究（Specialist Studies In Education）； 1608 社会学（Sociology）； 1117 公共健康与服务（Public Health and Health Services）
6	Andrey Petrov	北爱荷华大学（University of Northern Iowa）	5	0502 环境科学与管理（Environmental Science and Management）； 0299 其他物理科学（Other Physical Sciences）； 0909 遗传工程学（Geomatic Engineering）
7	Boyd Goodson	南伊利诺伊大学卡本代尔分校（Southern Illinois University Carbondale）	5	0306 物理化学（包括结构）（Physical Chemistry（incl. Structural））； 0912 材料工程（Materials Engineering）； 0302 无机化学（Inorganic Chemistry）； 0303 高分子材料化学（Macromolecular and Materials Chemistry）； 1608 社会学（Sociology）

续表

排名	研究人员	所属机构	基金项目数量	主要研究领域 （FoR 分类体系-二级领域名称）
8	David Benson	堪萨斯大学（University of Kansas）	5	0306 物理化学（包括结构）（Physical Chemistry（incl. Structural））； 1303 教育专业研究（Specialist Studies In Education）； 0299 其他物理科学（Other Physical Sciences）
9	Joel Adams	凯尔文学院（Calvin College）	5	1701 心理学（Psychology）； 1303 教育专业研究（Specialist Studies In Education）； 0801 人工智能和图像处理（Artificial Intelligence and Image Processing）
10	Jun Jiao	波特兰州立大学（Portland State University）	5	0299 其他物理科学（Other Physical Sciences）； 0306 物理化学（包括结构）（Physical Chemistry（incl. Structural））； 0801 人工智能和图像处理（Artificial Intelligence and Image Processing）
11	Matt Sponheimer	科罗拉多大学波德分校（University of Colorado Boulder）	5	0603 进化生物学（Evolutionary Biology）； 0602 生态学（Ecology）； 0403 地质学（Geology）
12	Nagaraj Neerchal	马里兰大学（University of Maryland, Baltimore County）	5	0803 计算机软件（Computer Software）； 0101 纯粹数学（Pure Mathematics）； 0104 统计学（Statistics）

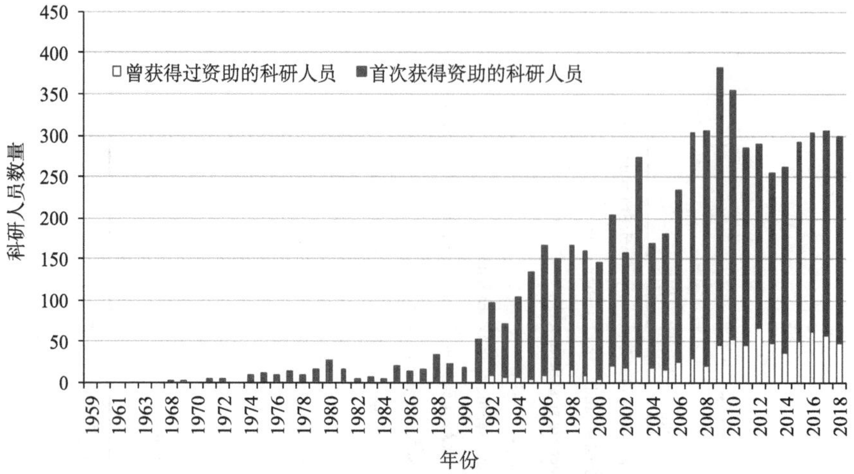

图 8-14 NSF 交叉科学项目科研人员数量以及变化趋势

本案例以 1959～2018 年 NSF 资助的交叉科学基金项目为数据，在分析受资助项目所属机构分布的基础上，结合 FoR 分类体系，对交叉科学基金项目的研究领域及其变化趋势进行探析。此外，该案例进一步结合项目人员数据，分析交叉科学研究的科研人员参与情况。NSF 从 1959 年便开始资助与交叉科学研究有关的项目，并逐步将交叉科学研究置于重要的战略位置。从资助项目数量、研究领域范围以及科研人员等维度进行分析，NSF 交叉科学基金项目均有较大幅度的增加与扩展。2018 年 2 月，NSF 发布了“构建未来：投资发现和创新战略规划（2018～2022）”，该规划强调，除基础科学的进步之外，战略上也要促进融合各领域的思想、方法、工具和技术，寻求多学科交叉的机会，加速创新和发现，保持美国在全球科学研究不断演化过程中的领导地位[620]。NSF 对交叉科学研究长期、持续的关注与扶植对美国科研水平的提升与科技强国地位的稳固意义重大，对我国科技管理部门及科学基金机构相关政策的制定具有一定的借鉴意义。

8.5 从理论走向应用：来自 NIH 资助的交叉科学项目

科学技术是推动人类社会进步的有力支撑，同时社会环境中涌现的新情况、新问题也对科学技术提出了更高的要求，两者辅车相依，共同发展。日新月异的当今社会，科学发展经历了小科学时代向大科学时代的突破性变革，作为科学研究的新增点、新前沿，交叉科学为解决人类面临的重大性科学问题、复杂性社会问题和普遍性全球问题提供了新的思路，因而发展科学技术，需要高度重视交叉科学的发展。21 世纪初，美国国立卫生研究院（NIH）在其发布的 NIH 路线图（NIH

Roadmap）中明确指出要大力发展生命科学与其他相关交叉科学领域的研究，向“大”生物学进军。随后设立了一系列以社会需求为导向的资助交叉科学研究的机制，为解决医学领域的交叉科学问题提供了强有力的支持。“共同基金”作为NIH扶植交叉科学研究的主要基金项目，其资助的“肿瘤生育联盟”（Oncofertility Consortium）交叉科学研究中心，致力于解决女性肿瘤患者的不育问题，聚焦于肿瘤科学与生殖科学研究的“十字路口”。本小节将以此为案例进行阐述，并进一步解析科学基金对于交叉科学研究与社会发展的重要意义。

随着医疗水平的不断提升、早期诊断和治疗方案的不断改善，年轻肿瘤患者的存活率稳步上升，并逐渐开始健康的生活。然而，通过放疗或者化疗方式治疗的女性肿瘤患者会因治疗过程而面临不育的风险[621]。开始癌症治疗之前，相关医疗机构通常会给年轻男性患者提供精子银行的服务，然而对于同样有生育需求的女性患者，则是告知其应专注于癌症治疗，而不是考虑生育问题[622, 623]。随着年轻肿瘤患者数量的不断增加，越来越多的女性患者从疾病中幸存，却发现自己因此而失去生育能力，甚至提前进入生殖衰老[624]。尽管一些社交媒体报道了女性肿瘤患者对于保留生育能力的需求问题，但并没有引起足够的重视，因此大多数患者不得不自行寻求治疗。女性肿瘤患者的生育需求是普遍存在的医学问题，针对此类问题的研究需要肿瘤科学与生殖科学理论知识的融合以及跨学科研究团队的协同合作。但开展此项研究面临着众多挑战，如需要了解肿瘤患者对于生育的真实需求，明晰开展此项研究与临床治疗的难度，分析开展跨国家交叉科学研究的阻碍因素，同时也需要合理地把握道德与法律的平衡等。此类以患者实际需求为导向的医学研究往往需要较长的研究周期和较高的经费支持，因而在缺乏此类资助形式的情况下，相对难以获得长期的基金资助。

“肿瘤生育联盟”是在NIH路线图的指引下，通过交叉科学研究协会（Interdisciplinary Research Consortia）这一特殊的资助方式，联合“共同基金”与其他基金项目共同资助的跨国家交叉科学研究联盟，致力于结合女性患者实际需求，将医学研究转化成为对病患的实际治疗与护理手段，促进对于女性肿瘤患者的生育问题研究。在NIH的资助与支持下，“肿瘤生育联盟”成立了国家医师合作协会（National Physicians Cooperative, NPC），并将其作为国家性质的机构，发展临床医生合作网络，以促进交叉科学合作研究。NPC目前包括55个生殖内分泌学站点，10个肿瘤学及相关学科站点以及10个全球合作伙伴。NCP的建立使得肿瘤学家、生殖内分泌学家与不孕不育学家能够协同开展研究与治疗工作，是推动此类交叉科学研究可持续发展的重要举措，也是NIH交叉科学研究协会资助的核心成果之一。

NIH在“共同基金”这一资助方式的基础上，联合多种不同形式的基金类型，支持该研究中心开展跨学科、跨地域的合作，使得该研究能够在融合医学领域内部多种理论与方法的基础上，进一步与社会科学领域中的伦理学、宗教、法律学等专家学者进行合作。通过有机结合多种研究方法与技术手段，已实现为 39 岁（晚育年龄）以下的女性肿瘤患者提供保留其生育能力的机会，真正实现了交叉科学研究成果向临床治疗方法的转变。此外，Woodruff 指出“肿瘤生育联盟”通过 NIH 的资助，不仅为该领域培养新的交叉科学研究人员，并且极大地促进了该领域研究的不断深入[625]。目前该领域的出版物数量日益增加，相关研究人员已经构建成具有规模性的研究团体。如图 8-15 所示，2000 年只有少数该领域的出版物，2005 年该领域不断发展扩大，出版物数量与合作增多，2010 年出版物数量与合作网络急速增加，2012 年该研究领域已形成具有规模的合作网络，不仅包含肿瘤生育的研究人员，同时包括临床医生、人文学家，以及病患等。

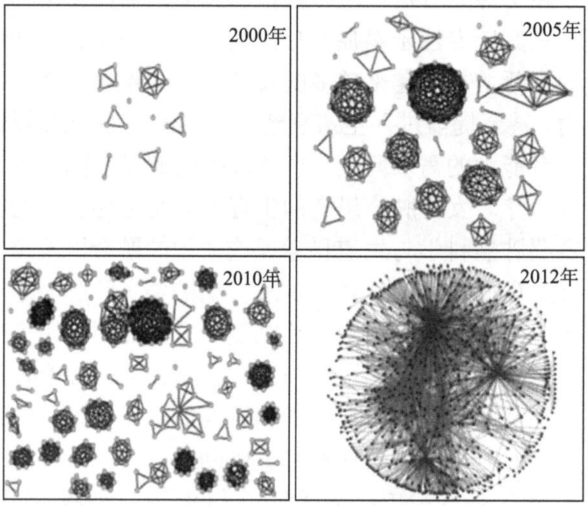

图 8-15 肿瘤生育领域的出版物发表与合作网络[625]

NIH 资助的“肿瘤生育联盟”使得看似遥远的学科，融合成为有共同研究目标的整体，并通过结合多学科理论与技术方法，使得交叉科学研究成果从学术理论走向临床应用。社会问题愈加复杂化的今天，交叉科学的发展不断促进着科学、社会问题的解决，提供了传统单一学科方法无法取代的新手段。科学基金机构作为推动交叉科学发展的关键力量，能够为交叉科学的发展提供政策引导和资金支持，是提升交叉科学发展水平与促进社会进步的重要推动力。因此，科学基金机构应在重视交叉科学研究的基础上，进一步将科技资源分配与社会实际需求相结合，真正做到以需求为导向开展研究，并且在融合多学科研究方法的基础上，进一步将学术成果与实际应用相结合，真正使得交叉科学基金项目成果从理论走向应用。

8.6 本章小结

科学知识的高度交叉与融合是现代科技创新与发展的突出特点，不同形式的交叉科学研究在促进不同学科进行有效融合的基础上，为解决复杂科学问题以及应对现代社会发展面临的多种综合挑战提供了有效路径与手段。许多国家的科研管理机构对交叉科学研究给予高度重视，以期能够通过多种资助策略与机制对交叉科学研究进行合理有效的评审与管理，以实现科技资源的有效分配，从而进一步推动社会的进步与发展。本章在梳理各主要科学基金机构针对交叉科学研究的资助政策与评审机制的基础上，阐述目前评审机制存在的问题与解决思路，并基于已有文献，进一步梳理不同国家、不同学科主导的交叉科学基金项目的差异化特征。此外，基于 NSF 近 60 年的交叉科学基金项目数据，探析 NSF 资助交叉科学研究的发展历程与多维变化趋势。交叉科学研究在受到管理部门广泛关注的同时，有关交叉科学的研究实践活动也相继开展，本章以 NIH 资助的"肿瘤生育联盟"研究中心为具体案例，阐述科学基金体制对于开展以社会需求为导向的交叉科学研究以及促进研究成果向实际应用转化的重要意义。

科学基金是促进科学不断发展的动力，对于优化科技资源配置、培养科技人才与推动社会进步具有关键意义。作为当代科学发展的重要特征之一，交叉科学研究对科学基金的需求也在不断增加。然而，如何基于交叉科学的多学科属性，对交叉科学基金项目的申报、审核与评议等流程进行合理的调控与管理是基金机构面临的重大挑战。基于本章对多国科学基金机构有关交叉科学项目的政策梳理，对我国科学基金机构资助与管理交叉科学项目提出以下建议：首先，加强科学基金机构内部不同科学部门之间的合作与沟通，为交叉科学基金项目的申请搭建桥梁。其次，借鉴国际经验，完善交叉科学项目的申请与评审流程，在适当的时刻成立专门针对交叉学科研究的评审小组，为交叉科学基金项目的科学管理提供保障。最后，在借鉴国际经验的基础上，依据我国科学发展的实情，探索多种不同的资助机制，注重对多学科研究中心的建立与支持，促进交叉科学学术交流平台的建设，为推动我国交叉科学研究提供政策支持。

参考文献

[1] 路甬祥. 学科交叉与交叉科学的意义. 中国科学院院刊, 2005, 20(1): 58-60.

[2] Jacobs J A, Frickel S. Interdisciplinarity: A critical assessment. Annual Review of Sociology, 2009, 35(1): 43-65.

[3] Silver D, Schrittwieser J, Simonyan K, et al. Mastering the game of go without human knowledge. Nature, 2017, 550(7676): 354-359.

[4] 武杰. 跨学科研究与非线性思维. 2 版. 北京: 中国社会科学出版社, 2016.

[5] 恩格斯. 自然辩证法. 北京: 人民出版社, 1971.

[6] 马克思. 1844 年经济学哲学手稿. 刘丕坤, 译. 北京: 人民出版社, 1985.

[7] 列宁. 列宁全集(第 20 卷). 北京: 人民出版社, 1989.

[8] Frank R, Bailis S, Klein J T, et al. Interdisciplinary: The first half century. Issues in Interdisciplinary Studies, 1988: 140-151.

[9] 刘仲林. 交叉科学时代的交叉研究. 科学学研究, 1993, 11(2): 9-17.

[10] 刘小宝. 论“跨学科”的谱系. 合肥: 中国科学技术大学, 2013.

[11] 刘仲林. 现代交叉科学. 杭州: 浙江教育出版社, 1998.

[12] Apostel L. Interdisciplinarity problems of teaching and research in universities. Washington, D.C.: OECD Publications Center, 1972.

[13] Kockelmans J J. Interdisciplinarity and Higher Education. Commonwealth of Pennsylvania: Penn State University Press, 1975.

[14] Fondazione Giorgio Cini. Science and the Boundaries of Knowledge: The Prologue of our Cultural Past. Science and Culture, Venice, 1986.

[15] Klein J T. Interdisciplinarity: History, Theory, and Practice. Detroit: Wayne State University Press, 1990.

[16] Klein J T, Doty W G. Interdisciplinary Studies Today. Unbeatablesale: Jossey-Bass Inc Pub, 1994.

[17] Klein J T. Crossing Boundaries: Knowledge, Disciplinarities, and Interdisciplinarities. Charlottesville: University Virginia of Press, 1996.

[18] 陈勇, 邹晓东, 陈艾华, 等. 促进跨学科研究的有效组织模式研究——基于斯坦福大学 Biox 跨学科研究计划的分析及启示. 科学学研究, 2010, 28(3): 346-350.

[19] National Academy of Sciences, National Academy of Engineering, Institute of Medicine. Facilitating Interdisciplinary Research. Washington, D.C.: The National Academies Press, 2005.

[20] Bruun H, Hukkinen J, Huutoniemi K, et al. Promoting interdisciplinary research: The case of the Academy of Finland. Helsinki: Academy of Finland, 2005.

[21] 胡晓东, 袁亚湘, 章祥荪. 运筹学发展的回顾与展望. 中国科学院院刊, 2012, 27(2): 145-160.
[22] 王续琨, 宋刚. 交叉科学结构论. 北京: 人民出版社, 2015.
[23] 刘仲林. 跨学科学. 未来与发展, 1985, 1: 50-52.
[24] 刘仲林. 跨学科学导论. 杭州: 浙江教育出版社, 1990.
[25] 国务院. 国家中长期科学和技术发展规划纲要(2006—2020 年). http://www.most.gov.cn/ kjgh/. [2019-03-23].
[26] 徐佳. 我国高校科研机构设立动机、功能缺陷及改进思路——基于新制度主义理论分析大学教育科学, 2014, 5: 48-53.
[27] 国务院. 国务院关于印发统筹推进世界一流大学和一流学科建设总体方案的通知. http://www.gov.cn/zhengce/content/2015-11/05/content_10269.htm. [2019-06-02].
[28] 柴绪亮. 关于"交叉科学"定义研究的评述. 前沿, 2003, 9: 169-170.
[29] 刘大椿. 科学活动论. 北京: 中国人民大学出版社, 2010.
[30] 陈琴, 庞丽娟. 论科学的本质与科学教育. 北京大学教育评论, 2005, 3(2): 70-74.
[31] Darden L, Maull N. Interfield theories. Philosophy of Science, 1977, 44(1): 43-64.
[32] 金吾伦. 跨学科研究引论. 北京: 中央编译出版社, 1997.
[33] 邹晓东, 黄争舸, 陈劲. 基于学科核心能力的学科组织创新. 科学学研究, 2004, 22(4): 438-441.
[34] 金薇吟. 学科交叉理论与高校交叉学科建设研究. 苏州: 苏州大学, 2005.
[35] 黎敏. 试论唯物辩证法的拟化形式. 中国社会科学, 1981, 3: 3-23.
[36] 乌家培. 交叉学科发展的原因和途径. 北京: 光明日报出版社, 1986.
[37] Porter A L, Roessner D J, Heberger A E. How interdisciplinary is a given body of research? Research Evaluation, 2008, 17(4): 273-282.
[38] 钱学森. 交叉科学: 理论和研究的展望. 中国机械工程, 1985, 1(3): 46.
[39] 王续琨, 王月晶. 现代科学分类与图书分类体系. 图书与情报工作, 1992, 2: 41-45.
[40] 刘仲林. 迈向跨学科研究的新阶段. 天津师大学报(社会科学版), 1994, 1: 44-46.
[41] 炎冰, 宋子良. "交叉学科"概念新解. 科学技术与辩证法, 1996, 13(4): 51-54.
[42] 李喜先. 论交叉科学. 科学学研究, 2001, 19(1): 22-27.
[43] Porter A L, Roessner J D, Cohen A S, et al. Interdisciplinary research: Meaning, metrics and nurture. Research Evaluation, 2006, 15(3): 187-195.
[44] 孟伟. 现代交叉科学的概念界定及例证分析. 晋阳学刊, 2006, 4: 75-77.
[45] 郑晓瑛. 交叉学科的重要性及其发展. 北京大学学报(哲学社会科学版), 2007, 44(3): 141-147.
[46] 金薇吟. 学科交叉方法探析. 科学学研究, 2006, 24(5): 667-671.
[47] Rousseau R, Zhang L, Hu X. Knowledge integration: Its meaning and measurement// Glänzel W, Moed H F, Schmoch U, et al. Handbook of Science and Technology Indicators. Berlin: Springer, 2018.
[48] 许海云, 尹春晓, 郭婷, 等. 学科交叉研究综述. 图书情报工作, 2015, 59: 119-127.
[49] 张春美, 郝凤霞, 闫宏秀. 学科交叉研究的神韵——百年诺贝尔自然科学奖探析. 科学技术与辩证法, 2001, 18(6): 63-67.

[50] Jantsch E. Towards interdisciplinarity and transdisciplinarity in education and innovation. //Apostel L, Berger G, Briggs A, et al. Interdisciplinarity, Problems of Teaching and Research in Universities. Paris: OECD, 1972: 97-121.
[51] 王续琨. 交叉学科、交叉科学及其在科学体系中的地位. 自然辩证法研究, 2000, 16(1): 43-47.
[52] Jantsch E. Inter-and transdisciplinary university: A systems approach to education and innovation. Policy Sciences, 1970, 1(4): 403-428.
[53] Balsiger P W. Supradisciplinary research practices: History, objectives and rationale. Futures, 2004, 36(4): 407-421.
[54] Gibbons M. The New Production of Knowledge: The Dynamics of Science and Research in Contemporary Societies. London: Sage, 1994.
[55] Wickson F, Carew A L, Russell A W. Transdisciplinary research: Characteristics, quandaries and quality. Futures, 2006, 38(9): 1046-1059.
[56] Jensenius A R. Disciplinarities: Intra, cross, multi, inter, trans. ARJ March, 2012, 12: 49-53.
[57] 张明根. 交叉学科、跨学科研究及其启示. 国际关系学院学报, 1994, 1: 24-32.
[58] 栾早春. 软科学的概念、范畴和学科体系. 科学学与科学技术管理, 1986, 10: 3-4.
[59] Newell W, Klein J T. Advancing interdisciplinary studies// Gaff J, Ratcliff J. Handbook of the Undergraduate Curriculum: A Comprehensive Guide to Purposes, Structures, Practices, and Change. Wiley: Jossey-Bass, 1997.
[60] Wilson E O. Consilience: The Unity of Knowledge. New Nork: Knopf Doubleday, 1999.
[61] Porter A L, Cohen A S, David Roessner J, et al. Measuring researcher interdisciplinarity. Scientometrics, 2007, 72(1): 117-147.
[62] Schmidt J C. Towards a philosophy of interdisciplinarity. Poiesis & Praxis, 2008, 5(1): 53-69.
[63] Angelstam P, Andersson K, Annerstedt M, et al. Solving problems in social–ecological systems: Definition, practice and barriers of transdisciplinary research. Ambio, 2013, 42(2): 254-265.
[64] 邹农俭. 跨学科研究：社会科学研究的必然选择. 浙江社会科学, 2009, 1: 2-7.
[65] 李丽刚. 中国高校跨学科研究的发展研究. 长沙：国防科学技术大学, 2005.
[66] 赵晓春. 跨学科研究与科研创新能力建设. 合肥：中国科学技术大学, 2007.
[67] 刘则渊. 现代科学技术与发展导论. 大连：大连理工大学出版社, 2003.
[68] 龚继民. 交叉科学发展的若干特征. 福建省社会主义学院学报, 1999, 2: 42-45.
[69] 姚建年. 学科交叉驱动源头创新. 科技导报, 2016, 34(1): 8-9.
[70] 李光, 任定成. 交叉科学导论. 武汉：湖北人民出版社, 1989.
[71] 闻达. 什么是环境科学. 金属世界, 2002, 1: 21.
[72] 余谋昌. 环境伦理学. 地球科学进展, 1996, 11(1): 50-52.
[73] 曹波俏. 科技伦理问题探析. 合作经济与科技, 2010, 393: 126-127.
[74] 肖显静. 科学认识的有限性分析. 山东科技大学学报(社会科学版), 2006, 8(4): 1-6.
[75] 虞承洲, 冯之浚, 张念椿. 从现代科学技术的发展看高等教育改革的若干问题. 中国社会科学, 1980, 6: 3-28.
[76] 顾浩. 论学科交叉路径及趋势. 上海金融学院学报, 2006, 6: 67-69.
[77] Brozek J, Keys A. General aspects of interdisciplinary research in experimental human biology. Science, 1944, 100(2606): 507-512.

[78] O'Doherty E F. Multidisciplinary methods in retrospect. Psychiatry-interpersonal & Biological Processes, 1948, 11(4): 355-358.
[79] Klavans R, Boyack K W. Toward a consensus map of science. Journal of the American Society for Information Science and Technology, 2009, 60(3): 455-476.
[80] Rafols I, Porter A L, Leydesdorff L. Science overlay maps: A new tool for research policy and library management. Journal of the American Society for information Science and Technology, 2010, 61(9): 1871-1887.
[81] Carley S, Porter A L, Rafols I, et al. Visualization of disciplinary profiles: Enhanced science overlay maps. Journal of Data and Information Science, 2017, 2(3): 68-111.
[82] van Eck N J, Waltman L. Software survey: VOSviewer, a computer program for bibliometric mapping. Scientometrics, 2010, 84(2): 523-538.
[83] Bluemle A. The role of the editor in interdisciplinary research. American Documentation (pre-1986), 1959, 10(2): 105-107.
[84] Ogg N J, Sievert M, Li Z R, et al. Construction of a medical informatics thesaurus//Proceedings of the Annual Symposium on Computer Application in Medical Care. Washington, D. C., 1994.
[85] Kretschmer H, Liang L, Kundra R. Foundation of a global interdisciplinary research network(COLLNET)with Berlin as the virtual centre. Scientometrics, 2001, 52(3): 531-537.
[86] Hirsch J E. An index to quantify an individual's scientific research output. Proceedings of the National Academy of Sciences, 2005, 102(46): 16569-16572.
[87] Choi B C K, Pak A W P. Multidisciplinarity, interdisciplinarity and transdisciplinarity in health research, services, education and policy: Definitions, objectives, and evidence of effectiveness. Clinical and Investigative Medicine, 2006, 29(6): 351-364.
[88] Wagner C S, Roessner J D, Bobb K, et al. Approaches to understanding and measuring interdisciplinary scientific research(IDR): A review of the literature. Journal of Informetrics, 2011, 5(1): 14-26.
[89] Porter A L, Rafols I. Is science becoming more interdisciplinary? Measuring and mapping six research fields over time. Scientometrics, 2009, 81(3): 719-745.
[90] Boyack K W, Klavans R, Börner K. Mapping the backbone of science. Scientometrics, 2005, 64(3): 351-374.
[91] Leydesdorff L. Mapping interdisciplinarity at the interfaces between the Science Citation Index and the Social Science Citation Index. Scientometrics, 2007, 71(3): 391-405.
[92] Leydesdorff L, Schank T. Dynamic animations of journal maps: Indicators of structural changes and interdisciplinary developments. Journal of the American Society for Information Science and Technology, 2008, 59(11): 1810-1818.
[93] Morillo F, Bordons M, Gomez I. Interdisciplinarity in science: A tentative typology of disciplines and research areas. Journal of the American Society for Information Science and Technology, 2003, 54(13): 1237-1249.
[94] Levitt J M, Thelwall M. Is multidisciplinary research more highly cited? A macrolevel study. Journal of the American Society for Information Science and Technology, 2008, 59(12): 1973-1984.

[95] Porter A L, Chubin D E. An indicator of cross-disciplinary research. Scientometrics, 1985, 8(3-4): 161-176.
[96] Schummer J. Multidisciplinarity, interdisciplinarity, and patterns of research collaboration in nanoscience and nanotechnology. Scientometrics, 2004, 59(3): 425-465.
[97] Xu H Y, Guo T, Yue Z H, et al. Interdisciplinary topics of information science: A study based on the terms interdisciplinarity index series. Scientometrics, 2016, 106(2): 583-601.
[98] Stirling A. A general framework for analysing diversity in science, technology and society. Journal of the Royal Society Interface, 2007, 4(15): 707-719.
[99] Zhang L, Rousseau R, Glänzel W. Diversity of references as an indicator of the interdisciplinarity of journals: Taking similarity between subject fields into account. Journal of the Association for Information Science and Technology, 2016, 67(5): 1257-1265.
[100] Rafols I, Meyer M. Diversity and network coherence as indicators of interdisciplinarity: Case studies in bionanoscience. Scientometrics, 2009, 82(2): 263-287.
[101] Leydesdorff L. Betweenness centrality as an indicator of the interdisciplinarity of scientific journals. Journal of the American Society for Information Science and Technology, 2007, 58(9): 1303-1319.
[102] Leydesdorff L, Rafols I. Indicators of the interdisciplinarity of journals: Diversity, centrality, and citations. Journal of Informetrics, 2011, 5(1): 87-100.
[103] Klein J T. Evaluation of interdisciplinary and transdisciplinary research. American Journal of Preventive Medicine, 2008, 35(2): S116-S123.
[104] Cassi L, Mescheba W, de Turckheim É J S. How to evaluate the degree of interdisciplinarity of an institution? Scientometrics, 2014, 101(3): 1871-1895.
[105] Zhou P, Leydesdorff L. Fractional counting of citations in research evaluation: A cross- and interdisciplinary assessment of the Tsinghua University in Beijing. Journal of Informetrics, 2011, 5(3): 360-368.
[106] Larivière V, Gingras Y. On the relationship between interdisciplinarity and scientific impact. Journal of the American Society for Information Science and Technology, 2010, 61(1): 126-131.
[107] Rinia E J, Van Leeuwen T N, van Raan A F J. Impact measures of interdisciplinary research in physics. Scientometrics, 2002, 53(2): 241-248.
[108] Chen S J, Arsenault C, Larivière V. Are top-cited papers more interdisciplinary? Journal of Informetrics, 2015, 9(4): 1034-1046.
[109] Yegrosyegros A, Rafols I, D'Este P. Does interdisciplinary research lead to higher citation impact? The different effect of proximal and distal interdisciplinarity. PLoS ONE, 2015, 10(8): e0135095.
[110] Rafols I, Leydesdorff L, O'Hare A, et al. How journal rankings can suppress interdisciplinary research: A comparison between Innovation Studies and Business & Management. Research Policy, 2012, 41(7): 1262-1282.
[111] Klein J T. The Discourse of Interdisciplinarity. Liberal Education, 1998, 84(3): 4-11.
[112] Grant J, Hopkins M, Rafoils I, et al. The value of structural diversity: Assessing diversity for a

sustainable research base. Digital Science, 2015.

[113] Abramo G, D'Angelo C A, Di Costa F. Identifying interdisciplinarity through the disciplinary classification of coauthors of scientific publications. Journal of the American Society for Information Science and Technology, 2012, 63(11): 2206-2222.

[114] Abramo G, D'Angelo C A, Costa F D. Do interdisciplinary research teams deliver higher gains to science? Scientometrics, 2017, 111(1): 317-336.

[115] Karlovčec M, Mladenic D. Interdisciplinarity of scientific fields and its evolution based on graph of project collaboration and co-authoring. Scientometrics, 2015, 102(1): 433-454.

[116] Lafuerza L F, Dyson L, Edmonds B, et al. Staged Models for Interdisciplinary Research. PLoS ONE, 2016, 11(6): e0157261.

[117] Zhang L, Sun B B, Chinchilla-Rodríguez Z, et al. Interdisciplinarity and collaboration: On the relationship between disciplinary diversity in departmental affiliations and reference lists. Scientometrics, 2018, 117(1): 271-291.

[118] 张琳, 孙蓓蓓, 黄颖. 跨学科合作模式下的交叉科学测度研究——以 ESI 社会科学领域高被引学者为例. 情报学报, 2018, 37(3): 231-242.

[119] Bordons M, Zulueta M A, Romero F, et al. Measuring interdisciplinary collaboration within a university: The effects of the multidisciplinary research programme. Scientometrics, 1999, 46(3): 383-398.

[120] Wang W, Wu Y, Pan Y. An investigation of collaborations between top Chinese universities: A new quantitative approach. Scientometrics, 2014, 98(2): 1535-1545.

[121] Qin J, Lancaster F W, Allen B. Types and levels of collaboration in interdisciplinary research in the sciences. Journal of the Association for Information Science, 1997, 48(10): 893-916.

[122] Jacobson M J, Wilensky U. Complex systems in education: Scientific and educational importance and implications for the learning sciences. Journal of the Learning Sciences, 2006, 15(1): 11-34.

[123] Rhoten D, Mansilla V, Chun M, et al. Interdisciplinary education at Liberal Arts Institutions. Teagle Foundation White Paper, 2006, 13: 1-30.

[124] Lattuca L R, Voigt L J, Fath K Q. Does interdisciplinarity promote learning? Theoretical support and researchable questions. Review of Higher Education, 2004, 28(1): 23-48.

[125] Spelt E J H, Biemans H J A, Tobi H, et al. Teaching and learning in interdisciplinary higher education: A systematic review. Educational Psychology Review, 2009, 21(4): 365-378.

[126] Eisen M J, Tisdell E J. Team teaching: The learning side of the teaching-learning equation. Essays on Teaching Excellence, 2007, 14(7): 1-5.

[127] Anderson R S, Speck B W. "Oh what a difference a team makes": Why team teaching makes a difference. Teaching Teacher Education, 1998, 14(7): 671-686.

[128] Lattuca L R. Creating Interdisciplinarity: Interdisciplinary Research and Teaching Among College and University Faculty. Nashville: Vanderbilt University Press, 2001.

[129] Gentile L, Caudill L, Fetea M, et al. Challenging disciplinary boundaries in the first year: A new introductory integrated science course for STEM majors. Journal of College Science Teaching, 2012, 41(5): 44-50.

[130] Newell W H. Academic disciplines and undergraduate interdisciplinary education: Lessons from the school of interdisciplinary studies at Miami University, Ohio. European Journal of Education, 1992, 27(3): 211-221.
[131] 刘仲林, 张淑林. 中外“跨学科学”研究进展评析. 科学学与科学技术管理, 2003, 24(9): 5-8.
[132] 马跃, 蔡兵, 于小娟. 交叉学科研究的成长环境与动力机制分析. 研究与发展管理, 2007, 19(5): 105-110.
[133] 姜振寰. 科学分类的历史沿革及当代交叉科学体系. 科学学研究, 1988, 6(3): 14-25.
[134] 黄颖, 张琳, 孙蓓蓓, 等. 跨学科的三维测度——外部知识融合、内在知识会聚与科学合作模式. 科学学研究, 2019, 37(1): 25-35.
[135] 李长玲, 崔斌, 刘小慧, 等. 作者潜在跨学科合作度模型构建与合作组合识别——以图书情报学与计算机学科为例. 情报理论与实践, 2017, 40: 61-66.
[136] 和晋飞, 房俊民. 一个跨学科性测度指标:作者专业度. 情报理论与实践, 2015, 38(5): 42-45.
[137] 徐庶睿, 卢超, 章成志. 术语引用视角下的学科交叉测度——以 PLoS ONE 上六个学科为例. 情报学报, 2017, 36(8): 809-820.
[138] 张艺蔓, 马秀峰, 程结晶. 融合引文内容和全文本引文分析的知识流动研究. 情报杂志, 2015, 11(34): 50-54+49.
[139] 章成志, 徐庶睿, 卢超. 利用引文内容监测多学科交叉现象的方法与实证. 图书情报工作, 2016, 60(19): 108-115.
[140] 杨良斌, 周秋菊, 金碧辉. 基于文献计量的跨学科测度及实证研究. 图书情报工作, 2009, 53(10): 87-90.
[141] 李江. “跨学科性”的概念框架与测度. 图书情报知识, 2014, 3: 87-93.
[142] 魏建香. 学科交叉知识发现及其可视化研究. 南京: 南京大学, 2010.
[143] 陈必坤. 学科知识可视化分析研究. 武汉: 武汉大学, 2014.
[144] 李长玲, 刘非凡, 郭凤娇. 运用重叠社群可视化软件 CFinder 分析学科交叉研究主题——以情报学和计算机科学为例. 图书情报工作, 2013, 57(7): 75-80.
[145] 薛晓丽, 武夷山. 跨学科研究的文献计量及可视化分析. 情报杂志, 2014, 33(7): 122-127.
[146] 商宪丽. 基于主题引用网络的交叉学科知识传播研究——以数字图书馆为例. 情报科学, 2018, 36(8): 53-59.
[147] 代君, 李佶壕, 秦岩, 等. 基于综述型文献的跨学科领域信息源地图绘制. 图书情报知识, 2018, 6: 61-74.
[148] 刘燕, 房雯, 邓宇. 交叉学科方向研究生科研能力优势研究. 中国高教研究, 2018, 9: 69-73.
[149] 赵文平, 吴敏, 王安民. 我国大学跨学科研究的障碍与对策研究. 学位与研究生教育, 2006, 3: 62-66.
[150] 马廷奇. 交叉学科建设与拔尖创新人才培养. 高等教育研究, 2011, 32(6): 73-77.
[151] 张晓报. 跨学科人才培养模式的划分框架及启示. 江苏高教, 2014, 3: 34-36.
[152] 吴伟, 何秀, 姜天悦, 等. 多学科交叉培养研究生的困境与出路. 教育发展研究, 2018, 38: 12-17.
[153] 王靖. 高校跨学科研究组织的管理创新. 武汉: 武汉理工大学, 2007.

[154] 张炜, 翟艳辉. 我国大学跨学科研究现状及其运行机制探析. 软科学, 2003, 17(5): 62-65.
[155] 刘洋. 我国研究型大学跨学科组织的建设研究. 南京: 南京理工大学, 2008.
[156] 茹宁, 李薪茹. 突破院系单位制:大学"外延型"跨学科组织发展策略探究. 中国高教研究, 2018, 303(11): 75-81.
[157] 陈婵, 邹晓东. 跨学科的本质内涵与意义探析. 研究与发展管理, 2006, 18(2): 104-107.
[158] 管晓霞. 我国高校多学科交叉项目组织与管理方法研究. 武汉: 华中科技大学, 2011.
[159] 顾沈静, 王占军. 跨学科研究中的学科文化融合:过程与途径. 重庆高教研究, 2017, 5(4): 52-57.
[160] 王建华, 程静. 跨学科研究:组织、制度与文化. 江苏高教, 2014, 1: 1-4.
[161] 周朝成. 当代大学中的跨学科研究. 上海: 华东师范大学, 2008.
[162] Schermerhorn R A. Psychiatric Index for Interdisciplinary Research: A Guide to the Literature 1950-1961. Bethesda: US Dept. of Health, Education, and Welfare, Vocational Rehabilitation, 1964.
[163] Palmer M, Stern L, Gaile C. The Interdisciplinary Study of Politics. New York: Harper and Row, 1974.
[164] Jurkovich R, Paelinck J H P. Problems in Interdisciplinary Studies. London: Gower Publishing Company, 1984.
[165] National Research Council. Interdisciplinary Research in Mathematics, Science, and Technology Education. Washington, D.C.: National Academies Press, 1987.
[166] Committee on Promoting Research Collaboration. Interdisciplinary Research: Promoting Collaboration Between the Life Sciences and Medicine and the Physical Sciences and Engineering. Washington, D.C.: National Academy Press, 1990.
[167] Klein J T. Mapping Interdisciplinary Studies.The Academy in Transition. Washington, D.C.: ERIC, 1999.
[168] Spence R J S, Macmillan S, Kirby P. Interdisciplinary Design in Practice. London: Thomas Telford, 2001.
[169] Twohig P, Kalitzkus V. Interdisciplinary Perspectives on Health, Illness and Disease. New York: Rodopi, 2004.
[170] Kessel F, Rosenfield P. Interdisciplinary Research: Case Studies from Health and Social Science. Oxford: Oxford University Press, 2008.
[171] Repko A F, Newell W H, Szostak R. Case Studies in Interdisciplinary Research. London: Sage, 2011.
[172] Klein J T, Grossenbacher-Mansuy W, Häberli R, et al. Transdisciplinarity: Joint Problem Solving among Science, Technology, and Society: An Effective Way for Managing Complexity. Berlin: Springer, 2001.
[173] Klein J T. Humanities, Culture, and Interdisciplinarity: The Changing American Academy. New York: SUNY Press, 2012.
[174] Preston S D, Preston S D, Kringelbach M L, et al. The Interdisciplinary Science of Consumption. Massachusetts: MIT Press, 2014.
[175] Repko A F, Szostak R. Interdisciplinary Research: Process and Theory. 3rd ed. London: Sage,

2016.
[176] Repko A F, Szostak R, Buchberger M P. Introduction to Interdisciplinary Studies. 2nd ed. London: Sage, 2016.
[177] 中国科学技术培训中心. 迎接交叉科学时代. 北京: 光明日报出版社, 1986.
[178] 中国科学院武汉图书馆情报室. 交叉科学文献汇编. 武汉: 中国科学武汉图书馆情报室, 1987.
[179] 史鉴. 论交叉科学. 鄂州市: 湖北省社会科学联合会;鄂州市社会科学联合会;鄂州市科学技术协会, 1987.
[180] 翁其银. 交叉新学科便览. 石家庄: 河北人民出版社, 1989.
[181] 徐飞. 科学交叉论. 合肥: 安徽教育出版社, 1991.
[182] 万海滨. 交叉科学研究与应用. 武汉: 武汉工业大学出版社, 1991.
[183] 解恩泽. 交叉科学概论. 济南: 山东教育出版社, 1991.
[184] 王德胜. 当代交叉学科实用大全. 北京: 华夏出版社, 1992.
[185] 刘仲林. 中国交叉科学(第一卷). 北京: 科学出版社, 2006.
[186] 刘仲林. 中国交叉科学(第二卷). 北京: 科学出版社, 2008.
[187] 刘仲林. 中国交叉科学(第三卷). 北京: 科学出版社, 2010.
[188] 李喜先. 21 世纪 100 个交叉科学难题. 北京: 科学出版社, 2005.
[189] 刘大椿. 中国高校哲学社会科学发展报告 1978-2008 交叉学科. 桂林: 广西师范大学出版社, 2008.
[190] 魏建香. 学科交叉知识发现及可视化. 南京: 南京大学出版社, 2011.
[191] 许海云, 董坤, 隗玲. 学科交叉主题识别与预测方法研究. 北京: 科学技术文献出版社, 2019.
[192] 库恩. 科学革命的结构. 金吾伦, 胡新和, 译. 北京: 北京大学出版社, 2003.
[193] 杨玉辉. 一种新的自然科学分类方法. 科学技术与辩证法, 2006, 23(5): 14-17.
[194] 相子国. 基于知识分类基础上的学科分类再思考. 德州学院学报, 2008, 24(1): 74-78.
[195] 陆近春. 国外科学体系历史进程与现代科学结构的六个层次. 浙江社会科学, 1997, 5: 52-56.
[196] 左玉河. 先秦分类观念与中国学术分科之特征. 学术研究, 2005, 4: 48-55.
[197] 荀子. 荀子简释. 北京: 中华书局, 1983.
[198] 刘则渊, 王续琨. 科学・技术・发展. 大连: 大连理工大学出版社, 2004.
[199] 谭镜星, 曾阳素, 陈梦迁. 从学科到学科群:知识分类体系和知识政策的视角. 高等教育研究, 2007, 28(7): 31-36.
[200] 于光远. 一个哲学学派正在中国兴起. 南昌: 江西科学技术出版社, 1996.
[201] 王续琨, 常东旭. 远缘跨学科研究与交叉科学的发展. 浙江社会科学, 2009, 1: 16-21.
[202] 叶赛华. 关于学科概念的若干辨析与思考. 黑龙江高教研究, 2002, 2: 89-92.
[203] 刘则渊, 陈悦, 侯海燕. 科学知识图谱：方法与应用. 北京: 人民出版社, 2008.
[204] 陆近春. 钱学森现代科学体系的概貌. 科学学研究, 1992, 10(2): 7-16.
[205] 丁雅娴. 学科分类研究与应用. 北京: 中国标准出版社, 1994.
[206] Glänzel W, Schubert A. A new classification scheme of science fields and subfields designed for scientometric evaluation purposes. Scientometrics, 2003, 56(3): 357-367.

[207] 刘仲林, 程妍. “交叉学科”学科门类设置研究. 学位与研究生教育, 2008, 6: 44-48.
[208] 王菊. 我国大学本科专业学科建制变迁的过程、原因及其影响. 中国人民大学教育学刊, 2012, 1: 82-91.
[209] 卫军朝, 蔚海燕. 科学结构及演化分析方法研究综述. 图书与情报, 2011, 155(4): 48-52.
[210] 李学军. 科学结构与科技指标. 自然辩证法通讯, 1989, 11(6): 30-42.
[211] 陈燮君. 学科结构理论史纲. 上海社会科学院学术, 1990, 1: 5-15.
[212] Price D J D S. Networks of scientific papers. Science, 1965, 149(3683): 510-515.
[213] Leydesdorff L, Cozzens S. The delineation of specialties in terms of journals using the dynamic journal set of the SCI. Scientometrics, 1993, 26(1): 135-156.
[214] Leydesdorff L. Clusters and maps of science journals based on bi-connected graphs in Journal Citation Reports. Journal of Documentation, 2004, 60(4): 371-427.
[215] Leydesdorff L. The delineation of nanoscience and nanotechnology in terms of journals and patents: A most recent update. Scientometrics, 2008, 76(1): 159-167.
[216] 周萍, Leydesdorff L, 武夷山. 中国科技期刊引文环境的可视化. 中国科技期刊研究, 2005, 16(6): 773-780.
[217] 金碧辉, Leydesdorff L, 孙海荣, 等. 中国科技期刊引文网络:国际影响和国内影响分析. 中国科技期刊研究, 2005, 16: 141-146.
[218] 陈悦, 刘则渊. 管理学的基本概念与学科地位——一种基于科学计量学的再认识. 管理学报, 2007, 4(6): 695-702.
[219] 王贤文, 刘则渊. 基于共被引率分析的期刊分类研究. 科研管理, 2009, 30(5): 187-195.
[220] 周萍. 计算机类期刊的引文环境分析. 情报学报, 2008, 26(6): 923-933.
[221] 杨永福, 朱桂龙, 海峰. “交叉科学”与“科学交叉”特征探析. 科学学研究, 1997, 15(4): 5-10.
[222] Rafols I, Meyer M. Diversity and network coherence as indicators of interdisciplinarity: Case studies in bionanoscience. Scientometrics, 2010, 82(2): 263-287.
[223] Narin F, Carpenter M, Berlt N C. Interrelationships of scientific journals. Journal of the American Society for Information Science, 1972, 23(5): 323-331.
[224] Doreian P. Structural equivalence in a psychology journal network. Journal of the American Society for Information Science, 1985, 36(6): 411-417.
[225] 张琳. 基于期刊聚类的科学结构研究. 大连: 大连理工大学, 2010.
[226] Brin S, Page L. The anatomy of a large-scale hypertextual web search engine. Computer Networks and ISDN Systems, 1998, 30: 107-117.
[227] 庞景安. 科学计量研究方法论. 北京: 科学技术文献出版社, 1999.
[228] Halkidi M, Batistakis Y, Vazirgiannis M. On clustering validation techniques. Journal of Intelligent Information Systems, 2001, 17(2-3): 107-145.
[229] Jain A K, Dubes R C. Algorithms for Clustering Data. Englewood Cliffs: Prentice Hall, 1988.
[230] Rousseeuw P J. Silhouettes: A graphical aid to the interpretation and validation of cluster analysis. Journal of Computational and Applied Mathematics, 1987, 20: 53-65.
[231] Newman M E, Girvan M. Finding and evaluating community structure in networks. Physical Review E, 2004, 69(2): 026113.

[232] Newman M E. Modularity and community structure in networks. Proceedings of the National Academy of Sciences, 2006, 103(23): 8577-8582.
[233] Garfield E. Citation indexes in sociological and historical research. American Documentation, 1963, 14(4): 289-291.
[234] Börner K, Chen C, Boyack K W. Visualizing knowledge domains. Annual Review of Information Science and Technology, 2003, 37(1): 179-255.
[235] McCain K W. Mapping economics through the journal literature: An experiment in journal cocitation analysis. Journal of the American Society for Information Science, 1991, 42(4): 290-296.
[236] McCain K W. Neural networks research in context: A longitudinal journal cocitation analysis of an emerging interdisciplinary field. Scientometrics, 1998, 41(3): 389-410.
[237] Morris T A, McCain K W. The structure of medical informatics journal literature. Journal of the American Medical Informatics Association, 1998, 5(5): 448-466.
[238] Ding Y, Chowdhury G G, Foo S. Journal as markers of intellectual space: Journal co-citation analysis of information retrieval area, 1987–1997. Scientometrics, 2000, 47(1): 55-73.
[239] Tsay M Y, Xu H, Wu C W. Journal co-citation analysis of semiconductor literature. Scientometrics, 2003, 57(1): 7-25.
[240] Garfield E. Mapping the world of science//Proceedings of the 150 Anniversary Meeting of the AAAS. Philadelphia, Pennsylvania. 1998.
[241] Leydesdorff L. Top-down decomposition of the journal citation reportof the social science citation index: Graph-and factor-analytical approaches. Scientometrics, 2004, 60(2): 159-180.
[242] Bassecoulard E, Zitt M. Indicators in a research institute: A multi-level classification of scientific journals. Scientometrics, 1999, 44(3): 323-345.
[243] Carpenter M P, Narin F. Clustering of scientific journals. Journal of the American Society for Information Science, 1973, 24(6): 425-436.
[244] Schubert A, Braun T. Reference standards for citation based assessments. Scientometrics, 1993, 26(1): 21-35.
[245] Glänzel W, Czerwon H J. A new methodological approach to bibliographic coupling and its application to the national, regional and institutional level. Scientometrics, 1996, 37(2): 195-221.
[246] Baeza-Yates R, Ribeiro-Neto B. Modern Information Retrieval. New York: ACM Press, 2011.
[247] van Loan C F. Generalizing the singular value decomposition. SIAM Journal on Numerical Analysis, 1976, 13(1): 76-83.
[248] Papadimitriou C H, Raghavan P, Tamaki H, et al. Latent semantic indexing: A probabilistic analysis. Journal of Computer and System Sciences, 2000, 61(2): 217-235.
[249] 钱学森. 谈行为科学的体系. 哲学研究, 1985, 8: 11-15.
[250] Small H. Update on science mapping: Creating large document spaces. Scientometrics, 1997, 38(2): 275-293.
[251] Wang Y, Kitsuregawa M. Evaluating contents-link coupled web page clustering for web search results//Proceedings of the 11th International Conference on Information and Knowledge

Management. McLean, Virginia, USA. 2002.
[252] Modha D S, Spangler W S. Clustering hypertext with applications to web searching//Proceedings of the 11th ACM Conference on Hypertext and Hypermedia. San Antonio, Texas. 2000.
[253] Calado P, Cristo M, Gonçalves M A, et al. Link - based similarity measures for the classification of Web documents. Journal of the American Society for Information Science and Technology, 2006, 57(2): 208-221.
[254] Zhang B P, Chen Y X, Fan W G, et al. Intelligent fusion of structural and citation-based evidence for text classification//Proceedings of the 28th annual international ACM SIGIR conference on Research and development in information retrieval. Salvador, Brazil. 2005.
[255] 张琳, 梁立明, 刘则渊. 基于期刊聚类与 SOOI 分类体系的科学结构研究. 科学学研究, 2012, 30(9): 1292-1300.
[256] 王宁一, 杨和平. 二十世纪中国音乐美学文献卷: 1900—1949. 北京: 现代出版社, 1996.
[257] 王洪生. 王光祈《声音心理学》解析. 乐府新声, 2002, 1: 25-29.
[258] 叶思敏. 音乐心理学——刻不容缓的学科建设任务. 音乐艺术, 2002, 4: 100-101.
[259] 张前. 音乐欣赏心理分析. 北京: 人民音乐出版社, 1983.
[260] 孙伟. 音乐心理学学科内容本系初探. 南京艺术学院学报: 音乐及表演版, 2003, 3: 14-18.
[261] 张前. 音乐美学基础课程. 上海: 上海音乐出版社, 2003.
[262] 刘大椿, 潘睿. 人文社会科学的分化与整合. 中国人民大学学报, 2009, 23(1): 141-150.
[263] 马太·多冈, 罗伯特·帕尔. 社会科学中的杂交领域//中国社会科学杂志社. 社会科学与公共政策. 北京: 社会科学文献出版社, 2000.
[264] McCann K S. The diversity-stability debate. Nature, 2000, 405(6783): 228-233.
[265] Gomez I, Bordons M, Fernandez M T, et al. Coping with the problem of subject classification diversity. Scientometrics, 1996, 35(2): 223-235.
[266] Macarthur R. Patterns of species diversity. Biological Reviews, 1965, 40(4): 510–533.
[267] Chen K, Liang C. Disciplinary interflow of library and information science in Taiwan. Journal of Library and Information Studies, 2004, 2(2): 31-55.
[268] Salton G. Introduction to Modern Information Retrieval. New York: McGraw-Hill, 1986.
[269] Shannon C E. A mathematical theory of communication. Bell System Technical Journal, 1948, 27(4): 623-656.
[270] Huang M H, Chang Y W. A study of interdisciplinarity in information science: Using direct citation and co-authorship analysis. Journal of Information Science, 2011, 37(4): 369-378.
[271] Tang R. Evolution of the interdisciplinary characteristics of information and library science. Proceedings of the American Society for Information Science and Technology, 2004, 41(1): 54-63.
[272] Simpson E H. Measurement of diversity. Nature, 1949, 163(4148): 688.
[273] Herfindahl O C. Concentration in the U.S. steel industry. New York: Columbia University, 1950.
[274] Hirschman A O. The paternity of an index. American Economic Review, 1964, 54(5): 761-770.
[275] Brillouin L. Science and information theory. Physics Today, 1956, 9(12): 39-40.

[276] Jost L. Entropy and diversity. Oikos, 2006, 113(2): 363-375.
[277] Jost L. Partitioning diversity into independent alpha and beta components. Ecology, 2007, 88(10): 2427-2439.
[278] Jost L. Mismeasuring biological diversity: Response to Hoffmann and Hoffmann(2008). Ecological Economics, 2009, 68(4): 925-928.
[279] Zhou Q J, Rousseau R, Yang L Y, et al. A general framework for describing diversity within systems and similarity between systems with applications in informetrics. Scientometrics, 2012, 93(3): 787-812.
[280] Hill M O. Diversity and evenness: A unifying notation and its consequences. Ecology, 1973, 54(2): 427-432.
[281] Leinster T, Cobbold C A. Measuring diversity: The importance of species similarity. Ecology, 2012, 93(3): 477-489.
[282] Leydesdorff L, Wagner C S, Bornmann L. Betweenness and diversity in journal citation networks as measures of interdisciplinarity—A tribute to Eugene Garfield. Scientometrics, 2018, 114(2): 567-592.
[283] Leydesdorff L, Bornmann L, Zhou P. Construction of a pragmatic base line for journal classifications and maps based on aggregated journal-journal citation relations. Journal of Informetrics, 2016, 10(4): 902-918.
[284] Leydesdorff L. Diversity and interdisciplinarity: How can one distinguish and recombine disparity, variety, and balance? Scientometrics, 2018, 116(3): 2113-2121.
[285] Leydesdorff L, Kogler D F, Yan B. Mapping patent classifications: portfolio and statistical analysis, and the comparison of strengths and weaknesses. Scientometrics, 2017, 112(3): 1573-1591.
[286] Leydesdorff L, Wagner C S, Bornmann L. Interdisciplinarity as diversity in citation patterns among journals: Rao-Stirling diversity, relative variety, and the Gini coefficient. Journal of Informetrics, 2019, 13(1): 255-269.
[287] Egghe L, Rousseau R. A measure for the cohesion of weighted networks. Journal of the American Society for Information Science and Technology, 2003, 54(3): 193-202.
[288] Rafols I. Knowledge integration and diffusion: Measures and mapping of diversity and coherence// Ding Y, Rousseau R, Wolfram D. Measuring Scholarly Impact: Methods and Practice. Cham: Springer, 2014.
[289] Krackhardt D, Stern R N. Informal networks and organizational crises: An experimental simulation. Social Psychology Quarterly, 1988, 51(2): 123-140.
[290] 陈赛君, 陈智高. 领域交叉性分析指标与方法新探及其实证研究. 情报学报, 2013, 32(11): 1184-1195.
[291] 许海云, 刘春江, 雷炳旭, 等. 学科交叉的测度可视化研究及应用. 图书情报工作, 2014, 58(12): 95-101.
[292] Li L L, Ding G, Feng N, et al. Global stem cell research trend: Bibliometric analysis as a tool for mapping of trends from 1991 to 2006. Scientometrics, 2009, 80(1): 39-58.
[293] Feinberg A W, Feigel A, Shevkoplyas S S, et al. Muscular thin films for building actuators and

powering devices. Science, 2007, 317(5843): 1366-1370.
[294] Wheeler T D, Stroock A D. The transpiration of water at negative pressures in a synthetic tree. Nature, 2008, 455(7210): 208.
[295] Wadley L, Sievers C, Bamford M, et al. Middle Stone Age bedding construction and settlement patterns at Sibudu, South Africa. Science, 2011, 334(6061): 1388-1391.
[296] Bornmann L, Daniel H D. Functional use of frequently and infrequently cited articles in citing publications. A content analysis of citations to articles with low and high citation counts. European Science Editing, 2008, 1(2): 69-79.
[297] Bertin M, Atanassova I, Lariviere V, et al. The invariant distribution of references in Scientific Articles. Journal of the Association for Information Science & Technology, 2015, 67(1): 164-177.
[298] 韩婧.《PLoS ONE》开放获取出版模式研究. 编辑学报, 2014, 26(2): 202-204.
[299] Boyack K W, van Eck N J, Colavizza G, et al. Characterizing in-text citations in scientific articles: A large-scale analysis. Journal of Informetrics, 2018, 12(1): 59-73.
[300] Abramo G, D'Angelo C A, Zhang L. A comparison of two approaches for measuring interdisciplinary research output: The disciplinary diversity of authors vs the disciplinary diversity of the reference list. Journal of Informetrics, 2018, 12(4): 1182-1193.
[301] Bunderson J S, Sutcliffe K M. Comparing alternative conceptualizations of functional diversity in management teams: Process and performance effects. Academy of Management Journal, 2002, 45(5): 875-893.
[302] Lucarini V. From symmetry breaking to Poisson point process in 2D Voronoi tessellations: The generic nature of hexagons. Journal of Statistical Physics, 2008, 130(6): 1047-1062.
[303] Giorgio B. Differential diagnosis: Shape and function, fractal tools in the pathology lab. Nonlinear Dynamics, Psychology, and Life Sciences, 2015, 19(4): 437-464.
[304] Fiori S. Fast statistical regression in presence of a dominant independent variable. Neural Computing and Applications, 2013, 22(7-8): 1367-1378.
[305] Lucia U. Transport processes in biological systems: Tumoral cells and human brain. Physica A: Statistical Mechanics and its Applications, 2014, 393: 327-336.
[306] Lucarini V. Three-dimensional random Voronoi tessellations: From cubic crystal lattices to Poisson point processes. Journal of Statistical Physics, 2009, 134(1): 185.
[307] Sutherland W J, Laura B, Bellingham J R, et al. A collaboratively-derived science-policy research agenda. PLoS ONE, 2012, 7(3): e0031824.
[308] 刘则渊. 科学合作最佳规模现象的发现. 科学学研究, 2012, 30(4): 481-486.
[309] Maas F, Spoorenberg A, Brouwer E, et al. Spinal radiographic progression in patients with ankylosing spondylitis treated with TNF-α blocking therapy: A prospective longitudinal observational cohort study. PLoS ONE, 2015, 10(4): e0122693.
[310] Sumra M K, Schillaci M A. Stress and the multiple-role woman: Taking a closer look at the "Superwoman". PLoS ONE, 2015, 10(3): e0120952.
[311] Zhou L, Liu L, Liu X, et al. Systematic review and meta-analysis of the clinical efficacy and adverse effects of Chinese herbal decoction for the treatment of gout. PLoS ONE, 2014, 9(1):

e0085008.
[312] Hu M, Li W, Li L, et al. Refining time-activity classification of human subjects using the global positioning system. PLoS ONE, 2016, 11(2): e0148875.
[313] Small H. Cited documents as concept symbols. Social Studies of Science, 1978, 8(3): 327-340.
[314] 刘盛博, 丁堃, 张春博. 引文分析的新阶段:从引文著录分析到引用内容分析. 图书情报知识, 2015, 3: 25-34.
[315] Wang L L, Notten A, Surpatean A. Interdisciplinarity of nano research fields: A keyword mining approach. Scientometrics, 2013, 94(3): 877-892.
[316] 魏建香，孙越泓，苏新宁. 基于聚类分析的学科交叉研究. 情报学报，2010，29(6): 1066-1073.
[317] 魏建香，孙越泓，苏新宁. 学科交叉知识挖掘模型研究. 情报理论与实践，2012，35(4): 76-80.
[318] 刘玉琴, 汪雪锋, 雷孝平. 科研关系构建与可视化系统设计与实现. 图书情报工作, 2015, 59(8): 103-110.
[319] Pays O, Fortin D, Gassani J, et al. Group dynamics and landscape features constrain the exploration of herds in fusion-fission societies: The case of European roe deer. PLoS ONE, 2012, 7(3): e0034678.
[320] Clark K E. America's Psychologists: A Survey of a Growing Profession. Washington, D.C.: American Psychological Association, 1957.
[321] Egghe L, Rousseau R. Introduction to Informetrics: Quantitative Methods in Library, Documentation and Information Science. Amsterdam, Netherlands: Elsevier Science Publishers, 1990.
[322] 刘雅娟, 王岩. 用文献计量学评价基础研究的几项指标探讨——论文、引文和期刊影响因子. 科研管理, 2000, 21(1): 93-98.
[323] 索传军，盖双双. 基于引文的论文质量与影响力探析. 情报理论与实践，2018，41(5): 11-15.
[324] Waltman L. A review of the literature on citation impact indicators. Journal of Informetrics, 2016, 10(2): 365-391.
[325] Liu Y, Rousseau R. Citation analysis and the development of science: A case study using articles by some Nobel prize winners. Journal of the Association for Information Science and Technology, 2014, 65(2): 281-289.
[326] 王前，李丽，高成锴. 跨学科同行评议的合理性研究. 科学学研究，2013，31(12): 1792-1795.
[327] Lariviere V, Haustein S, Borner K. Long-distance interdisciplinarity leads to higher scientific impact. PLoS ONE, 2015, 10(3): e0122565.
[328] Rinia E, van Leeuwen T N, van Vuren H, et al. Influence of interdisciplinarity on peer-review and bibliometric evaluations in physics research. Research Policy, 2001, 30(3): 357-361.
[329] Steele T W, Stier J C. The impact of interdisciplinary research in the environmental sciences: A forestry case study. Journal of the American Society for Information Science, 2000, 51(5): 476-484.

[330] Adams J, Jackson L, Marshall S. Bibliometric analysis of interdisciplinary research. Leeds, 2007.

[331] Wang J, Thijs B, Glanzel W. Interdisciplinarity and impact: Distinct effects of variety, balance, and disparity. PLoS ONE, 2015, 10(5): e0127298.

[332] Moed H F. Citation Analysis in Research Evaluation. Berlin: Springer Science & Business Media, 2005.

[333] Larsen P O, von Ins M. The rate of growth in scientific publication and the decline in coverage provided by Science Citation Index. Scientometrics, 2010, 84(3): 575-603.

[334] Huang Y, Zhu D H, Lv Q, et al. Early insights on the Emerging Sources Citation Index(ESCI): An overlay map-based bibliometric study. Scientometrics, 2017, 111(3): 2041-2057.

[335] García-Pérez M A. Strange attractors in the Web of Science database. Journal of Informetrics, 2011, 5(1): 214-218.

[336] Michels C, Schmoch U. The growth of science and database coverage. Scientometrics, 2012, 93(3): 831-846.

[337] Harzing A W. Document categories in the ISI Web of Knowledge: Misunderstanding the Social Sciences? Scientometrics, 2013, 94(1): 23-34.

[338] Olensky M, Schmidt M, van Eck N J. Evaluation of the citation matching algorithms of CWTS and iFQ in comparison to Web of Science. Journal of the Association for Information Science & Technology, 2015, 67(10): 2550-2564.

[339] Zhang J, Qi Y, Zheng F S, et al. Comparing keywords plus of WoS and author keywords: A case study of patient adherence research. Journal of the Association for Information Science & Technology, 2016, 67(4): 967-972.

[340] Franceschini F, Maisano D, Mastrogiacomo L. Errors in DOI indexing by bibliometric databases. Scientometrics, 2015, 102(3): 2181-2186.

[341] Kawashima H, Tomizawa H. Accuracy evaluation of Scopus Author ID based on the largest funding database in Japan. Scientometrics, 2015, 103(3): 1061-1071.

[342] Valderrama-Zurián J C, Aguilar-Moya R, Melero-Fuentes D, et al. A systematic analysis of duplicate records in Scopus. Journal of Informetrics, 2015, 9(3): 570-576.

[343] Franceschini F, Maisano D A, Mastrogiacomo L. The museum of errors/horrors in Scopus. Journal of Informetrics, 2016, 10(1): 174-182.

[344] Wang Q, Waltman L. Large-scale analysis of the accuracy of the journal classification systems of Web of Science and Scopus. Journal of Informetrics, 2016, 10(2): 347-364.

[345] Franceschet M. A comparison of bibliometric indicators for computer science scholars and journals on Web of Science and Google Scholar. Scientometrics, 2009, 83(1): 243-258.

[346] Harzing A W, Alakangas S. Google Scholar, Scopus and the Web of Science: A longitudinal and cross-disciplinary comparison. Scientometrics, 2016, 106(2): 787-804.

[347] Khabsa M, Giles C L. The number of scholarly documents on the public web. PLoS ONE, 2014, 9(5): e0093949.

[348] Meho L I, Yang K. Impact of data sources on citation counts and rankings of LIS faculty: Web of Science versus Scopus and Google Scholar. Journal of the American Society for Information

Science and Technology, 2007, 58(13): 2105-2125.
[349] Mingers J, Lipitakis E. Counting the citations: A comparison of Web of Science and Google Scholar in the field of business and management. Scientometrics, 2010, 85(2): 613-625.
[350] Albarrán P, Ortuño I, Ruiz-Castillo J. The measurement of low-and high-impact in citation distributions: Technical results. Journal of Informetrics, 2011, 5(1): 48-63.
[351] Seglen P O. The skewness of science. Journal of the American Society for Information Science, 1992, 43(9): 628-638.
[352] Waltman L, Eck N J V, Leeuwen T N V, et al. Towards a new crown indicator: An empirical analysis. Scientometrics, 2011, 87(3): 467-481.
[353] Schubert A, Glänzel W, Braun T. Relative citation rate: A new indicator for measuring the impact of publications//Proceedings of the First National Conference with International Participation in Scientometrics and Linguistics of Scientific Text. Varna, Austria. 1983.
[354] Schubert A, Braun T. Relative indicators and relational charts for comparative-assessment of publication output and citation impact. Scientometrics, 1986, 9(5-6): 281-291.
[355] Hutchins B I, Yuan X, Anderson J M, et al. Relative citation ratio(RCR): A new metric that uses citation rates to measure influence at the Article Level. PLoS Biol, 2016, 14(9): e1002541.
[356] Tang L, Shapira P, Youtie J. Is there a clubbing effect underlying Chinese research citation Increases? Journal of the Association for Information Science and Technology, 2015, 66(9): 1923-1932.
[357] 姜春林. 社会科学交叉科学定量评价中的引文分析方法. 研究与发展管理, 2003, 15(1): 47-51.
[358] 叶继元. 首届人文社会科学评价学术研讨会综述. 学术界, 2009, 4: 301-304.
[359] 赵基明. 影响因子突变的提醒. http://news.sciencenet.cn/htmlnews/2010/6/233945.shtm [2019-05-14].
[360] 任胜利. 特征因子(Eigenfactor): 基于引证网络分析期刊和论文的重要性. 中国科技期刊研究, 2009, 20(3): 415-418.
[361] Guerrero-Bote V P, Zapico-Alonso F, Espinosa-Calvo M E, et al. Import-export of knowledge between scientific subject categories: The iceberg hypothesis. Scientometrics, 2007, 71(3): 423-441.
[362] Lancho-Barrantes B S, Guerrero-Bote V P, Moya-Anegón F. The iceberg hypothesis revisited. Scientometrics, 2010, 85(2): 443-461.
[363] Bornmann L, Daniel H D. What do citation counts measure? A review of studies on citing behavior. Journal of Documentation, 2008, 64(1): 45-80.
[364] Gorraiz J, Gumpenberger C, Schlögl C. Usage versus citation behaviours in four subject areas. Scientometrics, 2014, 101(2): 1077-1095.
[365] 杨思洛. 引文分析存在的问题及其原因探究. 中国图书馆学报, 2011, 37(3): 108-117.
[366] Böhme G, Stehr N. The Knowledge Society: The Growing Impact of Scientific Knowledge on Social Relations. Berlin: Springer Science & Business Media, 1986.
[367] Friesike S, Fecher B, Wagner G G. Teach young scientists the importance of societal impact for research. Nature, 2018, 554(7692): 300.

[368] Evans R. Achieving and evidencing research “impact”? Tensions and dilemmas from an ethic of care perspective. Area, 2016, 48(2): 213-221.
[369] 丁翔宇. 指标:让科研行为有理有据. 世界科学, 2014, 9: 12-16.
[370] Ernø-Kjølhede E, Hansson F. Measuring research performance during a changing relationship between science and society. Research Evaluation, 2011, 20(2): 131-143.
[371] Donovan C. State of the art in assessing research impact: Introduction to a special issue. Research Evaluation, 2011, 20(3): 175-179.
[372] Mostert S P, Ellenbroek S P, Meijer I, et al. Societal output and use of research performed by health research groups. Health Research Policy and Systems, 2010, 8(1): 30.
[373] REF2014. Assessment framework and guidance on submissions. https://www.ref.ac.uk/2014/media/ref/content/pub/assessmentframeworkandguidanceonsubmissions/GOS%20including%20addendum.pdf[2019-03-20].
[374] Gregersen B, Linde L T, Rasmussen J G. Linking between Danish universities and society. Science and Public Policy, 2009, 36(2): 151-156.
[375] Salter A J, Martin B R. The economic benefits of publicly funded basic research: A critical review. Research Policy, 2001, 30(3): 509-532.
[376] Council of Canadian Academies. Informing research choices: Indicators and judgment: The expert anel on science performance and research funding. Ottawa, 2012.
[377] Martin B R. The research excellence framework and the “impact agenda”: Are we creating a Frankenstein monster? Research Evaluation, 2011, 20(3): 247-254.
[378] Wang X, Xu S. Tracing scientist’s research trends realtimely. Scientometrics, 2013, 95(2): 717-729.
[379] Bornmann L, Marx W. How should the societal impact of research be generated and measured? A proposal for a simple and practicable approach to allow interdisciplinary comparisons. Scientometrics, 2014, 98(1): 211-219.
[380] Priem J, Hemminger B H. Scientometrics 2.0: New metrics of scholarly impact on the social web. First Monday, 2010, https://doi.org/10.5210/fm.v5215i5217.2874.
[381] Heather P. Altmetrics: Value all research products. Nature, 2013, 493(7431): 159.
[382] Upton S, Vallance P, Goddard J. From outcomes to process: Evidence for a new approach to research impact assessment. Research Evaluation, 2014, 23(4): 352-365.
[383] Buxton M, Hanney S. How can payback from health services research be assessed? Journal of Health Services Research & Policy, 1996, 1(1): 35-43.
[384] Klautzer L, Hanney S, Nason E, et al. Assessing policy and practice impacts of social science research: The application of the Payback Framework to assess the Future of Work programme. Research Evaluation, 2011, 20(3): 201-209.
[385] Scott J E, Blasinsky M, Dufour M, et al. An evaluation of the Mind-Body Interactions and Health Program: Assessing the impact of an NIH program using the Payback Framework. Research Evaluation, 2011, 20(3): 185-192.
[386] Costas R, Zahedi Z, Wouters P. Do “altmetrics” correlate with citations? Extensive comparison of altmetric indicators with citations from a multidisciplinary perspective. Journal

of the Association for Information Science and Technology, 2014, 66(10): 2003-2019.
[387] Moed H F, Halevi G. On full text download and citation distributions in scientific-scholarly journals. Journal of the Association for Information Science & Technology, 2016, 67(2): 412-431.
[388] Guerrero-Bote V P, Moya-Anegón F. Relationship between downloads and citations at journal and paper levels, and the influence of language. Scientometrics, 2014, 101(2): 1043-1065.
[389] Vaughan L, Tang J, Yang R. Investigating disciplinary differences in the relationships between citations and downloads. Scientometrics, 2017, 111(3): 1533-1545.
[390] Bornmann L. Usefulness of altmetrics for measuring the broader impact of research: A case study using data from PLoS and F1000 Prime. Aslib Journal of Information Management, 2015, 67(3): 305-319.
[391] 何星星，武夷山．基于文献利用数据的期刊论文定量评价研究．情报杂志，2012，31(8): 98-102.
[392] 王贤文，方志超，王虹茵．连续、动态和复合的单篇论文评价体系构建研究．科学学与科学技术管理, 2015, 36(8): 37-48.
[393] van Noorden R. Interdisciplinary research by the numbers. Nature, 2015, 525(7569): 306-307.
[394] 刘恩涛，李国俊，邱小花，等. Altmetrics 工具比较研究．图书馆杂志, 2015, 34: 85-92.
[395] Binfield P. PLoS ONE: background, future development, and article-level metrics//the 13th International Conference in ELectronic Publishing. Milan, Italy. 2009.
[396] 王贤文．科学计量大数据及其应用．北京：科学出版社, 2016.
[397] Wiek A, Talwar S, O'Shea M, et al. Toward a methodological scheme for capturing societal effects of participatory sustainability research. Research Evaluation, 2014, 23(2): 117-132.
[398] Expert Group on Assessment of University-based Research. Assessing Europe's University-based Research. Brussels, 2010.
[399] 邱均平，余厚强．基于影响力产生模型的替代计量指标分层研究．情报杂志，2015，34(5): 53-58.
[400] Zellner C. The economic effects of basic research: Evidence for embodied knowledge transfer via scientists' migration. Research Policy, 2003, 32(10): 1881-1895.
[401] Roessner D, Bond J, Okubo S, et al. The economic impact of licensed commercialized inventions originating in university research. Research Policy, 2013, 42(1): 23-34.
[402] Desmarais B A, Hird J A. Public policy's bibliography: The use of research in US regulatory impact analyses. Regulation & Governance, 2014, 8(4): 497-510.
[403] 曾天山，高宝立．我国教育科研成果现状及其影响力分析．教育研究, 2009, 8: 11-19.
[404] 谭春辉．我国普通高校科技创新社会影响力的测度——基于 2000—2007 年国家科技奖励三大奖项的统计分析．科技进步与对策, 2010, 27(5): 122-126.
[405] Wang X W, Wang Z, Mao W L, et al. How far does scientific community look back? Journal of Informetrics, 2014, 8(3): 562-568.
[406] Shuai X, Pepe A, Bollen J. How the scientific community reacts to newly submitted preprints: Article downloads, twitter mentions, and citations. PLoS ONE, 2012, 7(11): e0047523.
[407] 卫垌圻，谭宗颖. Altmetrics 国内外研究中的问题与挑战．图书情报工作, 2015, 59(2): 93-99.
[408] Kornhuber J, Muehlbacher M, Trapp S, et al. Identification of novel functional inhibitors of

acid sphingomyelinase. PLoS ONE, 2011, 6(8): e0023852.
[409] Hsu J W, Huang D W. Correlation between impact and collaboration. Scientometrics, 2011, 86(2): 317-324.
[410] Gazni A, Didegah F. Investigating different types of research collaboration and citation impact: A case study of Harvard University's publications. Scientometrics, 2011, 87(2): 251-265.
[411] Narin F, Stevens K, Whitlow E S. Scientific co-operation in Europe and the citation of multinationally authored papers. Scientometrics, 1991, 21(3): 313-323.
[412] 杜建, 张玢, 李阳. 我国医学领域不同学科作者合作度与论文影响力的关系. 中华医学图书情报杂志, 2012, 21(3): 18-23.
[413] Bornmann L, Leydesdorff L, Wang J. How to improve the prediction based on citation impact percentiles for years shortly after the publication date? Journal of Informetrics, 2014, 8(1): 175-180.
[414] 戴国庆, 李丽亚. 国外科技项目绩效考评研究与借鉴. 中国科技论坛, 2005, 5: 45-48, 33.
[415] Geisler E. 科学技术测度体系. 周萍译. 北京: 科学技术文献出版社, 2004: 380.
[416] Mathieu J, Maynard M T, Rapp T, et al. Team effectiveness 1997-2007: A review of recent advancements and a glimpse into the future. Journal of management, 2008, 34(3): 410-476.
[417] Aboelela S W, Merrill J A, Carley K M, et al. Social network analysis to evaluate an interdisciplinary research center. Journal of Research Administration, 2007, 38(1): 61-75.
[418] Stokols D, Fuqua J, Gress J, et al. Evaluating transdisciplinary science. Nicotine & Tobacco Research, 2003, 5(Suppl_1): S21-S39.
[419] 刘明. 同行评议刍议. 科学学研究, 2003, 21(6): 574-580.
[420] 吴述尧. 同行评议的对比研究. 中国科学基金, 1993, 2: 133-137.
[421] 胡明铭, 黄菊芳. 同行评议研究综述. 中国科学基金, 2005, 4: 251-253.
[422] 郭碧坚. 科技管理中的同行评议:本质、作用、局限、替代. 科技管理研究, 1995, 4: 8-12.
[423] 王国豫, 朱晓林. 同行评议与“外行”评议. 科学学研究, 2015, 33(8): 1121-1126.
[424] Ware M. Peer review in scholarly journals: Perspective of the scholarly community—Results from an international study. Information Services & Use, 2008, 28(2): 109-112.
[425] 杜杏叶, 李贺, 王玲, 等. 中国学者对学术论文公开同行评议的接受度研究. 图书情报工作, 2018, 62(2): 73-81.
[426] 邱均平. 关于 “文献计量学”术语及其定义. 图书情报知识, 1985, 3: 22-25.
[427] Cole F J, Eales N B. The history of comparative anatomy: Part I.—A statistical analysis of the literature. Science Progress, 1917, 11(44): 578-596.
[428] Hulme E W. Statistical bibliography in relation to the growth of modern civilization: Two lectures delivered in the University of Cambridge in May 1922. Nature, 1923, 112(2816): 585-586.
[429] Pritchard A. Statistical bibliography or bibliometrics. Journal of Documentation, 1969, 25(4): 348-349.
[430]赵蓉英, 雷将, 马瑞敏, 等. 我国五大数据库引文功能的比较研究. 情报理论与实践, 2008, 31(4): 589-593+605.
[431] Garfield E. Citation indexes for science. A new dimension in documentation through

association of ideas. Science, 2006, 35(5): 1123-1127.
[432] Zhang L, Rousseau R, Sivertsen G. Science deserves to be judged by its contents, not by its wrapping: Revisiting Seglen's work on journal impact and research evaluation. PLoS ONE, 2017, 12(3): e0174205.
[433] Prathap G, Mini S, Nishy P. Does high impact factor successfully predict future citations? An analysis using Peirce's measure. Scientometrics, 2016, 108(3): 1043-1047.
[434] Garfield E. Impact factors, and why they won't go away. Nature, 2001, 411(6837): 522.
[435] Favaloro E J. The journal impact factor: Don't expect its demise any time soon. Clinical Chemistry and Laboratory Medicine, 2009, 47(11): 1319-1324.
[436] Waltman L, van Eck N J. The inconsistency of the h-index. Journal of the American Society for Information Science and Technology, 2012, 63(2): 406-415.
[437] Leydesdorff L, Bornmann L. Integrated impact indicators compared with impact factors: An alternative research design with policy implications. Journal of the American Society for Information Science and Technology, 2011, 62(11): 2133-2146.
[438] Crespo J A, Ortuño-Ortín I, Ruiz-Castillo J. The citation merit of scientific publications. PLoS ONE, 2012, 7(11): e0049156.
[439] Rousseau R, Hu X. An outgrow index. Annals of Library and Information Studies, 2010, 57(3): 287-290.
[440] Prathap G. Quantity, quality and consistency as bibliometric indicators. Journal of the Association for Information Science and Technology, 2014, 65(1): 214.
[441] Prathap G. A thermodynamic explanation for the Glänzel–Schubert model for the h-index. Journal of the American Society for Information Science and Technology, 2011, 62(5): 992-994.
[442] MacRoberts M H, MacRoberts B R. Problems of citation analysis: A critical review. Journal of the American Society for Information Science, 1989, 40(5): 342-349.
[443] Ioannidis J P A, Boyack K W, Henry S, et al. Bibliometrics: Is your most cited work your best? Nature, 2014, 514(7524): 561-562.
[444] Glänzel W, Hinze S. Metrics for Research Evaluation: Indicators, Methods and Mathematical Foundations. European Summer School for Scientometrics. Vienna, Austria. 2011.
[445] Glänzel W, Moed H F. Opinion paper: Thoughts and facts on bibliometric indicators. Scientometrics, 2013, 96(1): 381-394.
[446] Braun T, Bergstrom C T, Frey B S, et al. How to improve the use of metrics. Nature, 2010, 465(17): 870-872.
[447] Birnbaum P H. Academic interdisciplinary research: Characteristics of successful projects. Journal of the Society of Research Administrators, 1981, 13(1): 5-16.
[448] Government of Canada, Natural Sciences and Engineering Research Council of Canada, Communications Division. NSERC-Guidelines for the Preparation and Review of Applications in Interdisciplinary Research. http://www.nserc-crsng.gc.ca/NSERC-CRSNG/Policies-Politiques/p repInterdiscip-prepInterdiscip_eng.asp[2019-05-15].
[449] Porter A L, Rossini F A. Peer review of interdisciplinary research proposals. Science,

Technology, & Human Values, 1985, 10(3): 33-38.
[450] Parliamentary Office of Scince and Technology. Parliamentary Office of Scince and Technology-postnote: Peer review. 2002.
[451] 魏巍. “跨学科研究”评价方法与资助对策. 合肥: 中国科学技术大学, 2011.
[452] Belcher B M, Rasmussen K E, Kemshaw M R, et al. Defining and assessing research quality in a transdisciplinary context. Research Evaluation, 2016, 25(1): 1-17.
[453] Mansilla V B. Assessing expert interdisciplinary work at the frontier: An empirical exploration. Research Evaluation, 2006, 15(1): 17-29.
[454] 贺颖, 刘友存, 刘慧, 等. 基于科学知识图谱的交叉学科同行评议专家遴选方法研究. 图书情报工作, 2010, 54(20): 28-40.
[455] 王炼. 科学计量学应用于科研人员绩效评价的挑战. 科学学与科学技术管理, 2007, (4): 165-168.
[456] 杜建, 张玢. 学术影响力评价指标之间的相关性分析——基于医学领域某一细分学科的视角. 评价与管理, 2010, 8(4): 68-76.
[457] Jin B, Liang L, Rousseau R, et al. The R-and AR-indices: Complementing the h-index. Chinese Science Bulletin, 2007, 52(6): 855-863.
[458] 叶鹰. 一种学术排序新指数——f 指数探析. 情报学报, 2009, 28(1): 142-149.
[459] Sooryamoorthy R. Do types of collaboration change citation? Collaboration and citation patterns of South African science publications. Scientometrics, 2009, 81(1): 177-193.
[460] Liang L M. H-index sequence and h-index matrix: Constructions and applications. Scientometrics, 2006, 69(1): 153-159.
[461]刘则渊. “‘双一流’大学的学科评估新思路——学科交叉指标及其可视化分析”报告纪要. https://mp.weixin.qq.com/s/7PLu6_6R4tegag9bHUNs1g[2019-05-09].
[462] 李阳, 许培扬. 国内外科技人才学术影响力定量评价方法研究. 医学信息学杂志, 2012, 33(8): 38-43.
[463] Vieira E S, Gomes J A N F. An impact indicator for researchers. Scientometrics, 2011, 89(2): 607-629.
[464] 赵丽梅, 马海群. Q^2 SRC-指数: 基于情境的科学家科研生产力评价指标研究. 图书情报工作, 2018, 62(24): 110-123.
[465] Calver M, Bryant K, Wardell-Johnson G. Quantifying the internationality and multidisciplinarity of authors and journals using ecological statistics. Scientometrics, 2018, 115(2): 731-748.
[466] Gowanlock M, Gazan R. Assessing researcher interdisciplinarity: A case study of the University of Hawaii NASA Astrobiology Institute. Scientometrics, 2013, 94(1): 133-161.
[467] 梁立明, 侯长红. 由论文和引文复合指标表征的科学家学术研究节律——以 Tibor Braun 为例. 情报学报, 2010, 29(6): 1116-1124.
[468] 王炼, 武夷山. 评价交叉科学研究人员的新思路. 科学学研究, 2008, 26(1): 124-126.
[469] Carley S, Porter A L. A forward diversity index. Scientometrics, 2012, 90(2): 407-427.
[470] Abramo G, D'Angelo C A, Costa F D. Specialization versus diversification in research activities: The extent, intensity and relatedness of field diversification by individual scientists.

Scientometrics, 2017, 112(3): 1403-1418.

[471] Wu J, Jin M, Ding X H. Diversity of individual research disciplines in scientific funding. Scientometrics, 2015, 103(2): 669-686.

[472] Sandström U. Research quality and diversity of funding: A model for relating research money to output of research. Scientometrics, 2009, 79(2): 341-349.

[473] Hackman J. The design of work teams. Englewood Cliffs: Prentice-Hall, 1987.

[474] Salas E, Dickinson T L, Converse S A, et al. Toward an understanding of team performance and training// R. W. Swezey, E. Salas. Teams: Their training and performance. Westport, CT, US: Ablex Publishing, 1992.

[475] Robbins S P. Organizational behavior-Eighth edition. Upper Saddle River: Prentice Hall 1998.

[476] 李晨光, 李子和, 夏亮辉. 高校科研团队的领导行为基础、行为模式及有效领导原则研究. 科技管理研究, 2003, 6: 71-72, 77.

[477] 陈春花, 杨映珊. 基于团队运作模式的科研管理研究. 科技进步与对策, 2002, 4: 79-81.

[478] 文洪朝. 跨学科研究——当今科学发展的显著特征. 西北工业大学学报, 2007, 27(2): 12-16.

[479] Ratcheva V. Integrating diverse knowledge through boundary spanning processes—The case of multidisciplinary project teams. International Journal of Project Management, 2009, 27(3): 206-215.

[480] Ancona D G, Caldwell D F. Demography and design: Predictors of new product team performance. Organization Science, 1992, 3(3): 321-341.

[481] van der Vegt G S, Janssen O. Joint impact of interdependence and group diversity on innovation. Journal of Management, 2003, 29(5): 729-751.

[482] 晋琳琳, 李德煌. 科研团队学科背景特征对创新绩效的影响——以知识交流共享与知识整合为中介变量. 科学学研究, 2012, 30(1): 111-123, 144.

[483] 寿剑刚, 杨春民, 王逢天, 等. 科技创新团队建设政策措施研究. http://www.zjkjt.gov.cn/news/node11/detail110408/2013/110408_47216.htm[2019-05-16].

[484] 刘璇. 社会网络分析法运用于科研团队发现和评价的实证研究.上海: 华东师范大学, 2011.

[485] 齐娜. 基于复杂网络分析方法的科研项目团队评价. 长春: 吉林大学, 2013.

[486] 新华网. 习近平：在中国科学院第十九次院士大会、中国工程院第十四次院士大会上的讲话. http://www.xinhuanet.com/politics/leaders/2018-05/28/c_1122901308.htm[2019-05-14].

[487] 朱妍. 高校跨学科团队知识共享指标体系构建及评价研究. 哈尔滨: 哈尔滨工程大学, 2012.

[488] 邱玉敏. 高校跨学科知识团队建设与成熟度评测研究. 天津: 天津大学, 2012.

[489] 李春景, 刘仲林. 跨学科研究规律的实证分析. 科学技术与辩证法, 2004, 21(2): 75-78.

[490] van Raan A F, van Leeuwen T N. Assessment of the scientific basis of interdisciplinary, applied research: Application of bibliometric methods in nutrition and food research. Research Policy, 2002, 31(4): 611-632.

[491] Börner K, Contractor N, Falk-Krzesinski H J, et al. A multi-level systems perspective for the science of team science. Science Translational Medicine, 2010, 2(49): 49cm24.

[492] Klein J T. Afterword: The emergent literature on interdisciplinary and transdisciplinary research evaluation. Research Evaluation, 2006, 15(1): 75-80.

[493] Wooten K C, Rose R M, Ostir G V, et al. Assessing and evaluating multidisciplinary translational teams: A mixed methods approach. Evaluation & the Health Professions, 2014, 37(1): 33-49.

[494] 新华社. 中共中央办公厅 国务院办公厅印发《关于深化项目评审、人才评价、机构评估改革的意见》. http://www.xinhuanet.com/politics/2018-07/03/c_1123074267.htm[2019-05-15].

[495] Foundation W M K. Center for Extreme Quantum Information Theory. http://www.rle.mit.edu/xqit/people.htm[2019-05-16].

[496] Institute for Quantum Science and Technology. Publications by members of IQST. http://www.iqst.ca/publications/pubsbydate.php[2019-05-16].

[497] Brennan J. The multiple functions of evaluation and quality assessment// Cavalli. Quality assessment for higher education in Europe: Problems, practices and solutions. London: Portland Press, 2017.

[498] Huutoniemi K, Ràfols I. Interdisciplinarity in research evaluation// Frodeman R, Klein J T. The Oxford Handbook of Interdisciplinarity. New York: Oxford University Press, 2017.

[499] 杨永福, 朱桂龙, 海峰. 关于交叉项目的界定-评审-管理的政策性建议. 科学学研究, 1998, 16(2): 57-62.

[500] Bark R H, Kragt M E, Robson B J. Evaluating an interdisciplinary research project: Lessons learned for organisations, researchers and funders. International Journal of Project Management, 2016, 34(8): 1449-1459.

[501] Tress G, Tress B, Fry G. Analysis of the barriers to integration in landscape research projects. Land Use Pol, 2007, 24(2): 374-385.

[502] Gleed A, Marchant D. Interdisciplinary: Survey report for the global research council 2016 annual meeting. Research Councils UK, Global Research Council, Science and Engineering Research Board, 2016.

[503] Huutoniemi K. Evaluating interdisciplinary research// Frodeman R, Klein J T. The Oxford Handbook of Interdisciplinarity. Oxford: Oxford University Press, 2010.

[504] Raymond N C, Wyman J F, Dighe S, et al. Process evaluation for improving K12 program effectiveness: Case study of a National Institutes of Health Building Interdisciplinary Research Careers in Women's Health Research Career Development Program. Journal of Women's Health, 2018, 27(6): 775-781.

[505] Baerwald T J, Firth P L, Ruth S L. The Dynamics of Coupled Natural and Human Systems Program at the U.S. National Science Foundation: Lessons learned in interdisciplinary funding program development and management. Current Opinion in Environmental Sustainability, 2016, 19: 123-133.

[506] Avila-Robinson A, Shichijo N, Sengoku S. Managing discrepancies in evaluation methods for interdisciplinary research programme: The case of WPI in Japan//Proceedings of PICMET'14 Conference: Portland International Center for Management of Engineering and Technology. Kanazawa, Japan. 2014.

[507] Bromham L, Dinnage R, Hua X. Interdisciplinary research has consistently lower funding success. Nature, 2016, 534(7609): 684-687.

[508] Nichols L G. A topic model approach to measuring interdisciplinarity at the National Science Foundation. Scientometrics, 2014, 100(3): 741-754.

[509] Newman D, Bonilla E V, Buntine W. Improving topic coherence with regularized topic models. NIPS'11 Proceedings of the 24th International Conference on Neural. Granada, Spain. 2011.

[510] Nemet G F, Johnson E. Do important inventions benefit from knowledge originating in other technological domains? Research Policy, 2012, 41(1): 190-200.

[511] 王小理. 会聚观: 推动跨学科融合. 北京: 科学出版社, 2015.

[512] Rosenberg N. Technological change in the machine tool industry, 1840-1910. Journal of Economic History, 1963, 23(4): 414-443.

[513] 上海图书馆, 上海科学技术情报研究所信息咨询与研究中心战略研究部. 四大技术会聚世界将会怎样——NBIC 会聚技术将实现 21 世纪科学技术新的复兴. 世界科学, 2004, (5): 8-12.

[514] Nordmann A. Converging Technologies: Shaping the future of European societies. European Commission, 2004.

[515] 国家自然科学基金委员会. 基金要闻-NBIC会聚技术，中国的新机遇？http://www.nsfc.gov.cn/publish/portal0/tab440/info59876.htm[2019-03-24].

[516] National Research Council. Mathematics and 21st Century Biology. Washington, D. C.: The National Academies Press, 2005.

[517] National Research Council. Inspired by Biology: From Molecules to Materials to Machines. Washington, D. C.: The National Academies Press, 2008.

[518] National Research Council. Research at the Intersection of the Physical and Life Sciences. Washington, D. C. : The National Academies Press, 2010.

[519] Jeong S, Lee S. What drives technology convergence? Exploring the influence of technological and resource allocation contexts. Journal of Engineering Technology Management, 2015, 36: 78-96.

[520] 刘娜, 毛荐其, 余光胜. 技术会聚研究探析与展望. 科研管理, 2017, 38(12): 23-31.

[521] 李姝影, 方曙. 测度技术融合与趋势的数据分析方法研究进展. 数据分析与知识发现, 2017, 1(7): 2-12.

[522] Curran C-S, Leker J. Patent indicators for monitoring convergence—examples from NFF and ICT. Technological Forecasting and Social Change, 2011, 78(2): 256-273.

[523] Kim E, Cho Y, Kim W. Dynamic patterns of technological convergence in printed electronics technologies: Patent citation network. Scientometrics, 2014, 98(2): 975-998.

[524] Cho Y, Kim E, Kim W. Strategy transformation under technological convergence: Evidence from the printed electronics industry. International Journal of Technology Management, 2015, 67(2/3/4): 106-131.

[525] Cho Y, Kim M. Entropy and gravity concepts as new methodological indexes to investigate technological convergence: Patent network-based approach. PLoS ONE, 2014, 9(6): e0098009.

[526] Choi J, Jeong S, Kim K. A study on diffusion pattern of technology convergence: Patent analysis for Korea. Sustainability, 2015, 7(9): 11546-11569.

[527] Roco M C, Bainbridge W S. The new world of discovery, invention, and innovation: Convergence of knowledge, technology, and society. Journal of Nanoparticle Research, 2013, 15(9): 1-17.

[528] Lee C, Park G, Kang J. The impact of convergence between science and technology on innovation. Journal of Technology Transfer, 2016, 43(1): 1-23.

[529] Borés C, Saurina C, Torres R. Technological convergence: A strategic perspective. Technovation, 2003, 23(1): 1-13.

[530] Hacklin F, Marxt C, Fahrni F. An evolutionary perspective on convergence: Inducing a stage model of inter-industry innovation. International Journal of Technology Management, 2010, 49(1-3): 220-249.

[531] Roco M, Bainbridge W, Tonn B, et al. Converging Knowledge, Technology, and Society: Beyond Convergence of Nano-Bio-Info-Cognitive Technologies. Dordrecht, Heidelberg, New York, London: Springer, 2013.

[532] No H J, Park Y. Trajectory patterns of technology fusion: Trend analysis and taxonomical grouping in nanobiotechnology. Technological Forecasting Social Change, 2010, 77(1): 63-75.

[533] Kodama F. Japanese innovation in mechatronics technology. Science Public Policy, 1986, 13(1): 44-51.

[534] Lee K R. Patterns and processes of contemporary technology fusion: The case of intelligent Robots. Asian Journal of Technology Innovation, 2007, 15(2): 45-65.

[535] Rafols I, Meyer M. How cross-disciplinary is bionanotechnology? Explorations in the specialty of molecular motors. Scientometrics, 2007, 70(3): 633-650.

[536] Federico C. Technology fusion: Identification and analysis of the drivers of technology convergence using patent data. Technovation, 2016, 55: 22-32.

[537] Lei D T. Industry evolution and competence development: The imperatives of technological convergence. International Journal of Technology Management, 2000, 19(7/8): 699-738.

[538] Curran C S. The anticipation of Converging Industries. Berlin: Springer, 2013.

[539] Kodama F. Emerging Patterns of Innovation: Sources of Japan's Technological Edge. Harvard: Harvard Business School Press, 1995.

[540] Fai F, Tunzelmann N V. Industry-specific competencies and converging technological systems: Evidence from patents. Structural Change and Economic Dynamics, 2000, 12(2): 141-170.

[541] Hacklin F. Management of convergence in innovation. Berlin: Physica-Verlag HD, 2008.

[542] Juram K, Seungho K, Changyong L. Anticipating technological convergence: Link prediction using Wikipedia hyperlinks. Technovation, 2019, 79: 25-34.

[543] 栾春娟. “纳米-生物” 会聚技术的测度及启示. 科研管理, 2012, 33(7): 48-58.

[544] Kim P R, Hwang S H. A Study on the identification of cutting - edge ICT - based converging technologies. ETRI Journal, 2012, 34(4): 602-612.

[545] Jaehyeong A, Kyuwoong K, HeeyongNoh N, et al. Identifying converging technologies in the ict industry: Analysis of patents published by incumbents and entrants. Journal of Korean Institute of Industrial Engineers, 2016, 42(3): 209-221.

[546] Chou K T, Liou H M. Risk and ethical governance of nano-convergence technology: An initial

comparison of the technological impact assessment between Korea and Taiwan. Asian J WTO & Int'l Health L & Pol'y, 2011, 6(1): 235.
[547] Mihail C R. Possibilities for global governance of converging technologies. Journal of Nanoparticle Research, 2008, 10(1): 11-29.
[548] 陈凡, 杨艳明. 哲学视野下的会聚技术探析. 科学技术哲学研究, 2013, 30(2): 68-73.
[549] George K. The ethics of NBIC convergence. Journal of Medicine and Philosophy, 2007, 32(3): 185-196.
[550] Roco M C, Bainbridge W S. Converging technologies for improving human performance: Integrating from the nanoscale. Journal of Nanoparticle Research, 2002, 4(4): 281-295.
[551] Sharp P, Hockfield S. Convergence: The future of health. Science, 2017, 355(6325): 589-589.
[552] 裴钢, 熊燕, 高柳滨. NBIC 会聚技术：中国的新机遇？中国医药生物技术, 2007, 2(1): 46-50.
[553] 中国网. 2006科学发展报告. http://www.china.com.cn/zhuanti2005/txt/2006-03/13/content_6152206.htm[2019-05-24].
[554] Moon-Soo K, Chulhyun K. On a patent analysis method for technological convergence. Procedia-Social and Behavioral Sciences, 2012, 40: 657-663.
[555] Karvonen M, Kässi T. Patent citations as a tool for analysing the early stages of convergence. Technological Forecasting and Social Change, 2013, 80(6): 1094-1107.
[556] Hall B H, Jaffe A B, Trajtenberg M. The NBER patent citation data file: Lessons, insights and methodological tools. National Bureau of Economic Research, 2001.
[557] 刘娜, 荣雪云, 毛荐其. 技术会聚模式及辨识研究——以储能领域为例. 情报杂志, 2018, 37(12): 24-31.
[558] Shim W, Kwon O-j, Moon Y-h, et al. Understanding the dynamic convergence phenomenon from the perspective of diversity and persistence: A cross-sector comparative analysis between the United States and South Korea. PLoS ONE, 2016, 11(7): e0159249.
[559] 钱良春, 汪雪锋, 黄颖, 等. 基于技术专业化指数的企业技术竞争力评价研究. 情报杂志, 2015, 34(7): 84-88.
[560] Kwon S, Porter A, Youtie J. Navigating the innovation trajectories of technology by combining specialization score analyses for publications and patents: Graphene and nano-enabled drug delivery. Scientometrics, 2016, 106(3): 1057-1071.
[561] Ko N, Yoon J, Seo W. Analyzing interdisciplinarity of technology fusion using knowledge flows of patents. Expert Systems with Applications, 2014, 41(4): 1955-1963.
[562] 翟东升, 刘鹤, 张杰, 等. 一种基于链路预测的技术机会挖掘方法. 情报学报, 2016, 35(10): 1090-1100.
[563] Kim J, Lee S. Forecasting and identifying multi-technology convergence based on patent data: The case of IT and BT industries in 2020. Scientometrics, 2017, 111(1): 47-65.
[564] 李丫丫, 赵玉林. 基于专利的技术融合分析方法及其应用. 科学学研究, 2016, 34(2): 203-211.
[565] Schnaars S, Thomas G, Irmak C. Predicting the emergence of innovations from technological convergence: Lessons from the twentieth century. Journal of Macromarketing, 2016, 28(2):

157-168.
[566] 王海涛. NBIC 融合技术与交叉学科发展模式研究. 北京: 中国人民解放军军事医学科学院, 2008.
[567] 国务院. 国务院关于印发促进大数据发展行动纲要的通知. http://www.gov.cn/zhengce/content/2015-09/05/content_10137.htm[2019-04-22].
[568] The White House. Big Data Research and Development Initiative. https://obamawhitehouse.archives.gov/blog/2012/03/29/big-data-big-deal[2019-04-25].
[569] 国务院. 国务院关于印发“十二五”国家战略性新兴产业发展规划的通知. http://www.gov. cn/zwgk/2012-07/20/content_2187770.htm[2019-04-25].
[570]科技日报. 大数据全球战略布局全面升级——数据科技化成数字经济2.0核心. http://www.cac. ov.cn/2017-06/02/c_1121073924.htm[2017-06-02].
[571] 钱俊. NSFC 交叉学科项目资助模式与评价研究. 北京: 北京理工大学, 2016.
[572] 国家自然科学基金委员会. 国家自然科学基金“十三五”发展规划. http://www.nsfc.gov.cn/nsfc/cen/bzgh_135/08.html[2019-03-23].
[573] 国家自然科学基金委员会. 国家自然科学基金 2019 项目指南. http://www.nsfc.gov.cn/ nsfc/cen/xmzn/2019xmzn/index.html[2019-03-23].
[574] 朱蔚彤. 国家自然科学基金委员会资助学科交叉研究模式分析. 中国科学基金, 2006, 20(3): 184-189.
[575] 国家自然科学基金委员会. NSFC 资助格局. http://www.nsfc.gov.cn/publish/portal0/jgsz/08/default.htm#03 [2019-04-19].
[576] 国家自然科学基金委员会. NSFC 年度报告. http://www.nsfc.gov.cn/publish/portal0/tab535/[2019-04-02].
[577] 国家自然科学基金委员会. 国家自然科学基金 2015 年度数学天元基金“促进学科交叉融合平台建设项目”的通告. http://www.nsfc.gov.cn/publish/portal0/tab352/info50913.htm [2019-03-24].
[578] 国家自然科学基金委员会. 国家自然科学基金信息科学部项目代码. http://www.nsfc.gov.cn/publish/portal0/tab556/[2019-03-24].
[579] 中华人民共和国教育部. 教育部社科司关于 2017 年度教育部人文社会科学研究一般项目申报工作的通知. http://www.moe.gov.cn/s78/A13/A13_gggs/A13_sjhj/201612/t20161230_293523.html[2019-04-01].
[580] Bush V. Science the endless frontier. Washington D.C.: The National Science Foundation, 1980.
[581] National Science Foundation. The National Science Foundation: A Brief History. http://www.nsf. gov/about/history/nsf50/nsf8816.jsp#chapter4[2019-03-25].
[582] Porter A L, Garner J, Crowl T. Research coordination networks: Evidence of the relationship between funded interdisciplinary networking and scholarly impact. BioScience, 2012, 62(3): 282-288.
[583] National Science Foundation. Integrated NSF Support Promoting Interdisciplinary Research and Education(INSPIRE). https://www.nsf.gov/pubs/2013/nsf13518/nsf13518.htm [2019-03-26].
[584] 龚旭. 中美科学政策比较研究——以 NSF 和 NSFC 同行评议为中心. 北京: 中国科学院自

然科学史研究所, 2007.

[585] National Institute of Health. The Overview of Common Fund's Interdisciplinary Research of NIH. https://commonfund.nih.gov/Interdisciplinary/overview[2019-03-27].

[586] National Institutes of Health. Overview of the NIH Roadmap. 2005.

[587] Australian Research Council. ARC Statement of Support for Interdisciplinary Research. https://www.arc.gov.au/policies-strategies/policy/arc-statement-support-interdisciplinary-research. [2019-03-28].

[588] Lyall C, Bruce A, Marsden W, et al. The role of funding agencies in creating interdisciplinary knowledge. Science and Public Policy, 2013, 40(1): 62-71.

[589] Lyall C, Meagher L, Bruce A. A rose by any other name? Transdisciplinarity in the context of UK research policy. Futures, 2015, 65: 150-162.

[590] UK Research and Innovation. UKRI Global Challenges Research Fund. https://www.ukri.org/research/global-challenges-research-fund/[2019-03-30].

[591] National Academies of Sciences, Engineering and Medicine 2019. Fostering the Culture of Convergence in Research: Proceedings of a Workshop. Washington, D.C.: The National Academies Press, 2019.

[592] Japan Society for the Promotion of Science. 日本学术振兴会项目列表. https://www.jsps.go.jp/english/programs/index.html[2019-04-10].

[593] Deutsche Forschungsgemeinschaft. DFG Mission Statement. https://www.dfg.de/en/dfg_profile/mission/index.html[2019-03-29].

[594] Grigg L. Cross-disciplinary research: A discussion paper. AU: Australian Research Council, 1999.

[595] 周建中, 李晓轩. 国外科研资助机构学科交叉项目的评议机制研究. 科技政策与管理, 2008, 29(2): 9-13.

[596] Bornmann L. Scientific peer review. Annual Review of Information Science and Technology, 2011, 45(1): 197-245.

[597] UK Research and Innovation. UKRI Peer Review. https://www.ukri.org/funding/peer-review/[2019-04-09].

[598] UK Research and Innovation. Applications across Research Council remits. https://www.ukri.org/funding/how-to-apply/applications-across-research-council-remits/[2019-03-31].

[599] Rylance R. Grant giving: Global funders to focus on interdisciplinarity. Nature News, 2015, 525(7569): 313-315.

[600] Cousens R. Why can't we make research grant allocation systems more consistent? A personal opinion. Academic Practice in Ecology and Evolution, 2019, 9(4): 1536-1544.

[601] Lyall C, Fletcher I. Experiments in interdisciplinary capacity-building: The successes and challenges of large-scale interdisciplinary investments. Science and Public Policy, 2013, 40(1): 1-7.

[602] Woelert P, Millar V. The "paradox of interdisciplinarity" in Australian research governance. Higher Education, 2013, 66(6): 755-767.

[603] Metzger N, Zare R N. Interdisciplinary research: From belief to reality. Sicence, 1999,

283(5420): 642-643.

[604] Langfeldt L. The policy challenges of peer review: Managing bias, conflict of interests and interdisciplinary assessments. Research Evaluation, 2006, 15(1): 31-41.

[605] Huutoniemi K. Communicating and compromising on disciplinary expertise in the peer review of research proposals. Social Studies of Science, 2012, 42(6): 897-921.

[606] 龚旭. 科学政策与同行评议：中美科学制度与政策比较研究. 杭州: 浙江大学出版社, 2009.

[607] Bammer G. What constitutes appropriate peer review for interdisciplinary research? Palgrave Communications, 2016, 2(1): 1-5.

[608] 王琦. 国家自然科学基金为交叉学科申请项目评审方法研究. 哈尔滨: 哈尔滨工业大学, 2011.

[609] Cyranoski D. Artificial intelligence is selecting grant reviewers in China. Nature, 2019, 569(7756): 316-317.

[610] Department for Business, Innovation & Skills. Triennial review of the research councils. Department for Business, Innovation & Skills. 2014.

[611] Haythornthwaite C, Lunsford K J, Bowker G C, et al. Challenges for research and practice in distributed, interdisciplinary collaboration//Hine C. New infrastructures for knowledge production: Understanding E-science. Hershey, PA: Idea Group Inc, 2006.

[612] Laudel G. Conclave in the Tower of Babel: How peers review interdisciplinary research proposals. Research Evaluation, 2006, 15(1): 57-68.

[613] McAfee A, Brynjolfsson E. Big Data: The management revolution. Harvard Business Review, 2012, 90(10): 60-68.

[614] Huang Y, Zhang Y, Youtie J, et al. How does national scientific funding support emerging interdisciplinary research: A comparison study of Big Data research in the US and China. PLoS ONE, 2016, 11(5): 1-20.

[615] 汪雪锋, 张娇, 李佳, 等. 跨学科团队与跨学科研究成果产出——来自科学基金重大研究计划的实证. 科研管理, 2018, 39: 157-165.

[616] Khan A, Choudhury N, Uddin S. Few research fields play major role in interdisciplinary grant success. Scientometrics, 2019, 119(1): 237-246.

[617] University of Wisconsin–Madison. The Wisconsin Idea. https://www.wisc.edu/wisconsin-idea/ [2019-05-19].

[618] Australian Research Council. The Australian and New Zealand Standard Research Classification(ANZSRC). https://www.arc.gov.au/grants/grant-application/classification-codes-rfcd-seo-and-anzsic- odes[2019-05-19].

[619] Southern Illinois University. Boyd Goodson. https://chem.siu.edu/faculty-staff/faculty/goodson.php[2019-05-27].

[620] 王保成, 任真, 胡智慧. 美国NSF“构建未来:投资发现和创新战略规划2018—2022”. 中国科学基金, 2018, 32(5): 552-556.

[621] National Institute of Health. The Oncofertility Consortium: Fertility Preservation for Women. https://commonfund.nih.gov/interdisciplinary/consortia/oncofer. [2019-04-11].

[622] Armuand G M, Rodriguez-Wallberg K A, Wettergren L, et al. Sex differences in fertility-related information received by young adult cancer survivors. Journal of Clinical Oncology, 2012, 30(17): 2147-2153.

[623] Köhler T S, Kondapalli L A, Shah A, et al. Results from the survey for preservation of adolescent reproduction(SPARE) study: Gender disparity in delivery of fertility preservation message to adolescents with cancer. J Assist Reprod Genet, 2011, 28(3): 269-277.

[624] Quinn G P, Vadaparampil S T, Lee J-H, et al. Physician referral for fertility preservation in oncology patients: A national study of practice behaviors. Journal of Clinical Oncology, 2009, 27(35): 5952-5957.

[625] Woodruff T K. From the bench to bedside to babies: Translational medicine make possible by funding multidisciplinary team science. Journal of Assisted Reproduction and Genetics, 2013, 30(10): 1249-1253.

后　记

第十五届中国科技政策与管理学术年会于 2019 年 10 月 19~20 日在被誉为“军旗升起的地方”——南昌市成功召开。大会截稿前一周，大连理工大学刘则渊教授在给本书写完序言之后，鼓励我们基于书中的精华部分撰写综述性论文向大会投稿，并向学界同仁介绍当前交叉科学的研究概貌。欣喜的是，我们的投稿论文《交叉科学：历史沿革与研究进展》被大会评选为优秀论文，并有幸被选为优秀论文代表做大会报告。这是中国科技政策与管理学术年会首次邀请优秀论文代表做大会发言，激动之余，我们也感到巨大的压力。面对来自科技政策和创新管理等领域的近千名专家，如何能在十分钟的有限时间内，将“交叉科学”这一复杂且宏大的主题讲述清楚呢？在准备报告的思索过程中，刘则渊老师为本书撰写的序言让我们豁然开朗：从一阶主题和二阶主题的不同角度对交叉科学进行展示，也许是最好的解读视角。与此同时，2019 年 10 月 16 日，在与南昌大会同一周召开的“首届世界科技与发展论坛”上，发布的“人类社会发展十大问题”大多是典型的交叉科学问题（例如，社会变迁对人的身心健康有哪些影响、大城市如何实现能源-水-食物供给的平衡和平等、人类如何在安全的地球界限内继续发展等），这为我们最终的大会报告提供了绝佳的开篇故事素材。

在大会报告中，我们从科学研究活动的流程出发，具体阐释了交叉科学一阶主题和二阶主题的联系与区别，如图 1 所示。科学研究活动的流程可以大致总结为，在提出科学研究问题的基础上，科研人员针对具体的研究问题开展相应的科学研究活动并促进了科学研究成果的产生，而这些科学研究成果产生学术、经济和社会影响，这些影响最终又反过来促进了新的科学研究问题的提出。结合科学研究活动的流程来看，交叉科学的一阶主题研究更多定位于科研活动的过程：在解决超过单一学科领域范围所能解决的问题时，真正来自于不同学科领域的专家学者将涉及两个及以上学科的理论/概念、信息/数据、工具/方法等不同层面的内容整合起来进行的研究活动，是典型的交叉科学实践活动。例如，生命科学与计算科学的前沿交叉学科生物信息学将新兴计算机技术及数学与统计方法引入生物学领域，通过对海量生物数据进行管理、整合、分析、模拟，来解决重要的生物学问题，阐明新的生物学规律，获得传统生物学手段无法获得的创新发现，就属于典型的交叉科学一阶主题研究。而作为科学计量与科技管理领域的学者，更多关注的还是交叉科学的二阶主题研究，以交叉科学一阶主题研究的科研成果为对象，试图从更高层次来理解和探索交叉科学研究活动有怎样的形成机制和运行逻辑；交叉科学研究产生的成果相对于传统单学科成果有什么典型的特征和规律，交叉科学研究成果的学术影响、社会影响和经济影响相较于单学科成果又有什么特殊性。因此，一阶主题的交叉科学研究活动是科学学中进行交叉科学二阶主题研究的基础与前提。

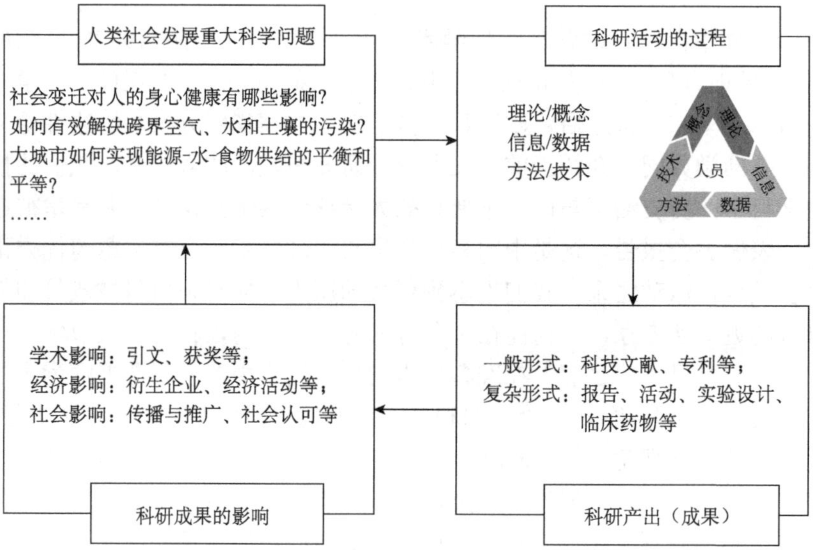

图 1　科学研究活动的流程

在报告最后，我们以口服避孕药的成功研制为例，展示了交叉科学成果的形成与影响路径的复杂性。卡尔·杰拉西（Carl Djerassi）是美国历史上第一位一人获得国家科学奖章和国家技术奖章的科学家，其主要贡献是和团队一起于 1960 年成功研制出口服避孕药。对于这种特殊药品的成功研制，沿着具有明确记载的史料追溯，该药品的研究基础可以追溯至 1920 年 3 个不同学科领域（生殖生理学、生物学和化学）的基础研究成果（图 2 中的圆形）。在 40 年的发展过程中，此研究逐渐受到不同国家、不同学科领域的项目支持，并出现了阶段性应用型研究（图 2 中的三角形和方形）。不同学科领域历经近半个世纪的融合研究，最终产生了跨学科成果的重大突破。而这一交叉科学成果——口服避孕药也产生了巨大的社会影响，有关这一药品的社会与文化争论一直延续至今。

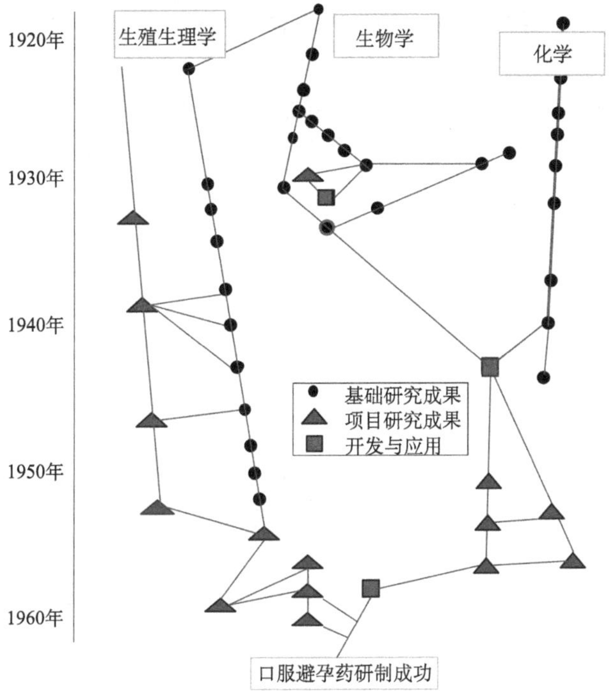

图 2　口服避孕药研究基础追溯①

从该案例可以看出，交叉科学成果的形成路径与影响研究事实上是十分复杂的。首先，因果关系分析较为困难。交叉科学成果的影响来源和影响因素通常较为复杂，科研投入、活动、产出与影响之间的关系往往是非线性的，成果与影响的归因较难；其次，交叉科学研究成果的影响产生周期可能较长，相关影响的考量更要兼具短期与长期效应；最后，社会、经济、学术等影响的界定与数据的获取、科研活动的国际化与全球化趋势、定量指标结果的偏差等都是交叉科学的影响评价研究中不可避免的困难与挑战。

大会报告之后，我们收到很多学界前辈、同行和青年学生的积极反馈，也让我们深切感受到交叉科学研究的价值和意义。特别值得一提的是，为本书撰写序言的两位恩师都莅临了南昌的盛会。在大会的科学学理论与学科建设专委会设置的“新时期科学学理论、方法与应用”分会场，刘则渊老师以本书序言为基础，亲自做题为“追索交叉科学无尽的前沿”的主旨报告，向广大学界同行推荐我们的这本新书。梁立明老师在大会上荣获 2019 年度中国科学学与科技政策研究会“杰出贡献奖”，这让我们在备受鼓舞的同时，又想起梁老师在序言中给我们的珍

① Narin F. Tracing the paths from basic research to economic impact. F&M Scientist, 2013, 1: 67-88.

贵礼物和研究选题：寻找 Escher 画作中隐含的信息，解读科学与艺术交叉融合的密码。

凝望无数科学研究先行者们的探索之路，我们深知交叉科学研究的前路漫漫，但我们的每一步探索、每一次努力都将成为这探索之路上的点点星火，与更多同路人眺望远方、携手同行。

与大家共勉！

张　琳　黄　颖

2019 年 10 月 26 日